U0833809

高等学校优秀教材辅导丛书

# 自动控制原理
# 学习指导与解题指南

（配李友善第三版教材·国防工业版）

主　编　任伟建　于　镝　董宏丽
主　审　关学忠　邵克勇

HEUP 哈尔滨工程大学出版社

## 内容简介

本书是以李友善编著的《自动控制原理》为基础，为学生复习和考研编写的指导书。本书共分10章，每章内容包括知识要点、书后习题解析、同步训练题和同步训练题答案四部分，旨在帮助学生熟练掌握自动控制原理的基本理论，从而理清思路、掌握重点、突破难点，提高解题技巧和应试能力。

本书内容全面、重点突出、分析透彻，可作为高等学校电类、机械类学生的学习辅助参考书，也是专业教师的教学参考书，还可作为各类工程技术人员和自学者的辅导书。

**图书在版编目(CIP)数据**

自动控制原理学习指导与解题指南/任伟建，于镝，董宏丽主编. —哈尔滨：哈尔滨工程大学出版社，2013.8
ISBN 978-7-5661-0661-2

Ⅰ.①自… Ⅱ.①任… ②于… ③董… Ⅲ.①自动控制理论-研究生-入学考试-自学参考资料 Ⅳ.①TP13

中国版本图书馆CIP数据核字(2013)第189043号

出版发行　哈尔滨工程大学出版社
社　　址　哈尔滨市南岗区东大直街124号
邮政编码　150001
发行电话　0451-82519328
传　　真　0451-82519699
经　　销　新华书店
印　　刷　黑龙江省委党校印刷厂
开　　本　787mm×960mm　1/16
印　　张　17.5
字　　数　350千字
版　　次　2013年8月第1版
印　　次　2013年8月第1次印刷
定　　价　33.00元
http://www.hrbeupress.com
E-mail:heupress@hrbeu.edu.cn

# Preface 前言

自动控制技术广泛应用于国民经济的各个领域，并成为探索各种新技术的工具，自动控制原理已经成为各工科类的专业技术基础课。自动控制原理课程内容抽象，涉及的数学知识较多，学生普遍感觉难学。本书是为帮助学生理清思路、总结归纳和系统地学习，也为满足报考研究生的读者提高复习效率的需要，针对该课程的特点，并结合作者多年从事该课程的教学经验编写而成的。

本书以李友善编著的第三版《自动控制原理》教材为基础，对各章知识要点进行了系统地归纳总结，通过书后习题解析，帮助读者正确理解课程的基本理论和基本方法，选择具有代表性的典型题作为同步训练题，旨在提高读者分析问题、解决问题的能力。本书既可作为本专科生及自学者学习《自动控制原理》的辅导资料，又可作为考研者系统复习的参考书。

本书由任伟建、于镝、董宏丽主编，关学忠、邵克勇主审。其中第3、10章由董宏丽编写，第5、6、9章由于镝编写，第2、4、7章由任伟建编写，第1、8章由王艳芹编写，全书由任伟建统稿。研究生孙勤江、沈彬为本书的文字录入、编辑做了大量工作，在此表示感谢。

由于编者水平有限，书中可能存在错误和不妥之处，恳请读者批评指正。

编　者

2013年6月

# Contents 目录


第 1 章　控制系统的一般概念 …… 1
知识要点 …… 1
1.1　基本概念 …… 1
1.2　自动控制的基本方式 …… 1
1.3　控制系统的分类 …… 2
1.4　反馈控制系统的组成及基本要求 …… 3
同步训练题 …… 5
同步训练题答案 …… 7
第 2 章　控制系统的数学模型 …… 9
知识要点 …… 9
2.1　控制系统的时域模型 …… 9
2.2　线性系统的复域模型 …… 11
2.3　控制系统的方框图和信号流图 …… 14
2.4　脉冲响应 …… 16
书后习题解析 …… 17
同步训练题 …… 32
同步训练题答案 …… 34
第 3 章　线性系统的时域分析 …… 37
知识要点 …… 37
3.1　典型输入信号 …… 37
3.2　一阶系统的时域分析 …… 38
3.3　二阶系统的时域分析 …… 40
3.4　线性系统的稳定性与稳定判据 …… 46
3.5　反馈系统的误差与偏差 …… 49
3.6　反馈系统的稳态误差及其计算 …… 50
3.7　顺馈控制的误差分析 …… 53
书后习题解析 …… 55
同步训练题 …… 75

Contents

同步训练题答案 …… 76
**第 4 章　根轨迹法** …… 78
知识要点 …… 78
4.1　反馈系统的根轨迹 …… 78
4.2　绘制根轨迹的基本规则 …… 80
4.3　典型反馈系统的根轨迹 …… 82
4.4　根轨迹与系统性能的关系 …… 83
书后习题解析 …… 84
同步训练题 …… 99
同步训练题答案 …… 100
**第 5 章　线性系统的频域分析** …… 104
知识要点 …… 104
5.1　频率响应及其描述 …… 104
5.2　频率响应的绘制 …… 106
5.3　Nyquist 稳定判据 …… 113
5.4　控制系统的相对稳定性 …… 114
5.5　频域指标与时域指标间的关系 …… 115
书后习题解析 …… 116
同步训练题 …… 132
同步训练题答案 …… 133
**第 6 章　控制系统的综合与校正** …… 135
知识要点 …… 135
6.1　引言 …… 135
6.2　基本控制规律分析 …… 136
6.3　常用校正装置及特性 …… 137
6.4　串联校正 …… 139
6.5　反馈校正 …… 143
书后习题解析 …… 144
同步训练题 …… 158
同步训练题答案 …… 159

Contents

**第 7 章 线性离散系统的分析与综合** …… 162
知识要点 …… 162
7.1 基本知识 …… 162
7.2 $Z$ 变换 …… 163
7.3 脉冲传递函数 …… 165
7.4 离散系统脉冲响应 …… 166
7.5 稳定性分析 …… 168
7.6 线性离散系统的数字校正 …… 168
书后习题解析 …… 170
同步训练题 …… 179
同步训练题答案 …… 182
**第 8 章 线性系统的状态空间分析法** …… 183
知识要点 …… 183
8.1 基本概念 …… 183
8.2 状态空间表达式的建立 …… 184
8.3 线性定常系统的分析 …… 192
8.4 线性连续状态方程的离散化 …… 196
8.5 李雅普诺夫稳定性分析 …… 196
书后习题解析 …… 198
同步训练题 …… 210
同步训练题答案 …… 211
**第 9 章 线性系统的状态空间综合法** …… 215
知识要点 …… 215
9.1 线性系统的能控性与能观测性 …… 215
9.2 线性系统的状态反馈与输出反馈 …… 216
书后习题解析 …… 218
同步训练题 …… 228
同步训练题答案 …… 230

Contents

**第 10 章　非线性控制系统分析** …… 234
知识要点 …… 234
10.1　非线性系统概念 …… 234
10.2　相平面法 …… 235
10.3　描述函数法 …… 240
10.4　非线性控制系统稳定性分析 …… 243
书后习题解析 …… 246
同步训练题 …… 266
同步训练题答案 …… 268

# 第1章　控制系统的一般概念

ZHI SHI YAO DIAN 知识要点

## 1.1　基本概念

自动控制——在无人直接参与的情况下，利用控制装置使被控对象自动按预定规律运行。

控制系统——用以完成一定控制任务的元、部件的组合。

被控对象——需要控制的机器、设备或生产过程。

控制器——对被控对象起控制作用的设备总体，即控制装置。

输出量——按控制系统或被控对象的需要进行控制的物理量，即被控制量。

输入量——作用于控制系统的物理量，可分为使系统具有预定功能的控制输入量（简称控制量）和破坏系统控制输入量和输出量之间预定规律的干扰输入量（简称干扰或扰动量）。

反馈——将系统输出量引到输入端，以改变输入量的大小，分正、负反馈两种。

## 1.2　自动控制的基本方式

### 1.2.1　开环控制系统

输出信号只受控于输入信号，而不反馈到输入端产生控制作用的控制系统为开环控制系统。典型的开环控制系统方框图如图1-1所示。信号在方框图中是单向传递的，一定的控制量对应一定的输出量。当系统受到扰动量的作用，使得实际输出偏离期望的输出量时，该系统不具备自动修正的能力，即抗干扰性差。但该类系统结构简单，成本低廉，不存在系统稳定性问题，故常用在系统结构、参数稳定性较高而扰动信号弱的场合。

### 1.2.2 闭环控制系统

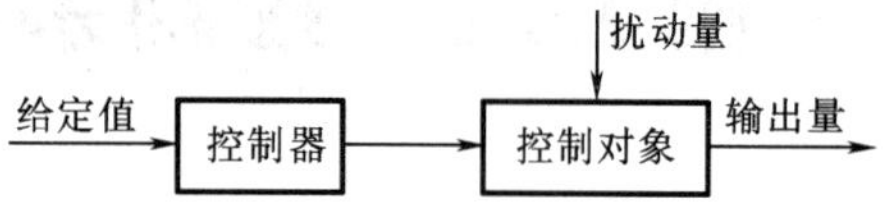


图 1－1 开环控制系统

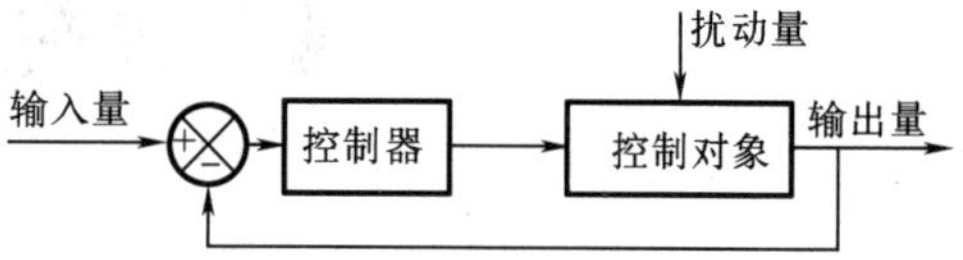


图 1－2 闭环控制系统

将输出量直接或间接反馈到输入端形成闭环参与控制的控制系统为闭环控制系统。典型的闭环控制系统方框图如图 1－2 所示。由于干扰的存在，使得系统实际输出偏离期望输出，系统自身便利用负反馈产生的偏差所取得的控制作用去消除偏差，使系统输出量重新恢复到期望值上，这正是负反馈的工作原理。可见，闭环控制系统具有较强的抗干扰能力，从而有可能采用精度不高、成本低廉的元件来构成控制质量较高的系统。但由于闭环控制系统结构相对复杂，系统稳定性问题显得尤为重要。

## 1.3 控制系统的分类

按照不同的要求，对控制系统可以进行不同的分类。

### 1.3.1 恒值控制系统和随动控制系统

若系统的控制输入为常量，这种系统称为恒值或定值控制系统；若控制输入是随时间变化的，这种系统则称为随动控制系统。其中控制输入随时间任意变化，不能写成时间的解析函数的随动系统又称跟踪系统；相反，控制输入随时间变化有一定变化规律，可写成时间的解析函数的随动系统称为程序控制系统。

### 1.3.2 线性系统和非线性系统

当系统各元件的输入输出特性均为线性特性时，系统的数学模型可用线性微分方程或线性差分方程描述，称这种系统为线性系统。如果线性微分方程或差分方程的系数为常数，则称之为线性定常系统；否则，称为线性时变系统。线性系统的特点是满足线性叠加原理。系统中只要有一个元件具有非线性特性，系统的数学模型就要用非线性方程描述，则该类系统称为非线性系统，它不满足线性叠加原理。

### 1.3.3 连续系统和离散系统

当系统中所有变量或信号均随时间连续变化时,其动态模型是以时间为自变量的微分方程,属于连续时间模型,该类系统称为连续系统;采样或数字控制系统有一个或 $n$ 个变量只在特定的瞬间是已知的,其数学模型是以离散时间为自变量的差分方程,属于离散时间模型,该类系统称为离散系统。

### 1.3.4 确定性系统和不确定性系统

若系统的结构、参数及输入信号都是确定的,则该类系统称为确定性系统;否则,当系统本身的结构或参数以及输入信号为不确定时,称为不确定性系统。

### 1.3.5 集中参数系统和分布参数系统

若系统变量在同一时刻不随空间位置变化或仅取一个值时,得到的动态模型为仅含时间自变量的常微分方程,该类系统称为集中参数系统;否则,若系统变量是在空间中连续分布的,系统变量不仅随时间也随空间坐标的变化而变化,由此导出的动态数学模型是以时间和空间坐标为自变量的偏微分方程,该类系统称为分布参数系统。

### 1.3.6 单输入单输出(SISO)系统和多输入多输出(MIMO)系统

若系统的输入和输出信号的数量均为一个,则称为 SISO 系统;若系统的输入和(或)输出信号的数量大于一个则称为 MIMO 系统。单输入单输出系统可采用经典控制理论进行控制系统的分析和设计,而多输入多输出系统则可采用现代控制理论的状态空间法。

### 1.3.7 其他分类方法

除以上分类方法外,还可按系统功用分为温度控制系统、液位控制系统、压力控制系统等,也可按元件类型将系统分为机电控制系统、液位控制系统等,需要说明的是一个控制系统可兼顾多种分类方式的特点,如温度定值控制系统。

## 1.4 反馈控制系统的组成及基本要求

图 1-3 给出了反馈控制系统的方框图,其各组成元件及功能介绍如表 1-1 所示。

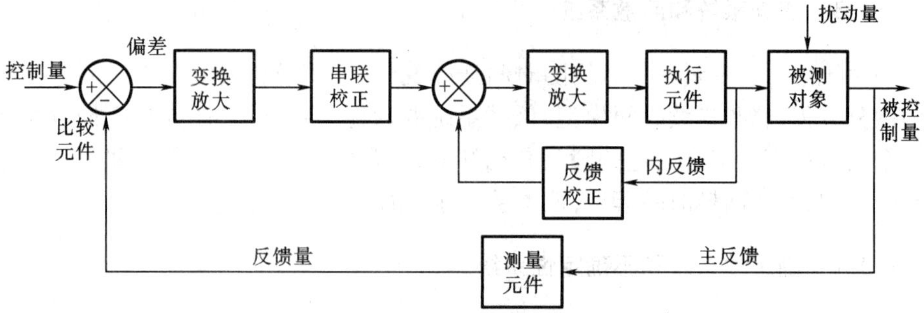


图1-3 反馈控制系统方框图

**表1-1 一般反馈控制系统的组成元件及功能**

| 组成元件 | 功　　能 |
|---|---|
| 测量元件 | 测量输出信号(有时需变送元件进一步转换成标准信号) |
| 比较元件 | 对输入信号与反馈信号进行综合 |
| 前置放大器(放大元件) | 放大偏差信号的幅值,为系统提供较大的回路增益 |
| 功率放大器(放大元件) | 对控制信号进行能量放大,使之达到执行元件的要求 |
| 执行元件 | 根据已放大的控制信号对被控对象进行操纵,即执行控制任务 |
| 被控对象 | 控制系统要操纵(控制)的设备、生产过程等 |
| 校正元件 | 用于改善控制系统的动态和(或)稳态性能 |

各种自动控制系统,为了完成一定的控制任务,必须具备一定的性能,具体归结为以下三点。

稳定性:要求系统在克服外作用后,能够恢复到平衡状态。这是保证系统能够正常工作的首要条件。

快速性:指系统消除偏差的快慢程度。一个动态性能好的控制系统,应具有较短的响应时间,或具有较快的响应速度。

准确性:指系统在输入信号作用下稳态误差的大小。稳态误差越小,系统的稳态性能越好,控制精度越高。

## 同步训练题

1. 设热水电加热器如图所示。为了保持希望的温度，由温控开关接通或断开电加热器的电源。在使用热水时，水箱中流出热水补充冷水。试说明系统工作原理并画出系统原理方框图。

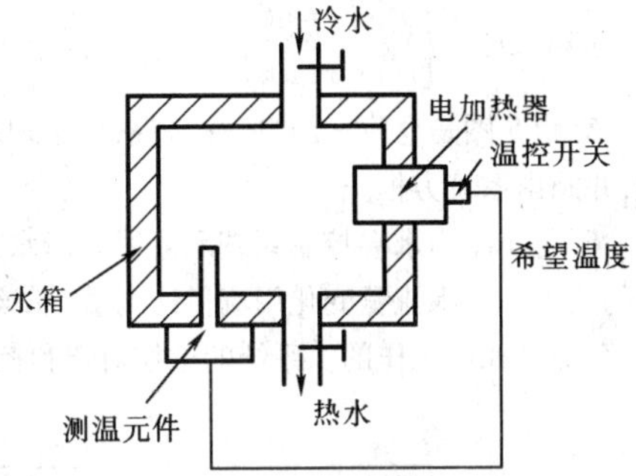


题 1 图

2. 题 2 图是液位自动控制系统原理示意图。在任何情况下，希望液面高度 $c$ 不变，试说明系统的工作原理并画出系统方框图。

3. 题 3 图为数字计算机控制的机床刀具进给系统方框图。要求将工件的加工过程编制成程序预先存入数字计算机，加工时，步进电机按照计算机给出的信息工作，完成加工任务。试说明该系统的工作原理。

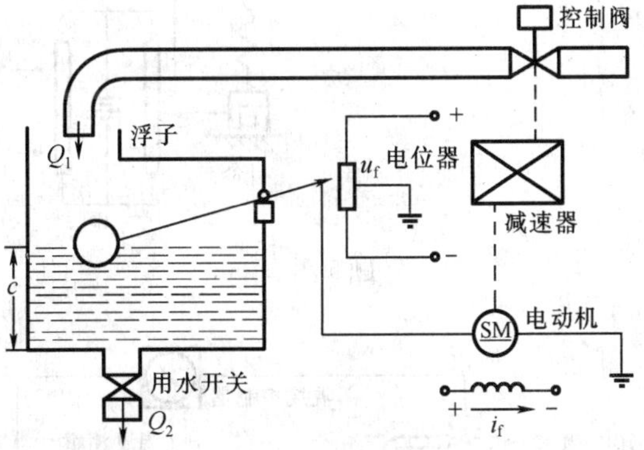


题 2 图

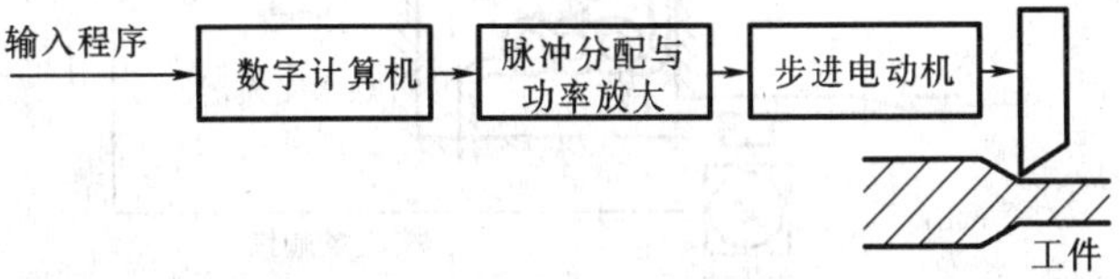


题 3 图

4. 下列各式是描述系统的微分方程，其中 $c(t)$ 为输出量，$r(t)$ 为输入量，试判断哪些是线性定常或时变系统，哪些是非线性系统？

(1) $c(t)=5+r^2(t)+t\dfrac{d^2r(t)}{dt^2}$；　　(2) $\dfrac{d^3c(t)}{dt^3}+3\dfrac{d^2c(t)}{dt^2}+6\dfrac{dc(t)}{dt}+8c(t)=r(t)$；

(3) $t\dfrac{dc(t)}{dt}+c(t)=r(t)+3\dfrac{dr(t)}{dt}$；　　(4) $c(t)=r(t)\cos\omega t+5$；

(5) $c(t)=r^2(t)$；　　(6) $c(t)=3r(t)+6\dfrac{dr(t)}{dt}+5\int_{-\infty}^{t}r(\tau)d\tau$；

(7) $c(t)=\begin{cases}0 & t<6\\ r(t) & t\geqslant 6\end{cases}$.

5. 题5图是仓库大门自动控制系统原理示意图。试说明系统自动控制大门开关的工作原理，并画出系统方框图。

6. 题6图为水温控制系统示意图。冷水在热交换器中由通入的蒸汽加热，从而得到一定温度的热水。冷水流量变化用流量计测量。试绘制系统方框图，并说明为了保证热水温度为期望值，系统是如何工作的？系统的被控对象和控制装置各是什么？

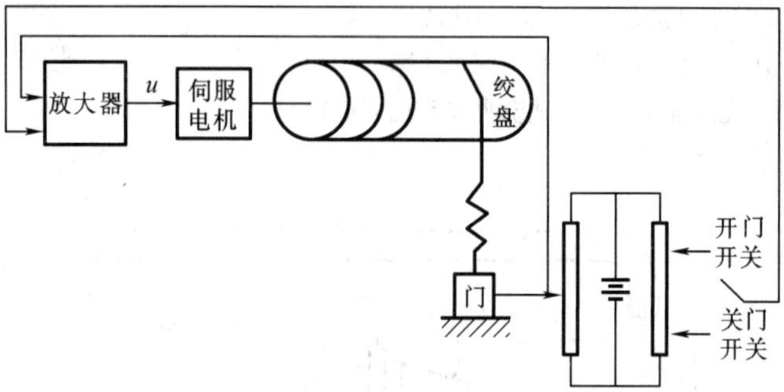


题5图

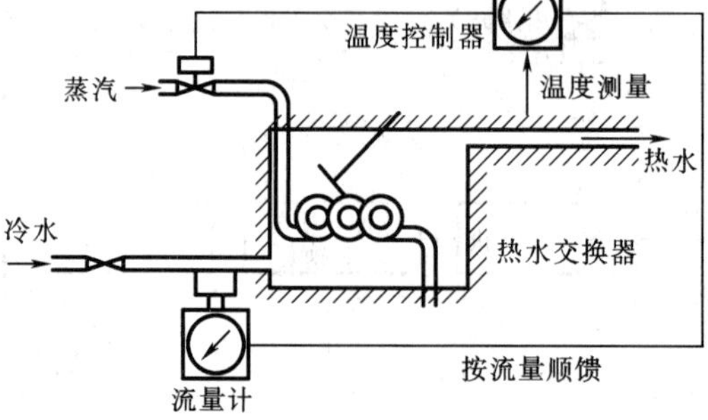


题6图

GAODENG XUEXIAO YOUXIUJIAOCAI FUDAOCONGSHU 高等学校优秀教材辅导丛书

## 同步训练题答案

TONG BU XUN LIAN TI DA AN

1. **解** 在热水电加热器系统中,输入量为预置的希望温度(给定值),设为 $T_{希}$(℃);输出量为水箱的实际水温,设为 $T$(℃);控制对象为水箱;扰动信号主要是因为放出热水并注入冷水而产生的降温作用。

当 $T$(℃) = $T_{希}$(℃)时,电加热器不工作,此时水箱中水温保持在希望温度上。当使用热水时,由于扰动作用使实际水温下降,测温元件感受 $T$(℃) < $T_{希}$(℃)的变化,并把这一温度变化转化为电信号使温控开关工作。温控开关接通电源,使水箱中水升温,直至 $T$(℃) = $T_{希}$(℃)为止。系统原理方框图如图所示。

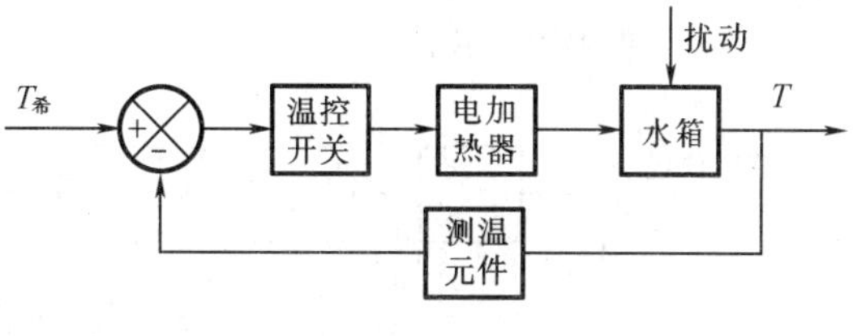


题 1 解图

2. **解** 系统的控制任务是保持液面高度不变。水箱是被控对象,水箱液位是被控量,电位器设定电压 $u_r$(表征液位的希望值 $c^*$)是给定值。

当电位器电刷位于中点位置(对应 $u_r$)时,电动机不动,控制阀门有一定的开度,使水箱中流入水量与流出水量相等,从而使液面保持在希望高度 $c^*$ 上。一旦流出量发生变化(相当于扰动),例如当流出水量减小时,液面升高,浮子位置也相应升高,通过杠杆作用使电位器电刷从中点位置下移,从而给电动机提供一定的控制电压,驱动电动机通过减速器减小阀门开度,使进入水箱的液体流量减小。这时,水箱液面下降,浮子位置相应下降,直到电位器电刷回到中点位置为止,系统重新处于平衡状态,液面恢复至给定高度。反之,当流出水量在平衡状态基础上增大时,水箱液位下降,系统会自动增大阀门开度,加大流入水量,使液位升到给定高度 $c^*$。系统方框图如题 2 解图所示。

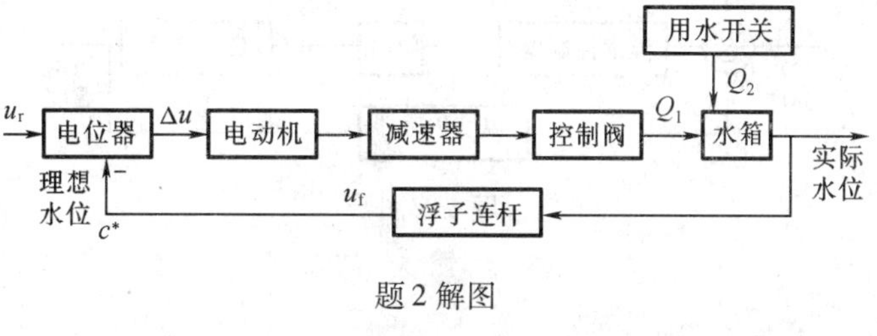


题 2 解图

3. **解** 该系统是开环程序控制系统,被控对象为刀具,被控量为刀具位置,给定量是程序设



高等学校优秀教材辅导丛书 GAODENG XUEXIAO YOUXIU JIAOCAI FUDAO CONGSHU

定的刀具位置。计算机按编制的程序调节输出脉冲频率，通过脉冲分配与功率放大装置控制步进电机的转动，从而带动刀具按预定的轨迹进刀，完成加工任务。

**4. 解** (1)非线性时变动态系统； (2)线性定常动态系统；
(3)线性时变动态系统； (4)非线性时变静态系统；
(5)非线性定常静态系统； (6)线性定常动态系统；
(7)线性时变静态系统。

**5. 解** 当合上开门开关时，电桥会测量出开门位置与大门实际位置间对应的偏差电压，偏差电压经放大器放大后，驱动伺服电动机带动绞盘转动，将大门向上提起。与此同时，和大门连在一起的电刷也向上移动，直到桥式测量电路达到平衡，电动机停止转动，大门达到开启位置。反之，当合上关门开关时，电动机带动绞盘使大门关闭，从而可以实现大门远距离开闭自动控制。系统方框图如解图所示。

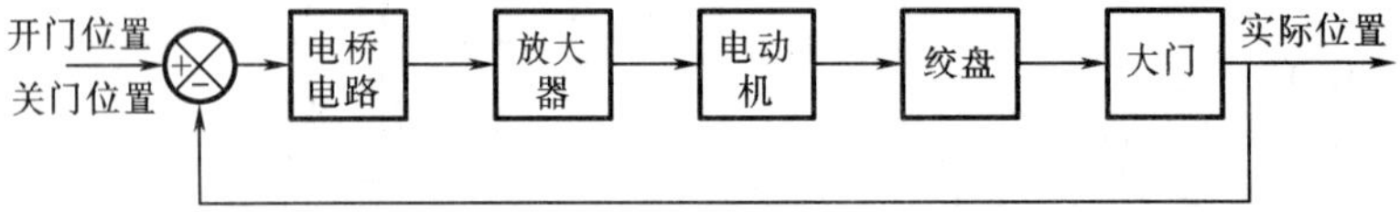


题5解图

**6. 解** 温度传感器不断测量交换器出口处的实际水温，并在温度控制器中与给定温度相比较，若低于给定温度，其偏差使蒸汽阀门开大，进入热交换器的蒸汽量加大，热水温度升高，直至偏差为零。如果由于某种原因，冷水流量加大，则流量值由流量计测得，通过温度控制器，开大阀门，使蒸汽量增加，提前进行控制，实现按冷水流量进行顺馈补偿，保证热交换器出口的水温波动不大。

系统中，热交换器是被控对象，控制装置由控制器(完成比较、运算功能)，阀门(执行机构)，温度传感器和流量计(测量元件)组成。实际水温为被控量，给定量(希望温度)在控制器中设定；冷水流量是干扰量。

系统方框图如解图所示。这是一个按干扰补偿的复合控制系统。

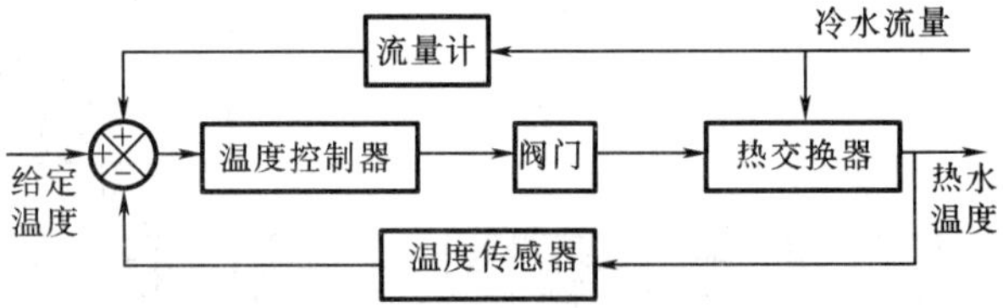


题6解图



高等学校优秀教材辅导丛书 GAODENG XUEXIAO YOUXIUJIAOCAI FUDAOCONGSHU

# 第2章 控制系统的数学模型

ZHI SHI YAO DIAN 知识要点

## 2.1 控制系统的时域模型

在控制系统的分析和设计中,一个非常关键的问题就是要建立系统的数学模型。不同类型(如机械、电子等)的控制系统,可以有相同的数学模型(相似原理),因此只有通过数学模型,才能抛开各种类型的系统的外部特征,研究其内在的共同性规律。

控制系统的数学模型,是描述系统内部各种变量间关系的数学表达式。系统平衡时,系统变量(输入变量、输出变量、状态变量)间的对应关系称为静态数学模型;在动态过程中得到的数学模型称为动态数学模型。本章主要研究控制系统的动态数学模型,简称数学模型。

常用的数学模型形式有微分方程(或差分方程)、传递函数(或脉冲传递函数)、频率特性(或描述函数)、状态方程以及由数学表达式演化而来的数学图示——方框图和信号流图。本章重点介绍微分方程、传递函数及两种数学图示形式的数学模型。其他形式的数学模型在后面章节中将分别予以介绍。图2-1给出了系统模型及建立过程。

控制系统数学模型的建立方法有实验法和解析法两种。实验法是对系统施加典型输入信号(如阶跃、脉冲、正弦信号等),通过测取系统的时域响应或频率响应来获得数学模型。解析法则是从系统或元件所遵循的物理或化学定律出发,列出变量间的数学关系或建立数学模型。本章仅讨论解析法。

### 2.1.1 系统运动方程的列写

控制系统的运动方程亦称微分方程,是描述系统动态性能的一种动态数学模型,建立系统或元件运动方程的一般步骤如下。

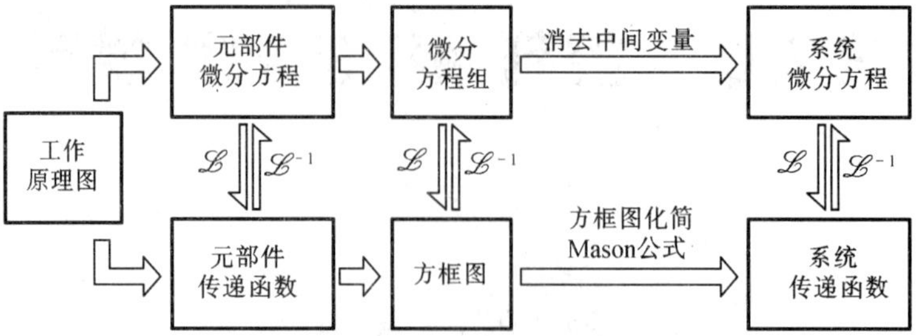


图 2-1　系统模型及建立过程

(1)分析系统的工作原理及各变量间的关系,确定系统的输入量和输出量。

(2)根据系统或元件遵循的物理或化学定律,从系统输入端至输出端依次列写各元件的运动方程。这里应注意考虑元件间存在的负载效应问题。在可能的情况下,还应对各元件的原始方程进行适当简化,略去一些次要因素或进行线性化处理。

(3)消去各元件运动方程中的中间变量,求取只含系统输入量、输出量及其导数项的微分方程。

(4)对求出的微分方程进行标准化处理,即将与系统输出有关的各项放在等号左端,而将与输入有关的各项置于等号右端,等号左、右两端均按导数的阶次以降幂形式排列。

### 2.1.2　非线性运动方程的线性化

构成控制系统的实际组成元件,严格来说都存在不同程度的非线性特性,因此得到的系统运动方程常常是非线性运动方程,解析求解异常困难,特别是高阶非线性运动方程,在数学上尚不可能求得一般解,而且由于非线性的存在,增大了计算量,累积误差也相应增加,在实际控制中得不到较好的控制效果。如果控制系统工作时,输入、输出量偏离其预期工作点的偏差甚小,则这类非线性运动方程可采用泰勒级数展开法,略去二阶及二阶以上高阶项,进行小偏差线性化,得到系统的线性化数学模型,该类非线性称为非本质非线性。

设系统或元件的非线性特性为 $y=f(x_1,x_2)$,其中 $x_1,x_2$ 为输入量,$y$ 为输出量。若函数 $y$ 在预期工作点$(x_{10},x_{20})$处连续可微,且满足小偏差线性化条件,则 $y$ 在预期工作点邻域内展开成泰勒级数为

$$y=y_0+\left(\frac{\partial y}{\partial x_1}\right)_0(x_1-x_{10})+\left(\frac{\partial y}{\partial x_2}\right)_0(x_2-x_{20})+\frac{1}{2!}\left[\left(\frac{\partial^2 y}{\partial x_1^2}\right)_0(x_1-x_{10})^2\right.$$



高等学校优秀教材辅导丛书 GAODENG XUEXIAO YOUXIUJIAOCAI FUDAOCONGSHU

$$+2\left(\frac{\partial^2 y}{\partial x_1 \partial x_2}\right)(x_1 - x_{10})(x_2 - x_{20}) + \left(\frac{\partial^2 y}{\partial x_2^2}\right)_0 (x_2 - x_{20})^2 \Big] + \cdots$$

式中 $y_0 = f(x_{10}, x_{20})$，若 $\Delta y = y - y_0$，$\Delta x_1 = x_1 - x_{10}$，$\Delta x_2 = x_2 - x_{20}$，可得小偏差线性化数学模型为

$$\Delta y = \left(\frac{\partial y}{\partial x_1}\right)_0 \Delta x_1 + \left(\frac{\partial y}{\partial x_2}\right)_0 \Delta x_2$$

小偏差线性化的几何意义是在预期工作点邻域内用通过该点的切线近似代替原来的曲线。

应当注意，对于某些严重的非线性，如继电特性、间隙及干摩擦等，不能进行连续可微运算，因而原则上不能用小偏差线性化的方法进行线性化，只能作为非线性问题处理，这类非线性称为本质非线性，详细内容见第 10 章。

## 2.2 线性系统的复域模型

### 2.2.1 传递函数

传递函数是基于拉氏变换引入的描述线性定常系统或元件的一种重要的数学模型。传递函数不仅可以表征系统的动态特性，而且可以用来研究系统的结构或参数变化对系统性能的影响，它是应用时域分析法、根轨迹法及频域分析法进行系统分析和设计的基础。

1. 传递函数的概念

在零初始条件下，线性定常系统或线性元件输出信号的拉氏变换与输入信号的拉氏变换之比。控制系统的零初始条件有两方面的含义：一是指输入在 $t=0_+$ 时才作用于系统，$t=0_-$ 时输出及其各阶导数均为零；二是指 $t=0_-$ 时系统处于相对静止状态，因此 $t=0_-$ 时输出及其各阶导数也均为零。对实际的工程控制系统而言，这一条件比较容易满足。

设线性定常系统的微分方程为

$$\begin{aligned}&(a_n p^n + a_{n-1} p^{n-1} + \cdots + a_1 p + a_0) c(t)\\&= (b_m p^m + b_{m-1} p^{m-1} + \cdots + b_1 p + b_0) r(t)\end{aligned}$$

式中 $c(t)$ 代表输出量，$r(t)$ 代表输入量，$a_i(i=0,1,\cdots,n)$，$b_j(j=0,1,\cdots,m)$ 为常数，$p$ 为微分算子符号。当初始条件为零时，对上式两端取拉氏变换，求得系统的传递函数为

$$G(s) = \frac{C(s)}{R(s)} = \frac{M(s)}{D(s)} = \frac{b_m s^m + b_{m-1} s^{m-1} + \cdots + b_1 s + b_0}{a_n s^n + a_{n-1} s^{n-1} + \cdots + a_1 s + a_0}$$

2. 传递函数的性质

(1)作为复域数学模型的传递函数与实域数学模型——微分方程存在一一对应关系，二者可相互唯一确定。

(2)传递函数表征线性定常系统或线性元件自身的固有特性，与外作用信号无关，也不反映系统或元件的物理结构。

(3)传递函数是复变量的有理分式，其分子多项式 $M(s)$ 和分母多项式 $D(s)$ 的所有系数均为实数，且分母多项式的阶次不小于分子多项式的阶次 $m$，即 $n \geqslant m$。

(4)一定的传递函数有一定的零、极点分布与之相对应。设传递函数 $G(s)$ 可以写成如下形式

$$G(s)=\frac{M(s)}{D(s)}=k\frac{(s-z_1)(s-z_2)\cdots(s-z_m)}{(s-p_1)(s-p_2)\cdots(s-p_n)}$$

式中 $z_j(i=1,2,\cdots,m)$——传递函数的零点；

$p_j(j=1,2,\cdots,n)$——传递函数的极点；

$G(0)=\dfrac{M(0)}{D(0)}$——传递系数。

传递函数的零、极点决定了系统的动态性能，传递系数决定了系统的稳态性能。若传递函数有复极点或(和)复零点，则其必以共轭形式成对出现。

(5)传递函数原则上不能反映系统在非零初始条件下的全部运动规律。实际上根据系统的传递函数只能求出系统的零状态响应，而在非零初始条件下，系统输出则由零状态响应和零输入响应组成。

### 2.2.2 控制系统的传递函数

设控制系统的方框图如图 2-2 所示，图中 $R(s)$ 为控制信号的拉氏变换式；$F(s)$ 为扰动信号的拉氏变换式；$\varepsilon(s)$ 为偏差信号的拉氏变换式；$C(s)$ 为输出信号的拉氏变换式；$Y(s)$ 为反馈信号的拉氏变换式；$G_1(s)$，$G_2(s)$ 为前向通道传递函数；$H(s)$ 为反馈通道传递函数。

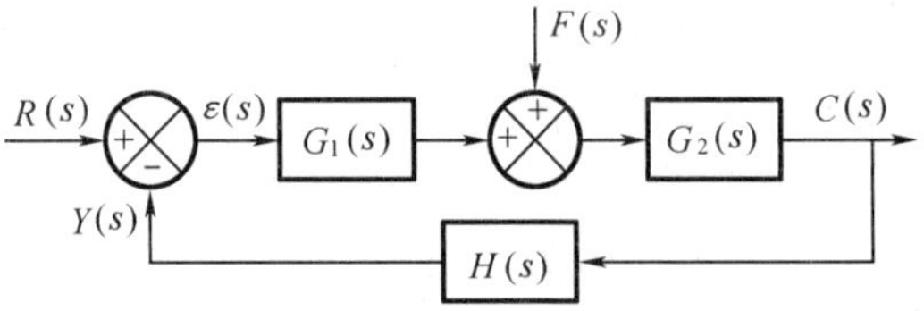


图 2-2 控制系统方框图

1. 求开环传递函数

设开环传递函数为 $G(s)$，则令 $F(s)=0$ 可求得

$$G(s)=\frac{Y(s)}{\varepsilon(s)}=G_1(s)G_2(s)H(s)$$

2. 求闭环传递函数

闭环系统以控制信号 $R(s)$ 或扰动信号 $F(s)$ 作为输入信号，以被控制信号 $C(s)$ 作为输出信号的系统传递函数称为闭环传递函数。

(1) 令 $R(s)\neq 0, F(s)=0$，有控制信号作用下闭环传递函数 $\Phi(s)$ 为

$$\Phi(s)=\frac{C(s)}{R(s)}=\frac{G_1(s)G_2(s)}{1+G(s)}$$

(2) 令 $R(s)=0, F(s)\neq 0$，有扰动信号作用下闭环传递函数 $\Phi_f(s)$ 为

$$\Phi_f(s)=\frac{C(s)}{F(s)}=\frac{G_2(s)}{1+G(s)}$$

(3) 若控制信号和扰动信号同时作用于系统，则应用线性叠加原理可求得系统输出为

$$C(s)=\Phi(s)R(s)+\Phi_f(s)F(s)=\frac{G_1(s)G_2(s)}{1+G(s)}R(s)+\frac{G_2(s)}{1+G(s)}F(s)$$

3. 求偏差传递函数

闭环系统在控制信号或扰动信号作用下，以偏差信号 $\varepsilon(s)$ 作为输出信号时系统的传递函数称为偏差传递函数。

(1) 令 $R(s)\neq 0, F(s)=0$，有控制信号作用下的偏差传递函数 $\Phi_\varepsilon(s)$ 为

$$\Phi_\varepsilon(s)=\frac{\varepsilon(s)}{R(s)}=\frac{1}{1+G(s)}$$

(2) 令 $R(s)=0, F(s)\neq 0$，有扰动信号作用下的偏差传递函数 $\Phi_{ef}(s)$ 为

$$\Phi_{ef}(s)=\frac{\varepsilon(s)}{F(s)}=-\frac{G_2(s)H(s)}{1+G(s)}$$

(3) 若控制信号和扰动信号同时作用于系统，则系统偏差为

$$\varepsilon(s)=\Phi_\varepsilon(s)R(s)+\Phi_{ef}(s)F(s)=\frac{1}{1+G(s)}R(s)-\frac{G_2(s)H(s)}{1+G(s)}F(s)$$

值得注意的是，上面的闭环传递函数具有相同的分母 $1+G(s)$，从而具有相同的闭环极点，这说明反馈控制系统的闭环极点与输入、输出信号的形式及其在系统中作用的位置无关，为此把 $1+G(s)$ 称为系统的闭环特征多项式，$1+G(s)=0$ 称为系统的闭环特征方程，其根为闭环特征根。可见，一个控制系统的结构、参数一旦确定，其闭环极点的分布是唯一的。

## 2.3 控制系统的方框图和信号流图

控制系统的方框图和信号流图，是描述系统中各组成元部件间信号传递关系的两种数学图形，可看作是系统图形形式的数学模型。对于同一系统其方框图和信号流图可以有多种，但系统输入量、输出量间的关系是唯一的。应用方框图和信号流图，可以简化复杂控制系统的分析和设计。但要注意，方框图对线性及非线性系统均适用，而信号流图只适用于线性系统；信号流图可以考虑初始条件对系统的影响，而方框图则不能。

### 2.3.1 方框图

控制系统的方框图是应用函数方框将控制系统的全部变量联系起来，以描述信号在系统中流通过程的图示，由信号线、相加点、函数方框及分支点构成，其绘制步骤如下。

(1)列写控制系统各元部件的运动方程(注意考虑负载效应)，并在零初始条件下取拉氏变换。

(2)由上述复域方程(或方程组)绘制各元部件的方框图。

(3)用信号线连接各元部件的方框图即得控制系统的方框图。

按上述步骤绘制的方框图，常常含有多个反馈回路，而且相互交错，难以弄清系统输入量和输出量间的关系，不便于分析和计算，为使复杂的方框图得到简化，下面给出简化方框图的基本规则，如表 2－1 所示。方框图简化时应注意保持变换前后信号的“等效性”。

### 2.3.2 信号流图

控制系统的信号流图是由节点和支路组成的信号传递网络，是表示信号传递关系的又一种数学图示。信号流图可以根据系统微分方程按上述方框图的绘制步骤绘制，但要注意步骤(1)中对元部件的运动方程取拉氏变换时不要求零初始条件；也可以由系统方框图按照对应关系直接得出信号流图，这里方框图中的输入量取为源点，输出量取为阱点，相加点、分支点及其他中间变量取为混合节点，函数方框取为支路，而各方框中的传递函数则为相应支路的增益。由于信号流图的节点相当于加法器，只表示变量相加，故负反馈通道的传递函数要用负支路增益表示。

根据控制系统的信号流图，可以直接应用梅森增益公式计算系统的传递函数，而无需等效简化处理，在应用梅森增益公式前，应掌握以下几个常用名词术语。

**表 2－1　方框图等效变换表**

| 序号 | 变换方式 | 原方框图 | 等效方框图 |
| --- | --- | --- | --- |
| 1 | 串联 | 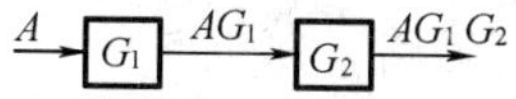 | 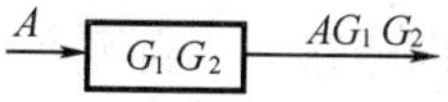 |
| 2 | 串联易位 |  | 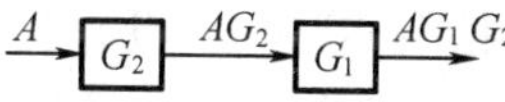 |
| 3 | 同向并联 | 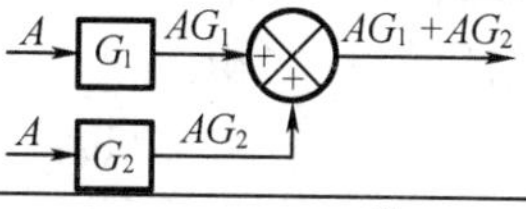 | 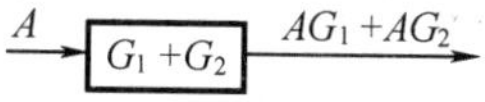 |
| 4 | 反馈环节易位 | 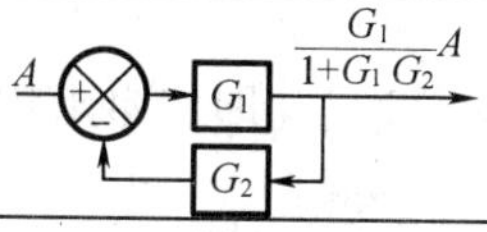 | 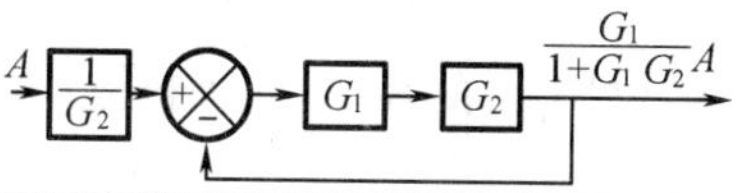 |
| 5 | 相加点分离 | 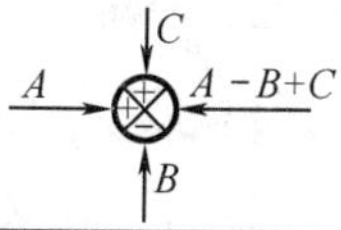 | 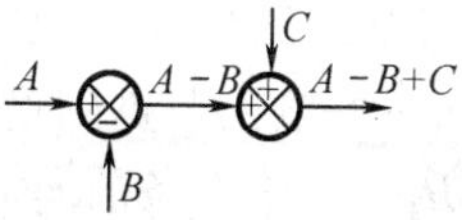 |
| 6 | 相加点易位 | 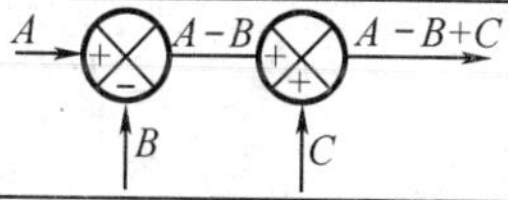 | 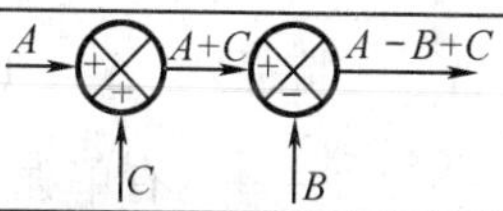 |
| 7 | 相加点后移 | 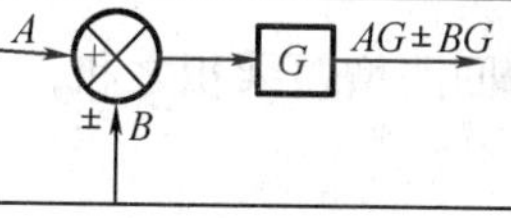 | 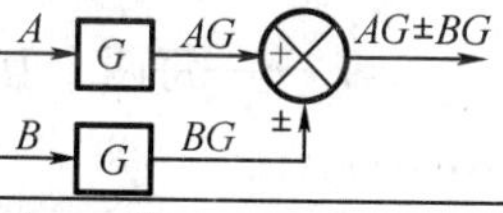 |
| 8 | 相加点前移 | 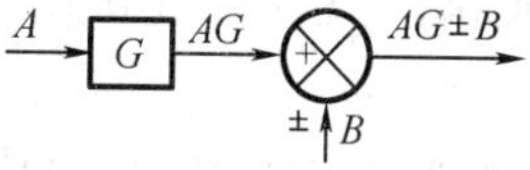 | 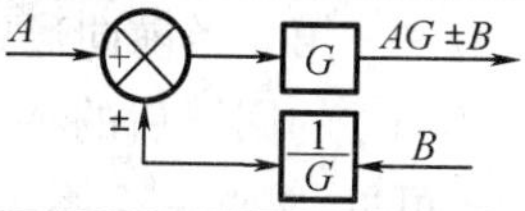 |
| 9 | 分支点后移 | 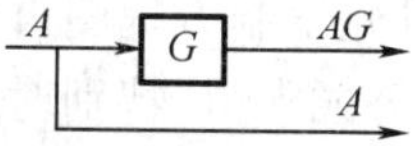 | 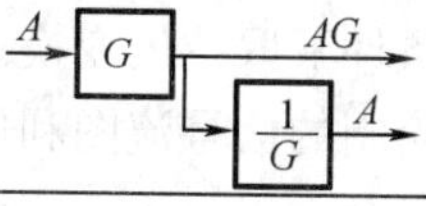 |
| 10 | 分支点前移 | 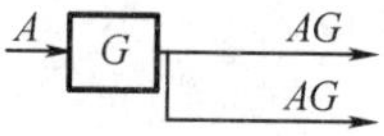 | 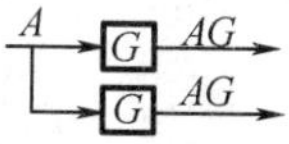 |
| 11 | 分支点前移与相加点易位 | 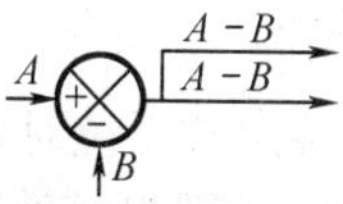 | 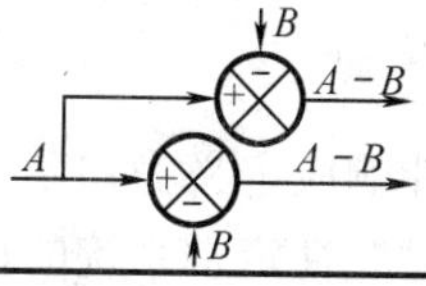 |



高等学校优秀教材辅导丛书 GAODENG XUEXIAO YOUXIUJIAOCAI FUDAOCONGSHU

源点——即输入节点,该节点上只有输出支路,无输入支路。

混合节点——该节点上输入、输出支路并存。

阱点——即输出节点,该节点上只有输入支路,无输出支路。

前向通路——由源点至阱点的开通路。

回路——即闭通路,通路的起点、终点重合,且与其他任何节点相交最多一次。

不接触回路——没有共用节点的回路。

前向通路增益——前向通路所含支路传输(增益)之积。

回路增益——回路所含支路传输(增益)之积。

### 2.3.3 梅森(Mason)增益公式

设用 $P$ 表示由源点到阱点之间的总增益(即传递函数),则梅森增益公式为

$$P = \frac{1}{\Delta}\sum_{k=1}^{n} P_k \Delta_k$$

式中 $n$——输入节点到输出节点前向通路总数;

$P_k$——第 $k$ 条前向通路增益;

$\Delta$——特征式, $\Delta = 1 - \sum L_a + \sum L_b L_c - \sum L_d L_e L_f + \cdots$;

$\sum L_a$——所有单独回路增益之和;

$\sum L_b L_c$——每两个互不接触回路增益乘积之和;

……

$\Delta_k$——第 $k$ 条前向通路的余因子(式),即 $\Delta$ 中除去与第 $k$ 条前向通路接触的回路后的特征式。

由此可见,求取一个系统的传递函数有多种途径,可以先建立微分方程,再在零初始条件下取拉氏变换求得,也可以先绘制方框图,再进行等效简化求得,还可以对所绘制的信号流图利用梅森增益公式求得,特别对一些电路系统可直接应用复阻抗概念求得。

## 2.4 脉冲响应

脉冲响应定义为初始条件为零时线性定常系统对理想的单位脉冲输入的响应过程。设线性定常系统的传递函数为 $\Phi(s)$,理想单位脉冲响应为 $k(t)$,则

$$L[k(t)] = \Phi(s)R(s) = \Phi(s)$$

这说明脉冲响应可通过传递函数的拉氏反变换求得。可见,脉冲响应与传递函数含有相同的信息,可以作为描述控制系统运动特性的一种时域数学模型。

高等学校优秀教材辅导丛书 GAODENG XUEXIAO YOUXIUJIAOCAI FUDAOCONGSHU

## 书后习题解析

2-1　求取题 2-1 图所示电路的传递函数 $I(s)/U(s)$。图中 $\psi$ 为铁心线圈磁链，$R$ 为线圈电阻。

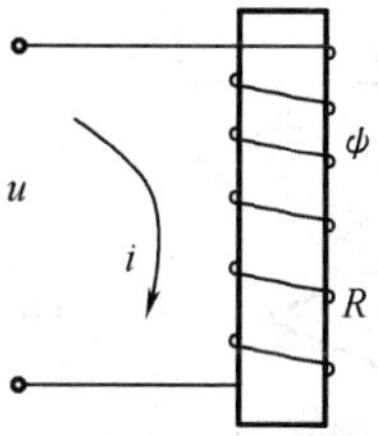


题 2-1 图

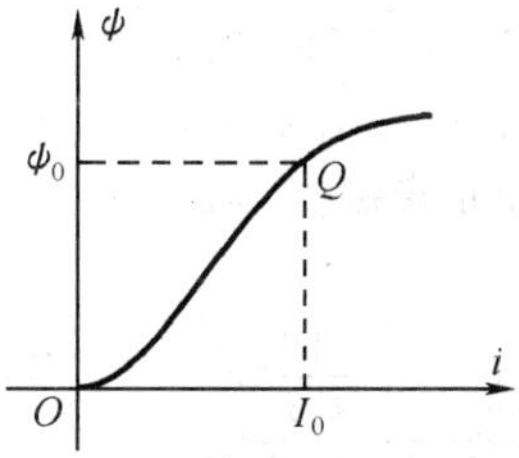


题 2-1 解图

**解**　描述铁心线圈特性的微分方程式为

$$\frac{\mathrm{d}\psi(i)}{\mathrm{d}t}+Ri=u$$

其中磁链 $\psi(i)$ 是线圈电流 $i$ 的函数，如题 2-1 解图所示，磁链 $\psi$ 是电流 $i$ 的非线性函数。假设在某一工作点 $Q(\psi_0,I_0)$ 上，电流 $i=I_0\pm\Delta i$ 的变化甚微，即增量 $\Delta i$ 很小，从而对应的磁链增量 $\Delta\psi$ 也很小，则在工作点 $Q(\psi_0,I_0)$ 两侧的微小区域内便可视 $\mathrm{d}\psi(i)/\mathrm{d}i$ 为常值。近似为小偏差线性，方程两边取拉氏变换，得

$$\left.\frac{\mathrm{d}\psi(i)}{\mathrm{d}i}\right|_{i=I_0}\cdot[sI(s)-i(0)]+RI(s)=U(s)$$

$$\left(\left.\frac{\mathrm{d}\psi(i)}{\mathrm{d}i}\right|_{i=I_0}\cdot s+R\right)I(s)-\left.\frac{\mathrm{d}\psi(i)}{\mathrm{d}i}\right|_{i=I_0}\cdot I_0=U(s)$$

其中　$I_0=i(0)$——工作点电流；

$\left.\frac{\mathrm{d}\psi(i)}{\mathrm{d}i}\right|_{i=I_0}$——在工作点 $Q$ 附近微小区域内的常值。

令 $I_0=0$，由此求得传递函数为 $\frac{I(s)}{U(s)}=\frac{1/R}{Ts+1}$，式中 $T=\left.\frac{\mathrm{d}\psi(i)}{\mathrm{d}i}\right|_{i=I_0}/R$，称为时间常数。

2-2　求取题 2-2 图所示无源电路的传递函数 $U_o(s)/U_i(s)$。

**解**　应用电路中的阻抗概念求该电路的传递函数，有

$$\frac{U_o(s)}{U_i(s)}=\frac{\frac{1}{Cs}/\!/R_2}{R_1+\frac{1}{Cs}/\!/R_2}=\frac{R_2}{R_1R_2Cs+R_1+R_2}$$



高等学校优秀教材辅导丛书 GAODENG XUEXIAO YOUXIUJIAOCAI FUDAOCONGSHU

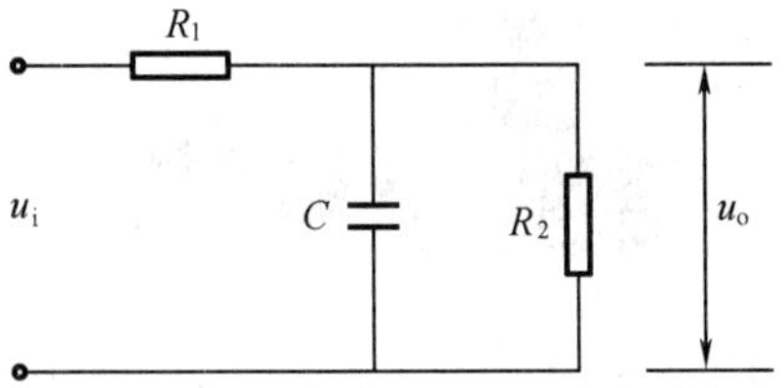


题 2－2 图

2－3　求取题 2－3 图所示有源网络的传递函数 $U_o(s)/U_i(s)$。

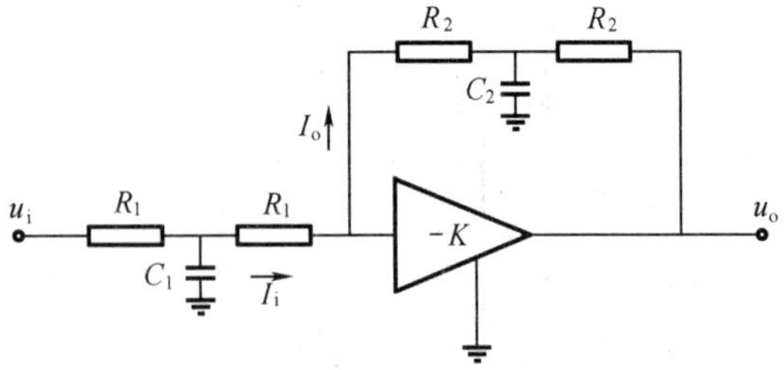


题 2－3 图

**解**　根据放大器的虚短、虚断的性质，有

$$I_i(s)=\frac{U_i(s)}{R_1+R_1/\!/\frac{1}{C_1s}}\cdot\frac{\frac{1}{C_1s}}{R_1+\frac{1}{C_1s}}$$

$$I_o(s)=-\frac{U_o(s)}{R_2+R_2/\!/\frac{1}{C_2s}}\cdot\frac{\frac{1}{C_2s}}{R_2+\frac{1}{C_2s}}$$

又因为 $I_o(s)=I_i(s)$，故传递函数为

$$\frac{U_o(s)}{U_i(s)}=-\frac{R_2\left(\frac{1}{2}R_2C_2s+1\right)}{R_1\left(\frac{1}{2}R_1C_1s+1\right)}$$

2－4　题 2－4 图所示为机械平移系统，其中 $m,k,f$ 分别代表物体质量、线性弹簧的弹性系数、阻尼器的黏性摩擦系数。设输入信号为作用力 $f_i(t)$，输出信号为物体位移 $y(t)$，试求取该系统的传递函数 $Y(s)/F_i(s)$。

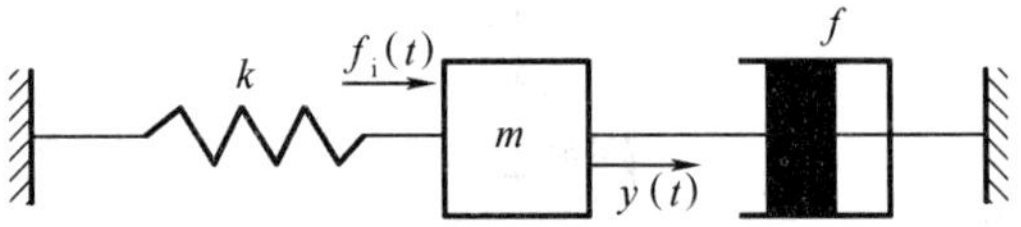


题 2－4 图

**解**　根据牛顿定律 $ma=\sum F$，题 2－4 图所示平移运动方程式为

$$m\frac{\mathrm{d}^2y}{\mathrm{d}t^2}=f_i-f\frac{\mathrm{d}y}{\mathrm{d}t}-ky$$

设初始条件为零，方程两边取拉普拉斯变换，得

$$ms^2Y(s)=F_i(s)-fsY(s)-kY(s)$$

则该机械平移系统的传递函数 $Y(s)/F_i(s)$ 为

$$\frac{Y(s)}{F_i(s)}=\frac{\frac{1}{k}}{\frac{m}{k}s^2+\frac{f}{k}s+1}$$

2-5　题2-5图所示为机械转动系统，其中 $J$ 表示转动惯量，$f$ 表示黏性摩擦系数。设输入信号为外作用力矩 $m_i(t)$，输出信号为轴角位移 $\theta(t)$，试求取该系统的传递函数 $\theta(s)/M_i(s)$。

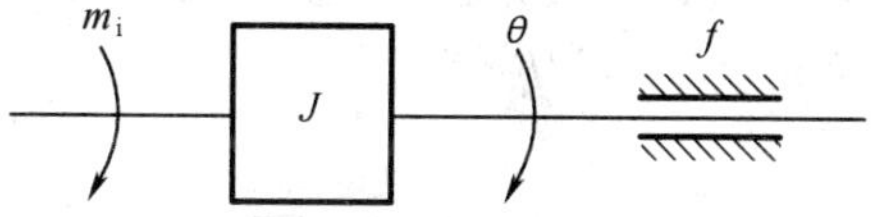


题2-5图

**解**　根据牛顿定律，机械转动系统的力矩方程式为

$$J\frac{d^2\theta}{dt^2}=m_i-f\frac{d\theta}{dt}$$

设初始条件为零，方程两边取拉普拉斯变换，得

$$Js^2\theta(s)=M_i(s)-fs\theta(s)$$

则机械转动系统的传递函数 $\theta(s)/M_i(s)$ 为

$$\frac{\theta(s)}{M_i(s)}=\frac{\frac{1}{f}}{s\left(\frac{J}{f}s+1\right)}$$

2-6　题2-6图所示为齿轮传动系统，其中 $M_i$ 为主动轴上的外作用力矩，$M_1$ 为齿轮1承受的阻力矩，$M_2$ 为齿轮2的传动力矩。试求传递函数 $\theta_2(s)/M_i(s)$。

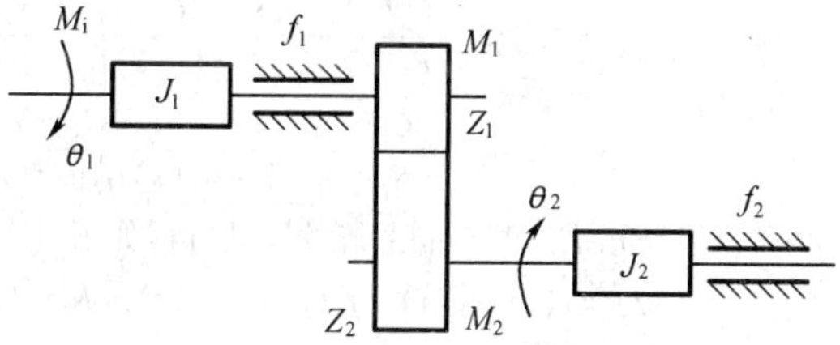


题2-6图

**解**　由题2-6图得下列方程为

$$J_1\frac{d^2\theta_1}{dt^2}+f_1\frac{d\theta_1}{dt}+M_1=M_i$$

$$J_2\frac{d^2\theta_2}{dt^2}+f_2\frac{d\theta_2}{dt}=M_2$$

$$M_1\theta_1=M_2\theta_2$$

设初始条件为零，取拉普拉斯变换，得

$$J_1s^2\theta_1(s)+f_1s\theta_1(s)+M_1(s)=M_i(s)$$

$$J_2s^2\theta_2(s)+f_2s\theta_2(s)=M_2(s)$$

$$M_2=M_1\frac{\theta_1}{\theta_2}=M_1\frac{Z_2}{Z_1}$$

式中的 $Z_1$，$Z_2$ 分别表示齿轮1,2的齿数。

经计算求得传递函数 $\theta_2(s)/M_i(s)$ 为

$$\frac{\theta_2(s)}{M_i(s)}=\frac{\dfrac{Z_1}{Z_2}}{\left[J_1+\left(\dfrac{Z_1}{Z_2}\right)^2J_2\right]s^2+\left[f_1+\left(\dfrac{Z_1}{Z_2}\right)^2f_2\right]s}$$

2－7　已知系统方框图如题2－7图所示。试计算传递函数 $C_1(s)/R_1(s)$，$C_2(s)/R_1(s)$，$C_1(s)/R_2(s)$ 及 $C_2(s)/R_2(s)$。

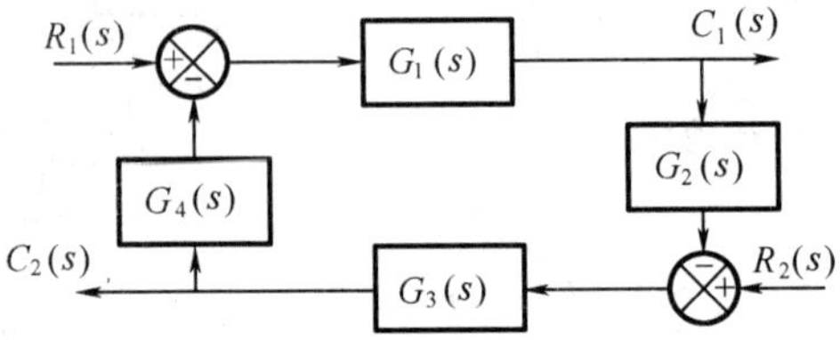


题2－7图

**解**　根据叠加原理，求得

$$\frac{C_1(s)}{R_1(s)}=\frac{G_1(s)}{1-G_1(s)G_2(s)G_3(s)G_4(s)}$$

$$\frac{C_2(s)}{R_1(s)}=-\frac{G_1(s)G_2(s)G_3(s)}{1-G_1(s)G_2(s)G_3(s)G_4(s)}$$

$$\frac{C_1(s)}{R_2(s)}=-\frac{G_1(s)G_3(s)G_4(s)}{1-G_1(s)G_2(s)G_3(s)G_4(s)}$$

$$\frac{C_2(s)}{R_2(s)}=\frac{G_3(s)}{1-G_1(s)G_2(s)G_3(s)G_4(s)}$$

2－8　设已知描述某控制系统的运动方程如下：

$x_1(t)=r(t)-c(t)-f_1(t)$；　$x_2(t)=K_1x_1(t)$；　$x_3(t)=x_2(t)-x_5(t)$；

$T\dfrac{\mathrm{d}x_4(t)}{\mathrm{d}t}=x_3(t)$；　$x_5(t)=x_4(t)-K_2f_2(t)$；　$K_0x_5(t)=\dfrac{\mathrm{d}^2c(t)}{\mathrm{d}t^2}+\dfrac{\mathrm{d}c(t)}{\mathrm{d}t}$。

式中　$r(t)$——系统的控制信号；

$f_1(t)$，$f_2(t)$——系统的扰动信号；

$c(t)$——系统的被控制信号；

$x_1(t)\sim x_5(t)$——中间变量；

$K_0$，$K_1$，$K_2$——常值增益；

$T$——时间常数。

试绘制控制系统方框图，并由方框图求取闭环传递函数 $C(s)/R(s)$，$C(s)/F_1(s)$ 及 $C(s)/F_2(s)$。

**解**　(1)绘制系统方框图时，由系统的控制信号与主反馈信号进行叠加的比较环节开始，沿信号流通方向，通过函数方框将所有中间变量间的关系一一画出，直至画出系统的被控制信号与主反馈信号。方框图如题2－8解图(1)所示。

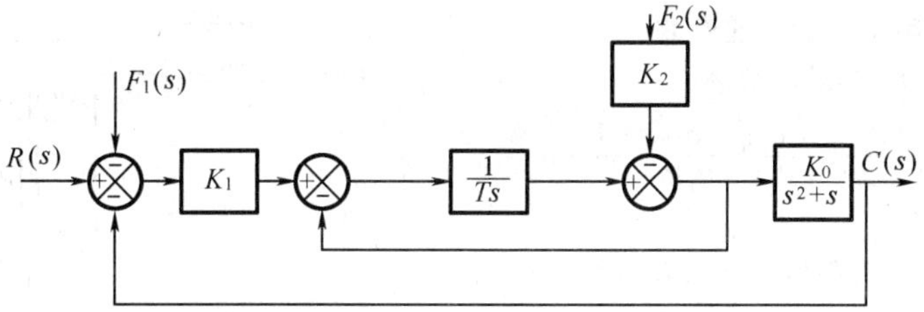


题 2－8 解图(1)

(2)求取闭环传递函数 $C(s)/R(s)$ 时,令 $F_1(s)=0$ 和 $F_2(s)=0$,则

$$\frac{C(s)}{R(s)}=\frac{K_0K_1}{Ts^3+(1+T)s^2+s+K_0K_1}$$

由于扰动信号 $f_1(t)$ 与控制信号 $r(t)$ 在系统中的作用点相同,所以有

$$\frac{C(s)}{F_1(s)}=-\frac{C(s)}{R(s)}=-\frac{K_0K_1}{Ts^3+(1+T)s^2+s+K_0K_1}$$

求取闭环传递函数 $C(s)/F_2(s)$ 时,需令 $R(s)=0$ 和 $F_1(s)=0$,此时等效的方框图如题 2－8 解图(2)中(a),(b)所示,求得

$$\frac{C(s)}{F_2(s)}=-\frac{K_0K_2Ts}{Ts^3+(1+T)s^2+s+K_0K_1}$$

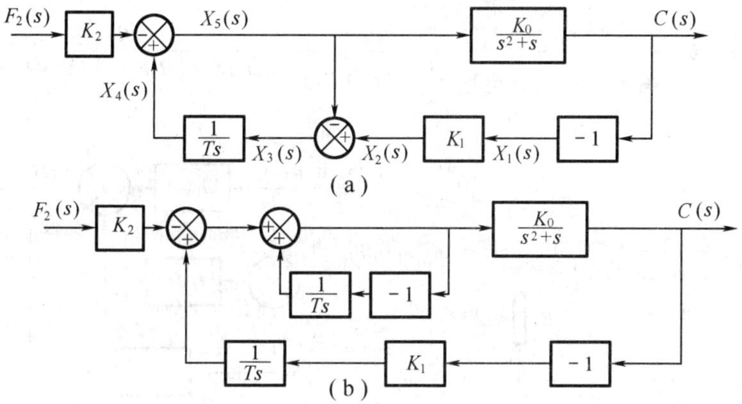


题 2－8 解图(2)

2－9　求取题 2－9 图所示 $RC$ 电路的传递函数 $U_3(s)/U_1(s)$。图中 $K$ 为放大器的增益。

**解**　由于放大器是与 $RC$ 电路串接的下一个元件,其输入电阻 $R_i$ 是 $RC$ 电路的负载,因此求取 $RC$ 电路的传递函数 $U_2(s)/U_1(s)$ 时,需要考虑放大器对 $RC$ 电路的负载效应。当输入 $R_i=\infty$

时，即 $RC$ 电路与放大器间无负载效应存在时，$RC$ 电路与放大器串接时的传递函数 $U_2(s)/U_1(s)$ 与 $RC$ 电路单独存在时相同，即

$$\frac{U_2(s)}{U_1(s)}=\frac{R_2}{R_1+R_2}\cdot\frac{R_1Cs+1}{\frac{R_1R_2}{R_1+R_2}Cs+1}$$

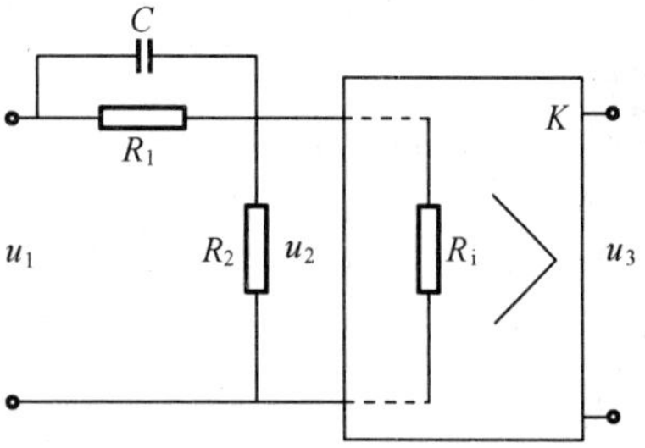

题 2－9 图

若输入电阻 $R_i$ 为有限值，求取 $RC$ 电路的传递函数 $U_2(s)/U_1(s)$ 时必须考虑串接放大器的负载效应，也就是 $RC$ 电路的输出端电阻应取 $R_2$ 与 $R_1$ 的并联值 $R_2'$。这时，$RC$ 电路的传递函数 $U_2(s)/U_1(s)$ 的形式与上式相同，只是其中的电阻 $R_2$ 应换写为 $R_2'$，即

$$\frac{U_2(s)}{U_1(s)}=\frac{R_2'}{R_1+R_2'}\cdot\frac{R_1Cs+1}{\frac{R_1R_2'}{R_1+R_2'}Cs+1}$$

$RC$ 电路与放大器串接后的传递函数 $U_3(s)/U_1(s)$ 为

$$\frac{U_3(s)}{U_1(s)}=\frac{U_2(s)}{U_1(s)}\cdot\frac{U_3(s)}{U_2(s)}=\frac{R_2'}{R_1+R_2'}\cdot\frac{R_1Cs+1}{\frac{R_1R_2'}{R_1+R_2'}Cs+1}\cdot K$$

其中 $R_2'=R_2/\!/R_i$。

2－10　求取题 2－10 图所示电路的传递函数 $U_2(s)/U_1(s)$。

**解**　应用阻抗的概念，有

$$\frac{U_2(s)}{U_1(s)}=R_2\cdot\frac{1}{R_1+\frac{1}{Cs}/\!/(Ls+R_2)}\cdot\frac{\frac{1}{Cs}}{\frac{1}{Cs}+(Ls+R_2)}=\frac{R_2}{R_1LCs^2+(R_1R_2C+L)s+R_1+R_2}$$

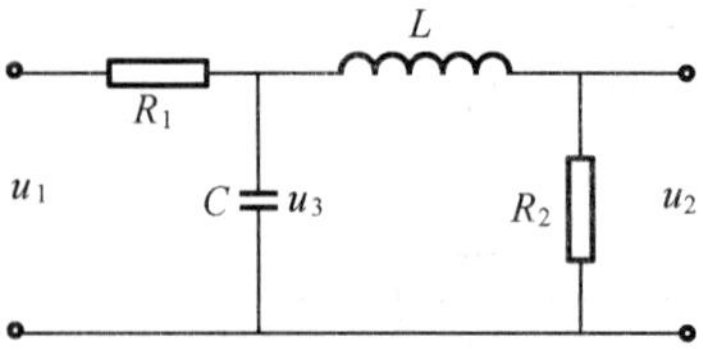

题 2－10 图

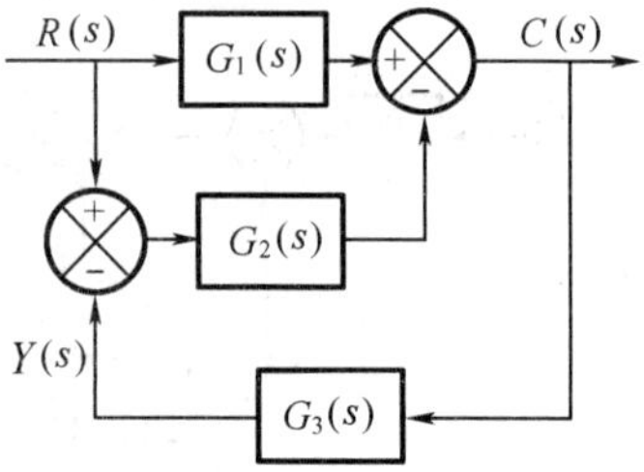

题 2－11 图

2－11　通过方框图的等效简化求取题 2－11 图所示系统的传递函数 $C(s)/R(s)$。

**解**　题 2－11 图可等效变换为题 2－11 解图所示形式，求得传递函数为

$$\frac{C(s)}{R(s)}=\frac{G_1(s)-G_2(s)}{1-G_2(s)G_3(s)}$$

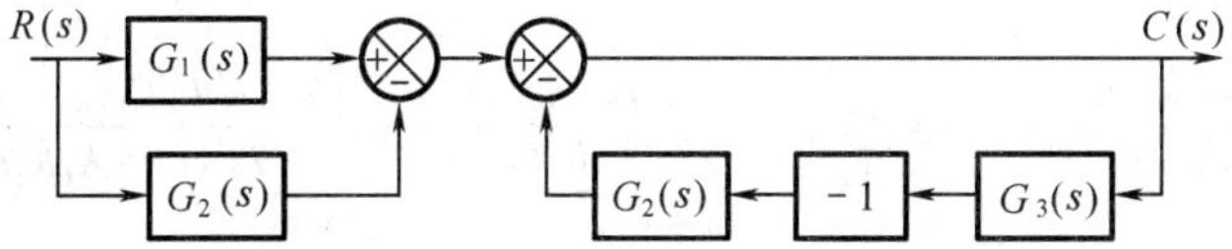


题 2-11 解图

2-12 通过方框图的等效简化求取题 2-12 图所示系统的传递函数 $C(s)/R(s)$。

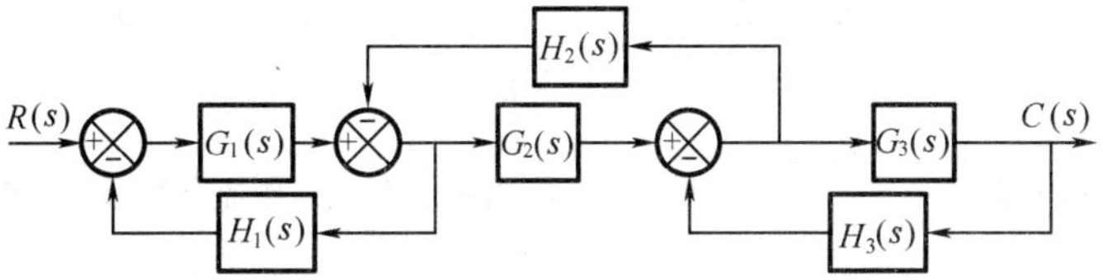


题 2-12 图

**解** 将方框图等效变换为题 2-12 解图所示形式,求得传递函数为

$$\frac{C(s)}{R(s)}=\frac{G_1(s)G_2(s)G_3(s)}{1+G_1(s)H_1(s)+G_2(s)H_2(s)+G_3(s)H_3(s)+G_1(s)H_1(s)G_3(s)H_3(s)}$$

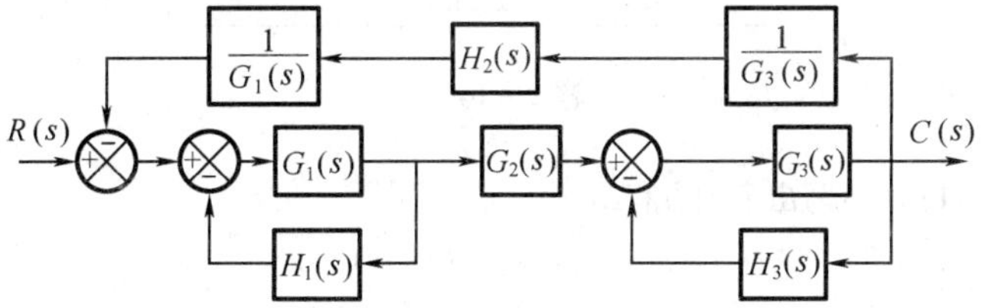


题 2-12 解图

2-13 通过方框图的等效简化求取题 2-13 图所示系统的传递函数 $C(s)/F(s)$。

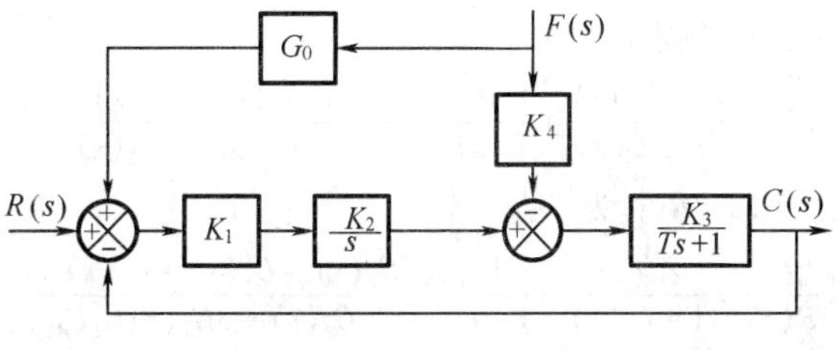


题 2-13 图



高等学校优秀教材辅导丛书 GAODENG XUEXIAO YOUXIUJIAOCAI FUDAOCONGSHU

**解** 令 $R(s)=0$,将题 2－13 图等效变换成题 2－13 解图所示的方框图,求得

$$\frac{C(s)}{F(s)}=\left(\frac{K_1K_2}{s}G_0(s)-K_4\right)\cdot\frac{\dfrac{K_3}{Ts+1}}{1-\dfrac{K_3}{Ts+1}\cdot\dfrac{K_1K_2}{s}(-1)}=\frac{K_3(K_1K_2G_0(s)-K_4s)}{Ts^2+s+K_1K_2K_3}$$

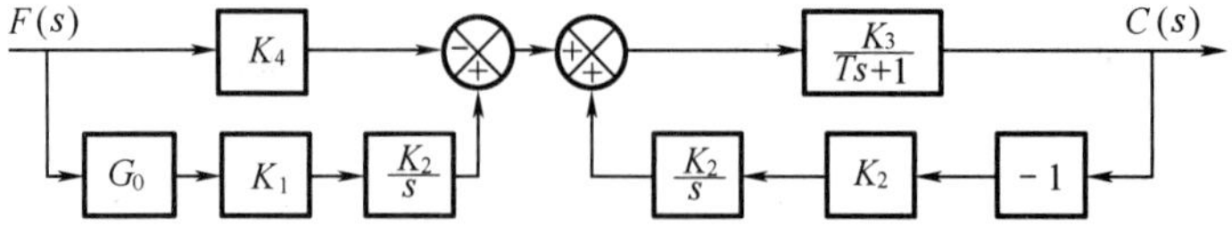


题 2－13 解图

2－14 通过方框图的等效简化求取题 2－14 图所示系统的传递函数 $C(s)/R(s)$。

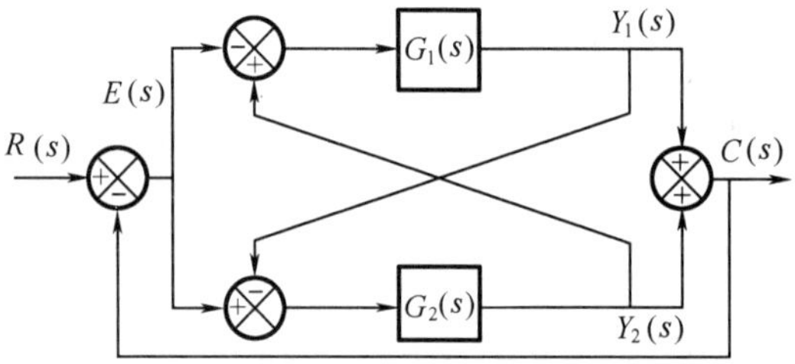


题 2－14 图

**解** 由题 2－14 图可写出下列方程组

$$Y_1(s)=[Y_2(s)-E(s)]G_1(s)$$
$$Y_2(s)=[E(s)-Y_1(s)]G_2(s)$$

解得

$$\frac{Y_1(s)}{E(s)}=\frac{[G_2(s)-1]G_1(s)}{1+G_1(s)G_2(s)}$$
$$\frac{Y_2(s)}{E(s)}=\frac{[G_1(s)+1]G_2(s)}{1+G_1(s)G_2(s)}$$

其中 $Y_1(s)+Y_2(s)=C(s)$。则求得

$$G'(s)=\frac{C(s)}{E(s)}=\frac{Y_1(s)}{E(s)}+\frac{Y_2(s)}{E(s)}=\frac{2G_1(s)G_2(s)-G_1(s)+G_2(s)}{1+G_1(s)G_2(s)}$$

最终求得系统传递函数 $C(s)/R(s)$ 为

$$\frac{C(s)}{R(s)}=\frac{G'(s)}{1+G'(s)}=\frac{2G_1(s)G_2(s)-G_1(s)+G_2(s)}{1-G_1(s)+G_2(s)+3G_1(s)G_2(s)}$$

本题还可根据将前向通道和反馈通道分开来进行等效简化,或通过移动相加点和分支点来进行等效简化,但后者较繁琐。

2－15　绘制题 2－15 图所示电路的方框图，并应用梅森增益公式求取传递函数 $U_2(s)/U_1(s)$。

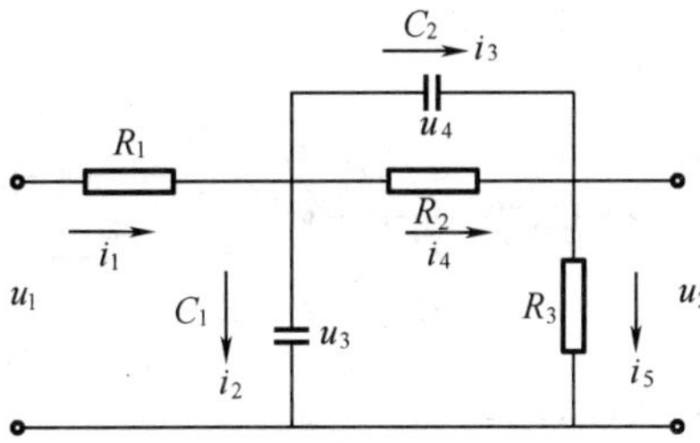


题 2－15 图

**解**　由题 2－15 图可得下列方程

$$I_1(s)=\frac{U_1(s)-U_3(s)}{R_1}$$

$$I_1(s)=I_2(s)+I_3(s)+I_4(s)$$

$$U_3(s)=\frac{1}{C_1s}I_2(s),\quad U_3(s)=U_2(s)+U_4(s)$$

$$U_4(s)=\frac{1}{C_2s}I_3(s),\quad I_4(s)=\frac{U_4(s)}{R_2}$$

$$I_5(s)=I_3(s)+I_4(s),\quad U_2(s)=R_3I_5(s)$$

根据方程绘制方框图如题 2－15 解图所示。可见，方框图中有两条前向通路，它们的传递函数 $P_1,P_2$ 为

$$P_1=\frac{1}{R_1}\frac{1}{C_1s}\cdot C_2s\cdot R_3=\frac{R_3C_2}{R_1C_1},\quad P_2=\frac{1}{R_1}\frac{1}{C_1s}\cdot\frac{1}{R_2}\cdot R_3=\frac{R_3}{R_1R_2C_1s}$$

方框图共有单反馈回路 5 个，它们的传递函数分别是

$$L_1=-\frac{1}{R_1C_1s},\quad L_2=-R_3C_2s,\quad L_3=-\frac{1}{C_1s}\cdot C_2s=-\frac{C_2}{C_1}$$

$$L_4=-\frac{1}{R_2}\cdot R_3=-\frac{R_3}{R_2},\quad L_5=-\frac{1}{C_1s}\cdot\frac{1}{R_2}=-\frac{1}{R_2C_1s}$$

两两互不接触的回路有 $L_1L_2$ 及 $L_1L_4$，不存在三个以上互不接触的回路。求得

$$\Delta=1-(L_1+L_2+L_3+L_4+L_5)+L_1L_2+L_1L_4,\ \Delta_1=\Delta_2=1$$

应用 Mason 公式求得传递函数为

$$\frac{U_2(s)}{U_1(s)}=\frac{1}{\Delta}(P_1\Delta_1+P_2\Delta_2)=\left[\left(\frac{R_3}{R_1+R_2+R_3}\right)(R_2C_2s+1)\right]$$

$$\cdot\left[\frac{R_3}{R_1+R_2+R_3}(R_1C_1R_2C_2)s^2+\frac{R_1R_2C_1+R_1R_2C_2+R_1R_3C_1+R_2R_3C_2}{R_1+R_2+R_3}s+1\right]$$

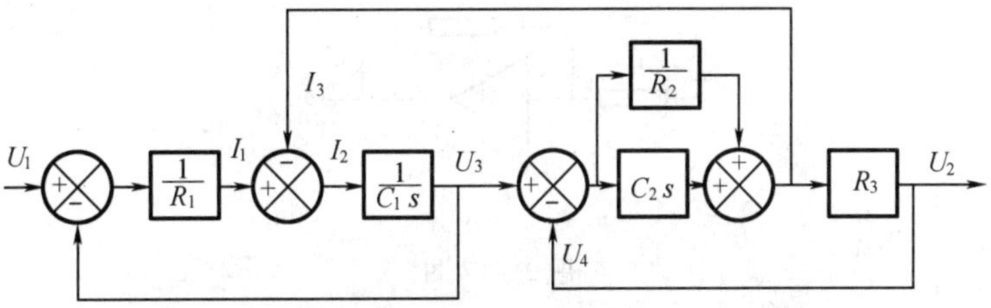


题 2－15 解图



高等学校优秀教材辅导丛书 GAODENG XUEXIAO YOUXIUJIAOCAI FUDAOCONGSHU

2-16　求取题 2-16 图(a),(b),(c)所示电路的传递函数 $U_o(s)/U_i(s)$。

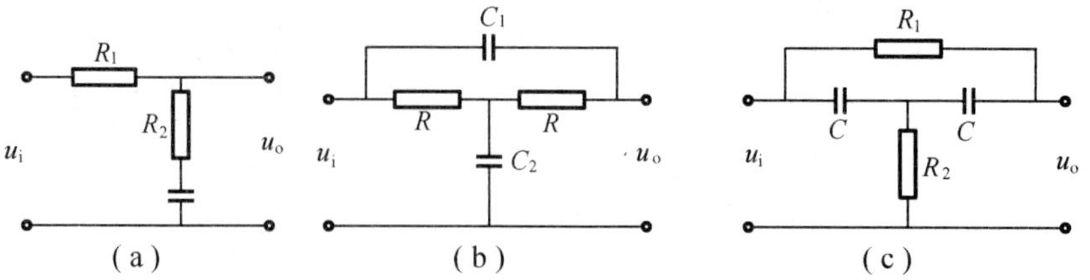


题 2-16 图

**解**　应用阻抗的概念,有

(a)
$$\frac{U_o(s)}{U_i(s)}=\frac{R_2+\dfrac{1}{Cs}}{R_1+R_2+\dfrac{1}{Cs}}=\frac{R_2Cs+1}{(R_1+R_2)Cs+1}$$

(b)
$$\frac{U_o(s)}{U_i(s)}=\frac{C_1C_2R^2s^2+2RC_1s+1}{C_1C_2R^2s^2+R(2C_1+C_2)s+1}$$

(c)
$$\frac{U_o(s)}{U_i(s)}=\frac{R_1R_2C^2s^2+2R_2Cs+1}{R_1R_2C^2s^2+(2R_2+R_1)Cs+1}$$

2-17　求题 2-17 图(a)~(c)所示有源网络的传递函数 $U_o(s)/U_i(s)$。

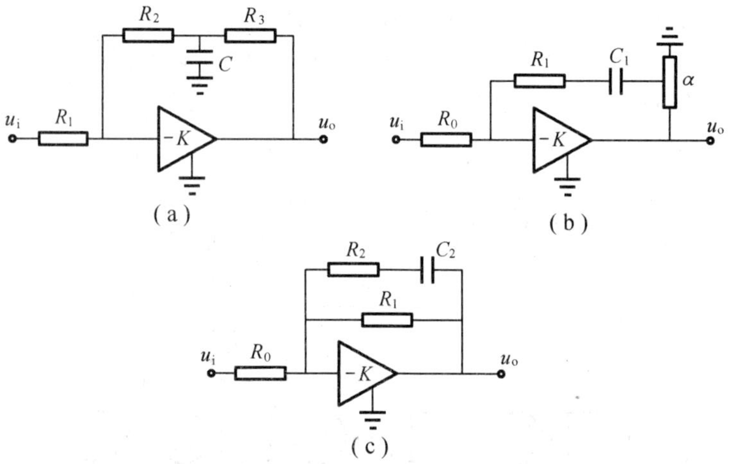


题 2-17 图

**解**　思路同题 2-3,有


高等学校优秀教材辅导丛书 GAODENG XUEXIAO YOUXIUJIAOCAI FUDAOCONGSHU

(a)
$$\frac{U_o(s)}{U_i(s)} = -\frac{R_2R_3Cs + R_2 + R_3}{R_1}$$

(b)
$$\frac{U_o(s)}{U_i(s)} = -\frac{1}{\alpha}\cdot\frac{R_1}{R_0}\cdot\frac{R_1C_1s+1}{R_1C_1s}$$

(c)
$$\frac{U_o(s)}{U_i(s)} = -\frac{R_1}{R_0}\cdot\frac{R_2C_2s+1}{(R_1+R_2)C_2s+1}$$

2－18　求题 2－18 图(a)、(b)所示机械平移系统的传递函数 $Y(s)/F_i(s)$，其中 $y(t)$ 为输出位移，$f_i(t)$ 为系统的外作用力，$k$ 为线性弹簧的弹性系数，$f$ 为阻尼器的黏性摩擦系数。

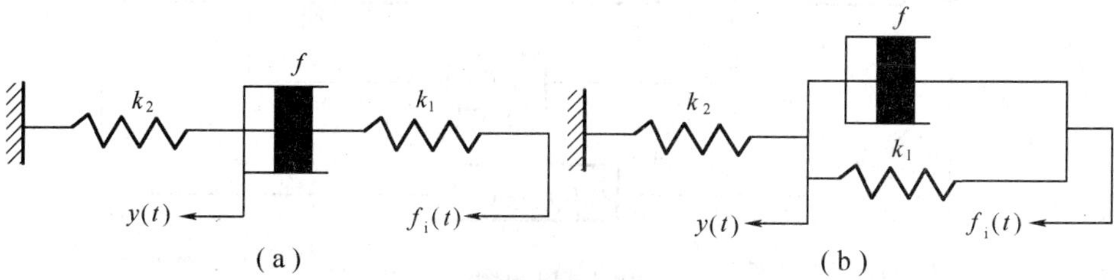


题 2－18 图

**解**　(a)设阻尼器和右侧弹簧之间某点的输出位移为 $x(t)$，可得方程

$$k_1x(t) + f(\dot{x}-\dot{y}) = f_i(t), \quad f(\dot{x}-\dot{y}) = k_2y$$

消中间变量 $x(t)$，得

$$\frac{k_1k_2}{f}\int y\mathrm{d}t + k_1y + k_2y = f_i(t)$$

整理得传递函数为

$$\frac{Y(s)}{F_i(s)} = \frac{fs}{(k_1+k_2)fs + k_1k_2}$$

(b)第一种情况：当 $f_i(t)$ 为位移时，则可列方程为

$$k_1(x-y) + f(\dot{x}-\dot{y}) = k_2y$$

则传递函数为

$$\frac{Y(s)}{F_i(s)} = \frac{fs+k_1}{fs+k_1+k_2}$$

第二种情况：当 $f_i(t)$ 为作用力时，则可列方程为

$$f_i(t) = k_1(x-y) + f(\dot{x}-\dot{y})$$
$$k_1(x-y) + f(\dot{x}-\dot{y}) = k_2y$$

则传递函数为

$$\frac{Y(s)}{F_i(s)} = \frac{1}{k_2}$$

2－19　已知某控制系统由下列方程描述。试绘制该系统方框图，并由方框图求取传递函数 $C(s)/R(s)$。

$$X_1(s)=G_1(s)R(s)-G_1(s)[G_7(s)-G_8(s)]C(s)$$
$$X_2(s)=G_2(s)[X_1(s)-G_6(s)X_3(s)]$$
$$X_3(s)=[X_2(s)-G_5(s)C(s)]G_3(s);\quad C(s)=G_4(s)X_3(s)$$

**解**　由方程式可画出系统方框图如题 2－19 解图所示。

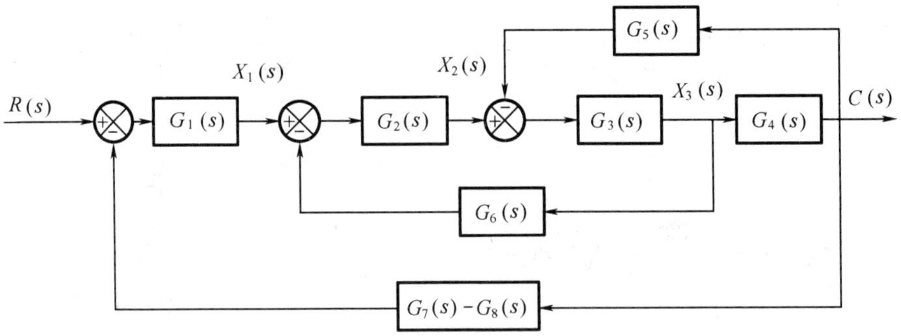


题 2－19 解图

对方框图进行等效简化求得

$$\frac{C(s)}{R(s)}=\frac{G_1(s)G_2(s)G_3(s)G_4(s)}{1+G_1(s)G_2(s)G_3(s)G_4(s)[G_7(s)-G_8(s)]+G_2(s)G_3(s)G_6(s)+G_3(s)G_4(s)G_5(s)}$$

2－20　试分别等效简化题 2－20 图(a)所示方框图，并求取传递函数 $C(s)/R(s)$。

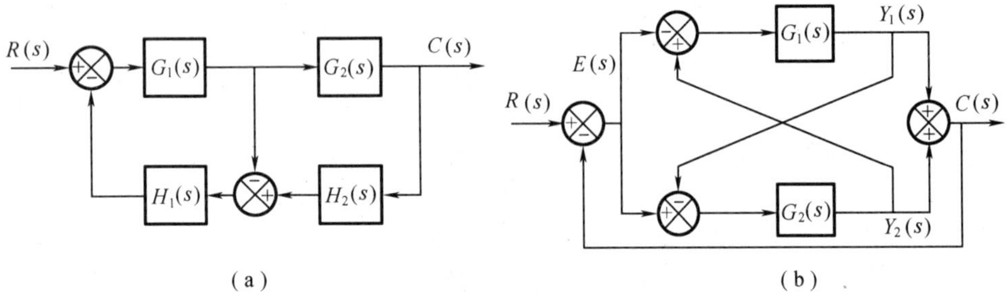


题 2－20 图

**解**　将题 2－20 图(a)所示的方框图等效简化，如题 2－20 解图所示。则求得传递函数为

$$\frac{C(s)}{R(s)}=\frac{G_1(s)G_2(s)}{1+G_1(s)G_2(s)H_1(s)H_2(s)-G_1(s)H_1(s)}$$

题 2－20 解图(b)同题 2－14 图，解题过程见题 2－14。

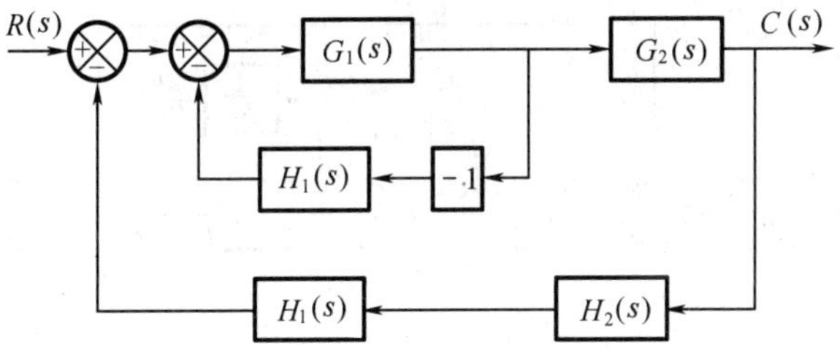


题 2 - 20 解图

2 - 21　试通过方框图的等效简化，求取题 2 - 21 图所示系统的传递函数 $C(s)/F(s)$。

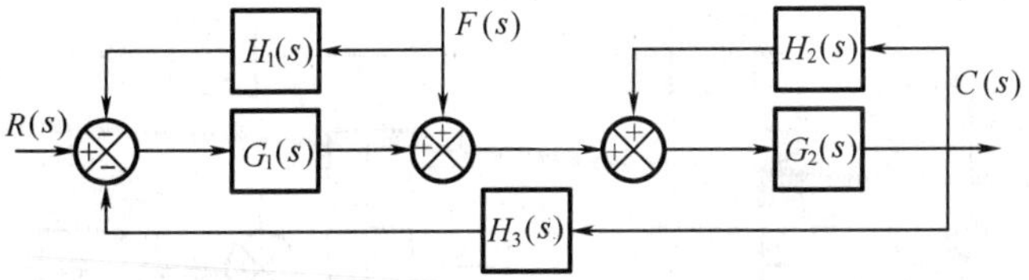


题 2 - 21 图

**解**　令 $R(s)=0$，将前向通道和反馈通道分开，等效简化如题 2 - 21 解图所示。求得传递函数为

$$\frac{C(s)}{F(s)}=\frac{G_2(s)-G_1(s)G_2(s)H_1(s)}{1+G_1(s)G_2(s)H_3(s)-G_2(s)H_2(s)}$$

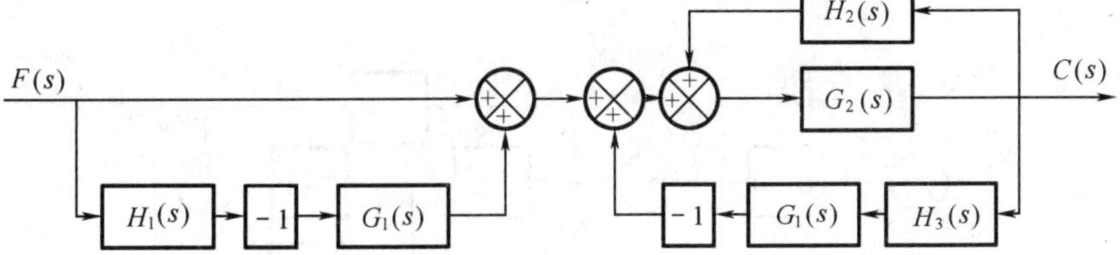


题 2 - 21 解图

2 - 22　试等效简化方框题 2 - 22 图所示方框图，并求取传递函数 $U_2(s)/U_1(s)$。

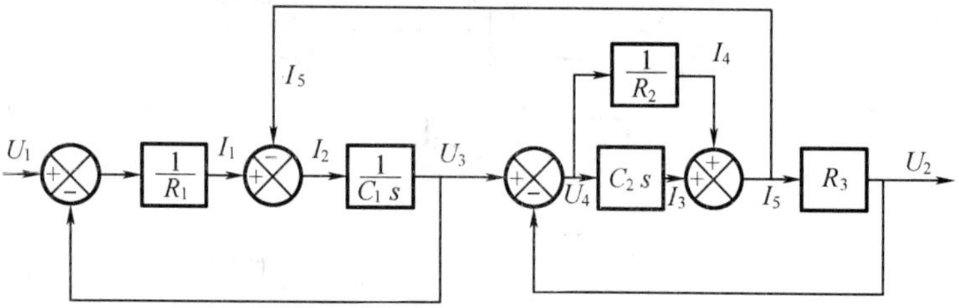


题 2－22 图

**解**　通过移动分支点与相加点,此方框图等效成如题 2－22 解图所示结构。

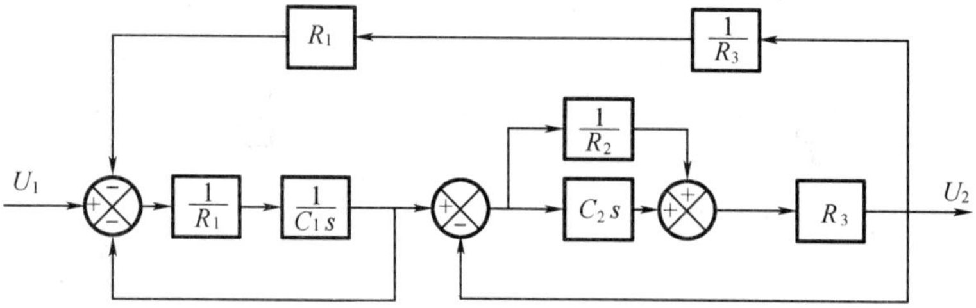


题 2－22 解图

由此求得传递函数

$$\frac{U_2(s)}{U_1(s)}=\frac{R_3(1+R_2C_2s)}{R_1R_2R_3C_1C_2s^2+(R_1R_2C_1+R_1R_2C_2+R_1R_3C_1+R_2R_3C_2)s+(R_1+R_2+R_3)}$$

2－23　试应用梅森增益公式求取题 2－23 图所示系统的传递函数 $C(s)/R(s)$。

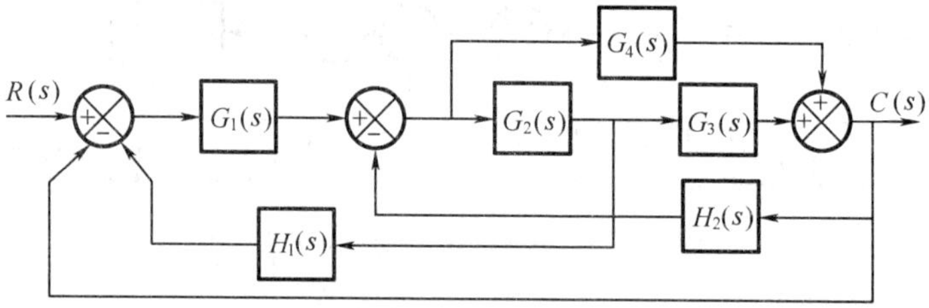


题 2－23 图

**解**　画出该系统的信号流图如题 2－23 解图所示。

共有两条前向通路,通路增益分别为

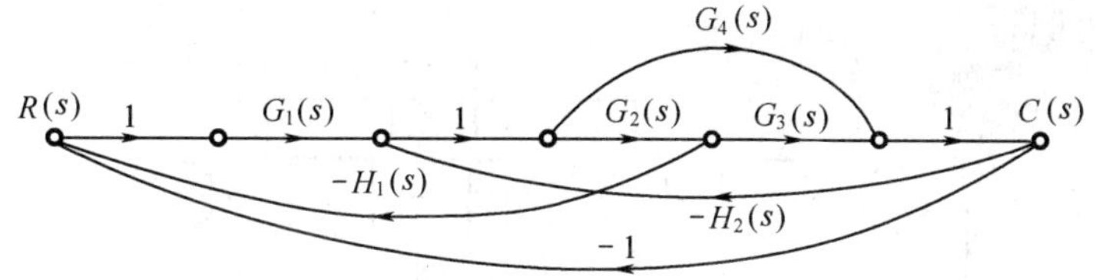


题 2－23 解图

$$P_1 = G_1(s)G_2(S)G_3(s),\quad P_2 = G_1(s)G_4(s)$$

共有 5 个单独回路，其增益分别为

$$L_1 = -G_1(s)G_2(s)H_1(s),\quad L_2 = -G_2(s)G_3(s)H_2(s)$$

$$L_3 = -G_4(s)H_2(s),\quad L_4 = -G_1(s)G_2(s)G_3(s),\quad L_5 = -G_1(s)G_4(s)$$

不存在两两互不接触回路，所以

$$\Delta = 1 - (L_1 + L_2 + L_3 + L_4 + L_5)$$

两条前向通路均与所有回路有接触，所以，$\Delta_1 = 1, \Delta_2 = 1$。

$$\frac{C(s)}{R(s)} = \frac{P_1\Delta_1 + P_2\Delta_2}{\Delta}$$

$$= \frac{G_1(s)G_2(s)G_3(s) + G_1(s)G_4(s)}{1 + G_1(s)G_2(s)G_3(s) + G_1(s)G_4(s) + G_1(s)G_2(s)H_1(s) + G_2(s)G_3(s)H_2(s) + G_4(s)H_2(s)}$$

2－24　试应用梅森增益公式求取题 2－21 图所示系统的传送函数 $C(s)/F(s)$。

**解**　令 $R(s) = 0$，信号流图如题 2－24 解图所示，有

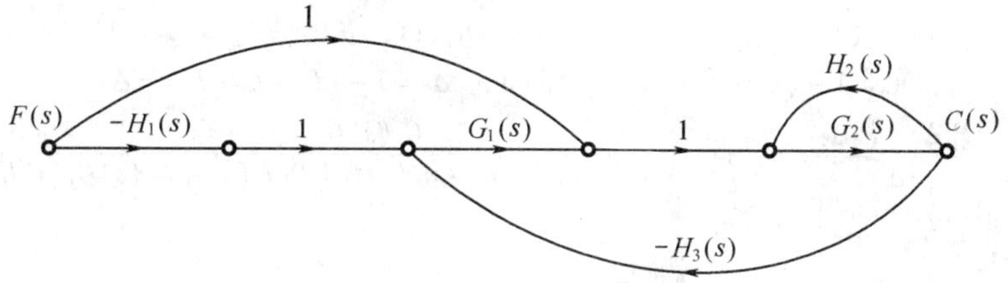


题 2－24 解图

$$P_1 = -G_1(s)G_2(s)H_1(s),\quad P_2 = G_2(s)$$

$$L_1 = -G_1(s)G_2(s)H_3(s),\quad L_2 = G_2(s)H_2(s)$$

$$\Delta = 1 - (L_1 + L_2),\quad \Delta_1 = \Delta_2 = 1$$

$$\frac{C(s)}{F(s)} = \frac{P_1\Delta_1 + P_2\Delta_2}{\Delta} = \frac{G_2(s) - G_1(s)G_2(s)H_1(s)}{1 + G_1(s)G_2(s)H_3(s) - G_2(s)H_2(s)}$$

2-25　试应用梅森增益公式求取题 2-25 图所示系统的传递函数 $C(s)/R(s)$。

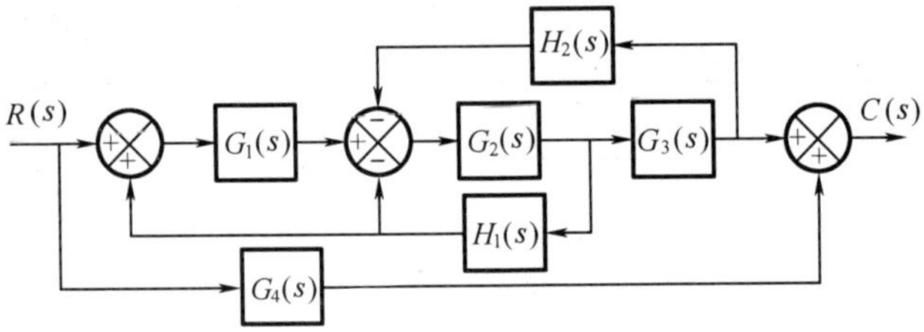


题 2-25 图

**解**　信号流图如题 2-25 解图所示,则有

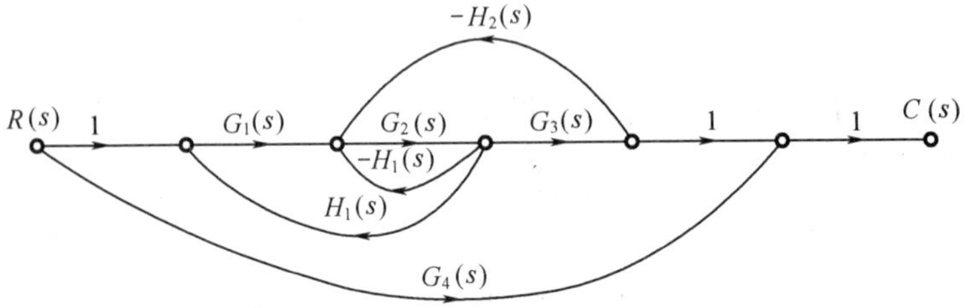


题 2-25 解图

$$P_1=G_1(s)G_2(s)G_3(s),\quad P_2=G_4(s)$$

$$L_1=-G_2(s)H_1(s),\quad L_2=G_1(s)G_2(s)H_1(s),\quad L_3=-G_2(s)G_3(s)H_2(s)$$

$$\Delta=1-(L_1+L_2+L_3),\quad \Delta_1=1,\quad \Delta_2=1-(L_1+L_2+L_3)=\Delta$$

$$\frac{C(s)}{R(s)}=\frac{P_1\Delta_1+P_2\Delta_2}{\Delta}=G_4(s)+\frac{G_1(s)G_2(s)G_3(s)}{1+G_2(s)H_1(s)-G_1(s)G_2(s)H_1(s)+G_2(s)G_3(s)H_2(s)}$$

## 同步训练题

1. 若某系统在阶跃输入作用 $r(t)=1(t)$ 时,系统在零初始条件下的输出响应为

$$c(t)=1-2e^{-2t}+e^{-t}$$

试求系统的传递函数和脉冲响应。

2. 试列写题 2 图中无源网络的微分方程式。

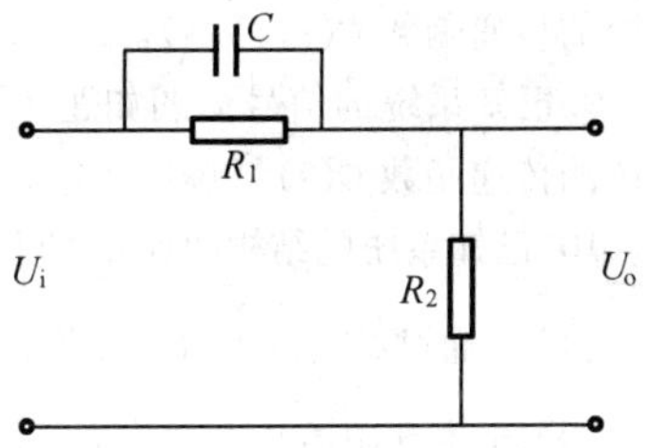


题 2 图

3. 设系统传递函数为

$$\frac{C(s)}{R(s)}=\frac{2}{s^2+3s+2}$$

且初始条件 $c(0)=-1,\dot{c}(0)=0$。试求阶跃输入 $r(t)=1(t)$时，系统的输出响应 $c(t)$。

4. 已知控制系统结构图如题 4 图所示。试通过结构图等效变换求系统传递函数$C(s)/R(s)$。

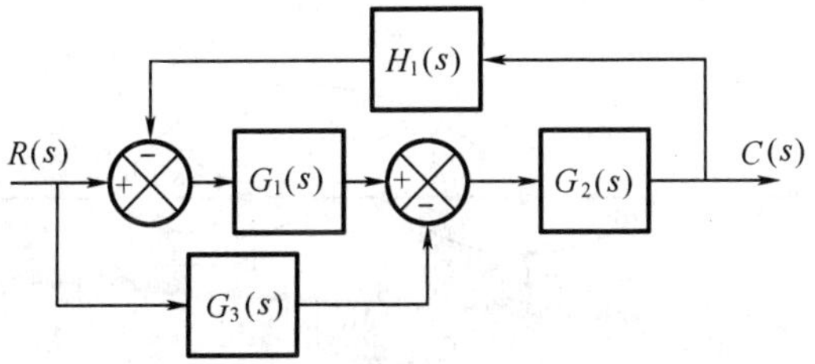


题 4 图

5. 试用梅森增益公式求图中系统信号流图的传递函数 $C(s)/R(s)$。

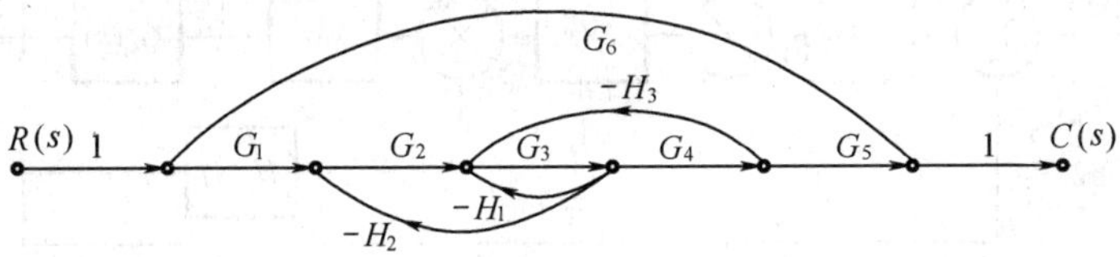


题 5 图

6. 求下列函数的拉氏反变换$f(t)$。

(1)$F(s)=\dfrac{s+1}{(s+2)(s+3)}$；

(2)$F(s)=\dfrac{s}{(s+1)^2(s+2)}$；

(3)$F(s)=\dfrac{2s^2-5s+1}{s(s^2+1)}$；

(4)$F(s)=\dfrac{s+2}{s(s+1)^2(s+3)}$。

7. 试求下列函数的拉氏变换。假设 $t<0$ 时，函数$f(t)=0$。

(1)$f(t)=2(1-\cos t)$；

(2)$f(t)=\sin\left(5t+\dfrac{\pi}{3}\right)$；

(3)$f(t)=t^n e^{at}$。

8. 已知控制系统结构图如题 8 图所示，试求系统的传递函数 $C(s)/R(s)$。

9. 已知系统的信号流图如题 9 图所示，试求系统的传递函数 $C(s)/R(s)$。

10. 已知系统的结构图如题 10 图所示。

（1）试通过结构图的等效变换，求出 $\dfrac{C(s)}{R(s)}$；

（2）试画出相应的信号流图，并运用梅森公式，求取 $\dfrac{C(s)}{R(s)}$。

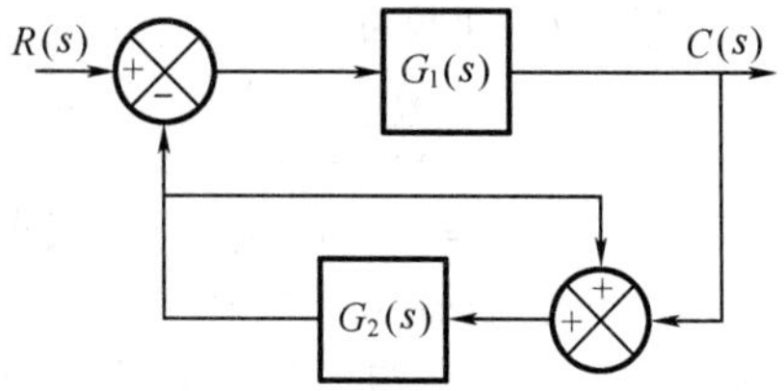


题 8 图

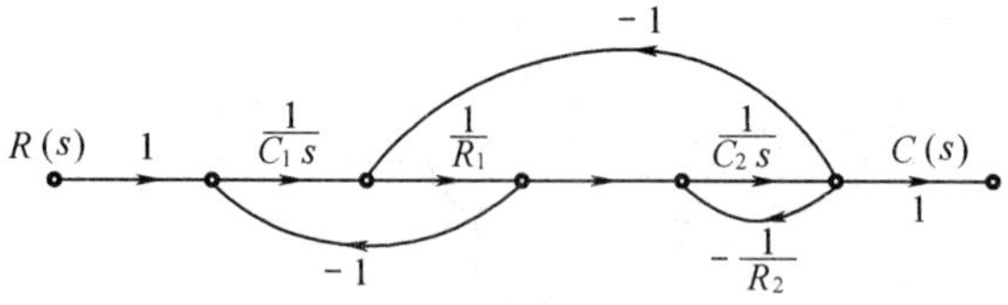


题 9 图

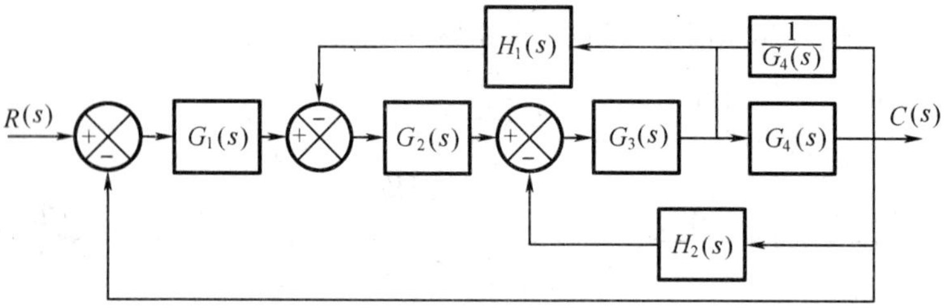


题 10 图

## 同步训练题答案

TONG BU XUN LIAN TI DA AN

1. 解 $\dfrac{C(s)}{R(s)}=\dfrac{3s+2}{(s+1)(s+2)}, k(t)=4e^{-2t}-e^{-t}$

2. 解 $\dfrac{u_o}{u_i}=\dfrac{R_2}{R_2+\dfrac{R_1\cdot 1/(Cs)}{R_1+1/(Cs)}}=\dfrac{R_1R_2Cs+R_2}{R_1R_2Cs+R_1+R_2}$

故
$$R_1R_2C\frac{du_o}{dt}+(R_1+R_2)u_o=R_1R_2C\frac{du_i}{dt}+R_2u_i$$

3. **解** 传递函数所对应的微分方程为

$$\frac{d^2c(t)}{dt^2}+3\frac{dc(t)}{dt}+2c(t)=2r(t)$$

在已知初始条件和输入条件下对上式进行拉氏变换,得

$$s^2C(s)-sc(0)-\dot{c}(0)+3sC(s)-3c(0)+2C(s)=\frac{2}{s}$$

$$C(s)=\frac{-s^2-3s+2}{s(s^2+3s+2)}$$

则
$$c(t)=L^{-1}[C(s)]=L^{-1}\left[\frac{-s^2-3s+2}{s(s^2+3s+2)}\right]=L^{-1}\left[\frac{1}{s}-\frac{4}{s+1}\frac{2}{s+2}\right]$$

所以
$$c(t)=1-4e^{-t}+2e^{-2t}$$

4. **解**
$$\frac{C(s)}{R(s)}=\frac{G_2(G_1+G_3)}{1+G_1G_2H_1}$$

5. **解** 存在两条前向通路,三个回路

$$\Delta=1+G_3H_1+G_2G_3H_2+G_3G_4H_3$$

$$P_1=G_1G_2G_3G_4G_5,\quad \Delta_1=1$$

$$P_2=G_6,\quad \Delta_2=\Delta$$

故有
$$\frac{C(s)}{R(s)}=\frac{P_1\Delta_1+P_2\Delta_2}{\Delta}=G_6+\frac{G_1G_2G_3G_4G_5}{1+G_3H_1+G_2G_3H_2+G_3G_4H_3}$$

6. **解** (1)
$$f(t)=2e^{-3t}-e^{-2t}$$

(2)
$$f(t)=(2-t)e^{-t}-2e^{-2t}$$

(3)
$$f(t)=1+\cos t-5\sin t$$

(4)
$$f(t)=\frac{2}{3}-\frac{1}{4}(2t+3)e^{-t}+\frac{1}{12}e^{-3t}$$

7. **解** (1)
$$F(s)=2\left(\frac{1}{s}-\frac{s}{s^2+1}\right)$$

(2)
$$F(s)=\frac{1}{2}\left(\frac{5+\sqrt{3}s}{s^2+25}\right)$$

(3)
$$F(s)=\frac{n!}{(s-a)^{n+1}}$$

8. **解**
$$\frac{C(s)}{R(s)}=\frac{G_1(s)-G_1(s)G_2(s)}{1-G_2(s)+G_1(s)G_2(s)}$$

9. **解**
$$\frac{C(s)}{R(s)}=\frac{R_2}{R_1R_2C_1C_2s+R_1C_1s+R_2C_2s+R_2C_1s+1}$$

10. **解** (1)

$$\frac{C(s)}{R(s)}=\frac{\dfrac{G_1(S)G_2(s)G_3(s)G_4(s)}{1+G_2(s)G_3(s)H_1(S)+G_3(s)G_4(s)H_2(s)}}{1+\dfrac{G_1(S)G_2(s)G_3(s)G_4(s)}{1+G_2(s)G_3(s)H_1(S)+G_3(s)G_4(s)H_2(s)}}$$



高等学校优秀教材辅导丛书 GAODENG XUEXIAO YOUXIUJIAOCAI FUDAOCONGSHU

$$=\frac{G_1(S)G_2(s)G_3(s)G_4(s)}{1+G_2(s)G_3(s)H_1(S)+G_3(s)G_4(s)H_2(s)+G_1(S)G_2(s)G_3(s)G_4(s)}$$

(2)信号流图如题 10 解图所示。

一条前向通路：

$P_1=G_1(s)G_2(s)G_3(s)G_4(s)$

三个单独回路：

$L_1=-G_2(s)G_3(s)H_1(s)$

$L_2(s)=-G_3(s)G_4(s)H_2(s)$

$L_3(s)=-G_1(s)G_2(s)G_3(s)G_4(s)$

$\Delta=1-(L_1+L_2+L_3+L_3)$， $\Delta_1=1$

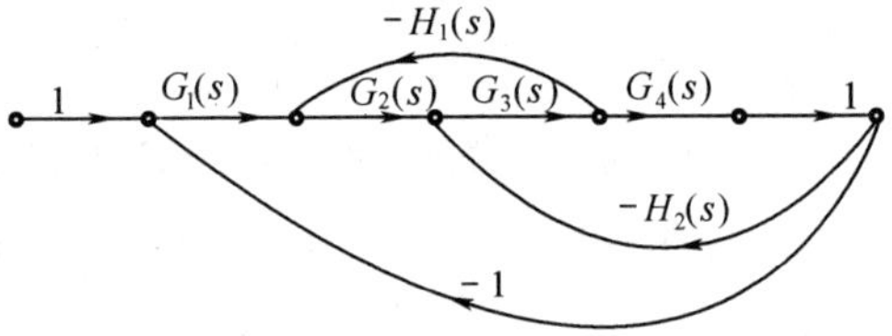


题 10 解图

则 $$\frac{C(s)}{R(s)}=\frac{P_1\Delta_1}{\Delta}=\frac{G_1(s)G_2(s)G_3(s)G_4(s)}{1+G_2(s)G_3(s)H_1(s)+G_3(s)G_4(s)H_2(s)+G_1(s)G_2(s)G_3(s)G_4(s)}$$

高等学校优秀教材辅导丛书 GAODENG XUEXIAO YOUXIUJIAOCAI FUDAOCONGSHU

# 第3章 线性系统的时域分析

知识要点

## 3.1 典型输入信号

为便于对控制系统的设计和比较,规定了如下几种典型信号,如表3-1所示。通过比较设计系统的典型输入响应来评价系统性能的优劣。

**表3-1 典型输入信号**

| 名称 | 定义式 | 拉氏变换 |
|---|---|---|
| 单位阶跃函数 | $r(t)=\begin{cases}1 & t\geqslant 0\\0 & t<0\end{cases}$ | $\frac{1}{s}$ |
| 单位斜坡函数 | $r(t)=\begin{cases}t & t\geqslant 0\\0 & t<0\end{cases}$ | $\frac{1}{s^2}$ |
| 单位加速度函数 | $r(t)=\begin{cases}\frac{1}{2}t^2 & t\geqslant 0\\0 & t<0\end{cases}$ | $\frac{1}{s^3}$ |
| 单位脉冲函数 | $r(t)=\delta(t)=\begin{cases}\infty & t=0\\0 & t\neq 0\end{cases}$ | 1 |
| 正弦函数 | $r(t)=A\sin\omega t$ | $\frac{A\omega}{s^2+\omega^2}$ |

## 3.2 一阶系统的时域分析

### 3.2.1 拉氏反变换的一般求法

对系统进行时域分析，关键的一步就是对输出信号 $C(s)$ 求拉氏反变换，因此应对 $C(s)$ 的几种常见情况，掌握其拉氏反变换的一般求法。

设 $C(s)$ 具有多项式分式形式

$$C(s)=\frac{b_m s^m+b_{m-1}s^{m-1}+\cdots+b_1 s+b_0}{a_n s^n+a_{n-1}s^{n-1}+\cdots+a_1 s+a_0}$$

1. 当 $C(s)$ 的极点为各不相同的实极点时

$$C(s)=\frac{k_1}{s-p_1}+\frac{k_2}{s-p_2}+\cdots+\frac{k_n}{s-p_n}$$

上式中 $p_i(i=1,2,\cdots,n)$ 为 $C(s)$ 的 $n$ 个极点，$k_i(i=1,2,\cdots,n)$ 为 $n$ 个待定系数。则由上式可得 $C(s)$ 的拉氏反变换 $c(t)$ 为

$$c(t)=k_1 e^{p_1 t}+k_2 e^{p_2 t}+\cdots+k_n e^{p_n t}$$

其中

$$k_i=\lim_{s\to p_i}[(s-p_i)C(s)]$$

2. 当 $C(s)$ 含有一对复极点，其余极点为各不相同的实极点时

$$C(s)=\frac{k_1(s+\sigma)+k_2\omega}{(s+\sigma)^2+\omega^2}+\frac{k_3}{s-p_3}+\cdots+\frac{k_n}{s-p_n}$$

上式中，假定 $p_{1,2}=-\sigma\pm j\omega$，为 $C(s)$ 的一对复极点。$k_i(i=3,4,\cdots,n)$ 的求法同上，$k_1,k_2$ 的求解须借助于下式求取。

$$\begin{aligned}[C(s)(s-p_1)(s-p_2)]_{s=p_1}&=\{C(s)[(s+\sigma)^2+\omega^2]\}_{s=p_1}\\&=[k_1(s+\sigma)+k_2\omega]_{s=p_1}\end{aligned}$$

3. 当 $C(s)$ 含有一 $r$ 重极点，其余极点为各不相同的实极点时

$$C(s)=\frac{k_{11}}{(s-p_1)^r}+\frac{k_{12}}{(s-p_1)^{r-1}}+\cdots+\frac{k_{1r}}{s-p_1}+\frac{k_{r+1}}{s-p_{r+1}}+\cdots+\frac{k_n}{s-p_n}$$

上式中，$p_1$ 为 $C(s)$ 的 $r$ 重极点。$k_{r+1},\cdots,k_n$ 的求法同 1，$k_{11},\cdots,k_{1r}$ 的求法须按下式进行。

$$k_{1i}=\frac{1}{(i-1)!}\cdot\frac{d^{i-1}[(s-p_1)^r C(s)]}{ds^{i-1}}\bigg|_{s=p_1},\quad i=1,2,\cdots,r$$

### 3.2.2 一阶系统的数学模型

1. 用一阶线性微分方程描述的系统，称为一阶系统。



高等学校优秀教材辅导丛书 GAODENG XUEXIAO YOUXIUJIAOCAI FUDAOCONGSHU

2. 一阶微分方程的标准形式

$$T\frac{\mathrm{d}c(t)}{\mathrm{d}t}+c(t)=r(t)$$

式中 $c(t)$——输出量；

$r(t)$——输入量；

$T$——时间常数。

3. 一阶系统的传递函数为

$$\Phi(s)=\frac{C(s)}{R(s)}=\frac{1}{Ts+1}$$

4. 一阶系统的方框图如图 3－1 所示。

5. 若将图 3－1 所示的一阶系统等效成一个单位负反馈系统，则等效的开环传递函数为 $G(s)=1/Ts$，等效的方框图如图 3－2 所示。

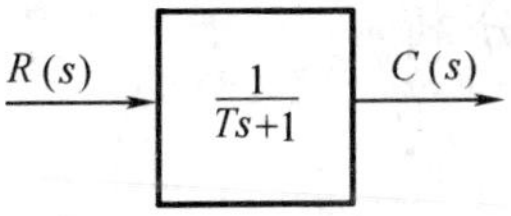


图 3－1　一阶系统的方框图

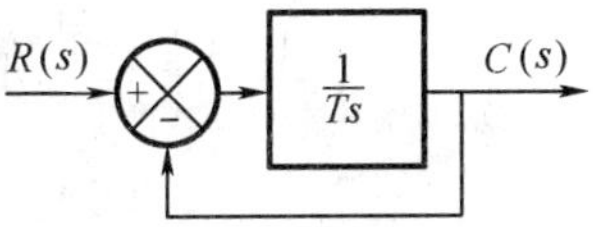


图 3－2　一阶系统的等效方框图

### 3.2.3　一阶系统的时域响应

设输入信号为 $r(t)$，则零初始条件下一阶系统的时域输出 $c(t)$ 为

$$c(t)=\mathscr{L}^{-1}[\Phi(s)R(s)]=\mathscr{L}^{-1}\left[\frac{1}{Ts+1}R(s)\right]$$

当 $r(t)$ 分别为理想单位脉冲函数、单位阶跃函数、单位斜坡函数和单位加速度函数时，求得一阶系统的时域响应如表 3－2 所示。

**表 3－2　一阶系统的典型输入响应**

| $r(t)$ | $c(t)$ |
|---|---|
| $\delta(t)$ | $\frac{1}{T}\mathrm{e}^{-\frac{t}{T}}$ |
| $1(t)$ | $1-\mathrm{e}^{-\frac{t}{T}}$ |
| $t$ | $t-T(1-\mathrm{e}^{-\frac{t}{T}})$ |
| $\frac{1}{2}t^2$ | $\frac{1}{2}t^2-Tt+T^2(1-\mathrm{e}^{-\frac{t}{T}})$ |

求导　　求导

由表3－2可以得出线性定常系统的重要特性：系统对输入信号导数的响应，等于系统对输入信号响应的导数；系统对输入信号积分的响应，等于对输入信号响应的积分；其中积分常数由零输入时的初始条件确定。

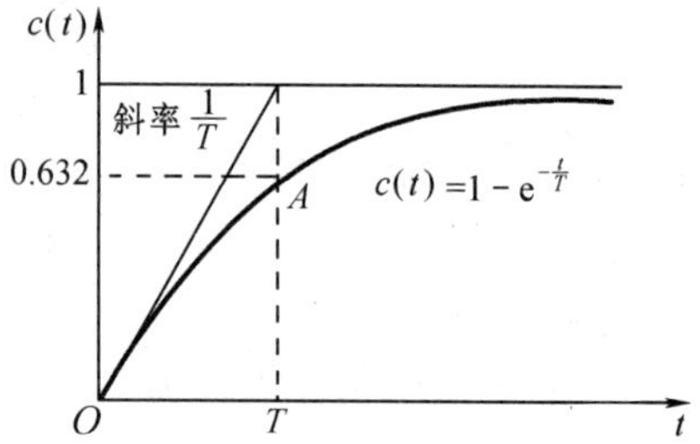


图3－3　一阶系统单位阶跃响应

一阶系统单位阶跃响应如图3－3所示。当 $t=T$ 时，单位阶跃响应 $c(T)=0.632$，并且 $\left.\frac{\mathrm{d}c(t)}{\mathrm{d}t}\right|_{t=0}=\frac{1}{T}$，这些为实验法测定一阶系统的时间常数 $T$ 提供了理论依据。并且 $c(3T)=0.95$，则允许误差 $\Delta=0.05$；$c(4T)=0.982$，则 $\Delta=0.02$。

## 3.3　二阶系统的时域分析

### 3.3.1　二阶系统的数学模型

1. 用二阶线性微分方程描述的系统，称为二阶系统。

2. 二阶微分方程的标准形式

$$\frac{\mathrm{d}^2c(t)}{\mathrm{d}t^2}+2\zeta\omega_{\mathrm{n}}\frac{\mathrm{d}c(t)}{\mathrm{d}t}+\omega_{\mathrm{n}}^2c(t)=\omega_{\mathrm{n}}^2r(t)$$

式中　$\zeta$——阻尼比；

$\omega_{\mathrm{n}}$——无阻尼自振频率。

3. 二阶系统的传递函数为

$$\Phi(s)=\frac{C(s)}{R(s)}=\frac{\omega_{\mathrm{n}}^2}{s^2+2\zeta\omega_{\mathrm{n}}s+\omega_{\mathrm{n}}^2}$$

4. 二阶系统的方框图如图3－4所示。

5. 二阶系统的特征根为 $s_{1,2}=-\zeta\omega_{\mathrm{n}}+\omega_{\mathrm{n}}\sqrt{\zeta^2-1}$。随着阻尼比 $\zeta$ 取值的不同，特征根的取值不同，则闭环极点在 $s$ 平面的分布也各不相同，具体见表3－3

6. 若将图3－4所示二阶系统等效成一个单位负反馈系统，则等效的开环传递函数为

$$G(s)=\frac{\omega_{\mathrm{n}}^2}{s(s+2\zeta\omega_{\mathrm{n}})}$$

等效的方框图如图3－5所示。



高等学校优秀教材辅导丛书 GAODENG XUEXIAO YOUXIUJIAOCAI FUDAOCONGSHU

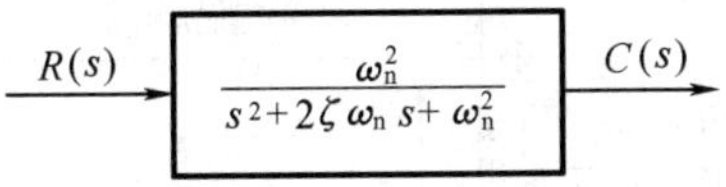


图 3－4　二阶系统方框图

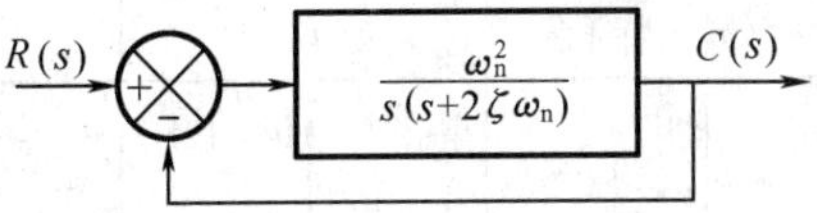


图 3－5　二阶系统等效方框图

### 3.3.2　二阶系统的单位阶跃响应

设输入信号为 $r(t)$，则二阶系统在零初始条件下的时域输出 $c(t)$ 为

$$c(t)=\mathscr{L}^{-1}[\Phi(s)R(s)]=\mathscr{L}^{-1}\left[\frac{\omega_n^2}{s^2+2\zeta\omega_n s+\omega_n^2}R(s)\right]$$

1. 当阻尼比 $\zeta$ 取不同值时，相应的单位阶跃响应见表 3－3

**表 3－3　二阶系统的时域响应**

| $\zeta$ | 特征根 | 闭环极点 | 单位阶跃响应 | 单位阶跃响应 |
|---|---|---|---|---|
| $\zeta=0$（无阻尼） | $\pm j\omega_n$ | 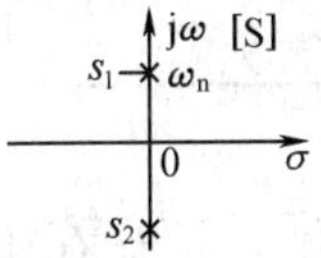 | $1-\cos\omega_n t$ | 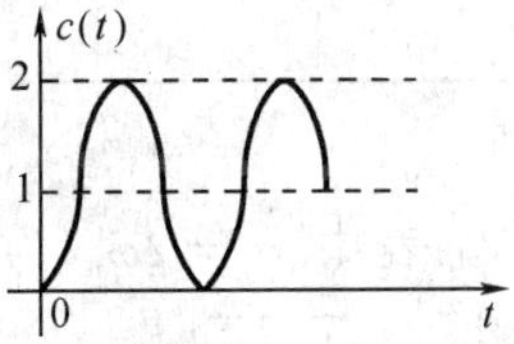 |
| $0<\zeta<1$（欠阻尼） | $-\zeta\omega_n\pm j\omega_d$ | 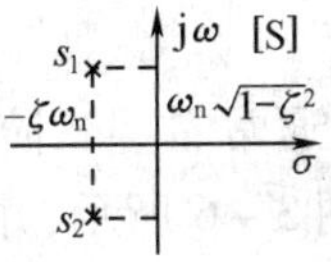 | $1-e^{-\sigma t}\frac{1}{\sqrt{1-\xi^2}}\sin(\omega_d t+\theta)$ | 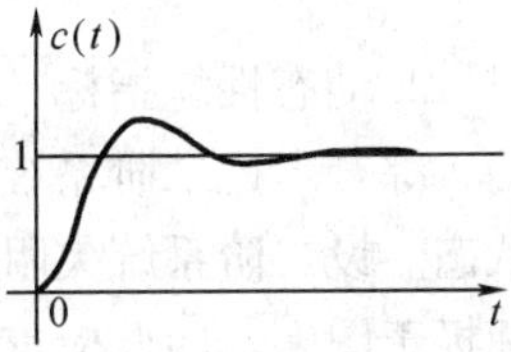 |
| $\zeta=1$（临界阻尼） | $-\omega_n$ | 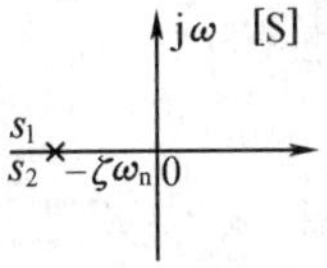 | $1-(1+\omega_d t)e^{-\omega_n t}$ | 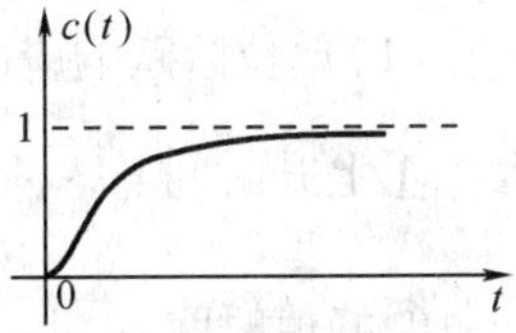 |

**表 3-3(续)**

| $\zeta$ | 特征根 | 闭环极点 | 单位阶跃响应 | 单位阶跃响应 |
|---|---|---|---|---|
| $\zeta>1$<br>(过阻尼) | $-\zeta\omega_n\pm\omega_d$ | 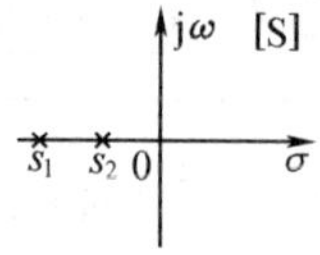 | $1-\frac{e^{-(\zeta-\sqrt{\zeta^2-1})\omega_n t}}{2\sqrt{\zeta^2-1}(\zeta-\sqrt{\zeta^2-1})}+\frac{e^{-(\zeta+\sqrt{\zeta^2-1})\omega_n t}}{2\sqrt{\zeta^2-1}(\zeta+\sqrt{\zeta^2-1})}$ | 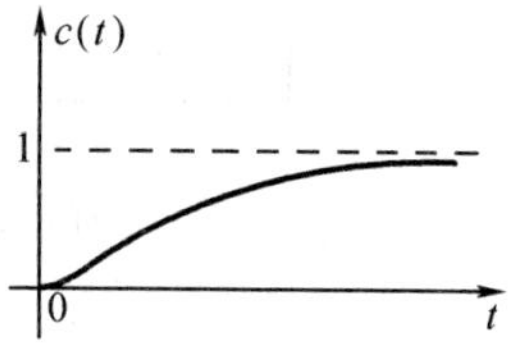 |
| $-1<\zeta<0$<br>(负阻尼第一种情况) | $-\zeta\omega_n\pm j\omega_d$ | 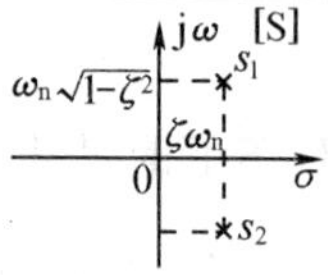 | $1-e^{-\sigma t}\frac{1}{\sqrt{1-\zeta^2}}\sin(\omega_d t+\theta)$ | 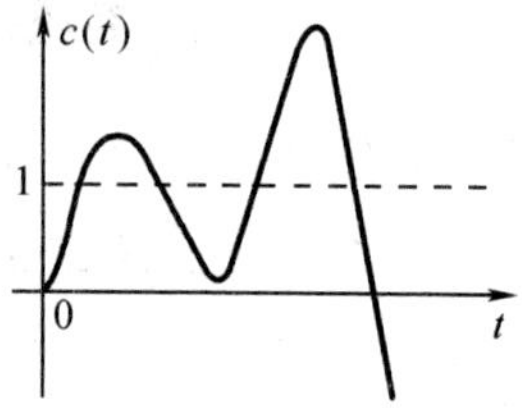 |
| $\zeta<-1$<br>(负阻尼第二种情况) | $-\zeta\omega_n\pm\omega_d$ | 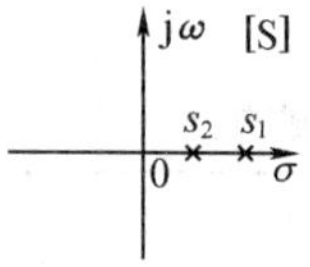 | $1-\frac{e^{-(\zeta-\sqrt{\zeta^2-1})\omega_n t}}{2\sqrt{\zeta^2-1}(\zeta-\sqrt{\zeta^2-1})}+\frac{e^{-(\zeta+\sqrt{\zeta^2-1})\omega_n t}}{2\sqrt{\zeta^2-1}(\zeta+\sqrt{\zeta^2-1})}$ | 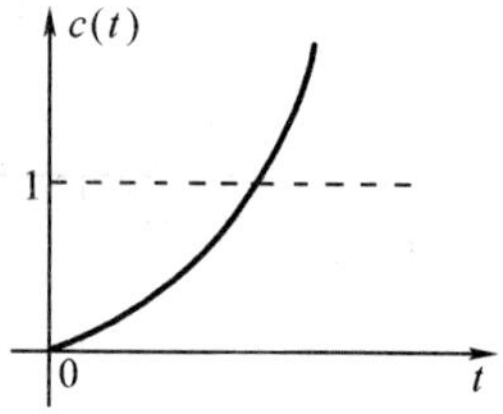 |

表中 $\sigma=\zeta\omega_n$ 为衰减函数，$\omega_d=\omega_n\sqrt{1-\zeta^2}$ 为有阻尼振荡频率，$\theta=\arctan\frac{\sqrt{1-\zeta^2}}{\zeta}$。

2. 动态性能指标

综合考虑二阶系统的振荡程度与响应速度，通常希望二阶系统工作在欠阻尼状态。设二阶系统欠阻尼单位阶跃响应曲线如图 3-6 所示，并且有关动态性能指标标于图上。因此应重点掌握欠阻尼状态下二阶系统的单位阶跃响应及单位脉冲响应的动态性能指标的计算问题，并找出阶跃响应指标与脉冲响应指标间的关系。

(1)单位阶跃响应的动态性能指标

①上升时间 $t_r$　　$t_r=\frac{\pi-\theta}{\omega_d}$

②峰值时间 $t_p$　　$t_p=\frac{\pi}{\omega_d}$

③超调量 $\sigma_p$　　$\sigma_p=\frac{c(t_p)-c(\infty)}{c(\infty)}=e^{-\frac{\xi\pi}{\sqrt{1-\xi^2}}}\times100\%$

④调整时间 $t_s$

$$t_s=\frac{1}{\zeta\omega_n}\ln\frac{1}{\Delta\sqrt{1-\zeta^2}}\approx\begin{cases}\dfrac{4}{\zeta\omega_n} & 当\ \Delta=0.02\\ \dfrac{3}{\zeta\omega_n} & 当\ \Delta=0.05\end{cases}$$

⑤振荡次数 $N$，$N=\dfrac{t_s}{T_d}$，$T_d=\dfrac{2\pi}{\omega_d}$为有阻尼振荡周期。

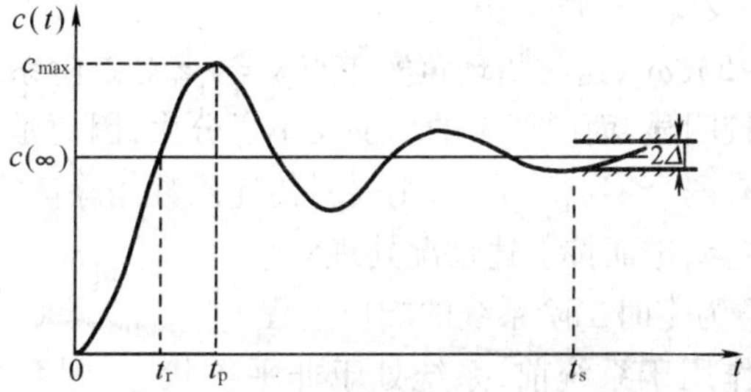


图 3-6　欠阻尼单位阶跃响应

(2)单位脉冲响应的动态性能指标

欠阻尼单位脉冲响应曲线及性能指标如图 3-7 所示。

①峰值时间 $t'_p$

$$t'_p=\frac{\theta}{\omega_d}$$

②超调量 $k(t)_{max}$

$$k(t)_{max}=k(t'_p)=\omega_n\cdot e^{-\frac{\zeta}{\sqrt{1-\zeta^2}}\theta}$$

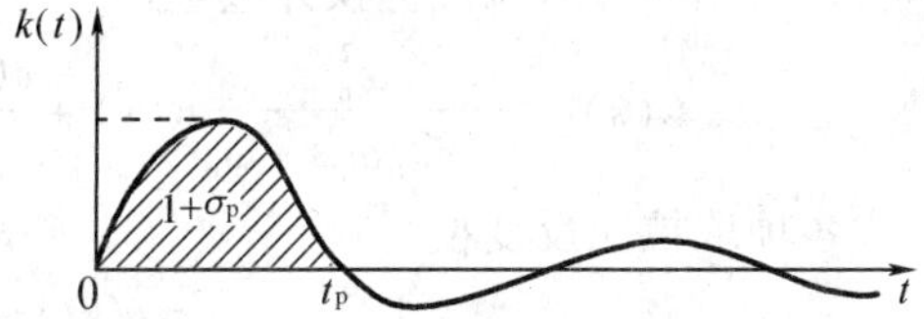


图 3-7　二阶系统的欠阻尼脉冲响应

脉冲响应与单位阶跃响应间的关系为 $k(t_p)=0$，$\int_0^{t_p}k(t)\,dt=1+\sigma_p$。

注：在进行上述动态性能指标的计算时，如系统的闭环传递函数能化成如下形式

$$\Phi(s)=\frac{k\cdot\omega_n^2}{s^2+2\zeta\omega_n s+\omega_n^2}$$

其中 $k$ 为一比例系数，则所用计算公式不变，这时 $k$ 只对时域输出起一个比例放大作用。

(3)具有闭环零点时二阶系统的单位阶跃响应

设二阶系统的闭环传递函数具有如下标准形式



高等学校优秀教材辅导丛书 GAODENG XUEXIAO YOUXIUJIAOCAI FUDAOCONGSHU

$$\Phi(s)=\frac{C(s)}{R(s)}=\frac{\omega_n^2(s+z)}{z(s^2+2\zeta\omega_n s+\omega_n^2)}$$

式中，$z$ 为实数，$s=-z$ 为二阶系统的闭环负实零点，$\xi,\omega_n$ 含义同前。则此二阶系统的单位阶跃响应($0<\xi<1$)为

$$c(t)=1-\frac{\sqrt{(z-\zeta\omega_n)^2+\omega_d^2}}{z\sqrt{1-\zeta^2}}e^{-\sigma t}\sin(\omega_d t+\theta+\varphi)$$

式中，$\varphi=\arctan\dfrac{\omega_n\sqrt{1-\zeta^2}}{z-\zeta\omega_n}$。

通常取 $z=(2\sim5)\zeta\omega_n$，这时闭环负实零点 $s=-z$ 对二阶系统单位阶跃响应的加速作用表现得比较明显，而超调量的增加又不过分大，因而是闭环负实零点的合理取值范围。对于有两个零点的情况，则要对传递函数用除法，即可分离出一个常数部分，再加一个零点，进而按上述情况处理。

(4)初始条件不为零时二阶系统的响应过程

若在输入信号作用于系统前，系统处于非平衡状态，则系统的初始条件不为零。这时在研究系统对控制信号的响应过程中，就需要考虑初始条件的影响。

设二阶系统的运动方程为

$$\frac{d^2c(t)}{dt^2}+2\zeta\omega_n\frac{dc(t)}{dt}+\omega_n^2c(t)=\omega_n^2r(t)$$

则对上式两端同时取拉氏变换并整理得

$$C(s)=\frac{\omega_n^2}{s^2+2\zeta\omega_n s+\omega_n^2}R(s)+\frac{c(0)(s+2\zeta\omega_n)+c^{(1)}(0)}{s^2+2\zeta\omega_n s+\omega_n^2}$$

对上式各项取拉氏反变换得

$$c(t)=c_1(t)+c_2(t)$$

其中

$$c_1(t)=\mathscr{L}^{-1}\left[\frac{\omega_n^2}{s^2+2\zeta\omega_n s+\omega_n^2}R(s)\right]\text{——零状态响应}$$

$$c_2=\mathscr{L}^{-1}\left[\frac{c(0)(s+2\zeta\omega_n)+c^{(1)}(0)}{s^2+2\zeta\omega_n s+\omega_n^2}\right]\text{——零输入响应}$$

假设 $0<\zeta<1$，并取 $R(s)=1/s$，则

$$c_1(t)=1-e^{-\sigma t}\frac{1}{\sqrt{1-\zeta^2}}\sin(\omega_d t+\theta)$$

$$c_2(t)=\sqrt{[c(0)]^2+\left[\frac{c(0)\zeta\omega_n+c^{(1)}(0)}{\omega_n\sqrt{1-\zeta^2}}\right]^2}\,e^{-\sigma t}\sin(\omega_d t+\theta)$$

可见，$c_1(t)$，$c_2(t)$具有相同的衰减振荡特性。对 $\zeta$ 的其他取值情况，$c_1(t)$，$c_2(t)$同

高等学校优秀教材辅导丛书 GAODENG XUEXIAO YOUXIUJIAOCAI FUDAOCONGSHU

样具有类似的结论。因此,如仅限于分析系统自身的固有特性,则无须考虑初始条件的影响。

### 3.3.3 高阶系统的时域分析

高阶系统的时域分析是一件比较复杂的工作,工程上常采用主导极点的概念对高阶系统进行近似分析,当然也可以采用数字仿真法。

1. 闭环主导极点的概念

在高阶系统的诸多闭环极点中,把无闭环零点靠近而又距虚轴最近的闭环极点称作闭环主导极点。因为由闭环主导极点所产生的响应分量,不仅初值大而且衰减得慢,在响应过程中起主导作用;而由非主导极点产生的响应分量不仅初值小而且衰减得快,只在响应过程的较短时间内呈现一定影响。

2. 闭环主导极点存在的条件

在控制系统的闭环极点中,距虚轴最近的共轭复极点附近无闭环零点,且其他闭环极点与虚轴的距离都在上述共轭复极点与虚轴的距离的五倍以上,则这样的极点称作闭环主导极点。

3. 高阶系统单位阶跃响应的近似表达式

设 $s_{1,2}=-\sigma\pm j\omega_d$ 为高阶系统的闭环主导极点,其中 $\sigma=\zeta\omega_n,\omega_d=\omega_n\cdot\sqrt{1-\zeta^2}$,$\Phi(s)=\dfrac{M(s)}{D(s)}=\dfrac{k\prod\limits_{i=1}^{m}(s-z_i)}{\prod\limits_{i=1}^{n}(s-s_i)}$ 为系统的闭环传递函数,则通过闭环主导极点 $s_{1,2}$ 可得高阶系统单位阶跃响应的近似表达式为

$$c(t)=1+2\left|\frac{M(s_1)}{s_1\dot{D}(s_1)}\right|e^{-\sigma t}\cdot\cos\left(\omega_d t+\angle\frac{M(s_1)}{s_1\dot{D}(s_1)}\right),\quad t\geqslant 0$$

4. 高阶系统单位阶跃响应的近似分析

依据峰值时间、超调量等主要动态性能指标的定义可得计算公式如下。

(1)峰值时间 $t_p$

$$t_p=\frac{1}{\omega_d}\left(\pi-\sum_{i=1}^{m}\angle(s_1-z_i)+\sum_{i=3}^{n}\angle(s_1-s_i)\right)$$

(2)超调量 $\sigma_p$

$$\sigma_p=\prod_{i=1}^{n}\frac{|s_i|}{|s_1-s_i|}\cdot\prod_{i=1}^{m}\frac{|s_i-z_i|}{|z_i|}\cdot e^{-\sigma t_p}$$

对上述两计算公式分析可知,闭环零点的存在可使峰值时间 $t_p$ 减小,即提高系统响应速度,而且随着闭环零点越靠近虚轴,这种作用越明显;同时带来一个不利

影响，将使超调量增大，即减小了系统阻尼程度。因此在配置闭环零点时要注意协调响应速度和阻尼程度间的矛盾。非主导极点的存在将使峰值时间 $t_p$ 增大，即降低系统的响应速度，而且随着负实极点向虚轴靠近，超调量将大为减小，可见非主导极点具有增加系统惯性的作用。这一点可从三阶系统的单位阶跃响应与二阶系统的单位阶跃响应的比较进一步加深理解。

## 3.4 线性系统的稳定性与稳定判据

稳定性是控制系统最重要的问题，也是对控制系统最基本的要求，因为一个控制系统不稳定，就不能正常工作。不稳定的控制系统，当受到内部或外界扰动，如负载或能源的波动、系统参数变换等，系统中各物理量就会偏离原平衡工作点，并随着时间的推移而发散，即使在干扰消失后也不可能再恢复到原平衡状态。

### 3.4.1 稳定性定义

若系统受扰动偏离了平衡状态，当扰动消除后系统能够恢复到原来的平衡状态，则称系统稳定，反之称系统不稳定。

### 3.4.2 线性定常系统渐近稳定的充要条件

线性定常系统稳定的充要条件是闭环特征根全部分布在 $s$ 平面的左半部且具有负实部。可见控制系统的稳定性取决于系统本身的结构和参数，与外加输入信号无关。

### 3.4.3 判断线性定常系统稳定性的基本方法

1. 特征方程法

通过求解特征方程的所有根，并判断其是否均具有负实部来决定系统稳定性，该方法也可称作直接法。方程阶次较高时此方法难以应用。

2. 代数判据法

可利用实系数方程根与系数的关系得到，根据特征方程的系数来判断特征根的实部符号，从而判定系统稳定性的方法，该方法也可称作间接法。常用的代数判据有劳斯(Routh)判据和胡尔维茨(Hurwitz)判据等。

3. 根轨迹法

通过绘制闭环极点开环某参数变化的轨迹，从而判断闭环稳定性。该方法实为一种图解特征方程法，详见第4章。

4. 频率稳定判据法

根据开环频率特性如 Nyquist 图、Bode 图或 Nichois 图判断闭环系统的稳定性。由于频率特性曲线易由实验获取，故该方法较实用，详见第 5 章。

### 3.4.4 劳斯稳定判据法

1. 劳斯计算表的列写

设系统特征方程为 $D(s)=a_n s^n+a_{n-1}s^{n-1}+\cdots+a_1 s+a_0=0$，则可列出如表 3－4所示的劳斯计算表

**表 3－4 劳斯计算表**

| | | | | |
|---|---|---|---|---|
| $s^n$ | $a_n$ | $a_{n-2}$ | $a_{n-4}$ | $\cdots$ |
| $s^{n-1}$ | $a_{n-1}$ | $a_{n-3}$ | $a_{n-5}$ | $\cdots$ |
| $s^{n-2}$ | $b_1$ | $b_2$ | $\cdots$ | $\cdots$ |
| $s^{n-3}$ | $c_1$ | $c_2$ | $\cdots$ | $\cdots$ |
| $\vdots$ | $\vdots$ | $\vdots$ | $\vdots$ | $\vdots$ |
| $s^0$ | | | | |

表中有关系数计算方法如下：

$$b_1=\frac{a_{n-1}a_{n-2}-a_n a_{n-3}}{a_{n-1}}$$

$$b_2=\frac{a_{n-1}a_{n-4}-a_n a_{n-5}}{a_{n-1}}$$

$$\cdots$$

$$c_1=\frac{b_1 a_{n-3}-a_{n-1}b_2}{b_1}$$

$$c_2=\frac{b_1 a_{n-5}-a_{n-1}b_3}{b_1}$$

$$\cdots$$

2. 劳斯判据

当且仅当劳斯计算表中第一列各元符号相同时系统渐近稳定；否则系统不是渐近稳定的，且第一列各元符号改变次数等于具有正实部特征根的个数。

劳斯判据给出的是系统稳定的充要条件，而系统特征方程中各系数同号是系

统稳定的必要条件。

3. 应用劳斯判据时的两种特殊情况及解决方法

(1)某行第一个元为零,而其他各元不全为零

解决方法有两种:用很小的正数 $\varepsilon$ 代替第一个零元;或用 $s+a$(要求 $a>0$)乘以原特征方程得到新特征方程,再用劳斯判据,新、原特征方程具有相同的稳定性。

(2)某行所有元均为零

解决方法:用全零行的上一行构成的辅助方程的一阶导数对应系数代替全零行的对应元素,继续计算劳斯表。辅助方程的阶数一般为偶数,从辅助方程中可以解出特征方程中数值相同符号相异的特征根。在这种情况下,系统通常具有临界稳定性。

4. 劳斯判据的应用

劳斯稳定判据主要用来判断系统的稳定性,也可用于检验系统的相对稳定裕量,确定使系统稳定时某些参数的变化范围,在近似情况下还可用于判定时滞系统的稳定性。

### 3.4.5 胡尔维茨判据

设系统特征方程仍用 $D(s)=a_ns^n+a_{n-1}s^{n-1}+\cdots+a_1s+a_0=0$ 表示,则由特征方程系数构成 $n$ 阶主行列式为

$$\Delta_n=\begin{vmatrix} a_{n-1} & a_{n-3} & a_{n-5} & a_{n-7} & \cdots & 0 \\ a_n & a_{n-2} & a_{n-4} & a_{n-6} & \cdots & 0 \\ 0 & a_{n-1} & a_{n-3} & a_{n-5} & \cdots & 0 \\ 0 & a_n & a_{n-2} & a_{n-4} & \cdots & 0 \\ 0 & 0 & a_{n-1} & a_{n-3} & \cdots & 0 \\ \vdots & \vdots & \vdots & & \vdots & \vdots \\ 0 & 0 & 0 & \cdots & a_1 & 0 \\ 0 & 0 & 0 & \cdots & a_2 & a_0 \end{vmatrix}$$

依次求出 $\Delta_n$ 主对角线上的各阶主子式 $\Delta_i(1\leqslant i\leqslant n-1)$,即

$$\Delta_1=a_{n-1}>0$$

$$\Delta_2=\begin{vmatrix} a_{n-1} & a_{n-3} \\ a_n & a_{n-2} \end{vmatrix}>0$$

$$\Delta_3=\begin{vmatrix} a_{n-1} & a_{n-3} & a_{n-5} \\ a_n & a_{n-2} & a_{n-4} \\ 0 & a_{n-1} & a_{n-3} \end{vmatrix}>0$$

高等学校优秀教材辅导丛书 GAODENG XUEXIAO YOUXIUJIAOCAI FUDAOCONGSHU

$$\cdots$$

$$\Delta_n > 0$$

胡尔维茨判据：若主行列式 $\Delta_n$ 及其主对角线上的各阶主子式均为正，则系统渐近稳定；否则，系统不是渐近稳定的。胡尔维茨判据给出的是系统稳定的充要条件。当系统阶次较高时，胡尔维茨判据较劳斯判据计算量大。

### 3.4.6 李纳德——戚帕特判据

若所有奇次胡尔维茨行列式($\Delta_1, \Delta_3, \cdots$)为正，则所有偶次行列式为正。显然该判据在胡尔维茨判据的基础上作了改进，减少了一半工作量。

## 3.5 反馈系统的误差与偏差

### 3.5.1 响应控制信号的误差

1. 误差定义

控制系统的误差 $e(t)$ 指的是响应控制信号 $r(t)$ 的期望输出 $c_r(t)$ 与实际输出 $c(t)$ 之差，即 $e(t) \sim c_r(t) - c(t)$，式中 $c_r(t)$ 与 $r(t)$ 之间通常具有给定的函数关系，如比例、微分、积分等。设一般情况下的非单位反馈系统的方框图如图 3-8 所示，则

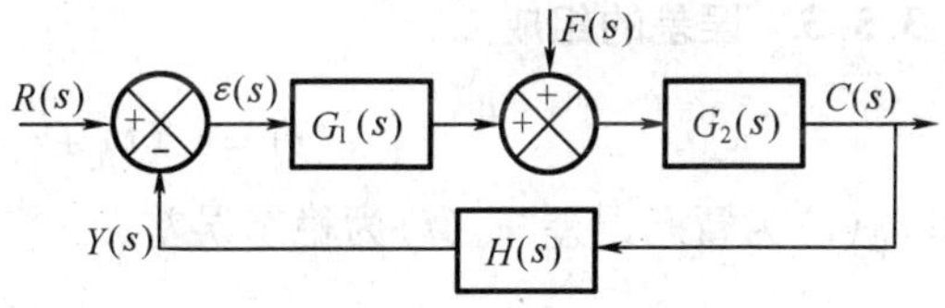


图 3-8　一般非单位反馈系统

$$C_r(s) = \frac{1}{H(s)}R(s), \quad E(s) = \frac{1}{H(s)} \cdot \frac{1}{1+G(s)}R(s)$$

这里 $G(s) = G_1(s)G_2(s)H(s)$，是开环传递函数，记 $\Phi_e(s)$ 为响应控制信号 $r(t)$ 的误差传递函数，则

$$\Phi_e(s) = \frac{E(s)}{R(s)} = \frac{1}{H(s)} \cdot \frac{1}{1+G(s)}$$

2. 偏差定义

控制系统的偏差 $\varepsilon(t)$ 指的是控制信号 $r(t)$ 与主反馈信号 $y(t)$ 之差，即

$$\varepsilon(t) \sim r(t) - y(t)$$

由图 3-8 所示系统有
$$\varepsilon(s) = \frac{1}{1+G(s)}R(s)$$

3. 误差和偏差的关系

从误差 $E(s)$ 与偏差 $\varepsilon(s)$ 的表达式可知二者之间存在如下关系

$$E(s)=\frac{1}{H(s)}\varepsilon(s)$$

当系统为单位反馈时，$E(s)=\varepsilon(s)$。

### 3.5.2 响应扰动信号 $f(t)$ 的误差

反馈系统响应扰动信号 $f(t)$ 时，误差信号 $e_f(t)$ 定义为响应扰动信号 $f(t)$ 时的期望输出 $c_{rf}(t)$ 与实际输出 $c_f(t)$ 之差，即

$$e_f(t)\sim c_{rf}(t)-c_f(t)$$

考虑到实际系统应不受扰动信号的影响，故 $c_{rf}(0)=0$，则 $e_f(t)=-c_f(t)$。由图 3-8可求得反馈系统响应扰动信号 $f(t)$ 的误差 $e_f(t)$ 的拉氏变换式为

$$E_f(s)=-\frac{G_2(s)}{1+G(s)}F(s)$$

记 $\Phi_{ef}(s)=\dfrac{E_f(s)}{F(s)}=-\dfrac{G_2(s)}{1+G(s)}$ 为反馈系统响应扰动信号 $f(t)$ 的误差传递函数。

### 3.5.3 误差的组成

$$e(t)=e_{ts}(t)+e_{ss}(t)$$

这里 $e_{ts}(t)$ 为暂态误差，$e_{ss}(t)$ 为稳态误差。

## 3.6 反馈系统的稳态误差及其计算

反馈系统误差信号 $e(t)$，$e_f(t)$ 的稳态分量为系统的稳态误差，分别用 $e_{ssr}$ 和 $e_{ssf}(t)$ 表示，简记为 $e_{ssr}$ 和 $e_{ssf}$。计算系统的稳态误差，首先判断系统的稳定性，若系统稳定，才有实际意义。

### 3.6.1 响应控制信号 $r(t)$ 的稳态误差 $e_{ss}$ 的计算

1. 终值定理法

$$e_{ss}=\lim_{s\to 0}sE(s)=\lim_{s\to 0}s\cdot\Phi_e(s)\cdot R(s)$$

应用该方法时要求 $sE(s)$ 在 $s$ 的左半平面解析。当 $sE(s)$ 在坐标原点有极点时，从理论上讲不能使用该方法，但由于用该方法计算结果与实际相巧合，故仍可使用。

高等学校优秀教材辅导丛书 GAODENG XUEXIAO YOUXIUJIAOCAI FUDAOCONGSHU

2. 静态误差系数法

设系统开环传递函数的一般形式为

$$G(s)=\frac{K(1+\tau_1 s)(1+\tau_2 s)\cdots(1+\tau_m s)}{s^v(1+T_1 s)(1+T_2 s)\cdots(1+T_{n-v}s)}$$

式中 $K$——开环增益；

$v$——系统型别。

(1)静态位置误差系数 $K_p=\lim\limits_{s\to 0}G(s)=\dfrac{K}{s^v}$

(2)静态速度误差系数 $K_v=\lim\limits_{s\to 0}sG(s)=\dfrac{K}{s^{v-1}}$

(3)静态加速度误差系数 $K_a=\lim\limits_{s\to 0}s^2G(s)=\dfrac{K}{s^{v-2}}$

利用静态误差系数计算单位反馈系统在典型输入信号作用下的稳态误差见表3-4。利用该方法的前提条件同终值定理法。

**表3-4 典型输入信号作用下的稳态误差**

| 系统型别 | 静态误差系数 | | | 阶跃输入 $r(t)=R\cdot 1(t)$ | 斜坡输入 $r(t)=R\cdot t$ | 加速度输入 $r(t)=\frac{1}{2}Rt^2$ |
|---|---|---|---|---|---|---|
| $v$ | $K_p$ | $K_v$ | $K_a$ | 位置误差 $e_{ss}=\frac{R}{1+K_p}$ | 速度误差 $e_{ss}=\frac{R}{K_v}$ | 加速度误差 $e_{ss}=\frac{R}{K_a}$ |
| 0 | $K$ | 0 | 0 | $\frac{R}{1+K}$ | $\infty$ | $\infty$ |
| 1 | $\infty$ | $K$ | 0 | 0 | $\frac{R}{K}$ | $\infty$ |
| 2 | $\infty$ | $\infty$ | $K$ | 0 | 0 | $\frac{R}{K}$ |
| 3 | $\infty$ | $\infty$ | $\infty$ | 0 | 0 | 0 |

3. 动态误差系数法

利用前两种方法只局限于求出稳态误差的稳态值，即 $e_{ss}(\infty)$，而利用动态误差系数法，可以研究输入信号几乎为任意时间函数时系统的稳态误差，且能反映稳态误差随时间的变化规律。

输入信号 $r(t)$ 引起的稳态误差 $e_{ss}(t)$ 由下式给出

高等学校优秀教材辅导丛书 GAODENG XUEXIAO YOUXIUJIAOCAI FUDAOCONGSHU

$$e_{ss}(t) = \sum_{i=0}^{\infty} C_i r^{(i)}(t)$$

上式中 $C_i(i=0,1,2,\cdots)$ 为动态误差系数，求法如下。

(1)求导法

将系统误差传递函数 $\Phi_e(s)$ 在 $s=0$ 的邻域内展开成泰勒级数，得

$$\Phi_e(s) = \Phi_e(0) + \dot{\Phi}_e(0)s + \frac{1}{2!}\ddot{\Phi}_e(0)s^2 + \cdots$$

于是
$$E(s) = \Phi_e(s)R(s) = \sum_{i=0}^{\infty} \frac{1}{i!}\Phi_e^{(i)}(0)\cdot s^i R(s)$$

上式在 $s=0$，即 $t\to\infty$ 时成立，故在零初始条件下对上式取拉氏反变换得

$$e_{ss}(t) = \sum_{i=0}^{\infty} \frac{1}{i!}\Phi_e^{(i)}(0)\cdot r^{(i)}(t)$$

则
$$C_i = \frac{1}{i!}\Phi_e^{(i)}(0) \quad (i=0,1,2,\cdots)$$

(2)长除法

将误差传递函数 $\Phi_e(s)$ 的分子多项式与分母多项式分别写成 $s$ 的升幂形式，然后利用长除法得到一个 $s$ 的升幂级数

$$\Phi_e(s) = \alpha_0 + \alpha_1 s + \alpha_2 s^2 + \cdots$$

因而有
$$E(s) = \Phi_e(s)R(s) = \sum_{i=0}^{\infty} \alpha_i s^i R(s)$$

取拉式反变换即得
$$e_{ss}(t) = \sum_{i=0}^{\infty} \alpha_i r^{(i)}(t)$$

则 $\alpha_i$ 为待求的动态误差系数。特别地，当 $r(t) = \sum_{i=0}^{l} r_i t^i$ 时，

$$e_{ss}(t) = \sum_{i=0}^{l} \alpha_i r^{(i)}(t)$$

### 3.6.2 响应扰动信号 $f(t)$ 的稳态误差 $e_{ssf}(t)$ 的计算

1. 终值定理法

$$e_{ssf}(t) = \lim_{s\to 0} s\cdot\Phi_{ef}(s)F(s)$$

该方法要求 $sE_f(s)$ 在 $s$ 左半平面解析。

2. 动态误差系数法

由扰动信号 $f(t)$ 引起的稳态误差系数，由求导法求得

$$C_{ft} = \frac{1}{i!}\Phi_{ef}^{(i)}(0)$$

或由长除法求得

$$\Phi_{ef}(s)=C_{f0}+C_{f1}s+C_{f2}s^2+\cdots$$

特别地，当 $f(t)=\sum_{i=0}^{k}f_kt^k$ 时，$e_{ssf}(t)=\sum_{i=0}^{k}C_{fi}f^{(i)}(t)$，当控制信号 $r(t)$ 和扰动信号 $f(t)$ 同时作用于系统时，系统的稳态误差为由 $r(t)$ 和 $f(t)$ 单独作用于系统时产生的稳态误差之和，即 $e_{ss}(t)=e_{ssr}(t)+e_{ssf}(t)$，这正是线性叠加原理的应用。

### 3.6.3 消除反馈系统稳态误差的措施

设单回路反馈控制系统如图 3－8 所示，并假设

$$G_1(s)=\frac{M_1(s)}{s^{v_1}N_1(s)},\quad G_2(s)=\frac{M_2(s)}{s^{v_2}N_2(s)},\quad H(s)=\frac{H_1(s)}{s^{v_3}H_2(s)}$$

式中，$M_1(s)$，$M_2(s)$，$N_1(s)$，$N_2(s)$，$H_1(s)$，$H_2(s)$ 均不含 $s=0$ 的因子。

1. 主反馈通道不含 $s=0$ 的零、极点，即 $v_3=0$ 时，在前向通道中设置 $v=v_1+v_2$ 个串联积分环节可消除控制信号 $r(t)=\sum_{i=1}^{v-1}r_it^i$ 产生的稳态误差。

2. 主反馈通道含 $s=0$ 的极点即 $v_3\neq0$ 时，欲消除扰动信号 $f(t)=\sum_{i=1}^{v-1}f_it^i$ 产生的稳态误差，只需在响应 $f(t)$ 信号的主反馈通道中设置 $v=v_1+v_3$ 个串联积分环节。

综上分析，通过在控制系统中的适当位置设置串联积分环节，可消除某些控制信号 $r(t)$ 或扰动信号 $f(t)$ 产生的稳态误差。但积分环节的引入，一般对系统的稳定性是不利的，只有在保证系统稳定的前提下，这一措施才有意义。要想改善系统的稳态性能，而又不影响系统的动态性能，需采用顺馈控制。

## 3.7 顺馈控制的误差分析

顺馈又称前馈，它是从系统输入端，通过设置顺馈通道而引进顺馈信号，将之加到系统某个中间环节，以补偿扰动信号对系统输出的影响，或减小系统响应控制信号的误差。顺馈控制既改善了系统的稳态性能，又不改变系统的动态性能，常应用在控制精度要求较高的控制系统中。

### 3.7.1 应用顺馈补偿扰动信号对系统输出的影响

在扰动信号可测的情况下，应用顺馈补偿扰动对输出的影响，将是一种有效的方法。设具有顺馈补偿的系统方框图如图 3－9 所示。

图中，$G_1(s)$ 即为所设置顺馈通道的传递函数，由图 3－9 可求得

$$\Phi_f(s)=\frac{C(s)}{F(s)}=\frac{G_f(s)+G_1(s)G_c(s)G(s)}{1+G_c(s)G(s)}$$

欲使输出 $C(s)$ 不受扰动 $F(s)$ 的影响，要求 $\Phi_f(s)=0$，即

$$G_f(s)+G_1(s)G_c(s)G(s)=0$$

故当取 $G_1(s)=-\dfrac{G_f(s)}{G_c(s)\cdot G(s)}$ 时，实现了应用顺馈对扰动信号的完全补偿。

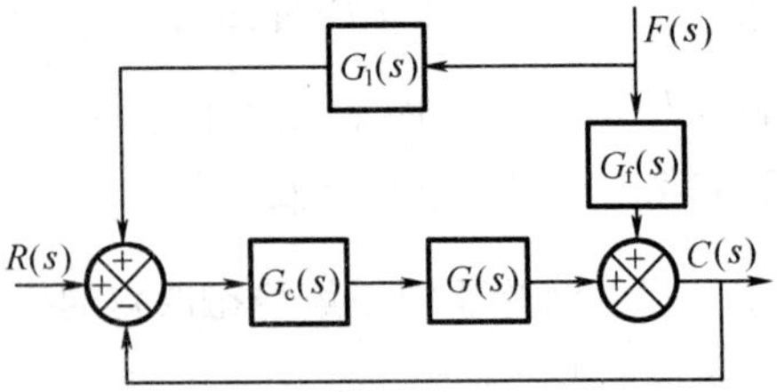


图 3-9　复合控制系统方框图

### 3.7.2　应用顺馈减少系统响应控制信号的误差

在控制信号作用于系统时，可应用顺馈控制实现输出信号的完全复现，或从等效的观点出发，通过提高系统型别，实现输出信号对输入信号的近似复现。

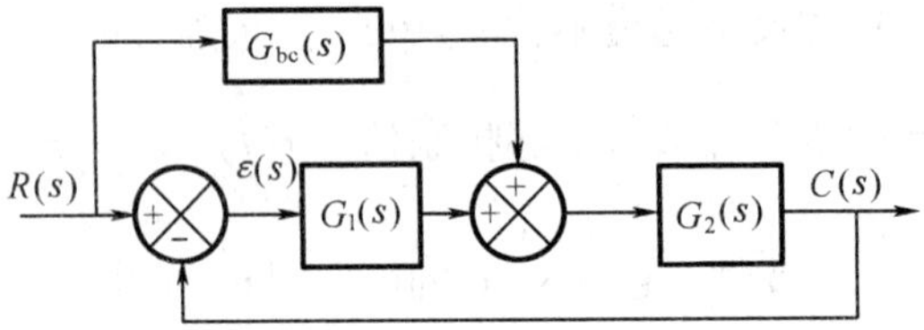


图 3-10　复合控制系统方框图

设复合控制系统如图 3-10 所示。图中 $G_{bc}(s)$ 为顺馈通道的传递函数，由方框图可求得复合控制系统的等效闭环传递函数为

$$\Phi_{eq}(s)=\frac{C(s)}{R(s)}=\frac{G_1(s)G_2(s)+G_2(s)G_{bc}(s)}{1+G_1(s)G_2(s)}$$

若取 $G_{bc}(s)=\dfrac{1}{G_2(s)}$，则有 $\Phi_{eq}(s)=1$。则系统输出信号 $c(t)$ 将在整个响应过程中，对输入实现完全复现。当只需近似复现以减少系统响应控制信号 $r(t)$ 的误差时，通常选取 $G_{bc}(s)=\lambda_1 s$ 或 $G_{bc}(s)=\lambda_2 s^2+\lambda_1 s$ 等形式，即顺馈信号取为控制信号的一、二阶甚至更高阶导数的线性组合，图 3-10 所示复合系统等效成单位反馈系统时的等效开环传递函数 $G_{eq}(s)$ 为

$$G_{eq}(s)=\frac{\Phi_{eq}(s)}{1-\Phi_{eq}(s)}=\frac{G_2(s)[G_{bc}(s)+G_1(s)]}{1-G_{bc}(s)G_2(s)}$$

通过合理选取 $\lambda_1,\lambda_2$ 等未知参数的值，使得 $G_{eq}(s)$ 有 $v$ 个 $s=0$ 的极点，即使复合系统的型别提高到 $v$，以改善系统稳态性能。

## SHU HOU XI TI JIE XI 书后习题解析

3－1 设有二阶系统，其方框图如题3－1图(1)所示。图中符号“＋”、“－”分别表示取正反馈与负反馈，“0”表示无反馈；$K_1$ 与 $K_2$ 为常值增益，且 $K_1>0, K_2>0$。题3－1图(2)所示为在该系统中可能出现的单位阶跃响应曲线。试确定与每种单位阶跃响应相对应的主反馈及内反馈的极性，并说明理由。

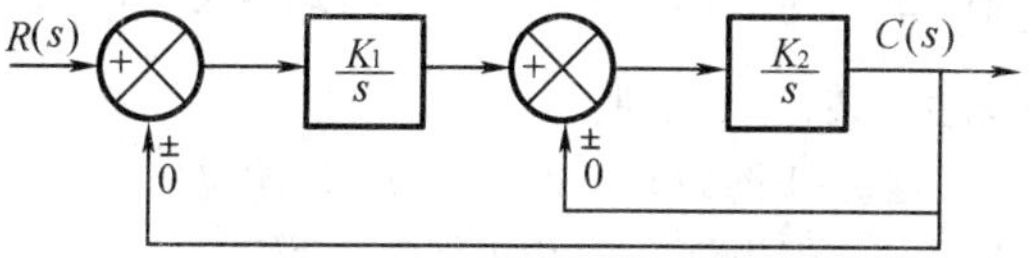


题3－1图(1)

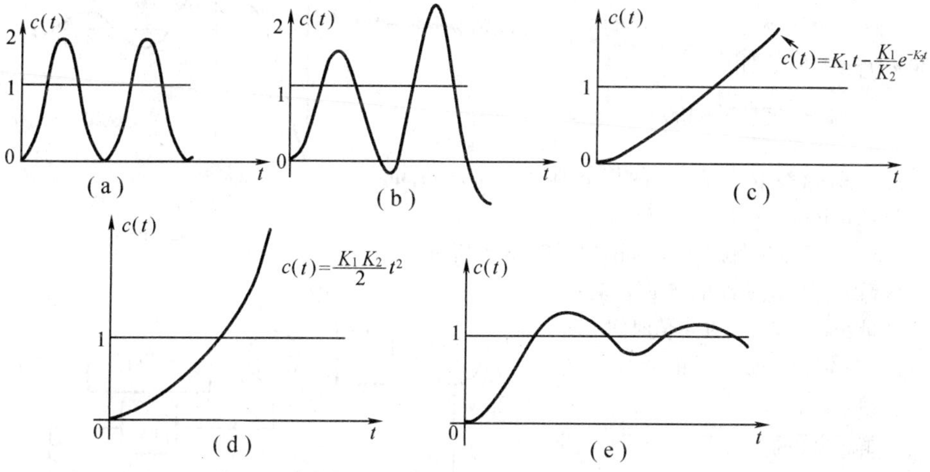


题3－1图(2)

**解** 将题3－1图(1)变换为题3－1解图，其中 $H_1=+1$ 和 $H_2=+1$，$H_1=-1$ 和 $H_2=-1$，$H_1=0$ 和 $H_2=0$ 分别代表内反馈及主反馈为负反馈、正反馈和无反馈。求得系统的闭环传递函数为

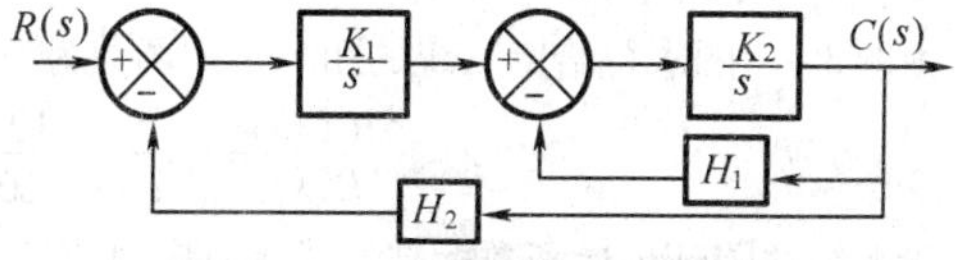


题3－1解图

$$\Phi(s)=\frac{K_1K_2}{s^2+K_2H_1s+K_1K_2H_2}$$

(1)题3－1图(2)(a)所示单位阶跃响应具有等幅振荡特性，则 $\zeta=0$，此时 $H_1=0, H_2=+1$，

则主反馈为负反馈，无内反馈；

(2)题3－1图(2)(b)所示单位阶跃响应具有发散振荡特性，则 $-1<\zeta<0$，此时 $H_1=-1$，$H_2=+1$，则主反馈为负反馈，内反馈为正反馈；

(3)题3－1图(2)(c)所示单位阶跃响应的稳态分量为 $c(t)=K_1t-\dfrac{K_1}{K_2}$，则 $C(s)$ 的分母必有 $s^2$，并且响应含有衰减的指数项，此时 $H_1=+1$，$H_2=0$，则无主反馈，内反馈为负反馈；

(4)题3－1图(2)(d)所示单位阶跃响应 $c(t)=\dfrac{K_1K_2}{2}t^2$，则 $C(s)=\dfrac{K_1K_2}{s^3}$，此时 $H_1=0$，$H_2=0$，则无主反馈，无内反馈；

(5)题3－1图(2)(e)所示单位阶跃响应具有衰减振荡特性，则 $0<\zeta<1$，此时 $H_1=+1$，$H_2=+1$，则主反馈为负反馈，内反馈为负反馈。

3－2　由实验测得二阶系统的单位阶跃响应 $c(t)$ 如题3－2图所示。试根据已知的单位阶跃响应 $c(t)$ 计算系统参数 $\zeta$ 及 $\omega_n$。

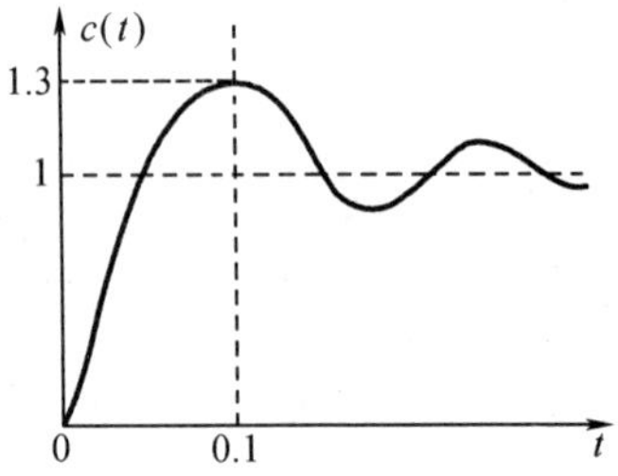


题3－2图

**解**　由图所示单位阶跃响应 $c(t)$，求得 $\sigma\%=30\%$，$t_p=0.1$ s，又由

$$\sigma\%=e^{-\frac{\pi\zeta}{\sqrt{1-\zeta^2}}}\times100\%,\quad t_p=\frac{\pi}{\omega_n\sqrt{1-\zeta^2}}$$

计算出系统参数 $\zeta$ 及 $\omega_n$ 的值分别为 $\zeta=0.36$，$\omega_n=33.7$ rad/s。

3－3　已知控制系统方框图如题3－3图所示。要求该系统的单位阶跃响应 $c(t)$ 具有超调量 $\sigma\%=16.3\%$ 和峰值时间 $t_p=1$ s，试确定前置放大器的增益 $K$ 及内反馈系数 $\tau$。

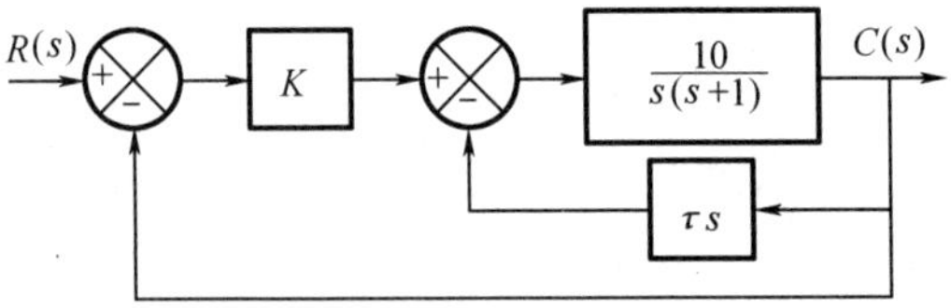


题3－3图

**解**　由题意

$$\sigma\%=e^{-\frac{\zeta\pi}{\sqrt{1-\zeta^2}}}\times100\%=16.3\%$$

$$t_p=\frac{\pi}{\omega_n\sqrt{1-\zeta^2}}=1$$

计算得 $\zeta=0.5$，$\omega_n=3.63$ rad/s。

由题3－3图求得给定系统的闭环传递函数为

$$\frac{C(s)}{R(s)}=\frac{10K}{s^2+(1+10\tau)s+10K}$$

与二阶系统的闭环传递函数标准形式相对应，则有

$$10K=\omega_n^2=(3.63)^2,\quad 1+10\tau=2\zeta\omega_n=2\times0.5\times3.63$$

由此解出参数值 $K=1.32$，$\tau=0.263$。

3－4　设某单位负反馈系统的开环传递函数为 $G(s)=\dfrac{0.4s+1}{s(s+0.6)}$，试计算该系统单位阶跃

响应的超调量、上升时间、峰值时间及调整时间。

**解** 该单位负反馈系统的闭环传递函数为

$$\frac{C(s)}{R(s)}=\frac{s+2.5}{2.5(s^2+s+1)}$$

标准形式为

$$\frac{C(s)}{R(s)}=\frac{\omega_n^2(s+z)}{z(s^2+2\zeta\omega_n s+\omega_n^2)}$$

即其中 $z=2.5,\omega_n=1,\zeta=0.5$,代入下列计算公式

$$\sigma\%=\frac{1}{\zeta}\sqrt{\zeta^2-2\gamma\zeta^2+\gamma^2}\cdot e^{-\frac{\zeta\pi}{\sqrt{1-\zeta^2}}}\times100\%$$

$$t_r=\frac{\pi-\varphi-\theta}{\omega_n\sqrt{1-\zeta^2}},\quad t_p=\frac{\pi-\varphi}{\omega_n\sqrt{1-\zeta^2}}$$

$$t_s(5\%)=\left(3+\ln\frac{l}{z}\right)\frac{1}{\zeta\omega_n},\quad t_s(2\%)=\left(4+\ln\frac{l}{z}\right)\frac{1}{\zeta\omega_n}$$

$$\gamma=\frac{\zeta\omega_n}{z},\quad \varphi=\arctan\frac{\omega_n\sqrt{1-\zeta^2}}{z-\zeta\omega_n}\text{(取弧度)}$$

$$\theta=\arctan\frac{\sqrt{1-\zeta^2}}{\zeta}\text{(取弧度)},\quad l=\sqrt{(z-\zeta\omega_n)^2+(\omega_n\sqrt{1-\zeta^2})^2}$$

则 $\gamma=0.2,\varphi=0.408\ \text{rad},\theta=1.05\ \text{rad},l=2.18$,最后求得该系统单位阶跃响应的性能指标为 $\sigma\%=18\%$,$t_r=1.94\ \text{s}$,$t_p=3.16\ \text{s}$,$t_s(2\%)=7.73\ \text{s}$。

3-5 设二阶系统的单位阶跃响应 $c(t)$ 如题 3-2 图所示。已知该系统属单位反馈控制型,试确定其开环传递函数。

**解** 设闭环传递函数具有如下标准形式,即

$$\Phi(s)=\frac{C(s)}{R(s)}=\frac{\omega_n^2}{s^2+2\zeta\omega_n s+\omega_n^2}$$

对于单位负反馈系统,开环传递函数 $G(s)$ 与闭环传递函数 $\Phi(s)$ 间的关系为 $\Phi(s)=\dfrac{G(s)}{1+G(s)}$,

则

$$G(s)=\frac{\Phi(s)}{1-\Phi(s)}=\frac{\omega_n^2}{s(s+2\zeta\omega_n)}$$

由题 3-2 中求得的 $\zeta=0.36,\omega_n=33.7\ \text{rad/s}$,可得

$$G(s)=\frac{46.8}{s(0.041s+1)}$$

3-6 已知系统的单位阶跃响应为 $c(t)=1+e^{-t}-e^{-2t}(t\geqslant0)$,试求取该系统的传递函数 $C(s)/R(s)$。

**解** 由响应表达式可得给定系统的初始条件为 $c(0)=1,\dot{c}(0)=1$。对于初始条件不为零的二阶系统,求取该系统的传递函数时,需要考虑初始条件对响应的影响。若对典型二阶系统,系统的单位阶跃响应的拉氏变换为

$$C(s)=\frac{\omega_n^2}{s^2+2\zeta\omega_n s+\omega_n^2}R(s)+\frac{(s+2\zeta\omega_n)c(0)+\dot{c}(0)}{s^2+2\zeta\omega_n s+\omega_n^2}$$

其中 $\omega_n^2/(s^2+2\zeta\omega_n s+\omega_n^2)$ 便是系统的传递函数。由该系统的单位阶跃响应表达式有

$$C(s)=\frac{1}{s}+\frac{1}{s+1}-\frac{1}{s+2}=\frac{s^2+4s+2}{s(s^2+3s+2)}=\frac{2}{s^2+3s+2}\cdot\frac{1}{s}+\frac{s+4}{s^2+3s+2}$$

其中 $s+4=(s+2\zeta\omega_n)c(0)+\dot{c}(0)$，则 $\omega_n^2=2, 2\zeta\omega_n=3$。

所以给定系统的传递函数为 $\dfrac{C(s)}{R(s)}=\dfrac{2}{s^2+3s+2}$。

3－7　某系统的特征方程为 $s^4+2s^3+s^2+2s+1=0$，试应用 Routh 稳定判据判别该系统的稳定性。

**解**　列 Routh 表

| | | | |
|---|---|---|---|
| $s^4$ | 1 | 1 | 1 |
| $s^3$ | 2 | 2 | 0 |
| $s^2$ | $0(\approx\varepsilon)$ | 1 | |
| $s^1$ | $\dfrac{2\varepsilon-2}{\varepsilon}$ | 0 | |
| $s^0$ | 1 | | |

在 Routh 表的第三行的第一列元素为零，将零元素用趋近于零的正数 $\varepsilon$ 代替，则 $s^1$ 行第一列的元素符号为负。从 Routh 表可见，第一列元素的符号变化了两次，则系统不稳定，并且系统有两个具有正实部的根。

3－8　设系统的特征方程为

$$s^6+2s^5+8s^4+12s^3+20s^2+16s+16=0$$

试应用 Routh 稳定判据判别该系统的稳定性。

**解**　列 Routh 表

| | | | | |
|---|---|---|---|---|
| $s^6$ | 1 | 8 | 20 | 16 |
| $s^5$ | 2 | 12 | 16 | 0 |
| $s^4$ | 1 | 6 | 8 | |
| $s^3$ | 0 | 0 | 0 | |

其中 $s^4$ 行(第三行)各元素都除以 2。$s^3$ 行的元素全部为零，则辅助方程为

$$F(s)=s^4+6s^2+8=0,\quad \frac{dF(s)}{ds}=4s^3+12s=0$$

用新方程的各项系数代替全零行，继续列 Routh 表。则整个 Routh 表为

| | | | | |
|---|---|---|---|---|
| $s^6$ | 1 | 8 | 20 | 16 |
| $s^5$ | 2 | 12 | 16 | 0 |
| $s^4$ | 1 | 6 | 8 | |
| $s^3$ | 4 | 12 | 0 | |
| $s^2$ | 3 | 8 | | |
| $s^1$ | 4/3 | 0 | | |
| $s^0$ | 8 | | | |

可见，Routh 表中第一列各元素的符号均相同，则该系统在 $s$ 平面右半部无根。但由辅助方

程 $F(s)=s^4+6s^2+8=0$，得系统有共轭虚根 $\pm j\sqrt{2}$ 和 $\pm j2$，则理论上认为该系统临界稳定。

3－9　试分析题 3－9 图所示系统的稳定性。

**解**　图中所示单位负反馈系统的闭环传递函数 $C(s)/R(s)$ 为

$$\frac{C(s)}{R(s)}=\frac{10(s+1)}{s^3+21s^2+10s+10}$$

系统的特性方程为

$$s^3+21s^2+10s+10=0$$

列 Routh 表

| | | |
|---|---|---|
| $s^3$ | 1 | 10 |
| $s^2$ | 21 | 10 |
| $s^1$ | 9.52 | 0 |
| $s^0$ | 10 | |

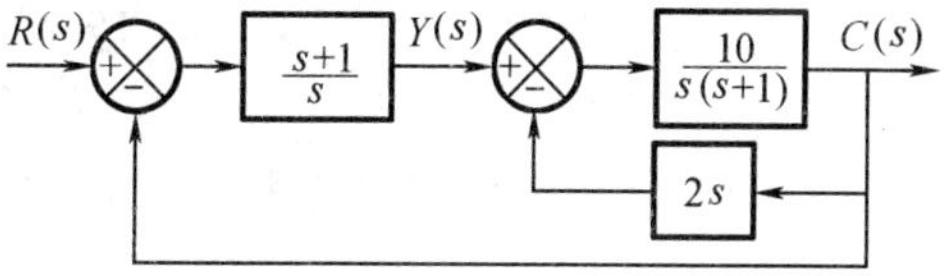

题 3－9 图

因为 Routh 表第一列元素符号无改变，所以系统稳定。

3－10　试分析题 3－10 图所示系统的稳定性。

**解**　题 3－10 图所示系统的特征方程为

$$D(s)=1+\frac{10}{s(s+2)}\cdot(1+10s)=s^2+102s+10=0$$

特征根 $s_1=-0.098$，$s_2=-101.9$，均具有负实部，所以系统稳定。

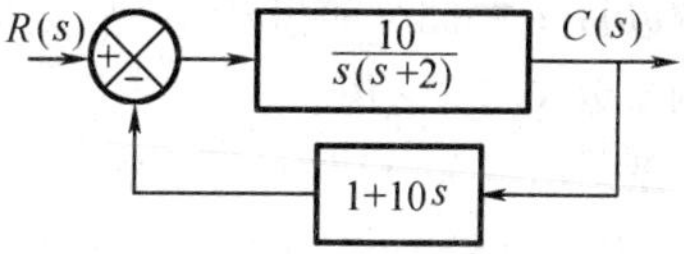

题 3－10 图

3－11　试确定题 3－11 图所示系统的参数 $K$ 及 $\zeta$ 的稳定域。

**解**　题 3－11 图所示系统的特征方程为

$$D(s)=0.01s^3+0.2\zeta s^2+s+K=0$$

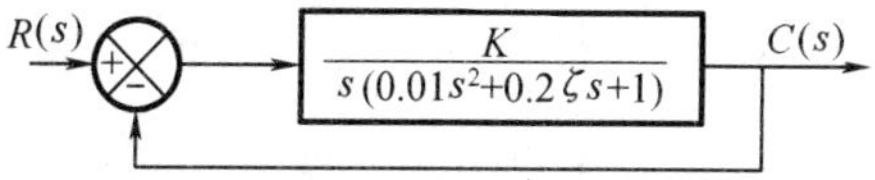

题 3－11 图

列 Routh 表，即

| | | |
|---|---|---|
| $s^3$ | 0.01 | 1 |
| $s^2$ | $0.2\zeta$ | $K$ |
| $s^1$ | $\dfrac{0.2\zeta-0.01K}{0.2\zeta}$ | 0 |
| $s^0$ | $K$ | |

若系统稳定，必有　　$0.2\zeta>0$，　$\dfrac{0.2\zeta-0.01K}{0.2\zeta}>0$，　$K>0$

则确定出参数 $K,\zeta$ 的稳定域为 $\zeta>\dfrac{1}{20}K$，$0<K<20\zeta$。

3－12　设控制系统方框图如题 3－12 图所示。要求闭环系统的特征根全部位于 $s=-1$ 垂线之左。试确定参数 $K$ 的取值范围。

**解**　由题 3－12 图得，系统的特征方程为

$$D(s)=s(0.1s+1)(0.25s+1)+K=0$$



高等学校优秀教材辅导丛书 GAODENG XUEXIAO YOUXIUJIAOCAI FUDAOCONGSHU

$$D(s)=s^3+14s^2+40s+40K=0$$

若要求闭环系统的特征根全部位于 $s=-1$ 垂线之左，令 $s=z-1$ 并代入特征方程，得

$$(z-1)^3+14(z-1)^2+40(z-1)+40K=0$$

$$z^3+11z^2+15z+(40K-27)=0$$

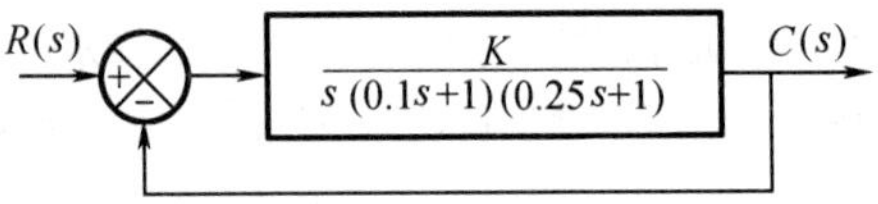


题 3－12 图

列 Routh 表，即

| | | |
|---|---|---|
| $z^3$ | 1 | 15 |
| $z^2$ | 11 | $40K-27$ |
| $z^1$ | $\dfrac{11\times15-(40K-27)}{11}$ | 0 |
| $z^0$ | $40K-27$ | |

Routh 表第一列元素均为正，求得

$$11\times15-(40K-27)>0,\quad 40K-27>0$$

最后确定 $K$ 的取值范围为 $0.675<K<4.8$。

3－13　设系统方框图如题 3－13 图所示。若系统以 $\omega_n=2\ \text{rad/s}$ 的频率作等幅振荡，试确定振荡时的参数 $K$ 与 $a$ 之值。

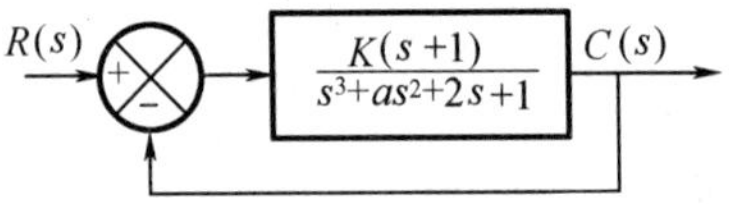


题 3－13 图

**解**　由题 3－13 图可得该系统特征方程为

$$D(s)=s^3+as^2+(2+K)s+(1+K)=0$$

列 Routh 表

| | | |
|---|---|---|
| $s^3$ | 1 | $2+K$ |
| $s^2$ | $a$ | $1+K$ |
| $s^1$ | $(2+K)-\dfrac{1+K}{a}$ | 0 |
| $s^0$ | $1+K$ | |

由题意知系统作等幅振荡，说明系统处于临界稳定状态。此时 Routh 表中 $s^1$ 行为全零行，并且闭环系统有共轭虚根 $\pm j2$，是由 $s^2$ 行元素构成的辅助方程 $as^2+(1+K)=0$ 的根。则有

$$(2+K)-\frac{1+K}{a}=0,\quad s_{1,2}=\pm j\sqrt{\frac{1+K}{a}}=\pm 2j$$

解得该系统出现频率为 2 rad/s 等幅振荡时参数 $K$ 与 $a$ 的取值为 $K=2,a=0.75$。

3－14　试分析题 3－14 图所示系统的稳定性，其中增益 $K>0$。

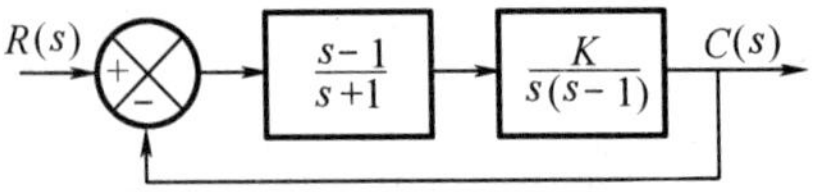


题 3－14 图

**解**　由图求得该系统的开环传递函数为 $G(s)=\dfrac{K(s-1)}{s(s+1)(s-1)}$，系统的特征方程为 $s^3+(K-1)s-K=0$，列 Routh 表

| | | |
|---|---|---|
| $s^3$ | 1 | $K-1$ |
| $s^2$ | $0(\varepsilon)$ | $-K$ |

$$\begin{array}{lll} s^1 & (K+1)+\dfrac{K}{\varepsilon} & 0 \\ s^0 & -K & \end{array}$$

可见在 $K>0$ 情况下,Routh 表第一列元素符号发生变化,所以系统不稳定。注意在分析系统稳定性时,若开环传递函数具有相同的零点与极点,此时相同的零点与极点不能相消,否则有可能得到错误结论。

3-15 设某温度计的动态特性可用一惯性环节 $1/(Ts+1)$ 来描述。用该温度计测量容器内的水温,发现一分钟后温度计的示值为实际水温的 98%。若给容器加热,使水温以 10 ℃/min 的速度线性上升,试计算该温度计的稳态指示误差。

**解** 由题意和惯性环节特性知 $t_s(2\%)=4T=1$ min,求得 $T=0.25$ min(15 s)。用温度计测量以 10 ℃/min 的速度线性上升的水温时,即输入信号 $r(t)=10t$ 时,其示值的拉氏变换为

$$C(s)=\frac{1}{0.25s+1}\cdot\frac{10}{s^2}$$

对上式取拉氏反变换,得温度计示值函数

$$c(t)=10t-10T+10T\mathrm{e}^{-\frac{1}{T}t}=10t-2.5+2.5\mathrm{e}^{-4t}$$

温度计的稳态指示误差 $e_{ss}(t)$ 为

$$e_{ss}(t)=r(t)-c_{ss}(t)=2.5\ ℃$$

3-16 一单位反馈控制系统的开环传递函数为

$$G(s)=\frac{K_0K_fK_cK_t}{s(T_cs+1)(T_fs+1)}$$

在输入信号 $r(t)=(a+bt)\cdot 1(t)$ ($a$、$b$ 为常数)作用下,欲使闭环系统的稳态误差 $e_{ss}$ 小于 $\varepsilon_\sigma$,试求系统各参数应满足的条件。

**解** (1)首先确定系统稳定时各参数应满足的条件。

给定系统的特征方程为

$$D(s)=1+G(s)=T_cT_fs^3+(T_c+T_f)s^2+s+K_0K_fK_cK_t=0$$

列 Routh 表

$$\begin{array}{lll} s^3 & T_cT_f & 1 \\ s^2 & T_c+T_f & K_0K_fK_cK_t \\ s^1 & \dfrac{(T_c+T_f)-T_cT_fK_0K_fK_cK_t}{T_c+T_f} & 0 \\ s^0 & K_0K_fK_cK_t & \end{array}$$

由 Routh 表第一列元素均为正,求得系统稳定时系统各参数应满足的条件

$$T_c>0,\quad T_f>0,\quad 0<K_0K_fK_cK_t<\frac{T_c+T_f}{T_cT_f}$$

(2)应用终值定理计算稳态误差 $e_{ss}$。

该单位负反馈系统的误差传递函数为

$$\Phi_e(s)=\frac{1}{1+G(s)}=\frac{s(T_cs+1)(T_fs+1)}{s(T_cs+1)(T_fs+1)+K_0K_fK_cK_t}$$



高等学校优秀教材辅导丛书 GAODENG XUEXIAO YOUXIUJIAOCAI FUDAOCONGSHU

则
$$e_{ss}=\lim_{s\to0}sE(s)=\lim_{s\to0}s\Phi_e(s)R(s)$$
$$=\lim_{s\to0}s\frac{s(T_cs+1)(T_fs+1)}{s(T_cs+1)(T_fs+1)+K_0K_fK_cK_t}\cdot\left(\frac{a}{s}+\frac{b}{s^2}\right)=\frac{b}{K_0K_fK_cK_t}$$

根据 $e_{ss}=\dfrac{b}{K_0K_fK_cK_t}<\varepsilon_\sigma$ 的要求，求得 $K_0K_fK_cK_i>\dfrac{b}{\varepsilon_\sigma}$。

最后确定给定系统稳定且稳态误差 $e_{ss}<\varepsilon_\sigma$ 时系统各参数应满足的条件为

$$T_c>0,\quad T_f>0,\quad \frac{b}{\varepsilon_\sigma}<K_0K_fK_cK_t<\frac{T_c+T_f}{T_cT_f}$$

3－17　设某控制系统的方框图如题 3－17 图所示，欲保证阻尼比 $\zeta=0.7$ 和单位斜坡函数输入时的稳态误差 $e_{ss}=0.25$，试确定系统参数 $K,\tau$ 之值。

**解**　(1) 由题 3－17 图求得系统的开环传递函数为

$$G(s)=\frac{\dfrac{K}{2+K\tau}}{s\left[\dfrac{1}{2+K\tau}s+1\right]}=\frac{K}{s^2(s+2+K\tau)}$$

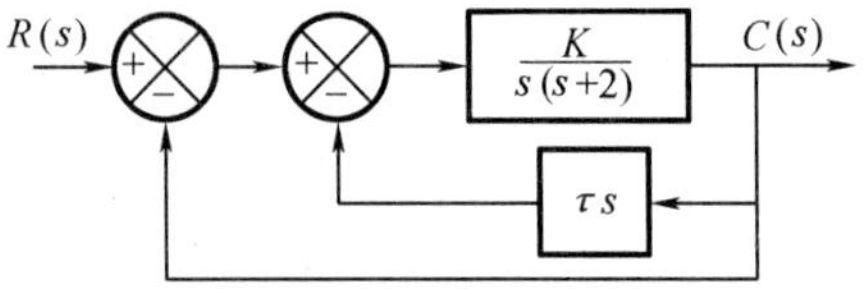


题 3－17 图

闭环传递函数为

$$\frac{C(s)}{R(s)}=\frac{K}{s^2+(2+K\tau)s+K}$$

则有 $\omega_n=\sqrt{K}$，$2\zeta\omega_n=2+K\tau$，按题意 $\zeta=0.7$，求得 $1.4\sqrt{K}=2+K\tau$；

(2) 在 $r(t)=t$ 作用下系统的稳态误差为

$$e_{ss}=\lim_{s\to0}sE(s)=\lim_{s\to0}s\Phi_e(s)R(s)=\lim_{s\to0}s\cdot\frac{s\left(\dfrac{1}{2+K\tau}s+1\right)}{s\left(\dfrac{1}{2+K\tau}s+1\right)+\dfrac{K}{2+K\tau}}\cdot\frac{1}{s^2}=\frac{2+K\tau}{K}$$

按题意 $e_{ss}=0.25$，则 $\dfrac{2+K\tau}{K}=0.25$，最后解得 $K=31.36$，$\tau=0.186$。

3－18　欲使题 3－18 图所示系统对输入信号 $r(t)$ 为Ⅱ型，试选择前馈参数 $\tau$ 和 $b$。已知误差 $e(t)\triangleq r(t)-c(t)$。

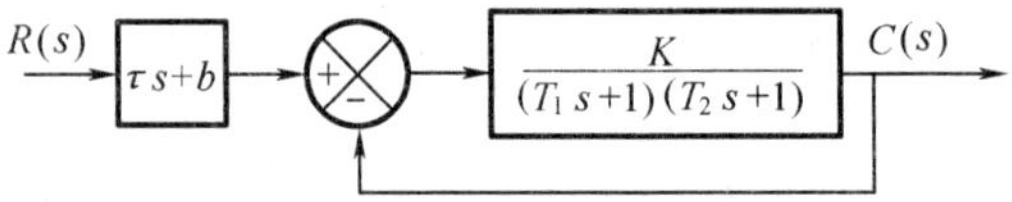


题 3－18 图

**解**　系统对输入信号 $r(t)$ 为Ⅱ型，则当 $r(t)=1(t)$ 及 $r(t)=t$ 时，系统的稳态误差为零。

(1) 当 $r(t)=1(t)$ 时，根据 $E(s)=R(s)-C(s)$ 求取 $E(s)$，再应用终值定理计算稳态误差 $e_{ss}$，由图求得

$$C(s)=\left[\frac{K}{(T_1s+1)(T_2s+1)+K}(\tau s+b)\right]R(s)$$

则
$$E(s)=R(s)-C(s)=\left[1-\frac{K(\tau s+b)}{(T_1s+1)(T_2s+1)+K}\right]R(s)$$
$$e_{ss}=\lim_{s\to 0}s\left[1-\frac{K(\tau s+b)}{(T_1s+1)(T_2s+1)+K}\right]\frac{1}{s}=\frac{1+K-Kb}{1+K}$$
欲使 $e_{ss}=0$，则需 $1+K-Kb=0$，由此求得 $b=\frac{1+K}{K}$；

(2)设 $r(t)=t$ 时
$$e_{ss}=\lim_{s\to 0}s\left[1-\frac{K(\tau s+b)}{(T_1s+1)(T_2s+1)+K}\right]\frac{1}{s^2}$$
$$=\lim_{s\to 0}\frac{T_1T_2s^2+(T_1+T_2-K\tau)s+(1+K-Kb)}{(T_1s+1)(T_2s+1)+K}\frac{1}{s^2}$$
欲使稳态误差为零，需有 $1+K-Kb=0$，$T_1+T_2-K\tau=0$，求得 $\tau=\frac{T_1+T_2}{K}$。

3－19　设控制系统的方框图如题3－19图所示。已知控制信号 $r(t)=1(t)$，试计算 $H(s)=1$ 及0.1时系统的稳态误差。

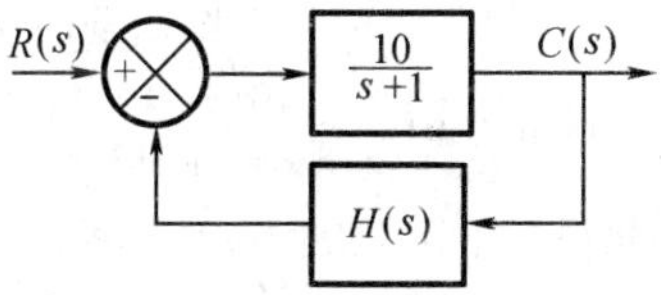

题3－19图

**解**　(1)当 $H(s)=1$(单位反馈)时
$$E(s)=\frac{1}{1+\frac{10}{s+1}}R(s)=\frac{s+1}{s+11}\cdot\frac{1}{s}$$
则此时系统的稳态误差为 $e_{ss}=\lim_{s\to 0}sE(s)=\frac{1}{11}$；

(2)当 $H(s)=0.1$(非单位反馈)时
$$E(s)=\frac{1}{H(s)}R(s)-C(s)=\frac{1}{H(s)}R(s)-\frac{G(s)}{1+G(s)H(s)}R(s)=\frac{10(s+1)}{s(s+2)}$$
同样应用终值定理计算得 $e_{ss}=5$。

注意计算非单位反馈系统的稳态误差时，采用 $E(s)=\frac{1}{H(s)}R(s)-C(s)$ 计算。

3－20　设单位负反馈系统的开环传递函数为 $G(s)=\frac{100}{s(0.1s+1)}$，试计算该系统响应控制信号 $r(t)=\sin 5t$ 时的稳态误差。

**解**　由已知的开环传递函数求得单位负反馈系统的误差传递函数为
$$\Phi_e(s)=\frac{1}{1+G(s)}=\frac{s(0.1s+1)}{0.1s^2+s+100}$$
基于频率响应的定义，正弦信号 $A\sin(\omega t+\varphi)$ 作用下的稳态误差为
$$e_{ss}=|\Phi_e(j\omega)|A\sin(\omega t+\varphi+\angle\Phi_e(j\omega))$$
误差频率响应 $\Phi_e(j\omega)$ 的幅频特性 $|\Phi_e(j\omega)|$ 和相频特性 $\Phi_e(j\omega)$ 分别为
$$|\Phi_e(j\omega)|=\frac{\omega\sqrt{1+(0.1\omega)^2}}{\sqrt{(100-0.1\omega^2)^2+\omega^2}}$$

$$\angle\Phi_e(j\omega)=90^\circ+\arctan 0.1\omega-\arctan\frac{\omega}{100-0.1\omega^2}$$

已知控制信号 $r(t)=\sin 5t$，则 $A=1,\varphi=0^\circ,\omega=5$。求得系统响应 $r(t)=\sin 5t$ 的稳态误差为

$$e_{ss}(t)=|\Phi_e(j5)|\sin(5t+\angle\Phi_e(j5))$$

$$|\Phi_e(j5)|=0.057,\quad \angle\Phi_e(j5)=113.63^\circ$$

最终得

$$e_{ss}(t)=0.057\sin(5t+113.63^\circ)$$

注意，计算正弦类信号作用下的系统稳态误差时，由于这时的 $sE(s)$ 在虚轴上不解析，从而不符合 $sE(s)$ 的极点必须全部分布在 $s$ 平面左半部的条件，所以不能应用终值定理计算。

3－21　试鉴别题 3－21 图所示系统对控制信号 $r(t)$ 和对扰动信号 $f(t)$ 分别是几型系统。

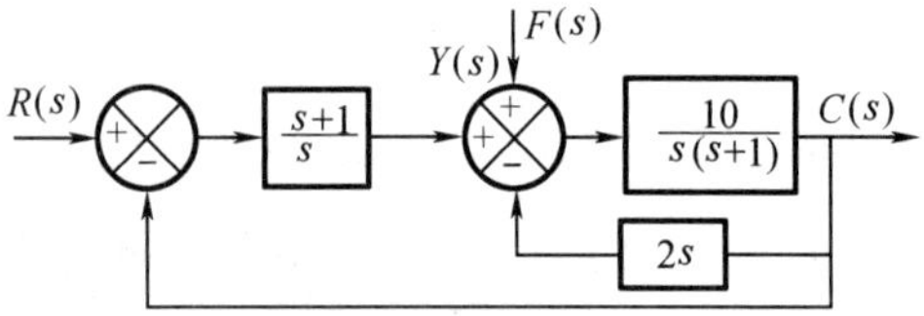


题 3－21 图

**解**　将题 3－21 图等效简化为题 3－21解图(a)所示框图。

(1)对控制信号 $r(t)$ 来说，前向通道的传递函数为 $G(s)=\dfrac{10(s+1)}{s^2(s+21)}$，含有两个串联积分环节，则题 3－21 图所示系统对控制信号 $r(t)$ 为Ⅱ型系统；

(2)对扰动信号 $f(t)$ 来说，题 3－21 解图(a)可简化成图(b)。由于反馈通道的传递函数 $H(s)=\dfrac{s+1}{s}$，含有一个串联积分环节，则题 3－21 图所示系统对扰动信号 $f(t)$ 为Ⅰ型系统。

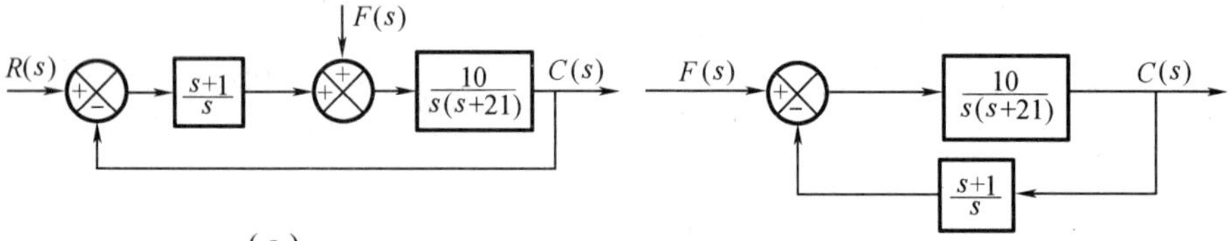


(a)　　(b)

题 3－21 解图

3－22　在题3－22 图所示控制系统中，若设 $f(t)=2\times1(t)$，试问在扰动作用点之前的前向通道中引入积分环节$1/s$，对稳态误差 $e_{ssf}(t)$ 有何影响？在扰动信号作用点之后引入积分环节 $1/s$，结果又将如何？

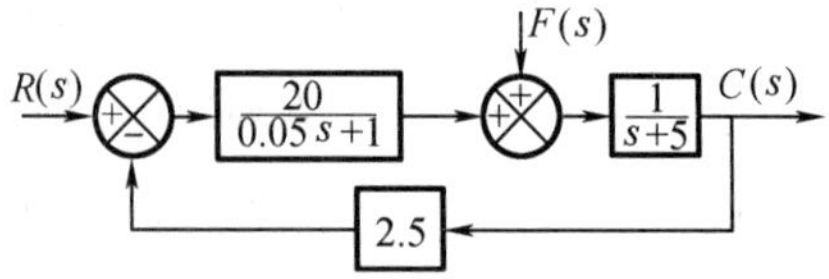


题 3－22 图

**解**　将题 3－22 图等效简化成解图(a)，由图看出在反馈通道中不存在积分环节，所以题 3－22 图所示系统对于扰动作用 $f(t)$ 是零型系统，其稳态误差为

$$e_{ssf} = -\lim_{s\to 0} s \cdot \frac{\dfrac{1}{s+5}}{1+\dfrac{1}{s+5}\cdot\dfrac{2.5\times 20}{0.05s+1}} \times \frac{2}{s} = -\frac{2}{55}$$

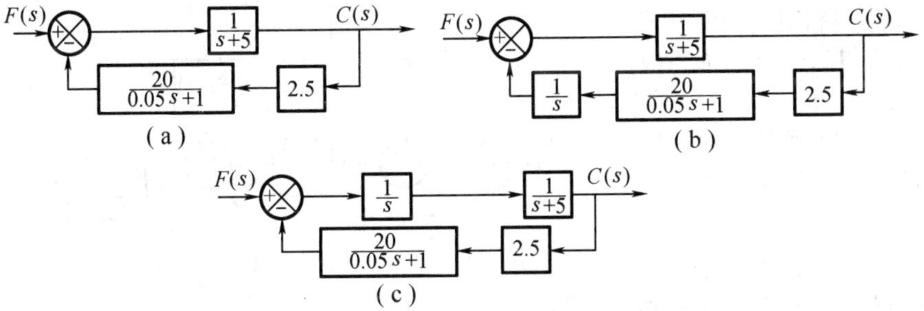


题 3－22 解图

(1)若在扰动作用点之前的前向通道中加入积分环节 $1/s$，则方框图如解图(b)所示，所以该系统对扰动作用为Ⅰ型系统，其稳态误差为 $e_{ssf}=0$；

(2)若在扰动作用点之后的前向通道中加入积分环节 $1/s$，则方框图如解图(c)所示，该系统对扰动作用仍为零型系统，稳态误差为 $e_{ssf}=-0.04$。

3－23　设某复合控制系统方框图如题 3－23 图所示。在控制信号 $r(t)=t^2/2$ 作用下，要求系统的稳态误差为零，试确定顺馈参数 $a,b$。已知误差 $e(t)\triangleq r(t)-c(t)$。

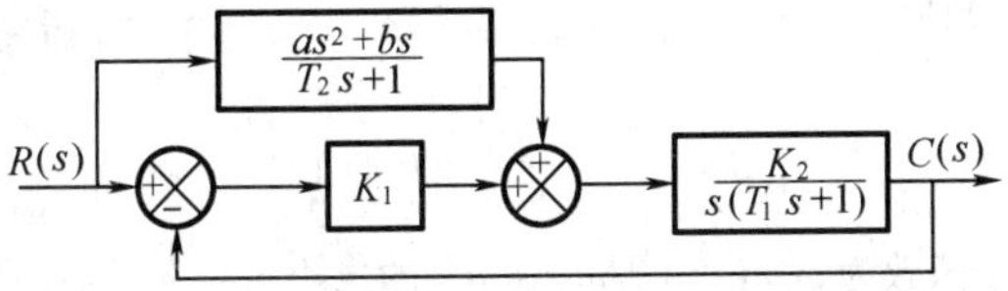


题 3－23 图

**解**　由误差定义，得 $E(s)=R(s)-C(s)$。并由题 3－23 图有

$$C(s)=\frac{K_2\left(K_1+\dfrac{as^2+bs}{T_2s+1}\right)}{T_1s^2+s+K_1K_2}R(s)$$

控制信号 $r(t)=t^2/2$，$R(s)=1/s^3$，有

$$E(s)=\frac{T_1T_2s^3+(T_1+T_2-K_2a)s^2+(1-K_2b)s}{s^3(T_1s^2+s+K_1K_2)(1+T_2s)}$$

应用终值定理计算该系统对控制信号 $r(t)=t^2/2$ 的稳态误差为零，即

$$e_{ss}=\lim_{s\to 0}s\cdot\frac{T_1T_2s^3+(T_1+T_2-K_2a)s^2+(1-K_2b)s}{s^3(T_1s^2+s+K_1K_2)(1+T_2s)}=0$$

只有当 $T_1+T_2-K_2a=0, 1-K_2b=0$ 时成立，求得此时顺馈参数 $a=\dfrac{T_1+T_2}{K_2}, b=\dfrac{1}{K_2}$。

3－24　设某复合控制系统的方框图如题3－24图所示。其中 $G_1(s)=K_1/(T_1s+1)$，$G_2(s)=K_2/s(T_2s+1)$，$G_3(s)=K_3/K_2$。要求系统在扰动信号 $f(t)=1(t)$ 作用下的稳态误差为零，试确定顺馈通道的传递函数 $G_n(s)$。

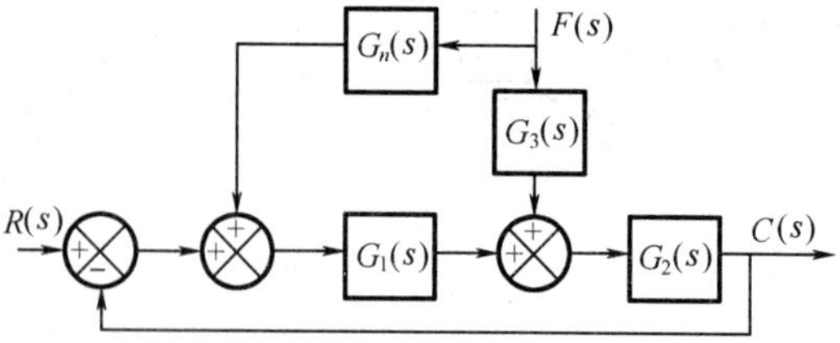


题3－24图

**解**　令 $R(s)=0$，题3－24图等效简化为题3－24解图所示结构。求得

$$C_f(s)=\frac{G_2(s)[G_n(s)G_1(s)+G_3(s)]}{1+G_1(s)G_2(s)}\cdot F(s)$$

应用终值定理求得稳态时的扰动误差 $e_{ssf}$ 为

$$e_{ssf}=-\lim_{s\to 0}s\cdot\frac{G_2(s)[G_n(s)G_1(s)+G_3(s)]}{1+G_1(s)G_2(s)}\cdot\frac{1}{s}$$

欲使顺馈能完全补偿由扰动作用而在系统输出端产生的稳态误差，即要求 $e_{ssf}=0$，则需有

$$G_n(s)G_1(s)+G_3(s)=0$$

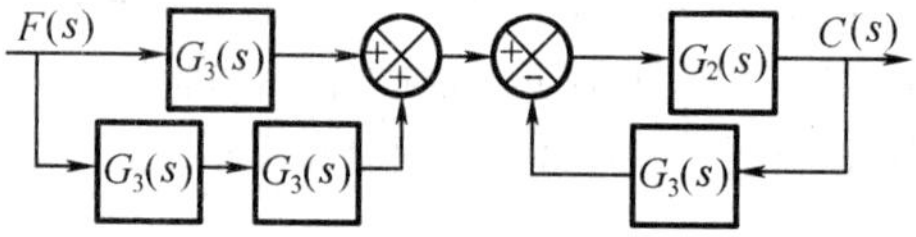


题3－24解图

即

$$G_n(s)=-\frac{G_3(s)}{G_1(s)}$$

求得

$$G_n(s)=-\frac{K_3}{K_1K_2}(T_1s+1)$$

3－25　设闭环传递函数为 $\omega_n^2/(s^2+2\zeta\omega_ns+\omega_n^2)$ 的二阶系统在单位阶跃函数作用下的输出响应为 $c(t)=1-1.25e^{-1.2t}\sin(1.6t+53.1°)$，试计算系统参数 $\zeta$ 及 $\omega_n$，并通过 $\zeta$ 及 $\omega_n$ 计算超调量、峰值时间及调整时间。

**解**　由二阶系统单位阶跃响应表达式可得

$$\zeta\omega_n=1.2,\quad \frac{1}{\sqrt{1-\zeta^2}}=1.25,\quad \omega_n\sqrt{1-\zeta^2}=1.6$$

则 $\zeta=0.6, \omega_n=2$。根据超调量、峰值时间及调整时间的定义式得

$$\sigma_p=e^{-\frac{\zeta\pi}{\sqrt{1-\zeta^2}}}\times 100\%=e^{-(\pi\times 0.6\times 1.25)}\times 100\%\approx 9.5\%$$

$$t_p=\frac{\pi}{\omega_d}=\frac{\pi}{\omega_n\sqrt{1-\zeta^2}}=\frac{\pi}{1.6}\approx 1.96\ \text{s}$$

$$t_s=\frac{4}{\zeta\omega_n}\approx 3.33\ \text{s}\ (\Delta=2\%),\quad t_s=\frac{3}{\zeta\omega_n}\approx 2.5\ \text{s}\ (\Delta=5\%)$$

3－26 试分别计算题 3－26 图所示系统的参数 $\zeta,\omega_n$，并分析其动态性能。

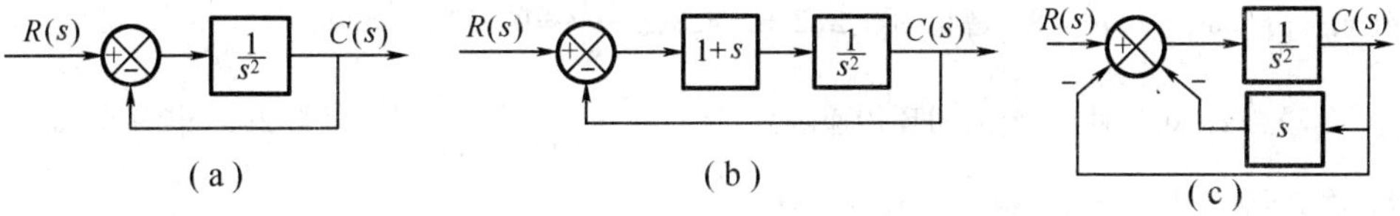


题 3－26 图

**解** (a)系统的闭环传递函数为 $\Phi(s)=\dfrac{1}{s^2+1}$，则 $\zeta=0,\omega_n=1$，系统处于无阻尼状态，单位阶跃响应为等幅振荡；

(b)系统的闭环传递函数为 $\Phi(s)=\dfrac{s+1}{s^2+s+1}$，具有闭环负实零点，则 $\zeta=0.5,\omega_n=1,z=1,\sigma_p=29.9\%,t_s\approx\dfrac{4}{\zeta\omega_n}=8\ \mathrm{s}\ (\Delta=2\%)$；

(c)系统的闭环传递函数为 $\Phi(s)=\dfrac{1}{s^2+s+1}$，则 $\zeta=0.5,\omega_n=1$，系统处于欠阻尼状态，单位阶跃响应为衰减的正弦振荡。此时，$\sigma_p=16.4\%,t_s\approx\dfrac{4}{\zeta\omega_n}=8\ \mathrm{s}\ (\Delta=2\%)$。比较(b)和(c)可知系统有闭环负实零点时，系统的超调量加大。

3－27 某单位反馈系统的开环传递函数为 $G(s)=\dfrac{K}{s(\tau s+1)}$，试计算当超调量在 30% ~5% 范围内变化时参数 $K$ 与 $\tau$ 乘积的取值范围；分析当系统阻尼比 $\zeta=0.707$ 时参数 $K$ 与 $\tau$ 的关系。

**解** 系统的闭环传递函数为 $\Phi(s)=\dfrac{\frac{K}{\tau}}{s^2+\frac{s}{\tau}+\frac{K}{\tau}}$，则 $2\zeta\omega_n=\dfrac{1}{\tau},\omega_n^2=\dfrac{K}{\tau}$，解得 $\zeta^2=\dfrac{1}{4K\tau}$，由 $\sigma_p=\mathrm{e}^{-\frac{\zeta\pi}{\sqrt{1-\zeta^2}}}\times100\%$，当 $\sigma_p=30\%$ 时，有 $\zeta_1^2=0.13$；当 $\sigma_p=5\%$ 时，有 $\zeta_2^2=0.48$。计算得 $\sigma_p=30\%$ 时，$K\tau=1.96$；$\sigma_p=5\%$ 时，$K\tau=0.53$；当 $\zeta=0.707$ 时，$K\tau=0.5$。

3－28 某控制系统的方框图如题 3－28 图所示。试确定系统单位阶跃响应的超调量 $\sigma\%\leqslant30\%$，调整时间 $t_s(2\%)=18$ s 时参数 $K$ 及 $\tau$ 之值。

**解** 由题 3－28 图求得系统的闭环传递函数 $\Phi(s)=\dfrac{K}{s^2+K\tau s+K}$，可得 $2\zeta\omega_n=K\tau,\omega_n^2=K$。又由 $\sigma_p=\mathrm{e}^{-\frac{\zeta\pi}{\sqrt{1-\zeta^2}}}\times100\%\leqslant30\%,t_s(2\%)=\dfrac{4}{\zeta\omega_n}=18$ s，分别求得 $\zeta\geqslant0.36,\omega_n\leqslant0.62$。则 $K\leqslant0.38,\tau\geqslant1.16$。

3－29 某系统方框图如题 3－29 图所示。试求当 $a=0$ 时系统参数 $\zeta$ 及 $\omega_n$。如果要求 $\zeta=0.7$，试计算相应的 $a$ 值。

**解** (1)当 $a=0$ 时，由题 3-29 图可得系统的闭环传递函数 $\Phi(s)=\dfrac{8}{s^2+2s+8}$，与标准形式比较可得 $2\zeta\omega_n=2,\omega_n^2=8$。解得 $\omega_n=2\sqrt{2}=2.828,\zeta=\dfrac{1}{\omega_n}=0.354$。

(2)当 $\zeta=0.7$ 时，系统的闭环传递函数 $\Phi(s)=\dfrac{8}{s^2+(2+8a)s+8}$，可得 $2\zeta\omega_n=2+8a,\omega_n^2=8$。将 $\zeta=0.7$ 代入，解得 $a=0.245$。

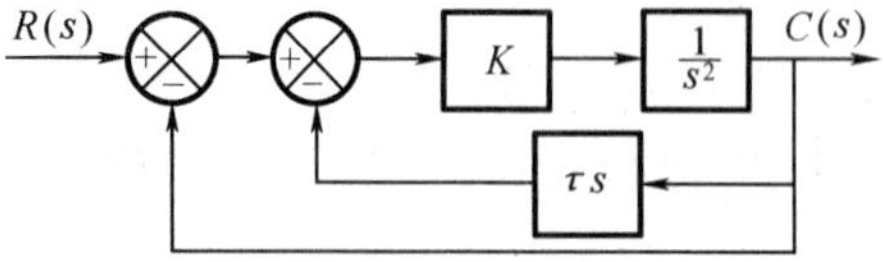


题 3-28 图

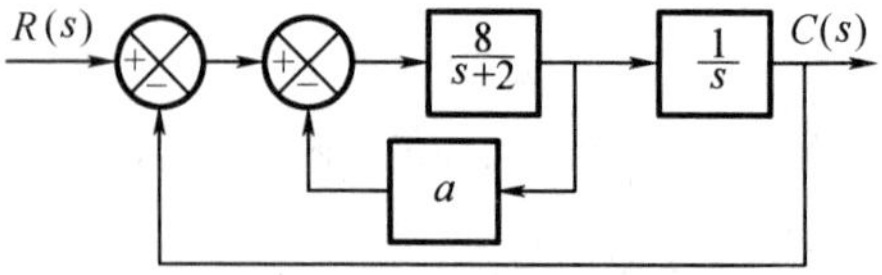


题 3-29 图

3-30 一个开环传递函数为 $G(s)=\dfrac{K}{s(\tau s+1)}$ 的单位负反馈系统，其单位阶跃响应曲线如题 3-30 图所示。试确定参数 $K$ 及 $\tau$。

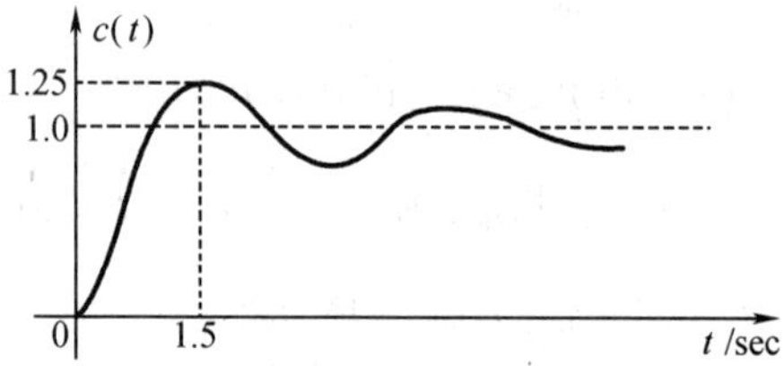


题 3-30 图

**解** 系统的闭环传递函数为

$$\Phi(s)=\frac{G(s)}{1+G(s)}=\frac{\dfrac{K}{\tau}}{s^2+\dfrac{1}{\tau}s+\dfrac{K}{\tau}}$$

则

$$2\zeta\omega_n=\frac{1}{\tau},\omega_n^2=\frac{K}{\tau}$$

由题 3-30 图知

$$t_p=\frac{\pi}{\omega_n\sqrt{1-\zeta^2}}=1.5,\quad \sigma_p=e^{-\frac{\zeta\pi}{\sqrt{1-\zeta^2}}}\times100\%=\frac{1.25-1}{1}\times100\%=25\%$$

经计算得 $\zeta=0.404,\omega_n=2.292,K=2.84,\tau=0.54$。

3-31 某控制系统方框图如题 3-31 图所示。试确定阻尼比 $\zeta=0.5$ 时的参数 $\tau$ 值，并计算这时该系统单位阶跃响应的超调量及调整时间。在此基础上，试比较该系统加与不加 $(1+\tau s)$ 环节时的性能。

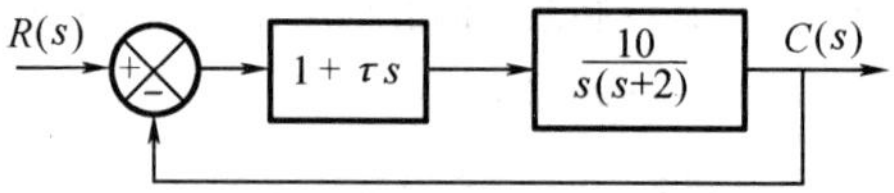


题 3-31 图

**解** 系统的闭环传递函数为

$$\Phi(s)=\frac{10\left(s+\dfrac{1}{\tau}\right)}{\dfrac{1}{\tau}[s^2+(2+10\tau)s+10]}$$

与具有闭环零点时闭环传递函数的标准形式 $\Phi(s)=\dfrac{\omega_n^2(s+z)}{z(s^2+2\zeta\omega_n s+\omega_n^2)}$ 相比较，有 $z=\dfrac{1}{\tau}$，$2\zeta\omega_n=2+10\tau$，$\omega_n^2=10$。

(1) 当 $\zeta=0.5$ 时，求得 $\tau=0.116$，$z=8.621$，$\omega_n=3.162$。并且

$$\gamma=\frac{\zeta\omega_n}{z}=0.183,\quad \varphi=\arctan\frac{\omega_n\sqrt{1-\zeta^2}}{z-\zeta\omega_n}=0.37$$

$$l=\sqrt{(z-\zeta\omega_n)^2+\left(\omega_n\sqrt{1-\zeta^2}\right)^2}=7.55$$

则该系统单位阶跃响应的超调量及调整时间为

$$\sigma_p=\frac{1}{\zeta}\sqrt{\zeta^2-2\gamma\zeta^2+\gamma^2}\cdot e^{-\frac{\zeta(\pi-\varphi)}{\sqrt{1-\zeta^2}}}\times 100=17.5\%$$

$$t_s=\frac{4+l_n\dfrac{l}{z}}{\zeta\omega_n}=2.45\ \text{s}\quad(\Delta=2\%)$$

(2) 当 $\tau=0$ 时，系统的闭环传递函数为 $\Phi(s)=\dfrac{10}{s^2+2s+10}$，有 $2\zeta\omega_n=2$，$\omega_n^2=10$，解得

$$\omega_n=3.162,\quad \zeta=0.316,\quad \sigma_p=35.2\%,\quad t_s\approx\frac{4}{\zeta\omega_n}=4\ \text{s}\quad(\Delta=2\%)$$

可见，系统加 $(1+\tau s)$ 环节比不加 $(1+\tau s)$ 环节时的响应速度快，但削弱了系统的阻尼程度。

3－32　设有两个控制系统，其方框图如题 3－32 图(a)，(b)所示。试计算两个系统各自的超调量、峰值时间及调整时间，并进行比较。

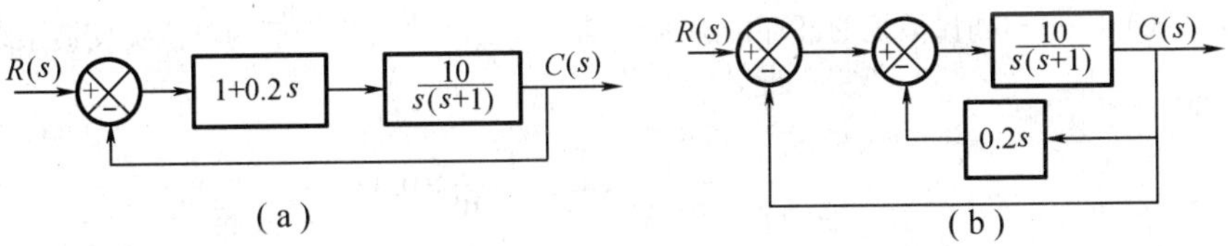


题 3－32 图

**解**　(1) 由题 3－32 图(a)得系统的闭环传递函数为 $\Phi(s)=\dfrac{10(s+5)}{5(s^2+3s+10)}$，与具有闭环零点的闭环传递函数 $\Phi(s)=\dfrac{\omega_n^2(s+z)}{z(s^2+2\zeta\omega_n s+\omega_n^2)}$ 相比较，有 $z=5$，$\sigma_p=23.7\%$，$t_p=0.887$ s，$t_s=2.594$ s。

(2) 步骤同(1)，由题 3－32 图(b)得系统的闭环传递函数为 $\Phi(s)=\dfrac{10}{s^2+3s+10}$，$2\zeta\omega_n=3$，$\omega_n^2=10$，则 $\omega_n=3.162$，$\zeta=0.474$。计算得 $\sigma_p=18.4\%$，$t_p=1.13$ s，$t_s\approx2.67$ s。

可见，闭环负实零点的主要作用在于加速二阶系统的响应过程，但同时削弱了系统的阻尼程度，使超调量增加。

3－33　某系统方框图如题3－33图所示。试求：

(1)$\tau_1=0,\tau_2=0.1$ 时系统的超调量与调整时间；

(2)$\tau_1=0.1,\tau_2=0$,时系统的超调量与调整时间；

(3)比较上述两种校正情况下的动态性能与稳态性能。

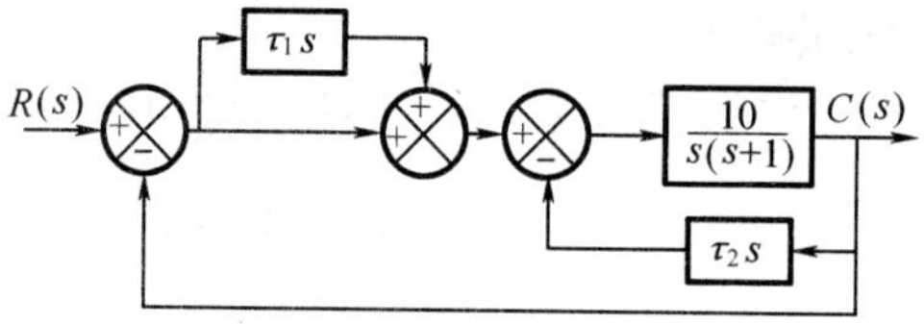


题3－33图

**解**　(1)当 $\tau_1=0,\tau_2=0.1$ 时,系统的闭环传递函数为 $\Phi(s)=\dfrac{10}{s^2+2s+10}$,得 $\omega_n=3.162,\zeta=0.316$。则 $\sigma_p=35.2\%$ ,$t_s\approx\dfrac{4}{\zeta\omega_n}=4$ s ($\Delta=2\%$)。

(2)当 $\tau_1=0.1,\tau_2=0$ 时,系统的闭环传递函数为 $\Phi(s)=\dfrac{10(s+10)}{10(s^2+2s+10)}$,则 $z=10,2\zeta\omega_n=2,\omega_n^2=10$,得 $\omega_n=3.162,\zeta=0.316$。计算得 $\sigma_p=37.1\%$ ,$t_s=3.95$ s。

(3)通过以上结果可知,有闭环负实零点时系统的响应过程加快,但阻尼程度减弱。

①$\tau_1=0,\tau_2=0.1$ 时,系统的开环传递函数 $G(s)=\dfrac{10}{s(s+2)}$,为Ⅰ型的单位负反馈系统,当 $r(t)=t$时

$$e_{ss}=\frac{1}{k_v}=\frac{1}{\lim\limits_{s\to0}sG(S)}=\frac{1}{\lim\limits_{s\to0}\frac{10}{s+2}}=0.2$$

②$\tau_1=0.1,\tau_2=0$ 时,系统的开环传递函数 $G(s)=\dfrac{s+10}{s(s+1)}$,为Ⅰ型的单位负反馈系统,当 $r(t)=t$时

$$e_{ss}=\frac{1}{k_v}=\frac{1}{\lim\limits_{s\to0}sG(s)}=\frac{1}{\lim\limits_{s\to0}\frac{s+10}{s+1}}=0.1$$

3－34　已知系统的特征方程为

$$s^5+s^4+2s^3+2s^2+3s+5=0$$

试应用 Routh 稳定判据判别系统的稳定性。

**解**　列 Routh 表

| | | | |
|---|---|---|---|
| $s^5$ | 1 | 2 | 3 |
| $s^4$ | 1 | 2 | 5 |
| $s^3$ | $0(\approx\varepsilon)$ | $-2$ | 0 |
| $s^2$ | $\dfrac{2\varepsilon+2}{\varepsilon}$ | 5 | |
| $s^1$ | $-2$ | 0 | |
| $s^0$ | 5 | | |

可见,Routh 表第一列元素的符号改变了两次,故系统不稳定。

3-35 已知系统的特征方程为

$$s^6+4s^5-4s^4+4s^3-7s^2-8s+10=0$$

试确定在 $s$ 平面右半部的特征根数目,并计算其共轭虚根之值。

**解** 列 Routh 表

| | | | | |
|---|---|---|---|---|
| $s^6$ | 1 | -4 | -7 | 10 |
| $s^5$ | 4 | 4 | -8 | 0 |
| $s^4$ | (-5) | (-5) | (10) | (该行各项除以 5) |
| | -1 | -1 | 2 | |
| $s^3$ | 0 | 0 | | |
| | -4 | -2 | | |
| $s^2$ | $-\frac{1}{2}$ | 2 | | |
| $s^1$ | -18 | 0 | | |
| $s^0$ | 2 | | | |

第四行为全零行,辅助方程

$$F(s)=-s^4-s^2+2=0,\quad \frac{\mathrm{d}F(s)}{\mathrm{d}s}=-4s^3-2s=0$$

其中各项系数代替第四行的元素。Routh 表第一列元素符号改变 2 次。所以此系统在 $s$ 右半平面有 2 个特征根。由辅助方程得,$s_{1,2}=\pm \mathrm{j}\sqrt{2}$,$s_{3,4}=\pm 1$。所以系统的共轭虚根为 $\pm \mathrm{j}\sqrt{2}$。

3-36 某控制系统的开环传递函数为

$$G(s)H(s)=\frac{K(s+1)}{s(Ts+1)(2s+1)}$$

试确定能使闭环系统稳定的反馈参数 $K,T$ 的取值范围。

**解** 系统特征方程为 $1+G(s)=0$,即

$$2Ts^3+(2+T)s^2+(1+K)s+K=0$$

列 Routh 表

| | | |
|---|---|---|
| $s^3$ | $2T$ | $1+K$ |
| $s^2$ | $2+T$ | $K$ |
| $s^1$ | $1-K\frac{T-2}{T+2}$ | 0 |
| $s^0$ | $K$ | |

若闭环系统稳定,则有

$$T>0,\quad 2+T>0,\quad 1-K\frac{T-2}{T+2}>0,\quad K>0$$

则 $K$ 和 $T$ 的取值范围为

$$T>0,\quad 0<K<\frac{T+2}{T-2}$$

3－37　已知系统方框图如题 3－37 图所示。试应用 Routh 稳定判据确定能使系统稳定的反馈参数 $\tau$ 的取值范围。

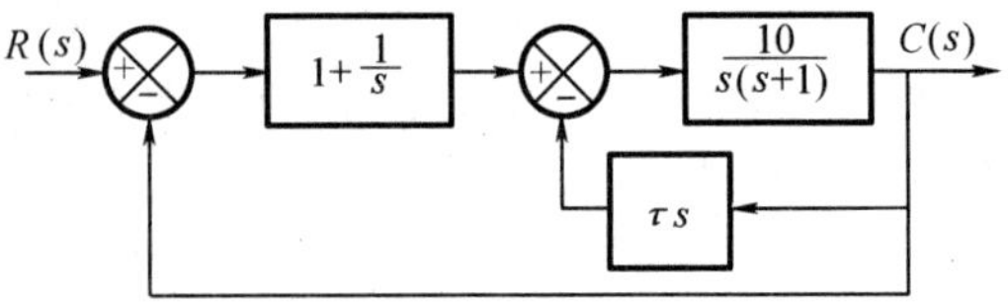


题 3－37 图

**解**　系统的闭环传递函数为

$$\Phi(s)=\frac{10s+10}{s^3+(1+10\tau)s^2+10s+10}$$

则特征方程为

$$s^3+(1+10\tau)s^2+10s+10=0$$

列 Routh 表

| | | |
|---|---|---|
| $s^3$ | 1 | 10 |
| $s^2$ | $1+10\tau$ | 10 |
| $s^1$ | $\dfrac{100\tau}{1+10\tau}$ | 0 |
| $s^0$ | 10 | |

若使系统稳定，则应有 $1+10\tau>0$，$\dfrac{100\tau}{1+10\tau}>0$。最后解得当 $\tau>0$ 时，系统稳定。

3－38　在如题 3－38 图所示系统中，$\tau$ 取何值方能使系统稳定？

**解**　系统的闭环传递函数为　$\Phi(s)=\dfrac{10\tau s+10}{s^3+s^2+10\tau s+10}$

特征方程为　$s^3+s^2+10\tau s+10=0$

列 Routh 表

| | | |
|---|---|---|
| $s^3$ | 1 | $10\tau$ |
| $s^2$ | 1 | 10 |
| $s^1$ | $10\tau-10$ | 0 |
| $s^0$ | 10 | |

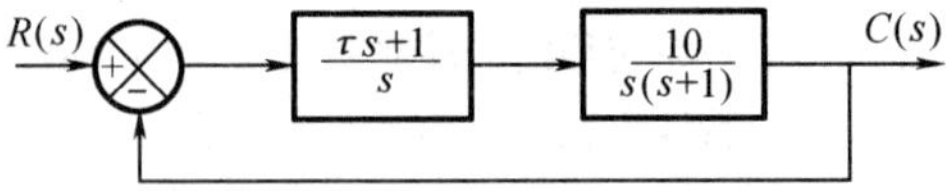


题 3－38 图

若使系统稳定，应有 $10\tau-10>0$，即有 $\tau>1$。所以当 $\tau>1$ 时，系统稳定。

3－39　某控制系统方框图如题 3－39 图所示。已知 $r(t)=t$，$f(t)=-1(t)$，试计算该系统的稳态误差。

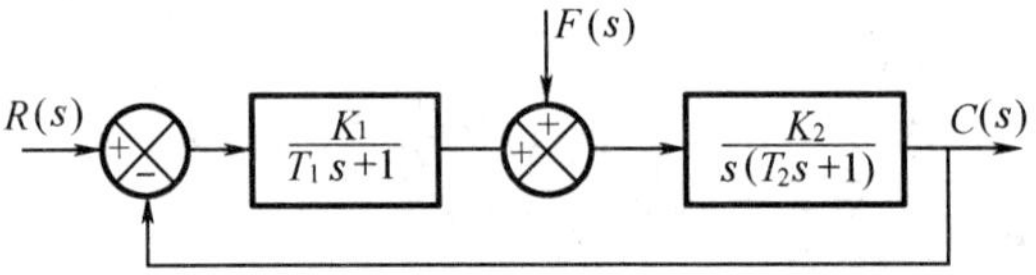


题 3－39 图

**解**　(1) 令 $F(s)=0$，求系统在 $r(t)=t$ 作用下的稳态误差。

系统的开环传递函数为 $G(s)=\dfrac{K_1K_2}{s(T_1s+1)(T_2s+1)}$，系统为Ⅰ型单位负反馈系统。

在 $r(t)=t$ 下的稳态误差

$$e_{\mathrm{ssr}}=\frac{1}{k_{\mathrm{v}}}=\frac{1}{\lim\limits_{s\to0}sG(s)}=\frac{1}{\lim\limits_{s\to0}\dfrac{K_1K_2}{(T_1s+1)(T_2s+1)}}=\frac{1}{K_1K_2}$$

(2)令 $R(s)=0$，求系统在 $f(t)=-1(t)$ 作用下的稳态误差。

$$\Phi_{\mathrm{ef}}(s)=\frac{E_{\mathrm{f}}(s)}{F(s)}=\frac{-\dfrac{K_2}{s(T_ss+1)}}{1+\dfrac{K_1}{T_1s+1}\dfrac{K_2}{s(T_2s+1)}}=\frac{-K_2-K_2T_1s}{K_1K_2+s+(T_1+T_2)s^2+T_1T_2s^3}$$

$$=-\frac{1}{K_1}+\frac{-K_1K_2T_1+1}{K_1^2K_2}s+\cdots$$

误差系数 $c_0=-\dfrac{1}{K_1}$，则 $\quad e_{\mathrm{ssf}}(t)=\sum\limits_{i=0}^{\infty}c_if^{(i)}(t)=c_0f(t)=\dfrac{1}{K_1}$

(3)所以系统在 $r(t)=t$，$f(t)=-1(t)$ 作用下的稳态误差

$$e_{\mathrm{ss}}(t)=e_{\mathrm{ssr}}(t)+e_{\mathrm{ssf}}(t)=\frac{1}{K_1K_2}+\frac{1}{K_1}$$

3-40 某控制系统的方框图如题 3-40 图所示。当扰动信号分别为 $f(t)=1(t)$，$f(t)=t$ 时，试计算下列两种情况下系统响应扰动信号 $f(t)$ 的稳态误差：

(1) $G_1(s)=K_1$，$G_2(s)=\dfrac{K_2}{s(T_2s+1)}$；

(2) $G_1(s)=\dfrac{K_1(T_1s+1)}{s}$，$G_2(s)=\dfrac{K_2}{s(T_2s+1)}$ $T_1>T_2$。

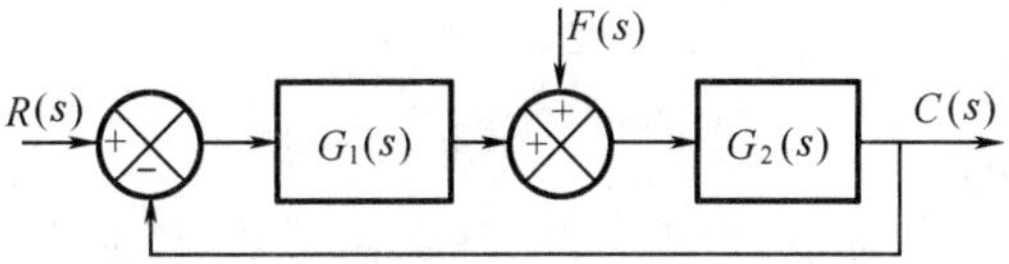


题 3-40 图

**解** (1)系统的扰动误差传递函数

$$\Phi_{\mathrm{ef}}(s)=-\frac{C(s)}{F(s)}=-\frac{G_2(s)}{1+G_1(s)G_2(s)}=-\frac{K_2}{K_1K_2+s+T_2s^2}=-\frac{1}{K_1}+\frac{1}{K_1^2K_2}s+\cdots$$

则误差系数 $c_0=-\dfrac{1}{K_1}$，$c_1=\dfrac{1}{K_1^2K_2}$。利用误差系数法得

$$e_{\mathrm{ssf}}(t)=\sum_{i=0}^{\infty}\frac{1}{i!}\phi_{\mathrm{ef}}^{(i)}(0)f^{(i)}(t)=\sum_{i=0}^{\infty}c_if^{(i)}(t)$$

当$f(t)=1(t)$时 $$e_{ssf}(\infty)=e_{ssf}(t)=c_0f(t)=-\frac{1}{K_1}$$

当$f(t)=t$时

$$e_{ssf}(t)=c_0f(t)+c_1\dot{f}(t)=-\frac{1}{K_1}\cdot t+\frac{1}{K_1^2K_2},\quad e_{ssf}(\infty)=\lim_{t\to\infty}e_{ssf}(t)=\infty$$

(2)系统的扰动误差传递函数

$$\Phi_{ef}(s)=-\frac{G_2(s)}{1+G_1(s)G_2(s)}=\frac{-K_2s}{K_1K_2+K_1K_2T_1s+s^2+T_2s^3}=-\frac{1}{K_1}s+\cdots$$

则误差系数 $c_0=0, c_1=-\frac{1}{K_1}$，则应用误差系数法求得

$f(t)=1(t)$时 $$e_{ssf}(\infty)=e_{ssf}(t)=c_0f(t)=0$$

$f(t)=t$时 $$e_{ssf}(\infty)=e_{ssf}(t)=c_0f(t)+c_1f(t)=-\frac{1}{K_1}$$

3－41 设有控制系统，其方框图如题3－41图所示。为提高系统跟踪控制信号的准确度，要求系统由原来的Ⅰ型提高至Ⅲ型，为此在系统中增置了顺馈通道，设其传递函数为

$$G_3(s)=\frac{\lambda_2s^2+\lambda_1s}{Ts+1}$$

若已知系统参数为$K_1=2, K_2=50, \zeta=0.5, T=0.2$，试确定顺馈参数$\lambda_1$和$\lambda_2$。

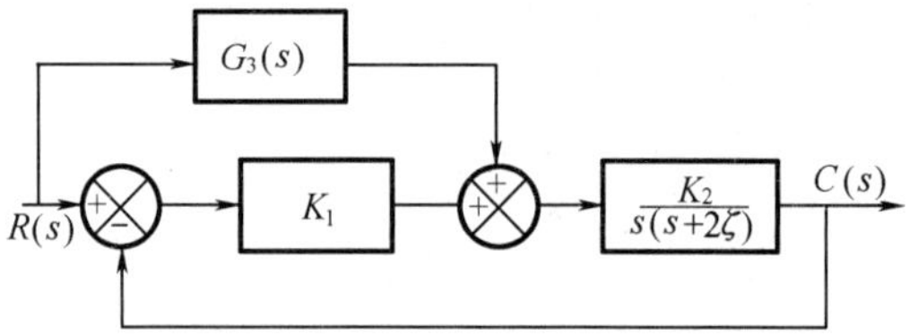


题3－41图

**解** 由题3－41图有

$$C(s)=K_1\cdot\frac{K_2}{s(s+2\zeta)}[R(s)-C(s)]+G_3(s)\cdot\frac{K_2}{s(s+2\zeta)}\cdot R(s)$$

则系统的闭环传递函数为

$$\Phi(s)=\frac{C(s)}{R(s)}=\frac{K_2\lambda_2s^2+(K_2\lambda_1+K_1K_2T)s+K_1K_2}{(Ts+1)(s^2+2\zeta s+K_1K_2)}=\frac{50\lambda_2s^2+(50\lambda_1+20)s+100}{0.2s^3+1.2s^2+21s+100}$$

(1)系统特征方程为 $$0.2s^3+1.2s^2+21s+100=0$$

列 Routh 表

| | | |
|---|---|---|
| $s^3$ | 0.2 | 21 |
| $s^2$ | 1.2 | 100 |
| $s^1$ | 4.3 | 0 |
| $s^0$ | 100 | |

可见系统稳定。

(2)等效单位反馈系统开环传递函数为

$$G(s)=\frac{\Phi(s)}{1-\Phi(s)}=\frac{50\lambda_2 s^2+(50\lambda_1+20)s+100}{0.2s^3+(1.2-50\lambda_2)s^2+(1-50\lambda_1)s}$$

若 $1.2-50\lambda_2=0$,$1-50\lambda_1=0$,即当 $\lambda_1=0.02$,$\lambda_2=0.024$ 时,系统成为Ⅲ型系统。

## 同步训练题

TONG BU XUN LIAN TI

1. 一阶系统结构图如题 1 图所示。要求调节时间 $t_s\leqslant$ 0.1 s,试确定系统反馈系数 $K_1$ 的值。

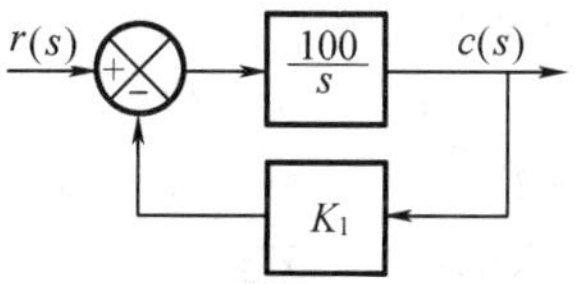

题 1 图

2. 已知系统的单位脉冲响应为 $h(t)=3e^{-0.2t}+2e^{-0.5t}$。

(1)求系统的传递函数;

(2)确定系统的单位阶跃响应达到稳态值的 95% 所需的时间。

3. 设某单位反馈系统的开环传递函数为

$$G(s)=\frac{K}{s(1+s/3)(1+s/6)}$$

若要求闭环特征方程的根的实部均小于 −1,问 $K$ 值应取在什么范围?如果要求实部均小于 −2,情况又如何?

4. 设题 4 图(a)所示系统的单位阶跃响应曲线如题 4 图(b)所示,试确定参数 $K_1$,$K_2$ 和 $a$ 的数值。

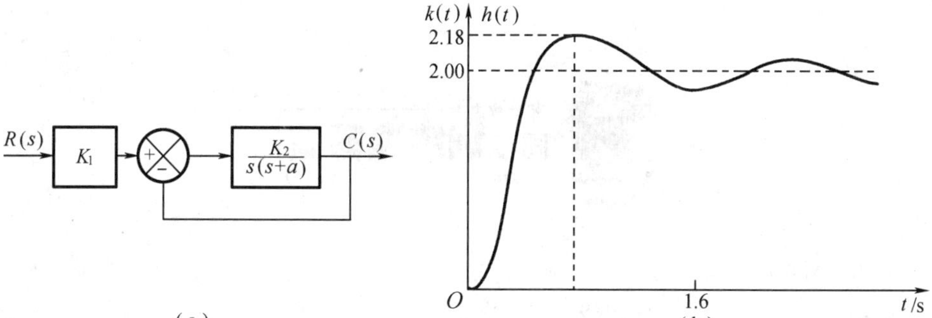

(a) (b)

题 4 图

5. 设单位反馈控制系统的开环传递函数为 $G(s)=\dfrac{as+1}{s(s+b)}$,式中 $a=0.4$,$b=0.5$. 要求:

(1)指出系统的开环零点及开环极点；

(2)求出系统的闭环零点及闭环极点；

(3)确定系统阻尼比 $\xi$ 及自振荡频率 $\omega_n$；

(4)求出系统单位阶跃响应的 $\sigma\%$，$t_r$，$t_p$ 和 $t_s$；

(5)求 $a=0$ 时系统的动态性能指标。

6. 某单位反馈系统的开环传递函数为 $G(s)=\dfrac{K}{s(Ts+1)}$，其动态性能指标满足 $t_s=6$ s，$\sigma\%=16\%$。试确定系统参数 $K,T$ 的值。

7. 已知单位反馈系统的开环传递函数为

$$G(s)=\frac{10(2s+1)}{s^2(s^2+6s+100)}$$

试求输入分别为 $r(t)=2t$ 和 $r(t)=2+2t+t^2$ 时，系统的稳态误差。

8. 已知系统特征方程如下，试求系统在 $s$ 右半平面的根数和虚根值。

(1) $s^5+3s^4+12s^3+24s^2+32s+48=0$

(2) $s^6+4s^5-4s^4+4s^3-7s^2-8s+10=0$

(3) $s^5+3s^4+12s^3+20s^2+35s+25=0$

9. 已知系统结构图如题9图所示，要求系统在 $r(t)=t^2$ 作用时，稳态误差 $e_{ss}<0.5$，试确定满足要求的开环增益 $K$ 的范围。

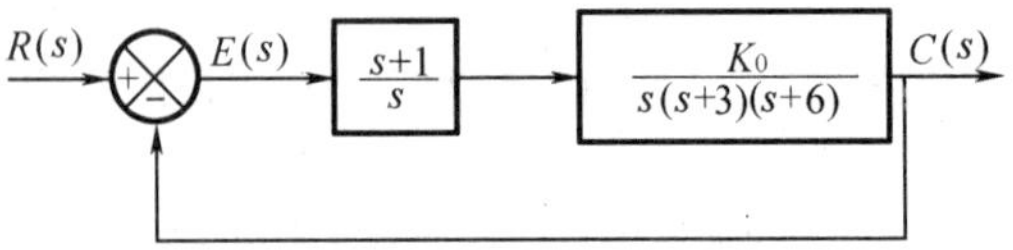


题9图

## 同步训练题答案

TONG BU XUN LIAN TI DA AN

1. 解　$K_1\geqslant 0.3$。

2. 解　(1) $\Phi(s)=\dfrac{5s+1.9}{(s+0.2)(s+0.5)}$；

(2) $t_s=14.1$ s。

3. 解　实部均小于 $-1$ 时 $K$ 值应取范围为 $\dfrac{5}{9}<K<\dfrac{14}{9}$，不论 $K$ 取何值，原闭环特征方程的根的实部不可能均小于 $-2$。



高等学校优秀教材辅导丛书 GAODENG XUEXIAO YOUXIUJIAOCAI FUDAOCONGSHU

4. **解**　$K_1=2$；$K_2=24.46$；$a=6.01$。

5. **解**　(1)开环零点 $z=-1/a=-2.5$，开环极点 $p_1=0$，$p_2=-b=-0.5$；

(2)闭环传递函数 $\Phi(s)=\dfrac{0.4s+1}{s^2+0.9s+1}$；闭环零点 $z=-2.5$，闭环极点 $s_{1,2}=-0.45\pm j0.89$；

(3)$\zeta=0.45$，$\omega_n=1$；

(4)$\sigma\%=\dfrac{1}{\zeta}\sqrt{\zeta^2-2\gamma\zeta^2+\gamma^2}\,e^{-\zeta(\pi-\varphi)/\sqrt{1-\zeta^2}}\times 100\%$，$t_r=1.82$ s，$t_p=3.05$ s，$t_s=6.4$ s ($\Delta=0.05$)，$t_s=8.64$ s ($\Delta=0.02$)；

(5)$\sigma\%=44.4\%$，$t_r=1.88$ s，$t_p=3.24$ s，$t_s=14$ s。

6. **解**　$T=1$，$K=1$。

7. **解**　(1)系统稳定。

(2)$r(t)=2t$ 时，$e_{ss}=0$；$r(t)=2+2t+t^2$ 时，$e_{ss}=20$。

8. **解**　(1)一对虚根 $s_{1,2}=\pm j2$；系统在右半 $s$ 平面无极点；

(2)$s_{1,2}=\pm 1$，$s_{3,4}=\pm j\sqrt{2}$，$s_5=1$，$s_6=-5$，2 个正根，一对虚根；

(3)一对虚根 $s_{1,2}=\pm j\sqrt{5}$，系统在右半 $s$ 平面无极点。

9. **解**　$4<K<4.5$。

# 第4章 根轨迹法

知识要点

## 4.1 反馈系统的根轨迹

### 4.1.1 根轨迹

开环系统某一参数从零变化到无穷时,闭环特征根在复平面上变化的轨迹。

### 4.1.2 根轨迹法

在已知反馈系统的开环极点与零点分布的基础上,根据参数变化研究系统闭环极点分布的一种图解法。

### 4.1.3 反馈系统的根轨迹方程

设反馈系统的特征方程为 $1 \pm G(s)H(s)=0$,式中 $G(s)$ 是反馈系统前向通道的传递函数;$H(s)$ 是反馈系统反馈通道的传递函数;$G(s)H(s)$ 是反馈系统的开环传递函数;“+”对应负反馈系统;“-”对应正反馈系统。$G(s)H(s)=-1$ 则为绘制负反馈系统的根轨迹方程,$G(s)H(s)=+1$ 为绘制正反馈系统的根轨迹方程。

### 4.1.4 开环传递函数的标准形式

应用上述根轨迹方程绘制反馈系统根轨迹前,还需将开环传递函数 $G(s)H(s)$ 写成如下标准形式

$$G(s)H(s)=\frac{k(s-z_1)(s-z_2)\cdots(s-z_m)}{(s-p_1)(s-p_2)\cdots(s-p_n)}$$

式中 $k$ 为绘制根轨迹的可变参数,称参变量或根轨迹增益,取值范围 $0 \leqslant k \leqslant \infty$ 。

$p_i(i=1,2,\cdots,n)$ 为系统的开环极点,$z_i(i=1,2,\cdots,m)$ 为系统的开环零点。

### 4.1.5 绘制180°根轨迹的幅值条件和相角条件

由负反馈系统根轨迹方程可得

$$G(s)H(s) = -1 = 1 \cdot e^{j(180^\circ + i360^\circ)} \quad (i=0,1,2,\cdots)$$

或 $$|G(s)H(s)| = 1, \quad \angle G(s)H(s) = 180^\circ + i360^\circ \quad (i=0,1,2,\cdots)$$

上式即为绘制负反馈系统根轨迹的幅值条件和相角条件,负反馈系统的根轨迹又称作180°根轨迹或常规根轨迹。

### 4.1.6 绘制0°根轨迹的幅值条件和相角条件

由正反馈系统的根轨迹方程得

$$G(s)H(s) = 1 = 1 \cdot e^{j(0^\circ + i360^\circ)} \quad (i=0,1,2,\cdots)$$

或 $$|G(s)H(s)| = 1, \quad \angle G(s)H(s) = 0^\circ + i360^\circ \quad (i=0,1,2,\cdots)$$

上式即为绘制正反馈系统根轨迹的幅值条件和相角条件。正反馈系统的根轨迹又称作0°根轨迹。比较可知,180°根轨迹和0°根轨迹的幅值条件相同,而相角条件是有区别的。

### 4.1.7 幅值、相角的计算

设系统开环传递函数具有标准形式,则

$$|G(s)H(s)| = \frac{k\prod_{i=1}^{m}|s-z_i|}{\prod_{i=1}^{n}|s-p_i|}$$

$$\angle G(s)H(s) = \sum_{i=1}^{m}\angle(s-z_i) - \sum_{i=1}^{n}\angle(s-p_i)$$

分别为幅值、相角的计算公式。

### 4.1.8 最小相位系统和非最小相位系统

在 $s$ 平面右半部具有开环极点和(或)零点的反馈系统,称为非最小相位系统;反之,若反馈系统的全部开环极点与零点均位于平面的左半部,则称这类系统为最小相位系统。

### 4.1.9 时滞环节和时滞系统

控制系统中,一些环节如测量环节、控制器、执行机构等在信号的传递过程中,输入 $X_1(t)$ 和输出 $X_2(t)$ 具有下列关系 $X_2(t) = X_1(t-\tau)$,则称这种环节为时滞环节或延迟环节。其中 $\tau$ 为时滞，时滞环节的传递函数为 $e^{-\tau s}$，称含有时滞环节的系统为时滞系统或延迟系统。

### 4.1.10 参量根轨迹

以非开环增益的其他参量为参变量的根轨迹称为反馈系统的参量根轨迹。

### 4.1.11 三种开环增益

1. 开环位置增益

$$K_{\mathrm{p}} = \lim_{s\to 0} G(s)H(s) = k\frac{\prod_{i=1}^{m}|s-z_i|}{\prod_{i=1}^{n}|s-p_i|}$$

2. 开环速度增益

$$K_{\mathrm{v}} = \lim_{s\to 0} sG(s)H(s) = k\frac{\prod_{i=1}^{m}|s-z_i|}{\prod_{i=2}^{n}|s-p_i|}$$

3. 开环加速度增益

$$K_{\mathrm{a}} = \lim_{s\to 0} s^2G(s)H(s) = k\frac{\prod_{i=1}^{m}|s-z_i|}{\prod_{i=3}^{n}|s-p_i|}$$

## 4.2 绘制根轨迹的基本规则

简单系统的根轨迹可用解析的方法绘制，当系统的阶次较高时（$n>2$），求根的计算量很大。根据下述一些基本规则，可以迅速绘制系统的概略根轨迹。

### 4.2.1 180°根轨迹的绘制规则

规则一　根轨迹的分支数：根轨迹的分支数等于反馈系统特征方程的阶数 $n$。

规则二　根轨迹的连续性与对称性：根轨迹是具有连续性，且对称于实轴的曲线。

规则三　根轨迹的起点和终点：根轨迹起始于开环极点，终止于开环零点。若 $m$ 为开环零点数，$n$ 为开环极点数，当 $n>m$ 时，系统有 $n-m$ 个无限零点。

高等学校优秀教材辅导丛书 GAODENG XUEXIAO YOUXIUJIAOCAI FUDAOCONGSHU

规则四　$n-m$ 条渐近线与实轴的交点坐标$(\sigma_a, \mathrm{j}0)$及与实轴正向夹角 $\varphi_i$ 分别为

$$\sigma_a = \frac{\sum_{i=1}^{n} p_i - \sum_{i=1}^{m} z_i}{n-m}, \quad \varphi_i = \frac{(2l+1)\pi}{n-m} \ (l = 0,1,2,\cdots,n-m-1)$$

当 $n=m$ 时,无渐近线;$n>m$ 时,$n-m$ 条根轨迹分支沿着渐近线趋于 $n-m$ 个开环无限零点。

规则五　实轴上的根轨迹:实轴上任取一点,若其右侧开环零、极点的总数为奇数,则该点所在线段(或区间)构成实轴上的根轨迹。所取点右侧开环零、极点的总数指的是其右侧开环实有限零点和实有限极点的总数。

规则六　根轨迹的分离点(会合点):分离点(会合点)坐标为 $\alpha$,则

$$\left.\frac{\mathrm{d}k}{\mathrm{d}s}\right|_{s=\alpha}=0 \text{ 或 } \sum_{i=1}^{m}\frac{1}{\alpha - z_i} = \sum_{i=1}^{n}\frac{1}{\alpha - p_i} \left(\text{无有限零点时,则 } \sum_{i=1}^{n}\frac{1}{\alpha - z_i} = 0\right)$$

分离点(会合点)方程的解并非一定为分离点。若 $\alpha$ 为实数,且所在线段构成实轴上的根轨迹,则 $\alpha$ 为实分离点(会合点);若 $\alpha$ 为复数,且满足 180°根轨迹的相位条件,则 $\alpha$ 为复分离点(会合点);否则,不是分离点(会合点)。实分离点(会合点)处的根轨迹与实轴相垂直。

规则七　根轨迹的出射角和入射角:开环复极点 $p_i$ 处根轨迹切线方向与实轴正方向夹角即出射角

$$\theta_{p_i} = -180^\circ + \left[\sum_{j=1}^{m}\angle(p_i - z_j) - \sum_{j=1}^{i-1}\angle(p_i - p_j) - \sum_{j=i+1}^{n}\angle(p_i - p_j)\right]$$

开环复零点 $z_i$ 处根轨迹切线方向与实轴正方向夹角即入射角

$$\theta_{z_i} = 180^\circ - \left[\sum_{j=1}^{i-1}\angle(z_i - z_j) + \sum_{j=i+1}^{m}\angle(z_i - z_j) - \sum_{j=1}^{n}\angle(z_i - p_j)\right]$$

若复极点 $p_1, p_2$ 共轭,$z_1, z_2$ 共轭,则出射角 $\theta_{p_1} = -\theta_{p_2}$,入射角 $\theta_{z_1} = -\theta_{z_2}$。

规则八　根轨迹与虚轴的交点:设根轨迹与虚轴交点为 $\mathrm{j}\omega$,对应参变量为 $k_c$,则 $\omega$ 与 $k_c$ 可由下述两种方法求解。

(1)利用实部方程和虚部方程求解

$$\mathrm{Re}[1 + G(\mathrm{j}\omega)H(\mathrm{j}\omega)] = 0$$
$$\mathrm{Im}[1 + G(\mathrm{j}\omega)H(\mathrm{j}\omega)] = 0$$

(2)利用劳斯判据求解。若根轨迹与虚轴相交,则劳斯计算表必出现全零行,$\omega$ 与 $k_c$ 须由辅助方程解出,$k_c$ 为参变量 $k$ 的临界值。

规则九　闭环极点的和与积:设反馈系统闭环特征方程为

$$s^n + a_{n-1}s^{n-1} + \cdots + a_1 s + a_0 = 0$$



高等学校优秀教材辅导丛书 GAODENG XUEXIAO YOUXIUJIAOCAI FUDAOCONGSHU

特征根为 $s_i(i=1,2,\cdots,n)$，则 $\sum_{i=1}^{n} s_i = -a_{n-1}$，$\prod_{i=1}^{n}(-s_i) = a_0$。利用本规则可在已知部分闭环极点的情况下，确定其余闭环极点在 $s$ 平面上的分布位置，还可计算出与系统闭环极点对应的参变量值，但至多求两个未知数。

规则十　开环增益：求根轨迹上某点 $s_l$ 对应的开环增益 $K$，首先计算交点对应参变量值

$$k_l = \frac{\prod_{i=1}^{n} |s_l - p_i|}{\prod_{i=1}^{m} |s_l - z_i|}$$

然后按照开环增益的公式计算开环增益。无有限零点时，取 $\prod_{i=1}^{m} |s_l - z_i| = 1$。

### 4.2.2　0°根轨迹的绘制规则

0°根轨迹的绘制规则只需将180°根轨迹的绘制规则中与相角条件相关的四条规则加以修改即可。

1. $n-m$ 条渐近线与实轴正方向夹角 $\varphi_l$

$$\varphi_l = \frac{2l\pi}{n-m}\ (l=0,1,2,\cdots,n-m-1)$$

2. 实轴上根轨迹：区段右侧开环实零、极点数之和为偶数（包括0）。

3. 根轨迹的出射角和入射角

$$\theta_{p_i} = 0° + \left[\sum_{j=1}^{m} \angle(p_i - z_j) - \sum_{j=1}^{i-1} \angle(p_i - p_j) - \sum_{j=i+1}^{n} \angle(p_i - p_j)\right]$$

$$\theta_{z_i} = 0° - \left[\sum_{j=1}^{i-1} \angle(z_i - z_j) + \sum_{j=i+1}^{m} \angle(z_i - z_j) - \sum_{j=1}^{n} \angle(z_i - p_j)\right]$$

4. 0°根轨迹的特征方程为 $1-G(s)H(s)=0$，所以求根轨迹与虚轴的交点 $\mathrm{j}\omega$ 及临界值 $k_c$ 时的实部方程和虚部方程为

$$\mathrm{Re}[1-G(\mathrm{j}\omega)H(\mathrm{j}\omega)]=0$$

$$\mathrm{Im}[1-G(\mathrm{j}\omega)H(\mathrm{j}\omega)]=0$$

## 4.3　典型反馈系统的根轨迹

### 4.3.1　非最小相位系统的根轨迹

将非最小相位系统根轨迹方程中的开环传递函数 $G(s)H(s)$ 化成标准形式，然

高等学校优秀教材辅导丛书 GAODENG XUEXIAO YOUXIUJIAOCAI FUDAOCONGSHU

后按绘制 180°根轨迹的基本规则或按绘制 0°根轨迹的基本规则绘制其根轨迹。

### 4.3.2 时滞系统的根轨迹

时滞系统根轨迹的幅值条件和相角条件

$$|G(s)H(s)e^{-\tau s}| = |G(s)H(s)|e^{-\sigma\tau}$$

$$\angle G(s)H(s)e^{-\tau s} = \angle G(s)H(s) - 57.3\omega\tau = 180° + i360° \ (i=0, \pm1, \pm2, \cdots)$$

由于时滞环节的存在,使得时滞系统除具有有限的零、极点外,还有无穷多个无限开环零、极点,当然也有无穷多条渐近线。时滞系统的根轨迹分支有无穷多条,把其中位于实轴附近($i=0$)的$\left[n+\dfrac{1-(-1)^{n-m}}{2}\right]$条根轨迹称为主根轨迹,它是分析、设计时滞系统的重要依据,把其余的根轨迹($i=\pm1, \pm2, \cdots$)称为辅助根轨迹。当时滞系统的开环增益不大时,时滞环节 $e^{-\tau s}$可用一般的典型环节来近似,近似时滞系统的根轨迹可按绘制 180°或 0°根轨迹的基本规则来绘制。

### 4.3.3 参量根轨迹

将系统的特征方程 $1\pm G(s,X)=0$ 整理成如下形式的根轨迹方程,即$\dfrac{XP(s)}{Q(s)}=\pm1$,然后根据绘制 180°根轨迹的基本规则或 0°根轨迹的基本规则可绘制以 $X$ 为参变量的根轨迹。

## 4.4 根轨迹与系统性能的关系

### 4.4.1 稳定性

根轨迹位于 $s$ 平面左半部时系统稳定。当根轨迹穿过虚轴进入右半 $s$ 平面时,系统不稳定。由根轨迹与虚轴的交点,可确定使系统稳定的参数的取值范围。

### 4.4.2 动态性能

当系统的根轨迹位于实轴上时,系统的响应是单调无超调的;若根轨迹位于复平面上,则系统响应是有超调的。

### 4.4.3 稳态性能

由开环传递函数和根轨迹可求出系统的型别 $v$ 和开环增益 $K$,然后应用静态误差系数法计算出系统的稳态误差。

## 书后习题解析

4－1 某反馈系统的方框图如题4－1图所示。试绘制 $K$ 从0变到∞时该系统的根轨迹图。

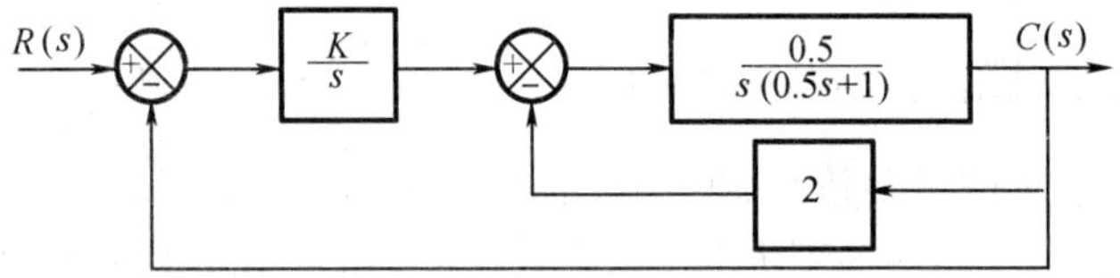


题4－1图

**解** 给定控制系统的开环传递函数为

$$G(s)=\frac{K}{s}\cdot\frac{\dfrac{\frac{1}{2}}{s\left(\frac{1}{2}s+1\right)}}{1+\dfrac{\frac{1}{2}}{s\left(\frac{1}{2}s+1\right)}\times 2}=\frac{K}{s(s^2+2s+2)}$$

给定系统的根轨迹方程为

$$\frac{K}{s[s-(-1+j)][s-(-1-j)]}=-1$$

代表180°根轨迹。

(1)开环极点 $p_1=-1+j, p_2=-1-j, p_3=0, n=3$，无开环零点，即 $m=0$，故当 $k\to\infty$ 时三条根轨迹均趋向无穷远处。

(2)三条渐近线在实轴上相交于一点，其坐标为

$$\sigma_a=\frac{\sum_{j=1}^{n}p_j-\sum_{i=1}^{m}z_i}{n-m}=-\frac{2}{3}$$

渐近线与实轴正方向的夹角为

$$\varphi_i=\frac{(2l+1)\pi}{n-m}=\frac{(2l+1)\pi}{3}$$

$$(l=0,1,2,\cdots,n-m-1)$$

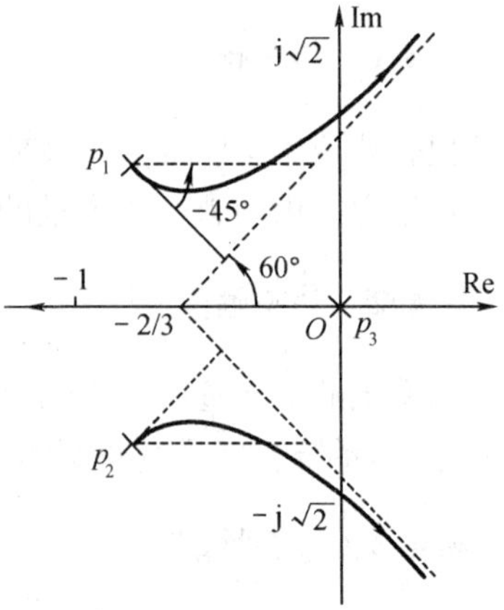


题4－1解图

解得 $\varphi_1=60°,\varphi_2=180°,\varphi_3=-60°$。

(3)$(-\infty,0]$属于实轴上的根轨迹。

(4)出射角 $\theta_{p_1}=-180°-\angle(p_1-p_2)-\angle(p_1-p_3)=-180°-90°-135°=-45°,\theta_{p2}=+45°$。

(5)计算根轨迹与虚轴相交点的坐标。给定系统的特征方程为 $s^3+2s^2+2s+K=0$，令 $s=\mathrm{j}w$，则求得 $w=0$ 及 $w=\pm\sqrt{2}$，$K=2w^2$，根轨迹与虚轴有三个交点，其坐标分别是$(0,\mathrm{j}0)$，$(0,\mathrm{j}\sqrt{2})$，$(0,-\mathrm{j}\sqrt{2})$。根轨迹与虚轴相交点对应的 $K$ 值为 $K=0$ 和 $K=2\times(\sqrt{2})^2=4$。则当 $0\leqslant K<4$ 时系统稳定。根轨迹大致图形如题 4－1 解图所示。

4－2　试应用根轨迹法确定题 4－2 图所示系统无超调响应时的开环增益 $K$。

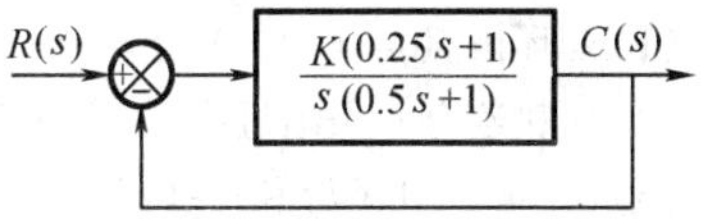


题 4－2 图

**解**　题 4－2 图所示系统的开环传递函数为 $G(s)=\dfrac{K(0.25s+1)}{s(0.5s+1)}$，化成标准形式，得 $G(s)=\dfrac{k(s+4)}{s(s+2)}$，式中 $k=10K$。则根轨迹方程为 $\dfrac{k(s+4)}{s(s+2)}=-1$，属于 180°根轨迹。

(1)开环极点 $p_1=0,p_2=-2,n=2$；开环零点 $z_1=-4,m=1$。所以系统具有两条根轨迹及一条渐近线。

(2)渐近线与实轴正方向的夹角为 $\varphi=\dfrac{(2l+1)\pi}{n-m}$，取 $l=n-m-1=0$，得 $\varphi=180°$。

(3)$(-\infty,-4]$和$[-2,0]$属于实轴上的根轨迹。

(4)计算根轨迹在实轴上的分离点与会合点坐标。由 $\sum\limits_{j=1}^{n}\dfrac{1}{d-p_j}=\sum\limits_{i=1}^{m}\dfrac{1}{d-z_i}$，有 $\dfrac{1}{d}+\dfrac{1}{d+2}=\dfrac{1}{d+4}$，解得分离点坐标 $d_1=-1.172$及会合点坐标 $d_2=-6.828$。

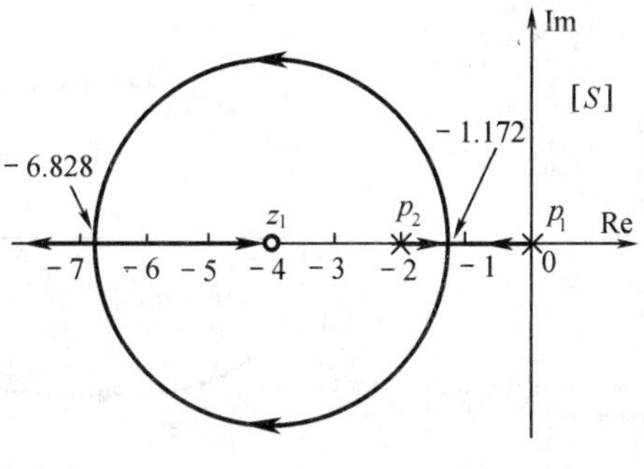


题 4－2 解图

给定系统的根轨迹图如题 4－2 解图所示，在复平面上根轨迹是以零点 $z_1=-4$ 为圆心、以零点到分离点(或会合点)的距离为半径的圆。系统无超调响应时，系统的特征根全部为实数。即在根轨迹图上对应$(-\infty,-4)$和$(-2,0)$两区段。系统特征方程为 $0.5s^2+(1+0.25K)s+K=0$，即 $K=\dfrac{-(0.5s^2+s)}{0.25s+1}$，将 $s=-1.172$ 及 $s=-6.828$ 代入上式，求得 $K_1=0.686,K_2=23.31$。所以系统无超调响应时开环增益 $K$ 的取值范围为 $0\leqslant K\leqslant0.686$ 或 $23.31\leqslant K<\infty$。

4－3　已知某负反馈系统的前向通道及反馈通道的传递函数分别为

$$G(s)=\frac{k'(s+0.1)}{s^2(s+0.01)},\quad H(s)=0.6s+1$$

试绘制该系统的根轨迹图。

**解** 给定系统的开环传递函数为

$$G(s)H(s)=\frac{k'(s+0.1)(0.6s+1)}{s^2(s+0.01)}$$

化成标准形式，得
$$G(s)H(s)=\frac{k(s+0.1)(s+1.67)}{s^2(s+0.01)}$$

式中 $k=0.6k'$。

(1)开环极点 $p_1=p_2=0,p_3=-0.01,n=3$；开环零点 $z_1=-0.1,z_2=-1.67,m=2$。

(2)根轨迹有一条渐近线，与实轴正方向的夹角为180°。

(3)$(-\infty,-1.67)$和$[-0.1,-0.01]$属于实轴上的根轨迹。

(4)确定根轨迹与实轴会合点，由$\frac{\mathrm{d}}{\mathrm{d}s}\left[\frac{1}{G(s)H(s)}\right]\bigg|_{s=\alpha}=0$，解得 $\alpha_1=0,\alpha_2=-3.4$。

(5)将 $s=\mathrm{j}w$ 代入系统的特征方程，即 $1+G(\mathrm{j}w)H(\mathrm{j}w)$，有

$$-w^3+1.77kw=0,\quad -(0.01+k)w^2+0.167k=0$$

最后解得 $w_1=0,w_{2,3}=\pm0.385$，对应的参变量 $k=0.084$，增益值为 $K=\frac{k\times0.1\times1.67}{0.01}=1.4\ \mathrm{s}^{-2}$。

给定系统根轨迹的大致图形如题4-3解图所示。注意绘制此类系统的根轨迹图时，切不可忽略根轨迹与虚轴相交点坐标的计算。

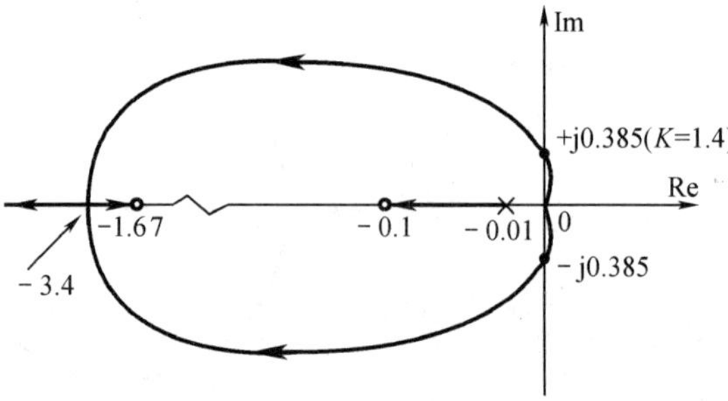


题4-3解图

4-4 设某反馈系统的特征方程为 $s^2(s+a)+k(s+1)=0$。试确定以 $k$ 为参变量的根轨迹与负实轴无交点、有一个交点与有两个交点时的参量 $a$，并绘制相应的根轨迹图。

**解** 由题意可得给定系统的根轨迹方程为$\frac{k(s+1)}{s^2(s+a)}=-1$，由$\frac{2}{d}+\frac{1}{d+a}=\frac{1}{d+1}$，求得根轨迹与负实轴交点的表达式

$$d=\frac{-(3+a)\pm\sqrt{(a-1)(a-9)}}{4}$$

(1)当根轨迹与负实轴无交点，即 $d$ 无实数解，则 $(a-1)(a-9)<0$，解得此时参数 $a$ 的取

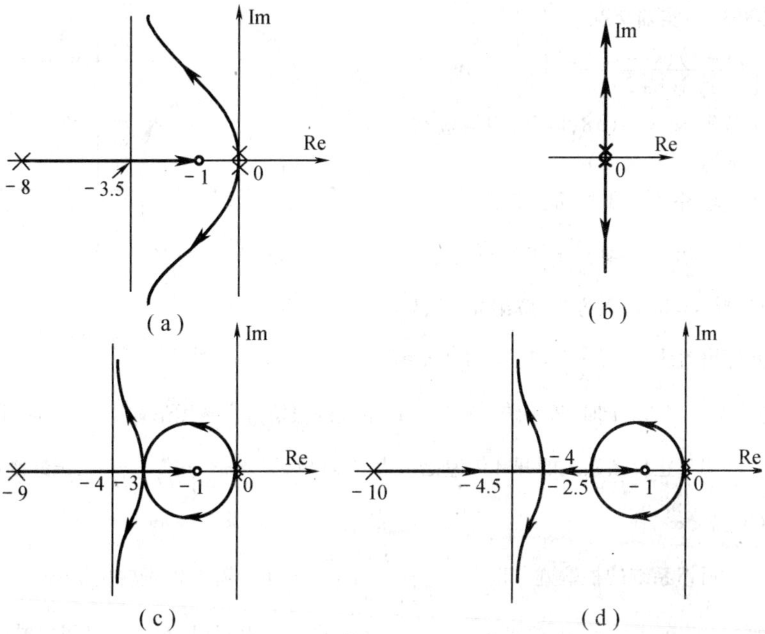


题 4-4 解图

值范围为 $1<a<9$。当 $a=8$ 时根轨迹的大致图形如题 4-4 解图(a)所示。

(2)当根轨迹与负实轴有一个交点,即 $d$ 为两相等实根,此时 $a=1$ 或 $a=9$。$a=1$ 及 $a=9$ 时根轨迹的大致图形分别如解图(b),(c)所示。

(3)当根轨迹与负实轴有两个交点,即 $d$ 为两不等实根,此时 $(a-1)(a-9)>0$,解得 $a>9$。$a=10$ 时根轨迹的大致图形如解图(d)所示。

4-5　设某正反馈系统的开环传递函数为 $G(s)H(s)=\dfrac{k(s+2)}{(s+3)(s^2+2s+2)}$,试为该系统绘制以 $k$ 为参变量的根轨迹图。

**解**　该正反馈系统的根轨迹方程为 $\dfrac{k(s+2)}{(s+3)(s^2+2s+2)}=+1$,需按 0°根轨迹绘制。

(1)开环极点,$p_1=-3, p_{2,3}=-1\pm \mathrm{j}, n=3$;开环零点 $z_1=-2, m=1$。

(2)根轨迹具有两条渐近线,其与实轴正方向的夹角为

$$\varphi_i=\frac{2l\pi}{n-m}\quad (l=0,1,\cdots,n-m-1)$$

分别求得 $\varphi_1=0°, \varphi_2=180°$。

(3)$[-3,-\infty)$ 和 $[-2,+\infty)$ 为实轴上的根轨迹。

(4)出射角

$$\theta_{p2}=0°+\angle(p_2-z_1)-\angle(p_2-p_1)-\angle(p_2-p_3)=0°+45°-26.6°-90°=-71.6°$$



高等学校优秀教材辅导丛书 GAODENG XUEXIAO YOUXIUJIAOCAI FUDAOCONGSHU

$$\theta_{p3} = -\theta_{p2} = +71.6°$$

(5)根轨迹与实轴交点

$$\frac{\mathrm{d}}{\mathrm{d}s}\left[\frac{(s+3)(s^2+2s+2)}{k(s+2)}\right]\Bigg|_{s=\alpha}=0$$

求得实数解 $\alpha_1=-0.8$，因此，根轨迹与实抽会合点坐标为$(-0.8,\mathrm{j}0)$。

(6)给定系统的特征方程为 $1-\dfrac{k(s+2)}{(s+3)(s^2+2s+2)}=0$，即 $s^3+5s^2+(8-k)s+(6-2k)=0$，将 $s=\mathrm{j}w$ 代入方程，解出 $w=0,k=3$，对应的开环增益为 $K=\dfrac{k\times2}{3\times2}=1$。当 $1>K\geqslant0$ 时，该系统稳定。当 $K>1$ 时，该系统不稳定。该系统的根轨迹大致图形如题 4－5 解图所示。

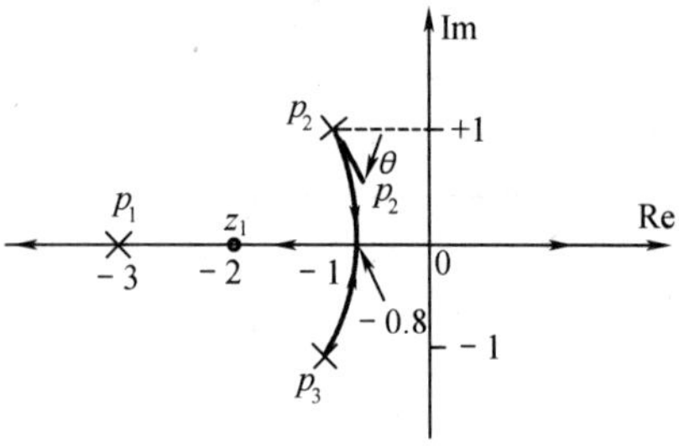


题 4－5 解图

4－6　已知某正反馈系统的开环传递函数为 $G(s)H(s)=\dfrac{k}{(s+1)^2(s+4)^2}$，试绘制该系统的根轨迹图$(0\leqslant k<\infty)$。

**解**　该正反馈系统的根轨迹方程为$\dfrac{k}{(s+1)^2(s+4)^2}=+1$，需按 0°根轨迹绘制。

(1)开环极点 $p_1=p_2=-1$ 和 $p_3=p_4=-4$，$n=4$；而无有限零点，$m=0$。有四条根轨迹。

(2)共有四条渐近线，与实轴的交点为 $\sigma_a=\dfrac{-1-1-4-4}{4}=-2.5$，与实轴正方向的夹角为 $\varphi_1=0°,\varphi_2=90°,\varphi_3=180°,\varphi_4=270°$。

(3)整个实轴均属于该系统的根轨迹。

(4)由$\dfrac{\mathrm{d}}{\mathrm{d}s}\left[\dfrac{(s+1)^2(s+4)^2}{k}\right]\Bigg|_{s=\alpha}=0$，求得根轨迹在实轴上分离点坐标为 $d=-2.5$。

(5)因此可画出大致的根轨迹。根轨迹与虚轴在原点处相交，则 $\omega=0$。

将 $s=0$ 代入特征方程 $1-\dfrac{k}{(s+1)^2(s+4)^2}$，得 $k=16$，开环增益 $K=\dfrac{k}{16}=1$。则开环增益 $K$ 的临界值为 1。给定正反馈系统的根轨迹图如题 4－6 解图所示。

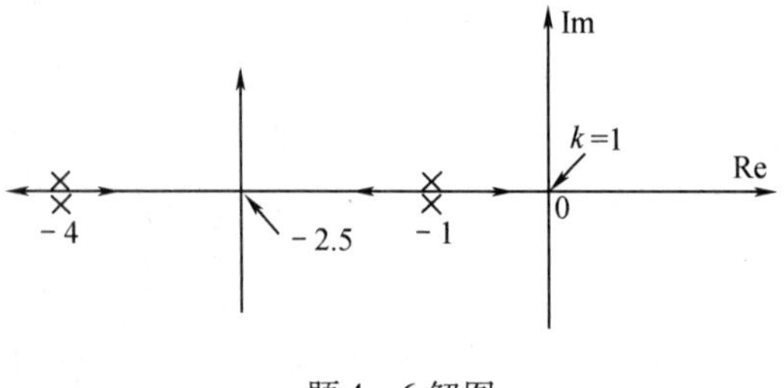


题 4－6 解图

4－7 试绘制题4－7图所示非最小相位系统以开环增益 $K$ 为参变量的根轨迹图。

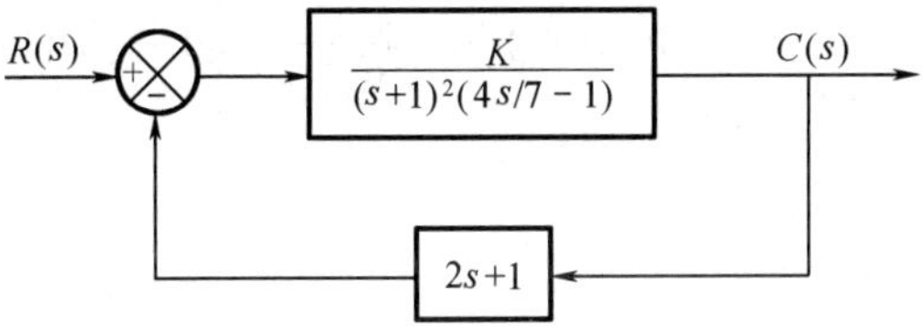


题4－7图

**解** 题4－7图所示系统的开环传递函数为

$$G(s)H(s)=\frac{K(2s+1)}{(s+1)^2\left(\frac{4}{7}s-1\right)}$$

进行标准化，得

$$G(s)H(s)=\frac{k(s+0.5)}{(s+1)^2(s-1.75)}$$

式中 $k=2K/(4/7)=3.5K$。需按180°根轨迹绘制规则来绘制该非最小相位系统的根轨迹。

(1)开环极点 $p_1=p_2=-1, p_3=+1.75$，$n=3$；开环零点 $z_1=-0.5, m=1$。共有三条根轨迹。

(2)两条渐近线与实轴上的交点坐标为 $\sigma_a=\frac{(-1-1+1.75)-(-0.5)}{3-1}=0.125$，与实轴正方向的夹角分别为 $\varphi_1=90°, \varphi_2=270°$。

(3) $[-0.5, 1.75]$ 为实轴上的根轨迹。可画出大致的根轨迹如题4－7解图所示。

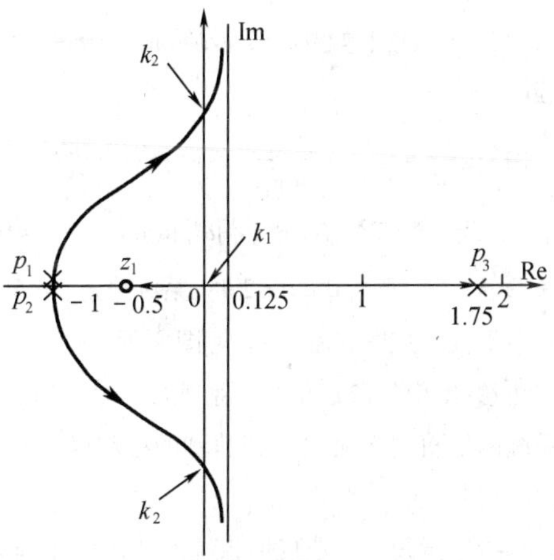


题4－7解图

(4)系统的特征方程为

$$(s+1)^2(s-1.75)+k(s+0.5)=0$$

即

$$s^3+0.25s^2+(k-0.25)s+(0.5k-1.75)=0$$

令 $s=\mathrm{j}\omega$，求得根轨迹与虚轴交点坐标 $\omega$ 值分别为 $\omega_1=0, \omega_{2,3}=\pm\sqrt{k-2.5}$，对应的参变量值为 $k_1=3.5, k_2=4.5$，即 $K_1=1, K_2=1.285$。使系统稳定工作的 $K$ 值范围为 $1<K<1.285$，并且根轨迹与虚轴交点坐标为 $s_{2,3}=\pm\sqrt{2}\mathrm{j}$。

4－8 已知非最小相位负反馈系统的开环传递函数为 $G(s)H(s)=\frac{k(1-s)}{s(s+2)}$，试绘制该系统的根轨迹图。

**解** 由题意,该非最小相位负反馈系统的特征方程为

$$1+G(s)H(s)=1+\frac{k(1-s)}{s(s+2)}=0$$

将开环传递函数化成标准形式,得

$$G(s)H(s)=-\frac{k(s-1)}{s(s+2)}$$

则根轨迹方程为$\frac{k(s-1)}{s(s+2)}=+1$,则按0°根轨迹的绘制规则进行绘制。

(1)开环极点 $p_1=0,p_2=-2,n=2$;开环零点 $z_1=+1,m=1$。则有两条根轨迹和一条渐近线。

(2)渐近线与实轴正方向的夹角为 $\varphi=0°$,即渐近线与实轴正方向重合。

(3)$[+1,\infty)$及$[0,-2]$为实轴上的根轨迹。

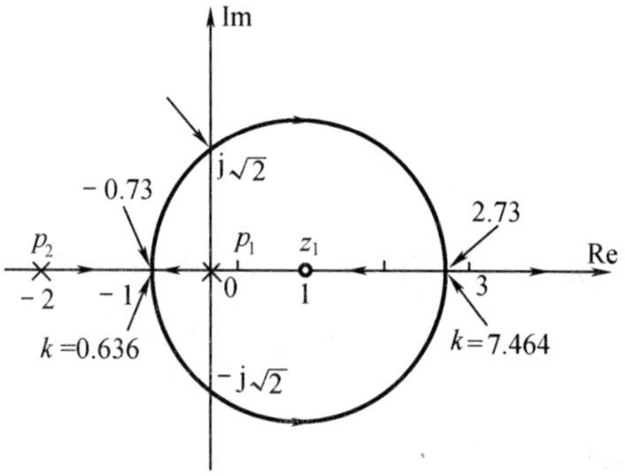


题4-8解图

(4)由$\frac{1}{d}+\frac{1}{d+2}=\frac{1}{d-1}$,解得分离点坐标 $d_1=-0.73$ 及会合点坐标 $d_2=2.73$。

(5)在特征方程中,令 $s=j\omega$,得 $\omega(2-k)=0,-\omega^2+k=0$,求得系统根轨迹与虚轴相交处 $\omega=\pm\sqrt{2},k=2$。则当 $0<k<2$ 时,系统稳定;当 $k>2$ 时,系统不稳定。

系统根轨迹图如题4-8解图所示。

注意:给定的非最小相位系统虽是负反馈系统,但从标准化处理而得到的根轨迹方程来看,该系统的根轨迹必须按0°根轨迹的绘制规则来绘制。

4-9 已知单位负反馈系统的开环传递函数为 $G(s)=\frac{\frac{1}{4}(s+a)}{s^2(s+1)}$,试绘制以 $a$ 为参变量的参量根轨迹图。

**解** 给定系统的特征方程为 $s^2(s+1)+\frac{1}{4}(s+a)=0$,进一步整理得$\frac{\frac{1}{4}a}{s\left(s^2+s+\frac{1}{4}\right)}=-1$,

另 $A=\frac{1}{4}a$,则根轨迹方程为$\frac{A}{s\left(s+\frac{1}{2}\right)^2}=-1$。按180°根轨迹的绘制规则来绘制。

(1)开环极点 $p_1=0,p_2=p_3=-\frac{1}{2},n=3$;无开环零点 $m=0$。则有三条根轨迹和两条渐近线。

(2) 渐近线与实轴的交点坐标为 $\sigma_a = \dfrac{0-\frac{1}{2}-\frac{1}{2}}{3-0} = -\dfrac{1}{3}$，与实轴正方向的夹角分别是 $+60°$，$+180°$和 $-60°$。

(3) 由 $\dfrac{1}{d} + \dfrac{1}{d+\frac{1}{2}} + \dfrac{1}{d+\frac{1}{2}} = 0$，得根轨迹与实轴交点的坐标为 $d = -\dfrac{1}{6}$（分离点）。

(4) 将 $s = j\omega$ 代入特征方程，得根轨迹与虚轴交点为 $s_1 = 0, s_{2,3} = \pm\dfrac{1}{2}j$，相应的参变量 $a$ 值为 $a=0$，$a=1$。

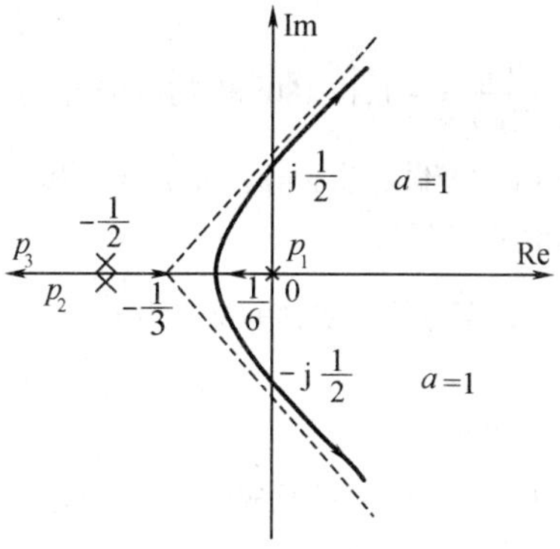


题 4－9 解图

给定系统参量根轨迹的大致图形如解图所示。从图可见，参变量 $a>1$ 时系统不稳定。

4－10 某反馈系统的方框图如题 4－10 图所示，试绘制该系统的根轨迹图。

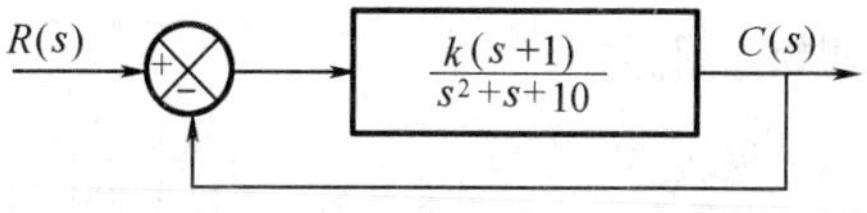


题 4－10 图

**解** 由题 4－10 图求得系统的开环传递函数为 $G(s) = \dfrac{k(s+1)}{s^2+s+10}$，根轨迹方程为

$$\frac{k(s+1)}{s^2+s+10} = -1$$

(1) 开环极点 $p_1 = -0.5 + j3.12, p_2 = -0.5 - j3.12$，$n=2$；开环零点 $z_1 = -1, m=1$。所以系统有两条根轨迹及一条渐近线。

(2) 渐近线与实轴正方向的夹角为 $\varphi = \dfrac{(2l+1)\pi}{n-m} = \pi\ (l=0)$。

(3) $(-\infty, -1]$ 为实轴上的根轨迹。

(4) 由 $\dfrac{d}{ds}\left(\dfrac{s^2+s+10}{s+1}\right)\bigg|_{s=\alpha} = 0$ 求得根轨迹与实轴的交点为 $\alpha_1 = -4.16, \alpha_2 = 2.16$（舍）。

(5) 出射角 $\theta_{p_1} = -180° + \angle(p_1 - z_1) - \angle(p_1 - p_2) = -180° + 80.9° - 90° = 170.9°, \theta_{p_2} = -170.9°$。

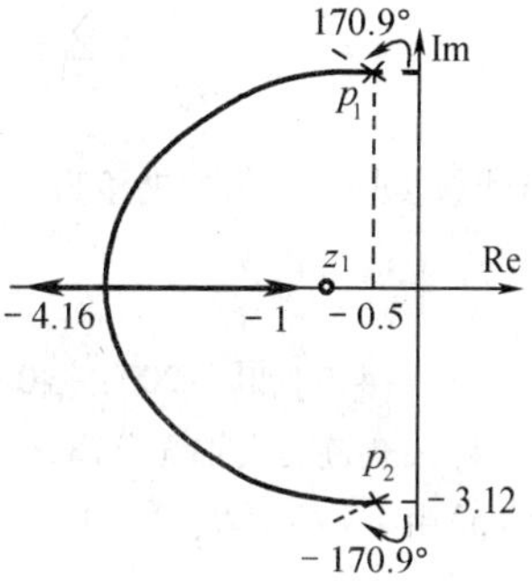


题 4－10 解图

根轨迹如题 4－10 解图所示。

4－11 设某负反馈系统的开环传递函数为 $G(s)H(s) = \dfrac{K(s+1)}{s^2(0.1s+1)}$，试绘制该系统的根轨迹图。

**解**　将开环传递函数化成标准形式 $G(s)H(s)=\dfrac{k(s+1)}{s^2(s+10)}$，式中 $k=10K$，则根轨迹方程为 $\dfrac{k(s+1)}{s^2(s+10)}=-1$，按 180°根轨迹的绘制规则来绘制。

(1)开环极点 $p_1=p_2=0, p_3=-10, n=3$，开环零点 $z_1=-1, m=1$，所以系统具有三条根轨迹及两条渐近线。

(2)渐近线与实轴的交点为 $\sigma_a=\dfrac{-10+1}{2}=-4.5$，渐近线与实轴正方向的夹角为 $\varphi_1=\dfrac{\pi}{2}$，$\varphi_2=\dfrac{3}{2}\pi$。

(3)$[-10,-1]$是实轴上的根轨迹。

(4)由 $\dfrac{\mathrm{d}}{\mathrm{d}s}\left(\dfrac{s^2(s+10)}{s+1}\right)\Bigg|_{s=\alpha}=0$，解得 $\alpha_1=-2.5, \alpha_2=-4$。

根轨迹大致图形如题 4-4 解图(d)一致。

4-12　设某负反馈系统的开环传递函数为 $G(s)H(s)=\dfrac{k(s+4)(s+40)}{s^3(s+200)(s+900)}$，试绘制该系统的根轨迹图。

**解**　根轨迹方程为

$$\frac{k(s+4)(s+40)}{s^3(s+200)(s+900)}=-1$$

(1)极点 $p_1=p_2=p_3=0, p_4=-200, p_5=-900, n=5$；开环零点 $z_1=-4, z_2=-40, m=2$，所以系统具有五条根轨迹及三条渐近线。

(2)渐近线与实轴的交点为

$$\sigma_a=\frac{\sum_{i=1}^{5}p_i-\sum_{i=1}^{2}z_i}{n-m}=\frac{-200-900+4+40}{3}=-352$$

渐近线与实轴正方向的夹角为

$$\varphi_1=\frac{\pi}{3}, \varphi_2=\pi, \varphi_3=\frac{5\pi}{3}$$

(3)$(-4,0]$和$[-200,-40)$以及$(-\infty,-900]$为实轴上的根轨迹。

(4)根轨迹与实轴无分离、会合点。

(5)由 $1+G(s)H(s)=0$，求得系统的特征方程为

$$s^3(s+200)(s+900)+k(s+4)(s+40)=0$$

令 $s=\mathrm{j}\omega$，求得根轨迹与虚轴的四个交点及对应增益为

$$\omega_{1,2}=\pm 14.8,\quad k_1=799;$$
$$\omega_{3,4}=\pm 362.7,\quad k_2=128\ 776。$$

根轨迹大致图形如题 4-12 解图所示。

高等学校优秀教材辅导丛书 GAODENG XUEXIAO YOUXIUJIAOCAI FUDAOCONGSHU

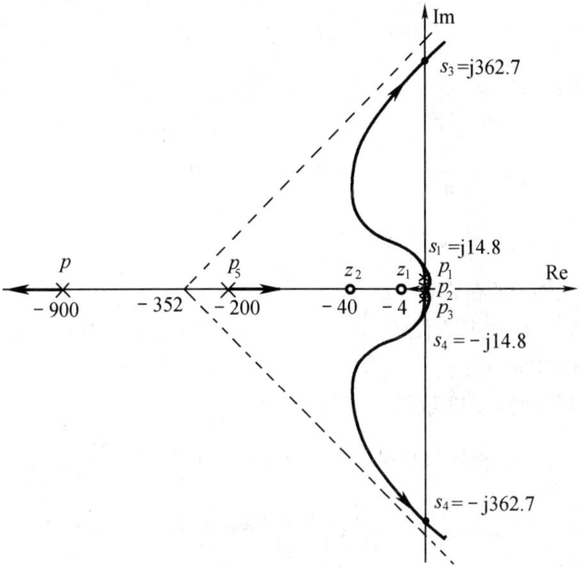


题 4-12 解图

4-13　设某反馈系统的方框图如题 4-13 图所示。试绘制以下各种情况下的根轨迹图：

(1) $H(s)=1$；

(2) $H(s)=s+1$；

(3) $H(s)=s+2$

分析比较这些根轨迹图，说明开环零点对系统相对稳定性的影响。

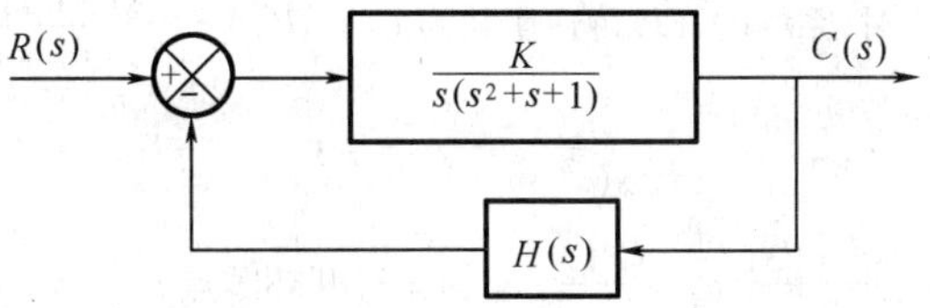


题 4-13 图

**解**　(1) 当 $H(s)=1$ 时，系统的开环传递函数为 $G(s)H(s)=\dfrac{K}{s(s^2+s+1)}$，根轨迹方程为

$$\frac{K}{s(s^2+s+1)}=-1$$

①极点 $p_1=0,p_2=\frac{-1+\sqrt{3}\mathrm{j}}{2},p_3=\frac{-1-\sqrt{3}\mathrm{j}}{2},n=3$；无开环零点，$m=0$。所以系统具有三条根轨迹及三条渐近线。

②渐近线与实轴的交点为

$$\sigma_a=\frac{\sum_{i=1}^{3}p_i}{n-m}=\frac{\frac{-1+\sqrt{3}\mathrm{j}}{2}+\frac{-1-\sqrt{3}\mathrm{j}}{2}}{3}=-\frac{1}{3}$$

与实轴正方向的夹角为 $\varphi_1=\frac{\pi}{3},\varphi_2=\pi,\varphi_3=\frac{5\pi}{3}$。

③$(-\infty,0]$ 为实轴上的根轨迹。

④将 $s=\mathrm{j}\omega$ 代入系统的特征方程 $s^3+s^2+s+K=0$，求得根轨迹与虚轴的交点为 $s_1=0,s_{2,3}=\pm\mathrm{j}$。

⑤出射角 $\theta_{p2}=-180°+\angle(p_2-p_1)-\angle(p_2-p_3)=-30°,\theta_{p3}=30°$。

根轨迹大致图形如题 4－13 解图(a)所示。

(2)当 $H(s)=s+1$ 时，系统的开环传递函数为 $G(s)H(s)=\frac{K(s+1)}{s(s^2+s+1)}$，根轨迹方程为

$$\frac{K(s+1)}{s(s^2+s+1)}=-1$$

绘制根轨迹的步骤同上，大体为

①开环极点 $p_1=0,p_2=\frac{-1+\sqrt{3}\mathrm{j}}{2},p_3=\frac{-1-\sqrt{3}\mathrm{j}}{2},n=3$；开环零点 $z_1=-1,m=1$，所以系统具有三条根轨迹及两条渐近线。

②渐近线与实轴的交点为 $\sigma_a=0$，渐近线与实轴正方向的夹角为 $\varphi_1=\frac{\pi}{2},\varphi_2=\frac{3\pi}{2}$。

③$[-1,0]$ 为实轴上的根轨迹。

④出射角 $\theta_{p2}=30°,\theta_{p3}=-30°$。

根轨迹大致图形如题 4－13 解图(b)所示。

(3)当 $H(s)=s+2$ 时，系统的开环传递函数为 $G(s)H(s)=\frac{K(s+2)}{s(s^2+s+1)}$，根轨迹方程为

$$\frac{K(s+2)}{s(s^2+s+1)}=-1$$

①极点 $p_1=0,p_2=\frac{-1+\sqrt{3}\mathrm{j}}{2},p_3=\frac{-1-\sqrt{3}\mathrm{j}}{2},n=3$；开环零点 $z_1=-2,m=1$。所以系统具有三条根轨迹及两条渐近线。

②渐近线与实轴的交点为 $\sigma_a=\frac{1}{2}$，与实轴正方向的夹角为 $\varphi_1=\frac{\pi}{2},\varphi_2=\frac{3\pi}{2}$。

③$[-2,0]$ 为实轴上的根轨迹。

④将 $s=\mathrm{j}\omega$ 代入系统的特征方程 $s^3+s^2+(1+K)s+2K=0$，求得根轨迹与虚轴的交点及参变量临界值为 $s_{1,2}=\pm\sqrt{2}\mathrm{j},k=1$。

⑤出射角 $\theta_{p2}=0°,\theta_{p3}=0°$。

根轨迹大致图形如题 4 - 13 解图(c)所示。

从结果看出,在保持开环极点不变的情况下,增加开环零点可使闭环系统的稳定性得到改善,并且零点越靠近虚轴,效果越好。

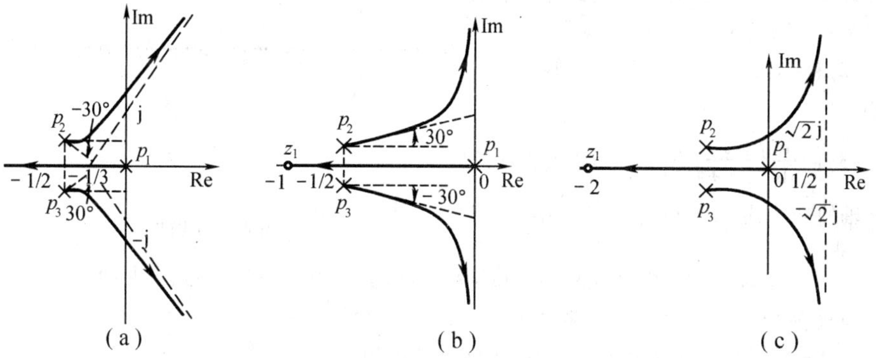


题 4 - 13 解图

4 - 14　已知某正反馈系统的开环传递函数为 $G(s)H(s)=\dfrac{k}{(s+1)(s-1)(s+4)^2}$,试绘制该系统的根轨迹图。

**解**　该正反馈系统的根轨迹方程为

$$\frac{k}{(s+1)(s-1)(s+4)^2}=1$$

(1)开环极点 $p_1=-1,p_2=1,p_{3,4}=-4,n=4$;无开环零点,$m=0$。所以系统具有四条根轨迹及四条渐近线。

(2)渐近线与实轴的交点为 $\sigma_a=\dfrac{\sum\limits_{i=1}^{4}p_i}{n-m}=-2$,与实轴正方向的夹角为 $\varphi_1=0,\varphi_2=\dfrac{\pi}{2},\varphi_3=\pi,\varphi_4=\dfrac{3\pi}{2}$。

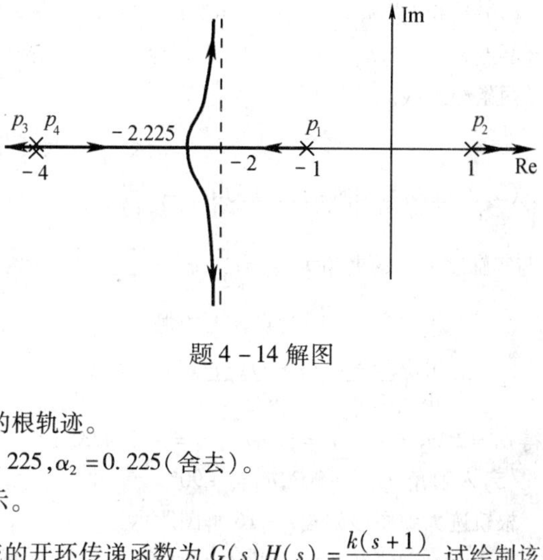


题 4 - 14 解图

(3)$(-\infty,-1][1,+\infty)$为实轴上的根轨迹。

(4)根轨迹与实轴的交点为 $\alpha_1=-2.225,\alpha_2=0.225$(舍去)。

根轨迹大致图形如题 4 - 14 解图所示。

4 - 15　已知非最小相位负反馈系统的开环传递函数为 $G(s)H(s)=\dfrac{k(s+1)}{s(s-3)}$,试绘制该系统的根轨迹图。



高等学校优秀教材辅导丛书 GAODENG XUEXIAO YOUXIUJIAOCAI FUDAOCONGSHU

**解** 根轨迹方程为

$$\frac{k(s+1)}{s(s-3)}=-1$$

(1)开环极点 $p_1=0,p_2=3,n=2$;开环零点 $z_1=-1,m=1$。所以系统具有两条根轨迹及一条渐近线。

(2)$(-\infty,-1]$和$[0,3]$为实轴上的根轨迹。

(3)由 $\left.\frac{\mathrm{d}}{\mathrm{d}s}\left(\frac{s(s-3)}{s+1}\right)\right|_{s=\alpha}=0$ 得根轨迹与实轴的交点为 $\alpha_1=1$(分离点),$\alpha_2=-3$(会合点)。

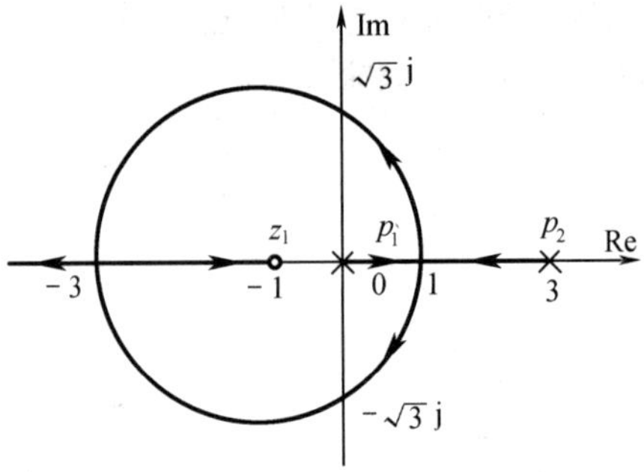


题 4-15 解图

(4)将 $s=\mathrm{j}\omega$ 代入系统的特征方程 $s(s-3)+k(s+1)=0$,解得 $\omega=\pm\sqrt{3},k=3$。

根轨迹大致图形如题 4-15 解图所示。

4-16 已知非最小相位负反馈系统的特征方程为

$$(s+1)(s+3)(s-1)(s-3)+k(s^2+4)=0$$

试绘制该系统的根轨迹图。

**解** 系统的特征方程为

$$(s+1)(s+3)(s-1)(s-3)+k(s^2+4)=0$$

整理得根轨迹方程为

$$\frac{k(s+2\mathrm{j})(s-2\mathrm{j})}{(s+1)(s+3)(s-1)(s-3)}=-1$$

(1)开环极点 $p_1=-1,p_2=-3,p_3=1,p_4=3,n=4$;开环零点 $z_1=-2\mathrm{j},z_1=2\mathrm{j},m=2$,所以系统具有四条根轨迹及两条渐近线。

(2)渐近线与实轴的交点为 $\sigma_a=\frac{\sum_{i=1}^{4}p_i-\sum_{i=1}^{2}z_i}{n-m}=0$,与实轴正方向的夹角为 $\varphi_1=\frac{\pi}{2},\varphi_2=\frac{3\pi}{2}$。

(3)$[1,3][-3,-1]$为实轴上的根轨迹。

(4)由 $\left.\frac{\mathrm{d}}{\mathrm{d}s}\left(\frac{(s+1)(s+3)(s-1)(s-3)}{s^2+4}\right)\right|_{s=\alpha}=0$,解得 $\alpha_1=2,\alpha_2=-2,\alpha_3=\mathrm{j}3.473,\alpha_4=-\mathrm{j}3.473$。

(5)入射角 $\theta_{z1}=-90°,\theta_{z2}=+90°$。

根轨迹大致图形如题 4-16 解图所示。

讨论:本题开环零、极点数均为偶数,且关于虚轴对称分布,所以根轨迹关于虚轴对称。

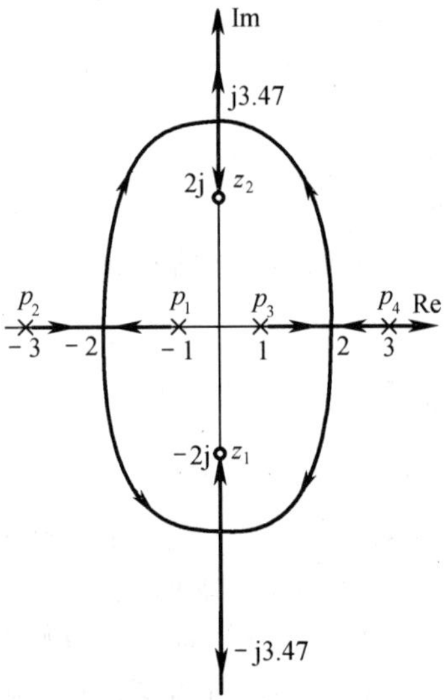


题 4-16 解图

高等学校优秀教材辅导丛书 GAODENG XUEXIAO YOUXIUJIAOCAI FUDAOCONGSHU

4－17　已知非最小相位负反馈系统的开环传递函数为 $G(s)H(s)=\dfrac{K(1-0.5s)}{s(0.25s+1)}$，试绘制该系统的根轨迹图。

**解**　根轨迹方程为 $\dfrac{K(1-0.5s)}{s(0.25s+1)}=-1$，整理得 $\dfrac{k(s-2)}{s(s+4)}=1$，其中 $k=2K$，按0°根轨迹绘制。步骤同题4－8，大体如下。

(1)极点 $p_1=0,p_2=-4,n=2$，开环零点 $z_1=2,m=1$。所以系统具有两条根轨迹及一条渐近线。

(2)渐近线与实轴正方向的夹角为 $\varphi=0°$。

(3)$[-4,0]$ 和 $[2,+\infty)$ 为实轴上的根轨迹。

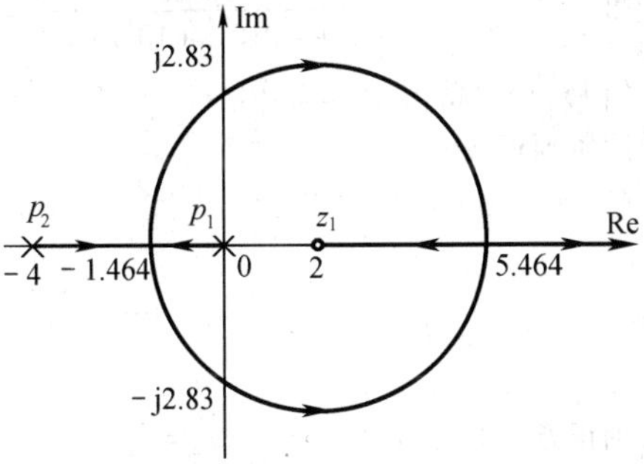


题4－17解图

(4)根轨迹与实轴的交点为 $\alpha_1=-1.464$（分离点），$\alpha_2=-5.464$（会合点）。

(5)根轨迹与虚轴的交点为 $s=\pm2.83\mathrm{j}$，对应的开环增益临界值为 $K_c=2$。

根轨迹大致图形如题4－17解图所示。

4－18　设某负反馈系统的开环传递函数为 $G(s)H(s)=\dfrac{10}{s(s+a)}$，试绘制以 $a$ 为参变量的根轨迹图。

**解**　该系统的特征方程为 $1+G(s)H(s)=0$，即 $s^2+10+as=0$，整理得参量根轨迹方程为

$$\frac{as}{s^2+10}=-1$$

(1)开环极点 $p_1=3.162\mathrm{j},p_2=-3.162\mathrm{j},n=2$；开环零点 $z_1=0,m=1$，所以系统具有两条根轨迹及一条渐近线。

(2)渐近线与实轴正方向的夹角为 $\varphi=\dfrac{(2l+1)\pi}{n-m}=\pi$。

(3)实轴上的根轨迹为 $(-\infty,0]$。

(4)根轨迹与实轴的交点 $\alpha_1=3.162$（舍去），$\alpha_2=-3.162$。

(5)根轨迹的出射角 $\theta_{p_1}=\pi,\theta_{p_2}=-\pi$。

根轨迹大致图形如题4－18解图所示。

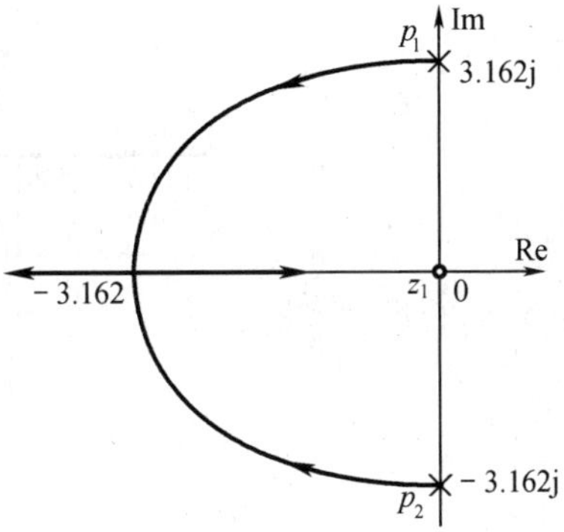


题4－18解图

4－19　已知某负反馈系统的开环传递函数为

$$G(s)H(s)=\frac{1\,000(Ts+1)}{s(0.1s+1)(0.001s+1)}$$

试绘制以时间常数 $T$ 为参变量的参量根轨迹图。

**解** 系统特征方程为

$$s(0.1s+1)(0.001s+1)+10^3(Ts+1)=0$$

即

$$s^3+1\,010s^2+10^4s+10^7+10^7Ts=0$$

整理得

$$\frac{10^7Ts}{s^3+1\,010s^2+10^4s+10^7}\approx\frac{10^7Ts}{(s^2+10^4)(s+10^3)}=-1$$

(1)开环极点 $p_{1,2}=\pm100\mathrm{j}, p_3=-10^3, n=3$,开环零点 $z_1=0, m=1$,所以系统具有三条根轨迹及两条渐近线。

(2)渐近线与实轴的交点为

$$\sigma_a=\frac{\sum\limits_{i=1}^{3}p_i-z_1}{n-m}=\frac{-10^3}{2}=-500$$

与实轴正方向的夹角为 $\varphi_1=\dfrac{\pi}{2}, \varphi_2=\dfrac{3\pi}{2}$。

(3)实轴上的根轨迹为 $[-10^3, 0]$。

(4)由

$$\frac{\mathrm{d}}{\mathrm{d}s}\left(\frac{s^3+1\,010s^2+10^4s+10^7}{s}\right)\Bigg|_{s=\alpha}=0$$

解得根轨迹与实轴的交点为

$$\alpha_1=-474, \alpha_2=-113, \alpha_3=92(\text{舍去})$$

(5) $\theta_{p_1}=-180°+\angle(p_1-z_1)-\angle(p_1-p_2)-\angle(p_1-p_3)=174.3°$, $\theta_{p2}=-174.3°$

根轨迹大致图形如题 4-19 解图所示。

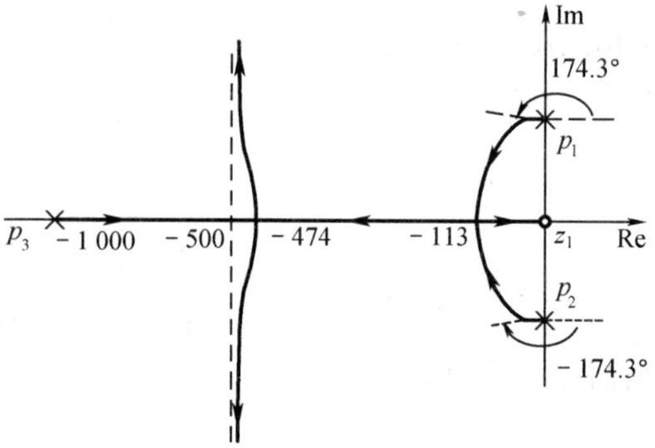


题 4-19 解图

## 同步训练题

1. 设系统结构如题 1 图所示,试画出该系统根轨迹图。

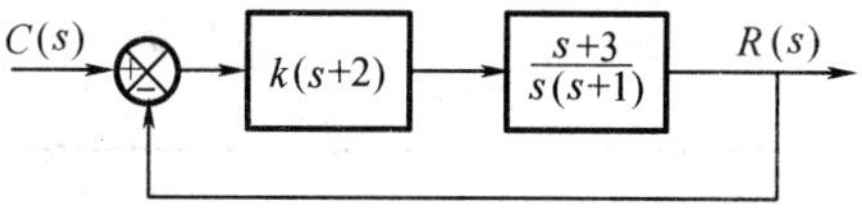


题 1 图

2. 已知开环传递函数如下,试绘制闭环系统根轨迹图。

$$G(s)=\frac{K}{s\left(\frac{1}{3}s+1\right)\left(\frac{1}{3}s^{2}+s+1\right)}$$

3. 已知单位负反馈系统的闭环传递函数为

$$\Phi(s)=\frac{as}{s^{2}+as+16}\ (a>0)$$

要求:(1)绘出闭环系统的根轨迹($0\leqslant a<\infty$);

(2)判断点($-\sqrt{3}$,j)是否在根轨迹上;

(3)由根轨迹求出使闭环系统阻尼比 $\zeta=0.5$ 时的 $a$ 值。

4. 已知系统开环传递函数为 $G(s)=\dfrac{K^{*}}{s(s+1)(s+2)}$,试绘制正反馈系统的根轨迹图。

5. 设单位反馈系统的开环传递函数为 $G(s)=\dfrac{K^{*}(s+2)}{s(s+1)}$,其根轨迹图见图。试从数学上证明:复数根轨迹部分是以($-2$,j0)为圆心,以 $\sqrt{2}$ 为半径的一个圆。

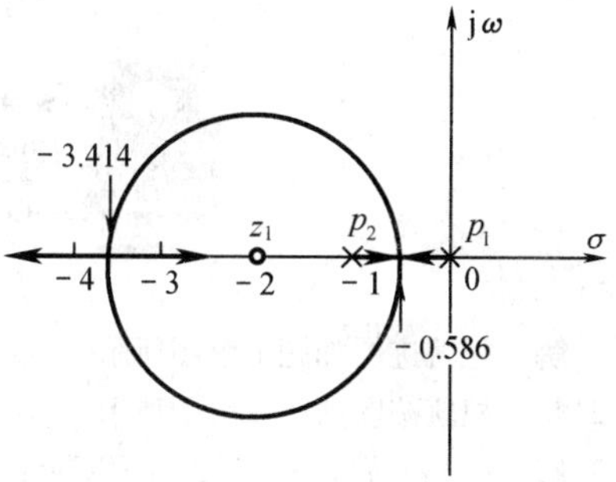


题 5 图

6. 设单位反馈控制系统的开环传递函数为

$$G(s)=\frac{K^{*}}{s+1}$$

试用解析法绘出 $K^{*}$ 从零变到无穷时的闭环根轨迹图,并判断下列点是否在根轨迹上:

($-2+$j0), ($0+$j1), ($-3+$j2)

7. 设系统的开环传递函数为

$$G(s)H(s)=\frac{K}{s^{2}(s+1)}$$

(1)画出根轨迹草图,判断系统的稳定性。

(2)用根轨迹法分析,增加一个零点 $a$,能否使系统稳定,并给出使系统稳定的 $a$ 的范围。

8. 已知开环零、极点分布如题 8 图所示,试概略绘出相应的闭环根轨迹图。

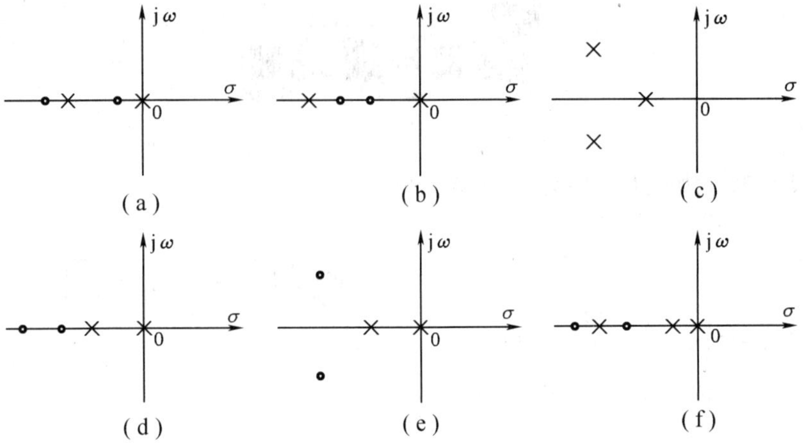


题 8 图

9. 已知最小相位负反馈系统的特征方程为

$$s(s-2)(s+2)(s+4)+K(s^2+2s+5)=0$$

试绘制该系统根轨迹的大致形状,并确定系统稳定的 $K$ 值。

10. 单位负反馈系统的开环传递函数为

$$G(s)=\frac{k}{s(s+3)(s+7)}$$

试确定使系统具有欠阻尼阶跃响应特性的取值范围。



## 同步训练题答案

TONG BU XUN LIAN TI DA AN

1. **解**　根轨迹图如题 1 解图所示。

2. **解**　根轨迹图如题 2 解图所示。

3. **解**　(1)根轨迹图如题 3 解图所示;

(2)不在根轨迹上;

(3)$a=4$。

4. **解**　正反馈系统的根轨迹图如题 4 解图所示。

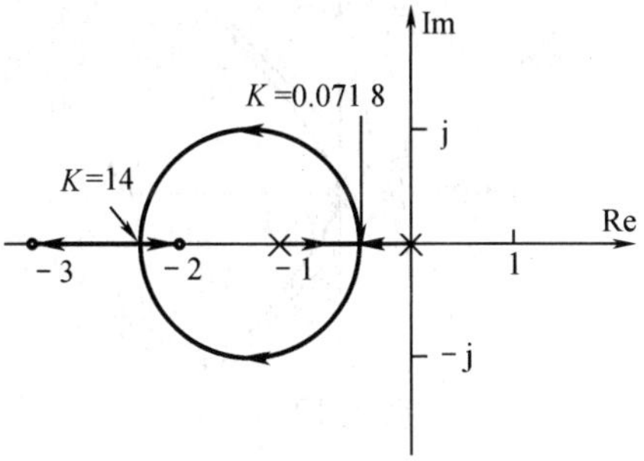


题1解图

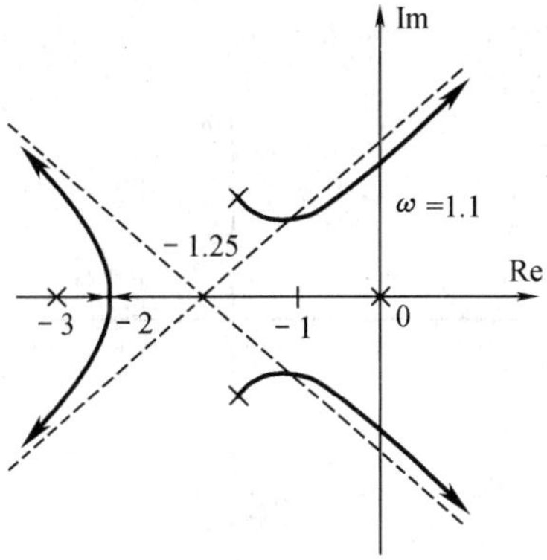


题2解图

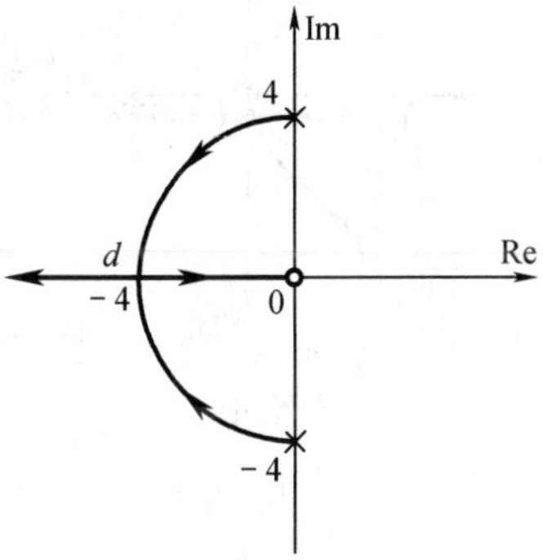


题3解图

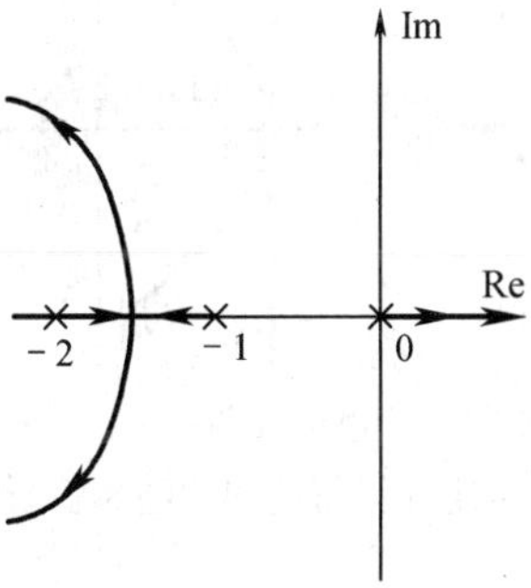


题4解图

5. **证明**　闭环特征方程为

$$D(s)=s(s+1)+K^*(s+2)=s^2+(1+K^*)s+2K^*=0$$

$$\lambda=\frac{-(1+K^*)\pm\sqrt{(1+K^*)^2-8K^*}}{2}=\frac{-(1+K^*)\pm \mathrm{j}\sqrt{8K^*-(1+K^*)^2}}{2}=\sigma\pm \mathrm{j}w$$

$$\sigma=\frac{-(1+K^*)}{2} \tag{1}$$

$$\omega=\pm\frac{1}{2}\sqrt{8K^*-(1+K^*)^2} \tag{2}$$

由式(1)得　$K^*=-2\sigma-1$　(3)

由式(3)代入式(2)，整理得$(\sigma+2)^2+\omega^2=2$。

6. **解**　当$K^*=0$时，$s=-1$；$K^*=1$，$s=-2$；$K^*=2$，$s=-3$；…$K^*\to\infty$，$s\to\infty$。可逐个描点得闭环根轨迹如题6解图所示，从图中明显可见，只有$(-2,\mathrm{j}0)$在根轨迹上。

7. **解**　(1)根轨迹图如题7解图(a)所示，系统不稳定。



高等学校优秀教材辅导丛书 GAODENG XUEXIAO YOUXIUJIAOCAI FUDAOCONGSHU

(2)当 $a>1$ 时,根轨迹如解图(b)所示,系统不稳定;当 $a<1$ 时,根轨迹如解图(c)所示,系统稳定。

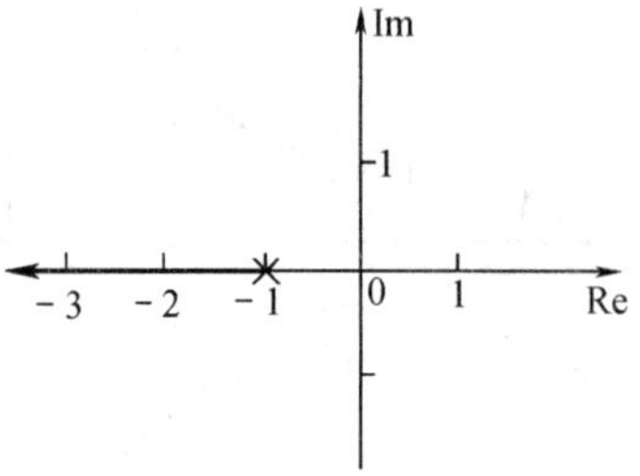


题 6 解图

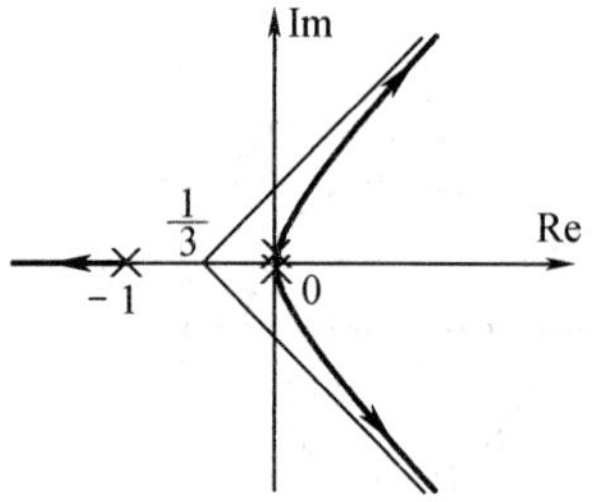


题 7 解图(a)

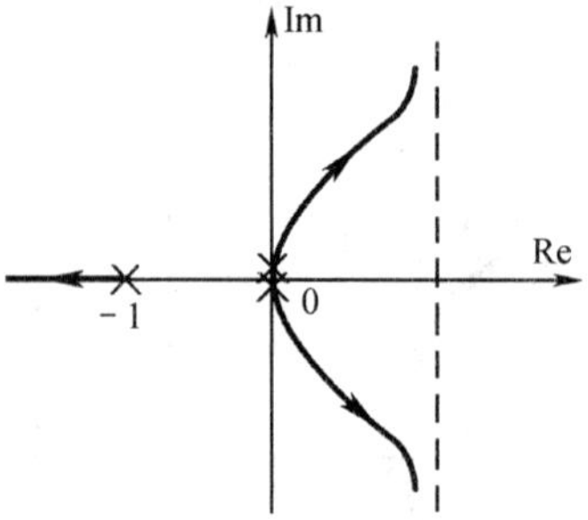


题 7 解图(b)

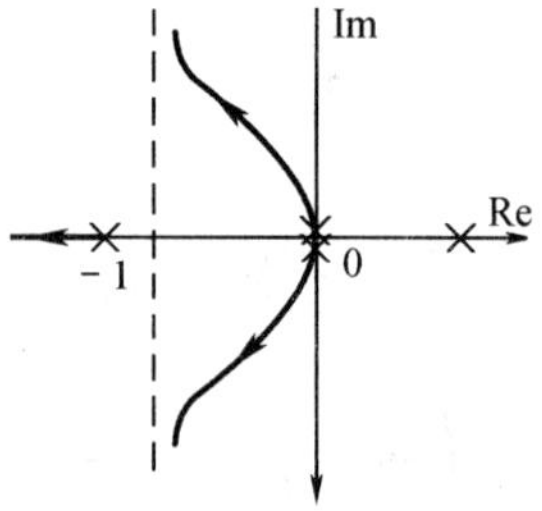


题 7 解图(c)

**8. 解** 闭环根轨迹图如题 8 解图所示。

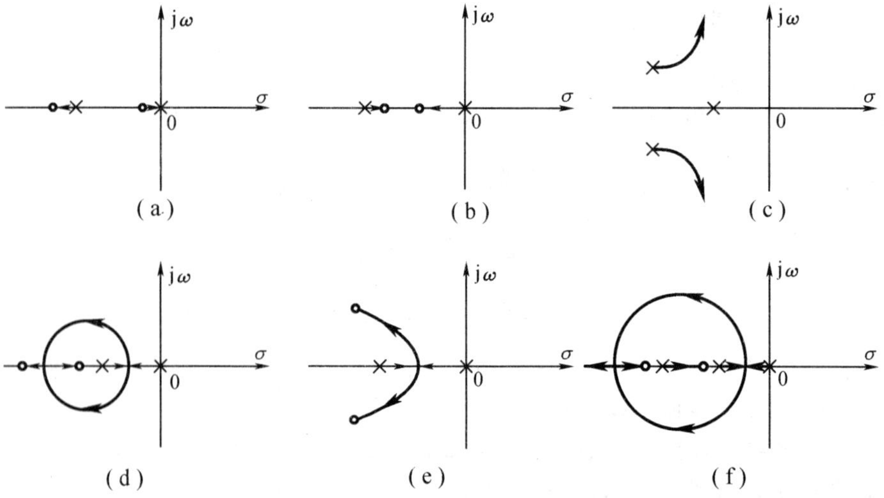


题 8 解图

9. **解** 根轨迹大致图形如题 9 解图所示，当 $K>28$ 时，系统是稳定的。

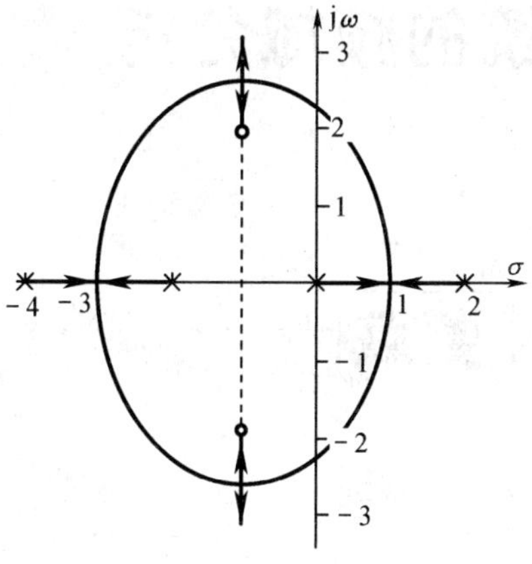


题 9 解图

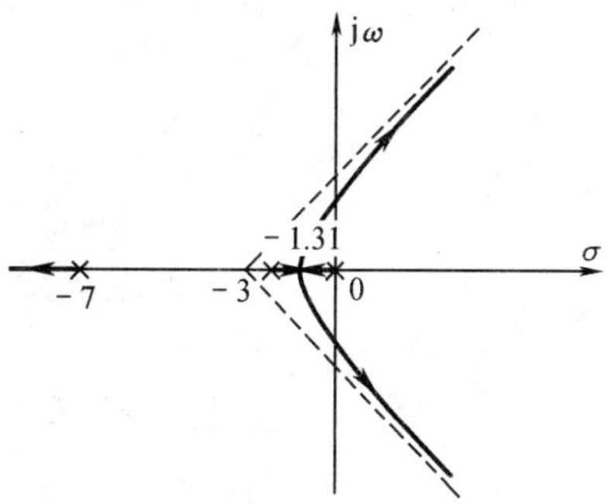


题 10 解图

10. **解** 根轨迹图如题 10 解图所示。

分离点 $-1.31$，对应 $k=12.6$，根轨迹与虚轴交于 $\pm 4.58\mathrm{j}$，对应的 $k=210$。当 $12.6<k<210$ 时，系统具有一对负实部共轭复数极点，具有欠阻尼阶跃响应。

# 第5章 线性系统的频域分析

知识要点

## 5.1 频率响应及其描述

### 5.1.1 频率响应

线性定常系统的传递函数为 $G(s)$，在正弦输入信号 $x(t)=X\sin\omega t$ 的作用下，系统输出的稳态分量 $y_{ss}(t)=Y\sin(\omega t+\phi)$ 为同频率的正弦函数，其振幅与输入正弦信号的振幅之比 $Y/X=|G(j\omega)|$，为系统的幅频特性，它描述系统在稳态响应不同频率的正弦输入时在幅值上的增益特性；其相位与输入正弦信号的相位之差 $\phi=\angle G(j\omega)$，为系统的相频特性，它描述系统在稳态响应不同频率的正弦输入时在相位上产生的迟后($\phi<0$)或超前($\phi>0$)特性。

幅频特性和相频特性统称为系统的频率响应或频率特性，记为

$$G(j\omega)=|G(j\omega)|e^{j\angle G(j\omega)}$$

### 5.1.2 频率响应的求解方法

1. 解析法

设系统的传递函数为 $G(s)$，则系统的频率响应为

$$G(j\omega)=G(s)|_{s=j\omega}$$

2. 实验法

实验原理如图5－1所示。实验时不断改变输入信号 $x(t)$ 的频率，一般使振幅 $X$ 不变，同时记录 $x(t)$ 和输出 $y(t)$ 的稳态值 $y_{ss}(t)$，画出对应的幅频和相频特性曲线。

### 5.1.3 频率响应的几何表示方法

1. 幅相频率特性曲线

幅相频率特性曲线又称极坐标图或 Nyquist 图，如图5－2所示。它是以 $\omega$ 为

高等学校优秀教材辅导丛书 GAODENG XUEXIAO YOUXIUJIAOCAI FUDAOCONGSHU

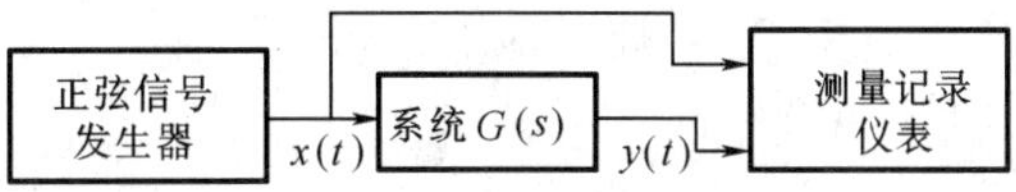


图5－1　实验法求频率响应的原理图

参变量,以复平面上的向量表示 $G(j\omega)$ 的一种方法。由于 $G(j\omega)$ 与 $G(-j\omega)$ 对称于复平面的实轴,故一般只画 $\omega\in[0,\infty)$ 所对应的一半。并且正(或负)相角是从正实轴开始以逆时针旋转(或顺时针旋转)来定义的。

频率特性也可以表示成实部和虚部的形式,即 $G(j\omega)=\mathrm{Re}[G(j\omega)]+j\mathrm{Im}G[(j\omega)]$,其中 $\mathrm{Re}[G(j\omega)]$ 称为实频特性,$\mathrm{Im}[G(j\omega)]$ 称为虚频特性。

2. 对数频率特性曲线

对数频率特性曲线又称 Bode 图,它由对数幅频特性图和相频特性图组成。这两个图横坐标均为角频率 $\omega$,但按常用对数 $\lg\omega$ 分度。对数幅频特性图纵坐标为 $20\lg|G(j\omega)|$,单位为分贝(dB),采用线性分度;相频特性图纵坐标为 $\angle G(j\omega)$,单位为度,采用线性分度。对数分度的特点如图5－3所示,其中连接 $A$ 点和 $B$ 点的直线方程的斜率为

$$k=\frac{20\lg|G(j\omega_1)|-20\lg|G(j10\omega_1)|}{\lg\omega_1-\lg10\omega_1}=\frac{a-b}{\lg\omega_1-\lg10\omega_1}$$

单位为 dB/dec,表示频率变化十倍频程时幅值变化的分贝数。

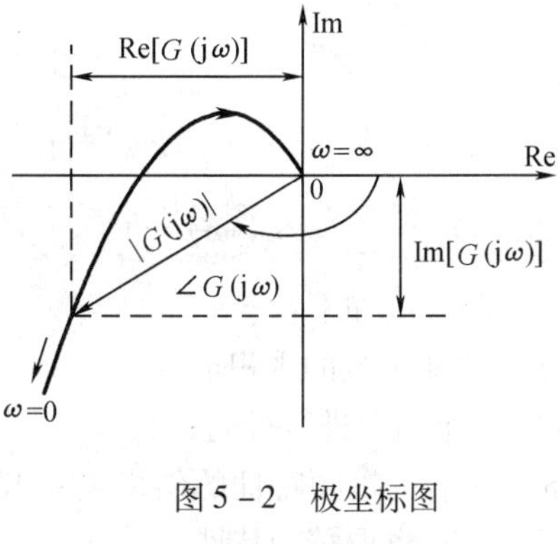


图5－2　极坐标图

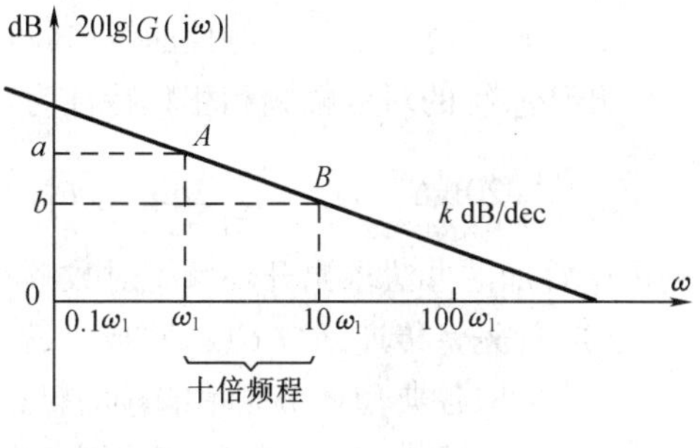


图5－3　对数分度的特点

3. 对数幅相频率特性曲线

对数幅相频率特性曲线又称 Nichols 图,该方法以 $\omega$ 为参变量,$\angle G(j\omega)$ 为横坐标,$20\lg|G(j\omega)|$ 为纵坐标。



高等学校优秀教材辅导丛书 GAODENG XUEXIAO YOUXIUJIAOCAI FUDAOCONGSHU

## 5.2 频率响应的绘制

### 5.2.1 典型环节的频率响应

典型环节的频率响应及图形表示如表5-1和表5-2所示。

表5-2中各典型环节的相频特性值同表5-1中的相应的相频特性值，并且按典型环节的次序相应的对数幅频特性曲线按左右排列。

### 5.2.2 开环系统频率响应的绘制

系统的开环传递函数 $G_K(s)$ 可看做是由各典型环节 $G_1(s),G_2(s),\cdots,G_l(s)$ 串联组成，即

$$G_K(s)=G_1(s)G_2(s)\cdots G_l(s)$$

则开环系统的频率响应为 $G_K(s)=\prod_{i=1}^{l}|G_i(j\omega)|e^{j\angle G_i(j\omega)}$，上式表明开环系统的幅频特性等于各典型环节幅频特性之积，开环系统的相频特性等于各典型环节相频特性之和。

1. 开环系统幅相频率特性曲线(Nyquist图)绘制

采用概略绘图的方法，即由某些特殊点的幅相特性来绘制开环系统幅相频率特性曲线。这些特殊点例如为 $\omega=0$ 起点，$\omega=\infty$ 终点，$\omega=\frac{1}{T}$ 转折频率及过负实轴的点。

2. 开环系统对数频率特性曲线(Bode图)绘制

开环系统的对数幅频和相频特性为

$$20\lg G_K(s)=\sum_{i=1}^{l}20\lg|G_i(j\omega)|,\quad \angle G_K(s)=\sum_{i=1}^{l}\angle G_i(j\omega)$$

则可用叠加的办法求出开环系统对数频率特性。绘制方法如下：

(1)首先将传递函数 $G(s)$ 写成由若干典型环节传递函数的乘积形式；

(2)求取各典型环节频率响应的转折频率并按由小到大进行排列；

(3)根据已排列的转折频率按照各自典型环节的渐近幅频特性的斜率绘制开环系统的渐近幅频特性，然后对渐近幅频特性进行修正，求取精确特性；

高等学校优秀教材辅导丛书 GAODENG XUEXIAO YOUXIUJIAOCAI FUDAOCONGSHU

**表 5－1　典型环节的幅相频率特性曲线**

| 典型环节 | 幅相频率特性 | 幅频特性 | 相频特性 | 幅相频率特性曲线 |
|---|---|---|---|---|
| 比例环节 $K$ | $K\mathrm{e}^{\mathrm{j}0}$ | $K$ | $0°$ | 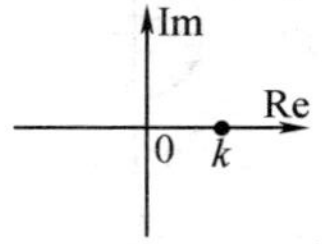 |
| 积分环节$\frac{1}{s}$ | $\frac{1}{\mathrm{j}\omega}=\frac{1}{\omega}\mathrm{e}^{\mathrm{j}(-\frac{\pi}{2})}$ | $\frac{1}{\omega}$ | $-90°$ | 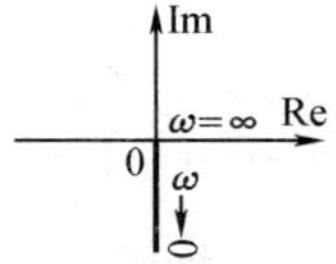 |
| 微分环节 $s$ | $\mathrm{j}\omega=\omega\mathrm{e}^{\mathrm{j}\frac{\pi}{2}}$ | $\omega$ | $+90°$ | 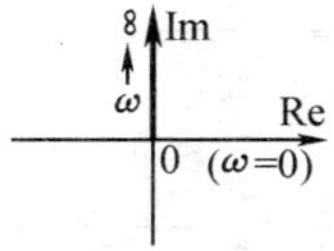 |
| 惯性环节$\frac{1}{Ts+1}$ | $\frac{1}{\mathrm{j}\omega T+1}$ | $\frac{1}{\sqrt{T^2\omega^2+1}}$ | $-\arctan(T\omega)$ | 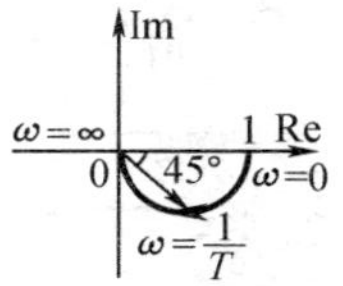 |
| 一阶微分环节 $\tau s+1$ | $\mathrm{j}\omega\tau+1$ | $\sqrt{(\omega\tau)^2+1}$ | $\arctan(\omega\tau)$ | 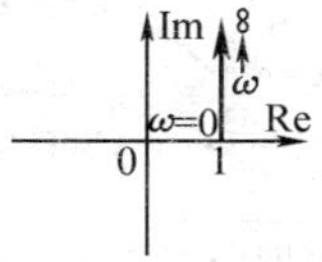 |


高等学校优秀教材辅导丛书
GAODENG XUEXIAO YOUXIUJIAOCAI FUDAOCONGSHU

**表 5 - 1(续)**

| 典型环节 | 幅相频率特性 | 幅频特性 | 相频特性 | 幅相频率特性曲线 |
| --- | --- | --- | --- | --- |
| 振荡环节 $\dfrac{1}{T^2s^2+2T\zeta s+1}$ | $\dfrac{1}{(j\omega T)^2+2\zeta T(j\omega)+1}$ | $\dfrac{1}{\sqrt{[1-(T\omega)^2]^2+(2\zeta T\omega)^2}}$ | $-\arctan\dfrac{2\zeta T\omega}{1-(T\omega)^2},\omega\leqslant\dfrac{1}{T}$<br>$-180°+\arctan\dfrac{2\zeta T\omega}{1-(T\omega)^2},\ \omega>\dfrac{1}{T}$ | 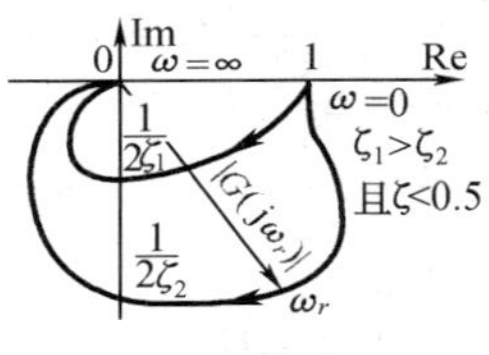 |
| 二阶微分环节 $\tau^2s^2+2\tau\zeta s+1$ | $(j\omega\tau)^2+2\zeta\tau(j\omega)+1$ | $\sqrt{[1-(\tau\omega)^2]^2+(2\zeta\tau\omega)^2}$ | $\arctan\dfrac{2\zeta\tau\omega}{1-(\tau\omega)^2},\omega\leqslant\dfrac{1}{\tau}$<br>$180°-\arctan\dfrac{2\zeta\tau\omega}{1-(\tau\omega)^2},\ \omega>\dfrac{1}{\tau}$ | 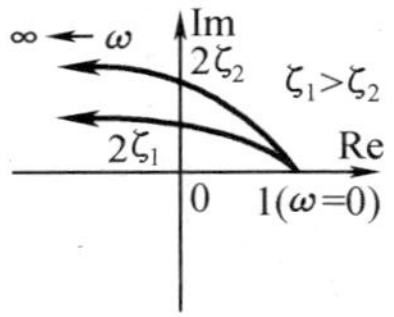 |
| 不稳定惯性环节 $\dfrac{1}{Ts-1}$ | $\dfrac{1}{j\omega T-1}$ | $\dfrac{1}{\sqrt{T^2\omega^2+1}}$ | $-180°+\arctan(T\omega)$ | 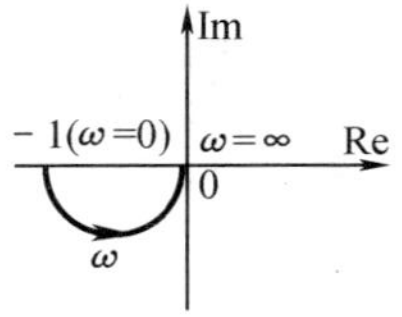 |
| 时滞环节 $e^{-\tau s}$ | $e^{-j\omega\tau}$ | 1 | $-\omega\tau$ | 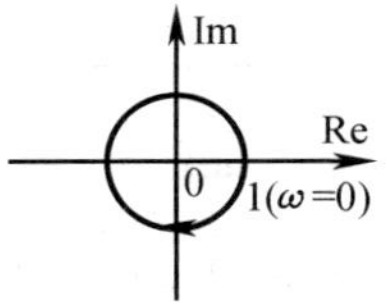 |

表 5 - 2　典型环节的对数幅频特性曲线

| 典型环节 | 比例环节 $K$ | 时滞环节 $e^{-\tau s}$ | 积分环节 $\frac{1}{s}$ |
| --- | --- | --- | --- |
| 对数幅频特性 | $20\lg K$ | 0 | $-20\lg\omega$ |
| 对数幅频特性曲线 | 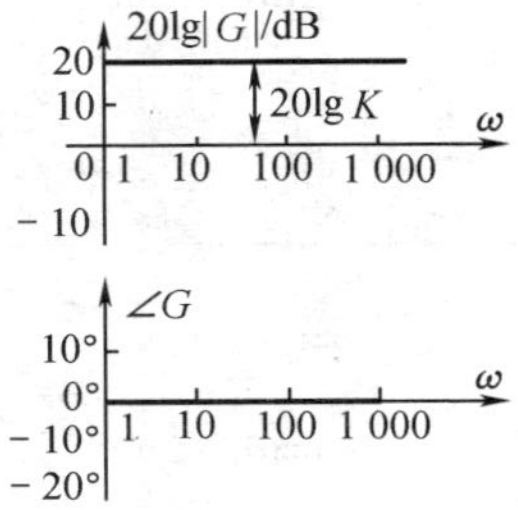 | 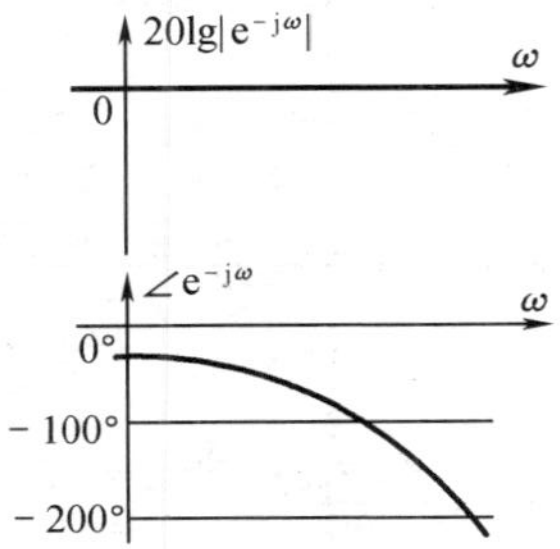 | 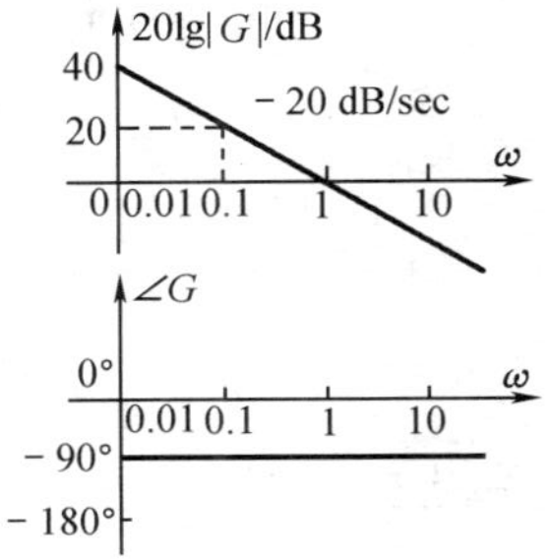 |

表 5 - 2(续)

| 典型环节 | 微分环节 $s$ | 惯性环节$\frac{1}{Ts+1}$ | 一阶微分环节 $\tau s+1$ |
|---|---|---|---|
| 对数幅频特性 | $20\lg\omega$ | $-20\lg\sqrt{T^2\omega^2+1}$ | $20\lg\sqrt{(\omega\tau)^2+1}$ |
| 对数幅频特性曲线 | 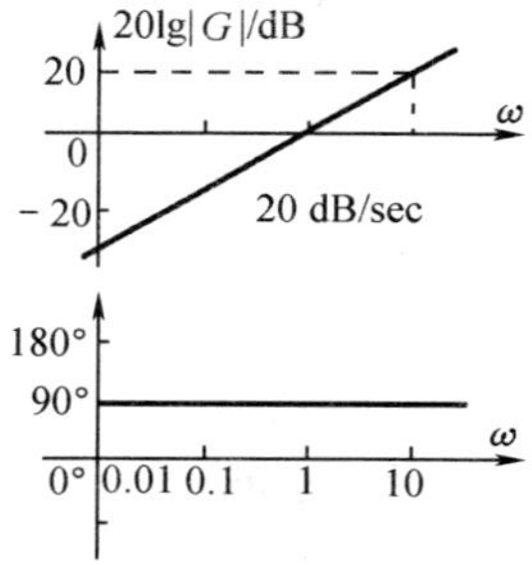 | 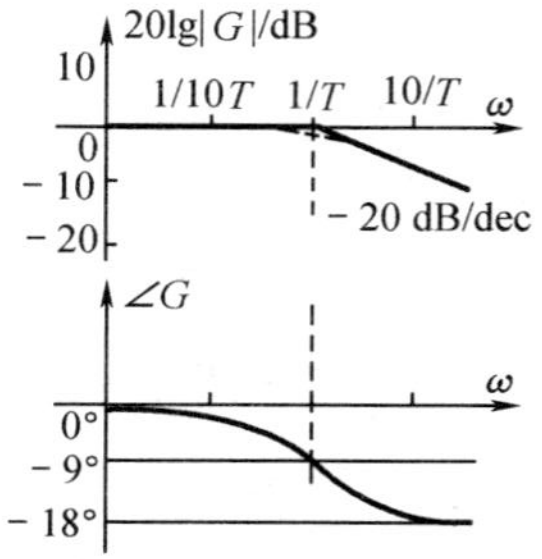 | 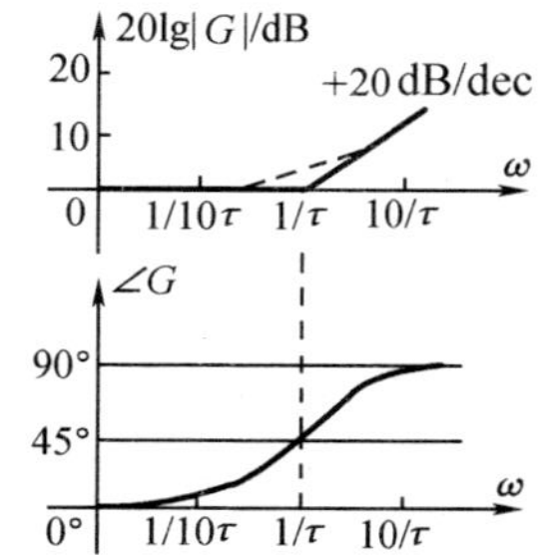 |

表 5 － 2(续)

| 典型环节 | 振荡环节 $\dfrac{1}{T^2s^2+2T\zeta s+1}$ | 二阶微分环节 $\tau^2s^2+2\tau\zeta s+1$ | 不稳定惯性环节 $\dfrac{1}{Ts-1}$ |
| --- | --- | --- | --- |
| 对数幅频特性 | $20\lg\dfrac{1}{\sqrt{[1-(T\omega)^2]^2+(2\zeta T\omega)^2}}$ | $20\lg\dfrac{1}{\sqrt{[1-(T\omega)^2]^2+(2\zeta T\omega)^2}}$ | $-20\lg\sqrt{T^2\omega^2+1}$ |
| 对数幅频特性曲线 | 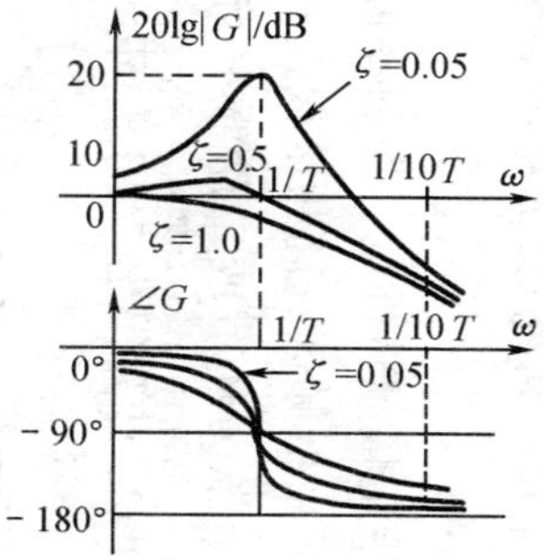 | 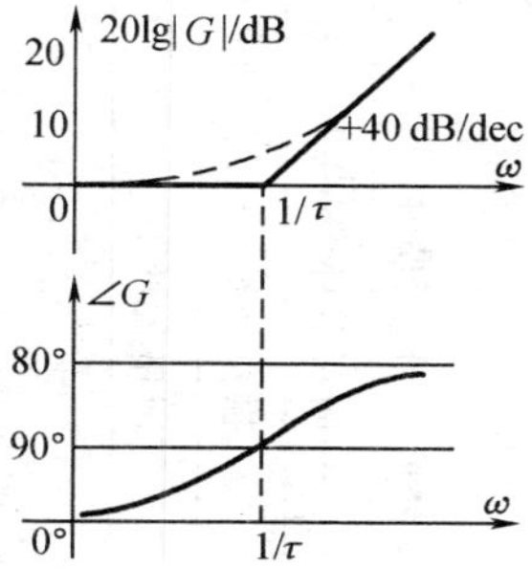 | 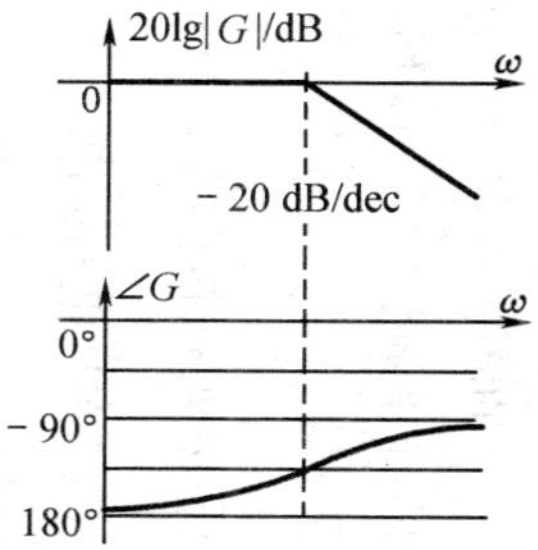 |

(4)将各典型环节的相频特性相加便得到开环系统 Bode 图中的相频特性。

在绘制过程中需注意：

(1)放大环节的转折频率为0 rad/s，因此首先绘制该环节的幅频特性 $20\lg K$；

(2)若开环传递函数中含有积分(微分)环节，则过点$(1,20\lg K)$画斜线，根据积分(微分)环节的个数，画斜率 $-20v$db/dec($+20v$db/dec)的低频段直线通过该点。此时低频段的幅频特性为 $20\lg\left|\frac{K}{s^{v}}\right|_{s=\mathrm{j}\omega}=20\lg\frac{K}{\omega^{v}}$或 $20\lg K\cdot\omega^{v}$；

(3)按转折频率从低到高的次序，依次改变渐近线的斜率，斜率变化的数值取决于对应的典型环节的类型，具体情况见表5-3。

**表5-3　渐近线斜率在转折频率处的变化**

| 转折频率对应的典型环节 | 斜率的变化 |
|---|---|
| 惯性环节(不稳定惯性环节) | 减20 |
| 一阶微分环节 | 加20 |
| 振荡环节 | 减40 |
| 二阶微分环节 | 加40 |

### 5.2.3　开环传递函数的求取

对于最小相位系统，只需根据对数幅频特性就可确定系统的开环传递函数。具体步骤如下：

(1)由给定幅频特性的各段斜率确定组成开环传递函数的典型环节类型；

(2)然后由低频区到高频区根据各转折频率的数值计算典型环节的时间常数；

(3)对于振荡环节或二阶微分环节的阻尼比可根据转折频率处的修正值 $20\lg\frac{1}{2\zeta}$或 $20\lg 2\zeta$ 计算得出，对于开环增益可由低频段的幅频特性求得。

### 5.2.4　闭环系统的频率响应

对于单位反馈系统，根据系统开环频率响应，应用等 M 圆和等 N 圆图或 Nichols 曲线，不必进行计算，即可绘制出闭环频率响应。对于非单位反馈系统，由

$$\Phi(\mathrm{j}\omega)=\frac{G(\mathrm{j}\omega)}{1+G(\mathrm{j}\omega)H(\mathrm{j}\omega)}=\frac{1}{H(\mathrm{j}\omega)}\cdot\frac{G(\mathrm{j}\omega)H(\mathrm{j}\omega)}{1+G(\mathrm{j}\omega)H(\mathrm{j}\omega)}$$

根据前述方法绘制 $\Phi_0(\mathrm{j}\omega)=\frac{G(\mathrm{j}\omega)H(\mathrm{j}\omega)}{1+G(\mathrm{j}\omega)H(\mathrm{j}\omega)}$的频率响应，然后与$\frac{1}{H(\mathrm{j}\omega)}$相乘即可。

# 5.3 Nyquist 稳定判据

## 5.3.1 Nyquist 稳定判据内容

Nyquist 稳定判据是通过闭环系统的开环频率响应 $G(j\omega)H(j\omega)$ 与其闭环特征方程 $1+G(s)H(s)=0$ 的根在 $s$ 平面上分布之间的联系，根据开环频率响应 $G(j\omega)H(j\omega)$ 判别闭环系统稳定性的一种准则。稳定判据的内容：闭环系统稳定的充要条件为

$$Z=N+P=0$$

式中 $N$——当频率 $\omega$ 从 $-\infty$ 变化至 $+\infty$ 时，开环频率响应 $G(j\omega)H(j\omega)$ 包围 $(-1,j0)$ 点的次数。顺时针方向包围，$N$ 取正值；逆时针包围，$N$ 取负值；

$Z$——闭环系统在 $s$ 平面右半部的闭环极点数目；

$P$——闭环系统在 $s$ 平面右半部的开环极点数目。

(1)当系统在 $s$ 平面虚轴上无开环极点时，根据通常绘制的频率响应 $G(j\omega)H(j\omega)(0\leqslant\omega\leqslant+\infty)$ 可以通过对称关系画出完整的开环频率响应 $G(j\omega)H(j\omega)(-\infty\leqslant\omega\leqslant+\infty)$；

(2)当系统在 $s$ 平面原点处有开环极点时，还要绘制增补段的开环频率响应 $G(j\omega)H(j\omega)(0^-\leqslant\omega\leqslant0^+)$，该段频率响应为半径无穷大的圆弧顺时针转过 $\upsilon\pi$ rad。

## 5.3.2 对数稳定判据

对数稳定判据是根据 Bode 图分析闭环系统的稳定性的一种方法，与 Nyquist 稳定判据本质上是一样的。其内容为：闭环系统稳定的充要条件是

$$N=N_+-N_-=\frac{P}{2}$$

式中 $N_+$——正穿越次数。在 $20\lg|G(j\omega)|>0$ dB 的频段范围内，随 $\omega$ 增加，$\angle G(j\omega)$ 自下而上穿越 $-180°$ 而产生正增量，为一次正穿越，用 $N_+=1$ 表示，离开或终止于 $-180°$ 的正穿越为半次正穿越，用 $N_+=\frac{1}{2}$ 表示；

$N_-$——负穿越次数。在 $20\lg|G(j\omega)|>0$ dB 的频段范围内，随 $\omega$ 增加，$\angle G(j\omega)$ 自上而下穿越 $-180°$ 而产生负增量，为一次负穿越，用 $N_-=1$

表示,离开或终止于 $-180°$ 的负穿越为半次负穿越,用 $N_{-}=\frac{1}{2}$ 表示;

$P$——含义同上,即闭环系统在 $s$ 平面右半部的开环极点数目。

## 5.4 控制系统的相对稳定性

对于开环稳定的系统,若 Nyquist 曲线与负实轴的交点在 $(-1,j0)$ 点之外,则闭环系统是不稳定的,若 Nyquist 曲线正好穿越 $(-1,j0)$ 点,则闭环系统是临界稳定的;若 $G(j\omega)H(j\omega)$ 与负实轴的交点在 $(-1,j0)$ 点以内,则闭环系统是稳定的。Nyquist 曲线越靠近 $(-1,j0)$ 点,系统的稳定程度便越低,系统的相对稳定性越差。在控制系统稳定的基础上,进一步用以表征其稳定程度高低的概念,便是所谓的控制系统的相对稳定性。控制系统的相对稳定性,可用相角裕度和幅值裕度来确定。

### 5.4.1 相角裕度

相角裕度是 $G(j\omega)H(j\omega)$ 曲线与以原点为圆心的单位圆相交的频率 $\omega_c$ 上,使系统达到临界稳定需追补的附加相移,用 $\gamma$ 表示。则

$$\gamma=180°+\angle G(j\omega_c)H(j\omega_c)$$

其中,$\omega_c$ 称为剪切频率(幅值穿越频率),有 $20\lg|G(j\omega_c)H(j\omega_c|=0$。当 $\gamma>0$ 时,相角裕度为正;当 $\gamma<0$ 时,相角裕度为负。对于 $P=0$ 的控制系统,欲使其稳定,其相角裕度必须为正;若 $\gamma=0$,系统处于临界稳定状态。

### 5.4.2 幅值裕度

幅值裕度是 $G(j\omega)H(j\omega)$ 曲线与负实轴相交时的幅值的倒数,用 $K_g$ 来表示,即

$$K_g=\frac{1}{|G(j\omega_g)H(j\omega_g)|}$$

其中,$\omega_g$ 称为相角穿越频率,有 $\angle G(j\omega_g)H(j\omega_g)=-180°$。当 $K_g>1$ 时,则幅值裕度为正,当 $K_g<1$ 时,则幅值裕度为负。显然 Nyquist 曲线与负实轴的交点距原点愈近,幅值稳定裕度愈大。对于 $P=0$ 的控制系统,$K_g>1$ 时,系统是稳定;$K_g=1$ 时,系统处于临界稳定状态;$K_g<1$ 时,系统不稳定。

图 5-4 给出在 Nyquist 图和 Bode 图中相角裕度和幅值裕度的具体表示。

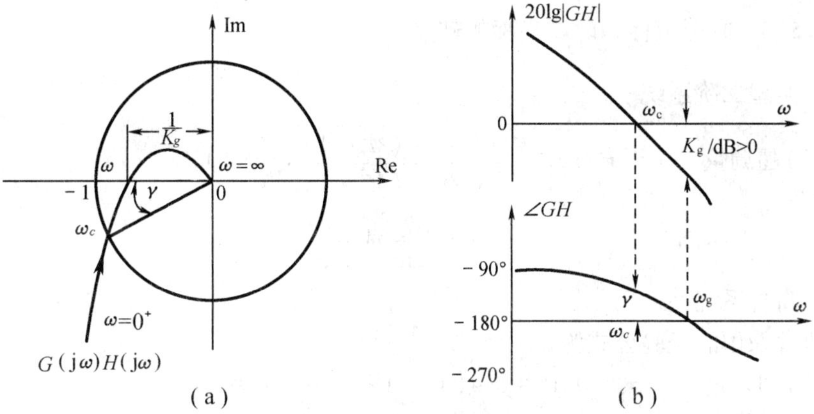


图 5-4　相角裕度和幅值裕度的具体表示

## 5.5　频域指标与时域指标间的关系

### 5.5.1　系统频域指标的计算

在典型二阶系统中,频域指标可解析计算;高阶系统频域指标一般由频率特性曲线确定。

1. 典型二阶系统

开环传递函数为 $G(s)=\dfrac{\omega_n^2}{s(s+2\zeta\omega_n)}$,$\zeta>0$

(1)谐振峰值　　$M_r=\dfrac{1}{2\zeta\sqrt{1-\zeta^2}}$　($\zeta\leqslant 0.707$)

(2)谐振频率　　$\omega_r=\omega_n\sqrt{1-2\zeta^2}$　($\zeta\leqslant 0.707$)

(3)带宽频率　　$\omega_b=\omega_n\sqrt{1-2\zeta^2+\sqrt{2-4\zeta^2+4\zeta^4}}$

(4)截止频率　　$\omega_c=\omega_n\sqrt{\sqrt{1+4\zeta^2}-2\zeta^2}$

(5)相角裕度　　$\gamma=\arctan\dfrac{2\zeta}{\sqrt{\sqrt{4\zeta^4+1}-2\zeta^2}}$

$$\gamma\approx 100\zeta\quad(0<\zeta<0.6)$$

2. 高阶系统

谐振峰值的确定,工程上常采用经验公式 $M_r\approx\dfrac{1}{\sin\gamma}$。

### 5.5.2 频域指标和时域指标的转换

1. 典型二阶系统

(1) 超调量 $\sigma_p = \exp\left[-\pi\sqrt{\dfrac{M_r-(M_r^2-1)^{1/2}}{M_r+(M_r^2-1)^{1/2}}}\right]\times 100\%$

(2) 调节时间 $\omega_c t_s \approx \dfrac{7}{\tan\gamma}$ 或 $\dfrac{6}{\tan\gamma}$

2. 高阶系统

通常采用的经验公式为

(1) 超调量 $\sigma_p \approx 0.16+0.4(M_r-1)\quad(1\leqslant M_r\leqslant 1.8)$

(2) 调节时间 $t_s \approx \dfrac{K\pi}{\omega_c}$

其中 $K=2+1.5(M_r-1)+2.5(M_r-1)^2(1\leqslant M_r\leqslant 1.8)$。

## 书后习题解析

5－1 一环节的传递函数为

$$G(s)=\frac{T_1s+1}{T_2s-1}\quad(1>T_1>T_2>0)$$

试绘制该环节的 Nyquist 图(幅相频率特性)和 Bode 图(对数频率特性)。

**解** 该环节的频率响应为

$$G(j\omega)=\frac{1+jT_1\omega}{-1+jT_2\omega}$$

(1) 幅频特性和相频特性分别为

$$|G(j\omega)|=\frac{\sqrt{1+(T_1\omega)^2}}{\sqrt{1+(T_2\omega)^2}},\ \angle G(j\omega)=\arctan(T_1\omega)+(-180^\circ+\arctan(T_2\omega))$$

当 $\omega=0$ 时, $|G(j0)|=1$, $\angle G(j0)=-180^\circ$;当 $\omega=\infty$ 时, $|G(j\infty)|=\dfrac{T_1}{T_2}$, $\angle G(j\infty)=0^\circ$。

给定环节的 Nyquist 图如题 5－1 解图(1)所示。

(2) 对数幅频特性为

$$20\lg|G(j\omega)|=20\lg\sqrt{1+(T_1\omega)^2}+20\lg\frac{1}{\sqrt{1+(T_2\omega)^2}}$$

其中 $\dfrac{1}{T_1}$ 与 $\dfrac{1}{T_2}$ 分别为一阶微分环节及不稳定惯性环节的转折频率。则在频段内画出该环节



高等学校优秀教材辅导丛书 GAODENG XUEXIAO YOUXIUJIAOCAI FUDAOCONGSHU

的对数幅频特性和相频特性如题 5 - 1 解图(2)(a),(b)所示。

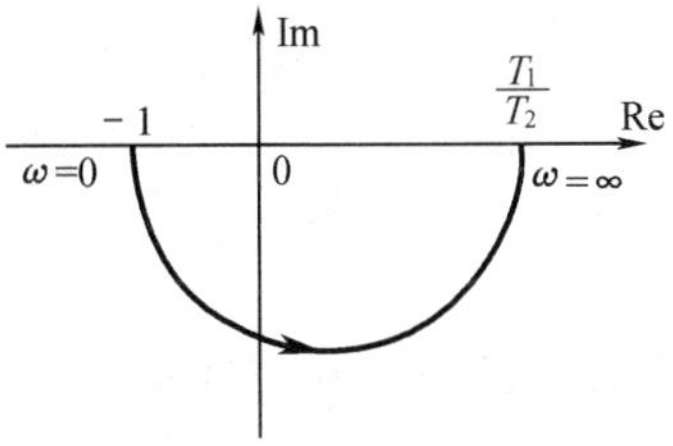


题 5 - 1 解图(1)

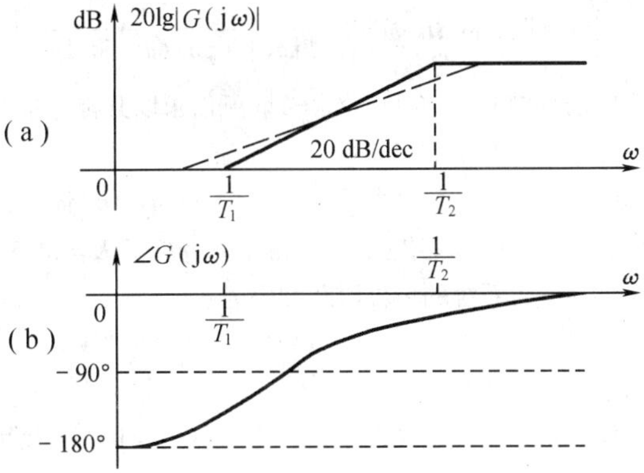


题 5 - 1 解图(2)

5 - 2　设某控制系统的开环传递函数为 $G(s)H(s)=\dfrac{75(0.2s+1)}{s(s^2+16s+100)}$,试绘制该系统的 Bode 图,并确定其剪切频率 $\omega_c$ 之值。

**解**　(1)绘制系统的 Bode 图之前,先将构成传递函数的各串联环节化成典型环节所具有的标准形式

$$\frac{0.75(0.2s+1)}{s[(0.1)^2s^2+2\times0.8\times0.1s+1]}$$

则有,开环增益 $K=0.75\ \mathrm{s}^{-1}$,一阶微分环节的时间常数 $\tau=0.2$ s,振荡环节的时间常数 $T=0.1$ s 及阻尼比 $\zeta=0.8$,转折频率分别为 $\frac{1}{\tau}=5$ rad/s 及 $\frac{1}{T}=10$ rad/s。绘制系统渐近幅频特性及相频特性如题5 - 2解图中的实线所示。图中的虚线为修正后的精确幅频特性,转折频率处的修正值为$20\lg\frac{1}{2\zeta}=-4.08$。

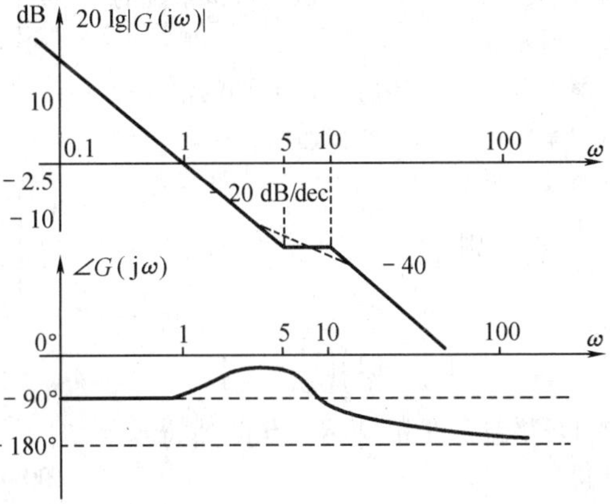


题 5 - 2 解图

并且$20\lg|G(j\omega)H(j\omega)|_{\omega=1}=20\lg K=-2.5$ dB。

(2)对数幅频特性 $20\lg\left|\frac{K}{j\omega_c}\right|=20\lg0.75-20\lg\omega_c=0$,求得 $\omega_c=0.75$ rad/s。

5 - 3　设某系统的开环传递函数为 $G(s)H(s)=\dfrac{Ke^{-0.1s}}{s(s+1)(0.1s+1)}$,试通过该系统的频率响

应确定剪切频率 $\omega_c=5$ rad/s 时的开环增益 $K$。

**解** 该系统的开环幅频特性为

$$|G(j\omega)H(j\omega)|=\left|\frac{K}{j\omega(1+j\omega)(1+j0.1\omega)}\right|=\frac{K}{\omega\sqrt{1+\omega^2}\cdot\sqrt{1+(0.1\omega)^2}}$$

对于时滞环节 $e^{-\tau s}$，有 $|e^{-j\tau\omega}|=1$。所以求取其幅频特性 $|G(j\omega)H(j\omega)|$ 时，可不考虑时滞环节。

根据剪切频率的定义得

$$|G(j\omega_c)H(j\omega_c)|=1$$

因此，将 $\omega_c=5$ rad/s 代入上式，解出开环增益 $K=28.5\ s^{-1}$。

5-4 若系统的单位阶跃响应为

$$c(t)=1-1.8e^{-4t}+0.8e^{-9t}\quad(t\geqslant 0)$$

试求取该系统的频率响应。

**解** 由响应表达式得 $c(0)=0$ 和 $\dot{c}(0)=0$。则求得该系统的传递函数 $G(s)$ 为

$$G(s)=\frac{C(s)}{R(s)}=\frac{36}{(s+4)(s+9)}$$

根据解析法求得该系统的频率响应为

$$G(j\omega)=\frac{1}{\left(1+j\dfrac{1}{4}\omega\right)\left(1+j\dfrac{1}{9}\omega\right)}$$

5-5 已知最小相位系统 Bode 图的幅频特性如题 5-5 图所示。试求取该系统的开环传递函数。

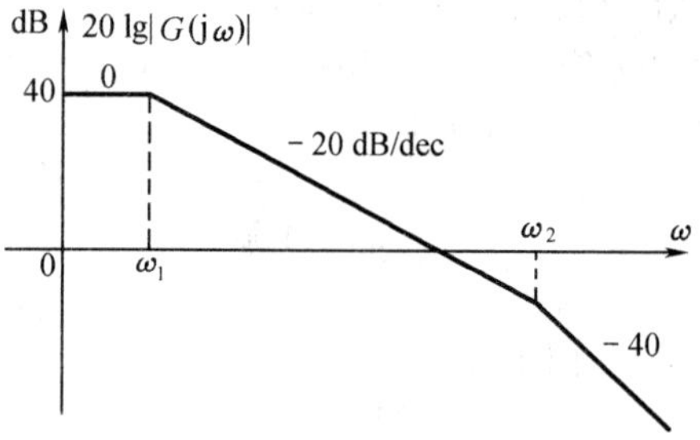


题 5-5 图

**解** 从题 5-5 图所示 Bode 图的幅频特性的斜率变化可知，开环传递函数 $G(s)$ 由放大环节及两个惯性环节构成，其时间常数分别为 $\dfrac{1}{\omega_1}$ 和 $\dfrac{1}{\omega_2}$，则

$$G(s)=\frac{K}{\left(\dfrac{1}{\omega_1}s+1\right)\left(\dfrac{1}{\omega_2}s+1\right)}$$

其中开环增益 $K$ 可由 $20\lg K=40$ dB 求得。

因此得

$$K=100$$

所以该系统的开环传递函数为 $G(s)=\dfrac{100}{\left(\dfrac{1}{\omega_1}s+1\right)\left(\dfrac{1}{\omega_2}s+1\right)}$。

5-6 已知最小相位系统 Bode 图的幅频特性如题 5-6 图所示。试求取该系统的开环传递函数。

**解** 从题 5-6 图所示 Bode 图的幅频特性的斜率及其斜率变化可知，开环传递函数 $G(s)$ 由放大环节、两个积分环节、一阶微分环节及惯性环节构成。一阶微分环节及惯性环节的时间常

数分别$\frac{1}{\omega_1}$和$\frac{1}{\omega_2}$。开环传递函数 $G(s)$ 具有如下形式

$$G(s)=\frac{K\left(\frac{1}{\omega_1}s+1\right)}{s^2\left(\frac{1}{\omega_2}s+1\right)}$$

设图所示对数幅频特性的低频段可用传递函数 $K/s^2$ 来描述，则其对数幅频特性为

$$L_1(\omega)=20\lg\frac{K}{\omega_1^2}=20\lg K-20\lg\omega_1^2$$

并且$\frac{a-0}{\lg\omega_1-\lg\omega_c}=-20$，求得 $a=20\lg\frac{\omega_c}{\omega_1}$。因为 $a=L_1(\omega_1)$，求得 $K=\omega_1\cdot\omega_c$。

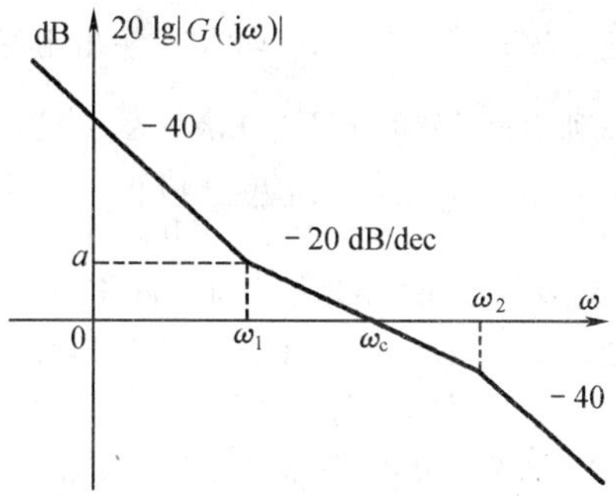


题 5-6 图

所以该系统的开环传递函数为 $G(s)=\frac{\omega_1\cdot\omega_c\left(\frac{1}{\omega_1}s+1\right)}{s^2\left(\frac{1}{\omega_2}s+1\right)}$。

5-7　已知最小相位系统 Bode 图的幅频特性如题 5-7 图所示。试求取该系统的开环传递函数。

**解**　由图可知，系统的开环传递函数 $G(s)$ 由放大环节、微分环节及两个惯性环节构成。两个惯性环节的时间常数分别为 $1/\omega_2$ 和 $1/\omega_3$。开环传递函数 $G(s)$ 具有如下形式

$$G(s)=\frac{Ks}{\left(\frac{1}{\omega_2}s+1\right)\left(\frac{1}{\omega_3}s+1\right)}$$

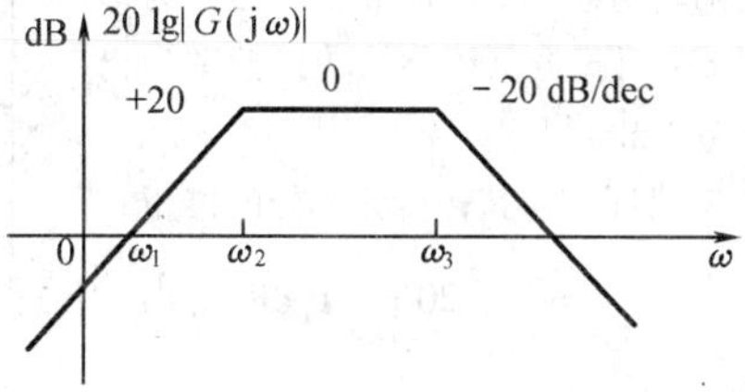


题 5-7 图

题 5-10 图所示幅频特性低频段可用式 $L(\omega)=20\lg K\omega$ 表示，由图得 $L(\omega_1)=0$ dB。则求得 $K=\frac{1}{\omega_1}$。所以该系统的开环传递函数为 $G(s)=\frac{\frac{1}{\omega_1}s}{\left(\frac{1}{\omega_2}s+1\right)\left(\frac{1}{\omega_3}s+1\right)}$。

5-8　已知最小相位系统 Bode 图的幅频特性如题 5-8 图所示。试求取该系统的开环传递函数。

**解**　由图可知，系统的开环传递函数由放大环节、积分环节、一阶微分环节及振荡环节构成。一阶微分环节及振荡环节的时间常数分别为 1 和 0.4。开环传递函数可写成如下形式

$$G(s)=\frac{K(s+1)}{s[(0.4)^2s^2+2\zeta\times0.4s+1]}$$

幅频特性低频段可用下式表示 $L_1(\omega)=20\lg\frac{K}{\omega}$，并且 $L_1(1)=20$，则求得 $K=10\ \mathrm{s}^{-1}$。



高等学校优秀教材辅导丛书 GAODENG XUEXIAO YOUXIUJIAOCAI FUDAOCONGSHU

振荡环节在其转折频率 $\omega_n=2.5$ rad/s 处的修正值为 $20\lg\dfrac{1}{2\zeta}=28-20=8$ dB，解出阻尼比 $\zeta=0.2$。所以该系统的开环传递函数为

$$G(s)=\frac{10(s+1)}{s(0.16s^2+0.16s+1)}$$

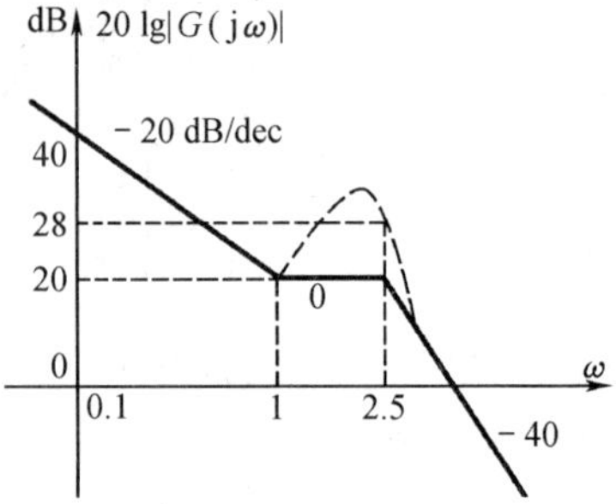


题 5－8 图

5－9 已知最小相位系统 Bode 图的幅频特性如题 5－9 图所示。试求取该系统的开环传递函数。

**解** 由图可知，系统的开环传递函数 $G(s)$ 由放大环节、二阶微分环节、振荡环节和惯性环节构成。开环传递函数 $G(s)$ 可写成如下形式

$$G(s)=\frac{K(\tau^2s^2+2\zeta_1\tau s+1)}{(T^2s^2+2\zeta_2Ts+1)(T_1s+1)}$$

其中 $1/\tau=3.16$ rad/s，$1/T=31.6$ rad/s，$1/T_1=400$ rad/s。二阶微分环节和振荡环节相对应的转折频率间幅频特性的斜率为 +40 dB/dec，而上述两转折频率处的对数幅值之差为 +40 dB，可见振荡环节的转折频率为 31.6 rad/s。

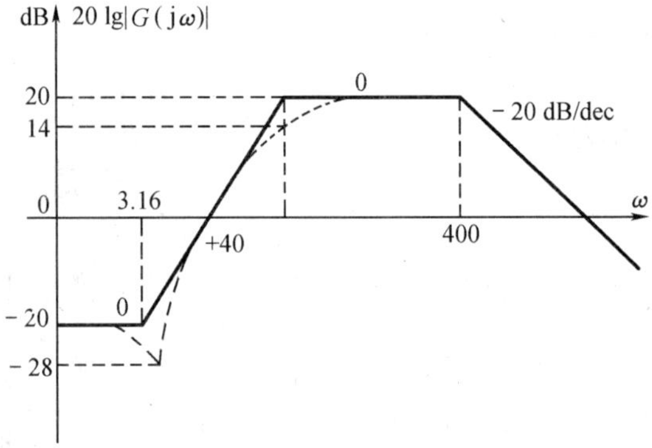


题 5－9 图

振荡环节在其转折频率处的修正值为 $20\lg\dfrac{1}{2\zeta_2}=14-20=-6$ dB，解出阻尼比 $\zeta_2=1$。

二阶微分环节在其转折频率处的修正值为 $20\lg2\zeta_1=-28+20=-8$ dB，解出阻尼比 $\zeta_1=0.2$。根据幅频特性低频段求得 $20\lg K=-20$ dB，$K=0.1$。

所以该系统的开环传递函数为 $G(s)=\dfrac{0.1\left[\left(\dfrac{1}{3.16}\right)^2s^2+2\times0.2\times\dfrac{1}{3.16}s+1\right]}{\left[\left(\dfrac{1}{31.6}\right)^2s^2+2\times1\times\dfrac{1}{31.6}s+1\right]\left(\dfrac{1}{400}s+1\right)}$。

5－10 已知最小相位系统 Bode 的幅频特性如题 5－10 图所示。试求取该系统的开环传递函数。

**解** 根据图中所示幅频特性各段斜率的变化，可写出具有如下形式的开环传递函数

$$G(s)=\frac{K}{s(T^2s^2+2\zeta Ts+1)}$$

幅频特性低频段可用式 $L(\omega)=20\lg K-20\lg\omega$ 表示，由图得 $L(100)=0$，则求得 $K=100$。

对于振荡环节，其谐振峰值处的修正值为 $20\lg\dfrac{1}{2\zeta\sqrt{1-\zeta^2}}=4.85$，解出振荡环节的阻尼比 $\zeta=0.3$。

并且谐振频率 $\omega_m=\omega_n\sqrt{1-2\zeta^2}=45.3$ rad/s，解出的无阻尼自振频率 $\omega_n=50$ rad/s，则振荡环节的时



高等学校优秀教材辅导丛书 GAODENG XUEXIAO YOUXIUJIAOCAI FUDAOCONGSHU

间常数 $T=\frac{1}{50}=0.02$ s。最后求得开环传递函数为

$$G(s)=\frac{100}{s(0.000\,4s^2+0.012s+1)}$$

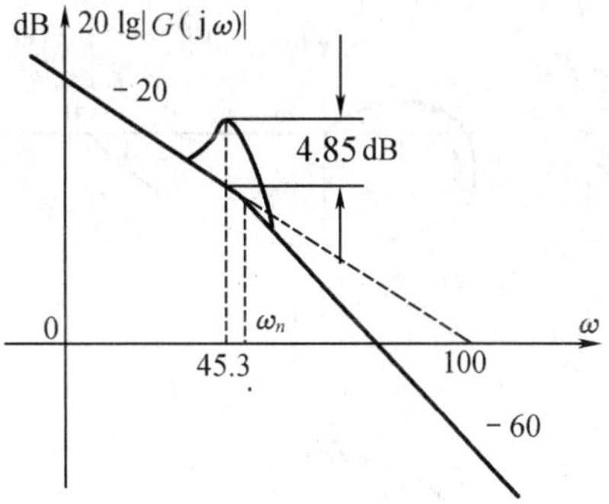

题5－10图

5－11 已知某闭环系统的幅频、相频特性如题5－11图所示。试写出该闭环系统的传递函数。

**解** (1)从题5－11图所示相频特性的形状及相角变化规律看出该系统是一个二阶系统,其传递函数的一般形式为

$$\Phi(s)=\frac{K}{s^2+2\zeta\omega_n s+\omega_n^2}$$

求得相应的幅频与相频特性分别为

$$|\Phi(j\omega)|=A(\omega)=\frac{K}{\sqrt{(\omega^2-\omega_n^2)+(2\zeta\omega_n\omega)^2}}$$

$$\angle\Phi(j\omega)=\theta(\omega)=-\arctan\frac{2\zeta\omega_n\omega}{\omega^2-\omega_n^2}$$

(2)由相频特性有 $\theta(\omega_n)=-\frac{\pi}{2}$,因此求得无阻尼自振频率 $\omega_n=100$ rad/s;

(3)由幅频特性有 $A(0)=3$,因此求得 $K=3\times10^4$;

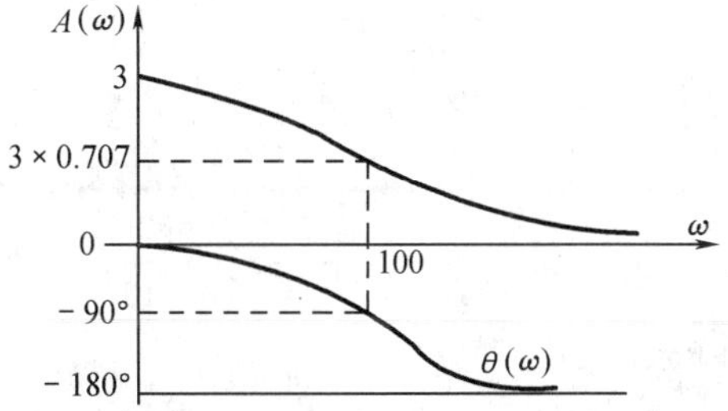

题5－11图

(4)由幅频特性有 $A(\omega_n)=3\times0.707$,解出阻尼比 $\zeta=\sqrt{2}/2$。

根据上述计算结果,求得该闭环传递函数为

$$\Phi(s)=\frac{3\times10^4}{s^2+\sqrt{2}\times100s+10^4}$$

5－12 题5－12图所示为四个负反馈系统的开环频率响应 Nyquist 图,图中 $P$ 为系统含有的位于 $s$ 平面右半部的开环极点数目。试应用 Nyquist 稳定判据分析各闭环系统的稳定性。

**解** (1)(a)图所代表的闭环系统不稳定;

(2)(b)图所代表的闭环系统稳定;

(3)(c)图所代表的闭环系统稳定;

(4)(d)图所代表的闭环系统稳定。

5－13 设某负反馈系统的开环传递函数为

$$G(s)H(s)=\frac{10(1+K_n s)}{s(s-10)}$$

试确定闭环系统稳定时反馈参数 $K_n$ 的临界值。

**解** (1)该负反馈系统的特征方程为

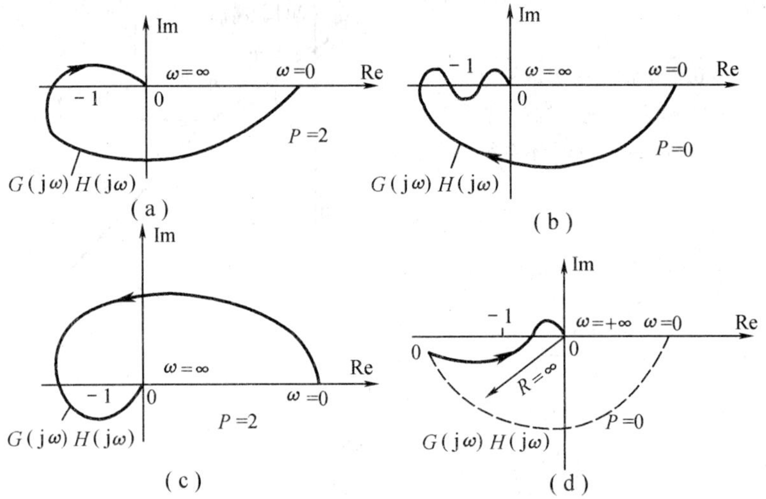


题 5-12 图

$$s^2+10s(K_n-1)+10=0$$

列出 Routh 表

$$\begin{array}{lll} s^2 & 1 & 10 \\ s^1 & 10(K_n-1) & 0 \\ s^0 & 10 & \end{array}$$

应用 Routh 稳定判据，由 $10(K_n-1)=0$ 求得该负反馈系统稳定时反馈参数 $K_n$ 的临界值为 1。

(2)还可应用 Nyquist 稳定判据进行求解。闭环系统处于临界稳定状态时，开环频率响应将通过 $|GH|$ 平面上的点(-1,j0)，则 $|G(j\omega_c)H(j\omega_c)|=1$，$\angle G(j\omega_c)H(j\omega_c)=-180°$。最后求得 $K_n$ 的临界值为 1。

5-14　试通过 Bode 图根据相角裕度概念确定 5-13 题所示系统反馈参数 $K_n$ 的临界值。

**解**　首先将开环传递函数化成典型环节表示的标准形式，即

$$G(s)H(s)=\frac{K_n s+1}{s(0.1s-1)}$$

(1)根据积分环节 $1/s$ 及不稳定惯性环节 $1/(0.1s-1)$ 绘制出的 Bode 图如题5-14解图(a)中的特性 3 所示。可见，当给定系统不考虑一阶微分环节 $K_n s+1$ 时，此时相角裕度 $\gamma<0$，所以闭环系统是不稳定的。

(2)考虑一阶微分环节 $K_n s+1$ 时，若取 $K_n>1$，即转折频率 $(1/K_n)<1$ rad/s，如题 5-14 解图(b)中渐近对数幅频特性 1 所示，则从与之对应的相频特性 1 可见，由于在剪切频率 $\omega_{c1}$ 处的相角裕度 $\gamma>0$，所以闭环系统是稳定的。若反馈参数 $K_n$ 稍大于 1，即转折频率 $1/K_n$ 稍小于 1，系统便总是稳定的。若取 $K_n<1$，即 $(1/K_n)>1$，而且只要 $K_n$ 稍小于 1，即 $1/K_n$ 稍大于 1，则系统



高等学校优秀教材辅导丛书 GAODENG XUEXIAO YOUXIUJIAOCAI FUDAOCONGSHU

的剪切频率 $\omega_c$ 便总等于 1。由解图(b)的特性 2 可以看到，由于在 $\omega_c$ 处的相角裕度 $\gamma<0$，因此在 $K_n<1$ 时系统将是不稳定的。

(3)综上分析，给定系统的反馈参数 $K_n$ 的临界值为 1。这个结论与题 5－13 中所得到的结论是一致的。

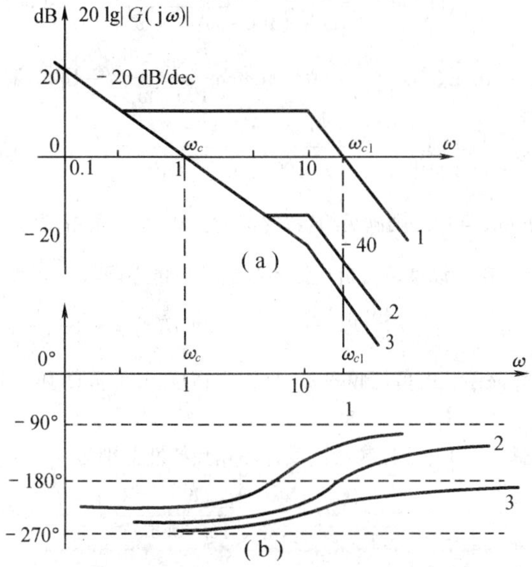


题 5－14 解图

5－15　设某单位负反馈系统的开环传递函数为

$$G(s)=\frac{\tau s+1}{s^2}$$

试确定使该系统具有相角裕度 $\gamma=+45°$ 时的 $\tau$ 值。

**解**　给定系统的幅频特性及相频特性分别为

$$|G(j\omega)|=\frac{\sqrt{1+(\tau\omega)^2}}{\omega^2},$$

$$\angle G(j\omega)=-180°+\arctan(\tau\omega)$$

根据相角裕度定义，有 $\gamma=180°+\angle G(j\omega_c)=180°-180°+\arctan(\tau\omega_c)=\arctan(\tau\omega_c)$，式中 $\omega_c$ 为系统的剪切频率。

由 $\gamma=+45°$ 求得 $\tau\omega_c=1$，并且 $|G(j\omega_c)|=1$，计算得 $\omega_c=\sqrt[4]{2}=1.19$ rad/s。最后求得使系统的相角裕度 $\gamma=+45°$ 时的 $\tau$ 值为

$$\tau=\frac{1}{1.19}=0.84\ \text{s}$$

5－16　设单位负反馈系统的开环传递函数为

$$G(s)=\frac{K}{(0.01s+1)^3}$$

试确定使相角裕度 $\gamma=45°$ 的开环增益 $K$。

**解**　根据相角裕度定义，有 $\gamma=180°+\angle G(j\omega_c)=180°-3\arctan(0.01\omega_c)=45°$，求得系统的剪切频率 $\omega_c=100$。并且系统的幅频特性 $|G(j\omega_c)|=\dfrac{K}{(\sqrt{1+(0.01\omega_c)^2})^3}=1$，则可确定满足相角裕度 $\gamma=45°$ 的开环增益 $K=2\sqrt{2}$。

5－17　设某单位负反馈系统的开环传递函数为

$$G(s)=\frac{k}{s(s^2+s+100)}$$

若要求系统的幅值裕度为 20 dB，则开环增益 $K$ 应取何值？

**解**　给定系统的开环幅频特性与开环相频特性分别为

$$|G(j\omega)|=\frac{k}{\omega\sqrt{(100-\omega^2)^2+\omega^2}},\quad \angle G(j\omega)=-90°-\arctan\frac{\omega}{100-\omega^2}$$

(1) 由 $\angle G(j\omega_g)=-90°-\arctan\dfrac{\omega_g}{100-\omega_g^2}=-180°$，解得 $\omega_g=10\ \text{rad/s}$；

(2) $|G(j\omega_g)|=\dfrac{k}{10\sqrt{(100-10^2)^2+10^2}}=\dfrac{k}{100}$，则幅值裕度为 $20\lg\left|\dfrac{1}{G(j\omega_g)}\right|=20\lg\dfrac{100}{k}=20$ dB，解得 $k=10$。则满足给定系统具有 20 dB 幅值裕度的开环增益为 $K=\dfrac{k}{100}=0.1$。

5－18 设某单位负反馈系统的开环传递函数为

$$G(s)=\frac{16}{s(s+2)}$$

试计算该系统的剪切频率 $\omega_c$ 及相角裕度 $\gamma$；计算闭环幅频特性的相对谐振峰值 $M_r$ 及谐振频率 $\omega_r$。

**解** (1) 开环幅频特性及开环相频特性分别为

$$|G(j\omega)H(j\omega)|=\frac{8}{\omega\sqrt{1+(0.5\omega)^2}},\quad \angle G(j\omega)=-90°-\arctan(0.5\omega)$$

对于 $\omega=\omega_c$，有 $|G(j\omega_c)H(j\omega_c)|=\dfrac{8}{\omega_c\sqrt{1+(0.5\omega_c)^2}}=1$，解得 $\omega_c=3.76\ \text{rad/s}$。

根据相角裕度定义，得 $\gamma=180°+\angle G(j\omega_c)=180°-90°-\arctan(0.5\times3.76)=28°$。

(2) 给定系统的闭环传递函数 $\Phi(s)=\dfrac{G(s)}{1+G(s)}=\dfrac{16}{s^2+2s+16}$，与二阶系统闭环传递函数标准形式相比，求得 $\omega_n=4\ \text{rad/s}$，$\zeta=\dfrac{2}{2\omega_n}=0.25$。根据二阶系统的 $M_r$ 及 $\omega_r$ 与其参数 $\zeta,\omega_n$ 的关系求得

$$M_r=\frac{1}{2\zeta\sqrt{1-\zeta^2}}=2.06,\quad \omega_r=\omega_n\sqrt{1-2\zeta^2}=3.74\ \text{rad/s}$$

5－19 设某控制系统的方框图如题 5－19 图所示。试根据该系统响应 10 rad/s 的匀速信号时的稳态误差等于 30°的要求确定控制器的增益 $K$，并计算该系统的相角裕度及幅值裕度。

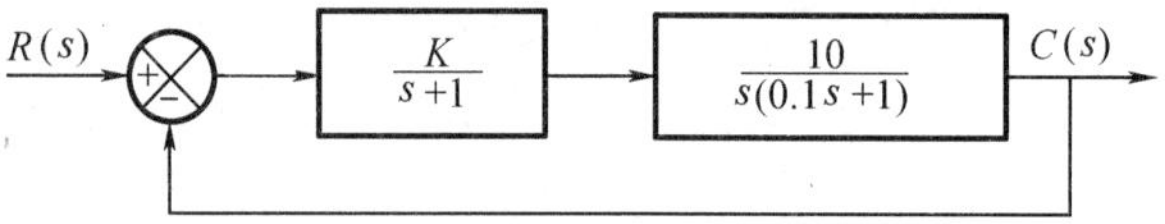


题 5－19 图

**解** (1) 确定控制器的增益 $K$。给定系统为Ⅰ型系统，则响应匀速信号 $r(t)=10t$ 时的稳态误差为

$$e_{ss}=\frac{10}{10K}=30\times\frac{\pi}{180}\ \text{rad}$$

求得 $$K=1.91$$

则给定系统的开环传递函数为 $$G(s)=\frac{19.1}{s(0.1s+1)(s+1)}$$

(2)求给定系统的相角裕度

$$|G(j\omega_c)|=\frac{19.1}{\omega_c\sqrt{1+(0.1\omega_c)^2}\cdot\sqrt{1+\omega_c^2}}=1$$

$$\omega_c=4.15\ \text{rad/s}$$

解得

$$\gamma=180°+\angle G(j\omega_c)=180°-90°-\arctan(0.1\omega_c)-\arctan\omega_c=-9°$$

(3)求给定系统的幅值裕度

$$\angle G(j\omega_g)=-90°-\arctan(0.1\omega_g)-\arctan\omega_g=-180°$$

$$\omega_g=3.2\ \text{rad/s}$$

$$|G(j\omega_g)|=\left.\frac{19.1}{\omega_g\sqrt{1+(0.1\omega_g)^2}\cdot\sqrt{1+\omega_g^2}}\right|_{\omega_g=3.2}=1.7$$

则给定系统的幅值裕度为

$$20\lg K_g=20\lg\frac{1}{|G(j\omega_g)|}=-4.6\ \text{dB}$$

5-20 设某单位负反馈系统的开环传递函数为

$$G(s)=\frac{K}{s(0.01s+1)(0.1s+1)}$$

(1)计算满足闭环幅频特性的相对谐振峰值 $M_r\leqslant1.5$ 时的开环增益 $K$；

(2)根据相角裕度及幅值裕度分析闭环系统的稳定性；

(3)应用经验公式计算该系统的时域指标：超调量 $\sigma\%$ 及调整时间 $t_s$。

**解** (1)根据相角裕度 $\gamma$ 与闭环幅频特性的相对谐振峰值 $M$ 之间的近似关系式

$$\gamma=\arcsin\frac{1}{M_r}$$

当 $M_r\leqslant1.5$，$\gamma\geqslant42°$。绘制 $K=1$ 时给定系统的 Bode 图，如题 5-20 解图所示。由 Bode 图得 $\angle G(j9)=-137.2°$。则若将给定系统的渐近对数幅频特性平行向上移，使其在 $\omega=9$ rad/s 处经过横轴，即令 $\omega_c=9$ rad/s，则得给定系统的相角裕

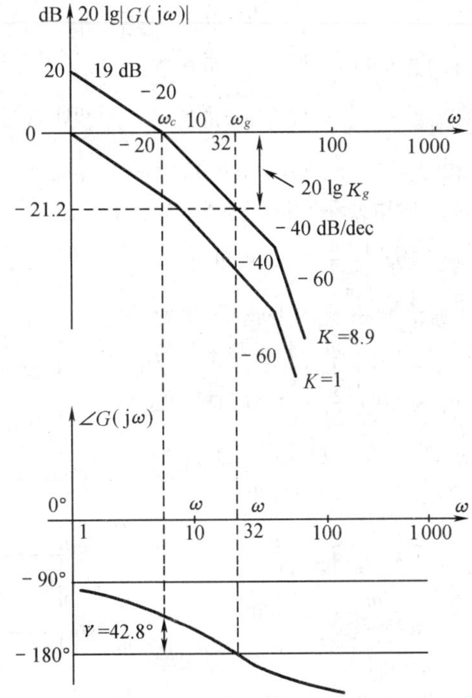


题 5-20 解图

度 $\gamma=42.8°$，满足要求。由于在 $K=1$ 的渐近对数幅频特性上对应 $\omega=9$ rad/s的对数幅值为 $-19$ dB，所以将渐近对数幅频特性向上平移 19 dB，因此在 $\omega=1$ rad/s处有 $20\lg K=19$ dB，解得

$$K=8.9\ \mathrm{s}^{-1}$$

（2）由上步知 $\gamma=42.8°$，从图求得 $\omega_g=32$ rad/s，求得给定系统的幅值裕度 $20\lg K_g=+21.2$ dB。因为系统的 $\gamma>0°$ 以及 $20\lg K_g>0$ dB，所以闭环系统是稳定的。

（3）应用经验公式

$$\sigma\%=[0.16+0.4(M_r-1)]\times100\%$$

$$t_s=\frac{\pi}{\omega_c}[2+1.5(M_r-1)+2.5(M_r-1)^2]$$

将 $M_r=1.5$ 和 $\omega_c=9$ rad/s 代入上式，求得

$$\sigma\%=36\%,\quad t_s=1.18\ \mathrm{s}$$

5－21　设某负反馈系统的开环传递函数为

$$G(s)H(s)=\frac{2\,083(s+3)}{s(s^2+20s+625)}$$

试绘制该系统的 Bode 图，并计算剪切频率 $\omega_c$。

**解**　（1）先将传递函数化成标准形式

$$G(s)H(s)=\frac{\frac{3\times2\,083}{625}\left(\frac{1}{3}s+1\right)}{s(0.04^2s^2+2\times0.04\times0.4s+1)}$$

则开环增益 $K\approx10\ \mathrm{s}^{-1}$，一阶微分环节的时间常数 $\tau=\frac{1}{3}$ s，振荡环节的时间常数和阻尼比分别为 $T=0.04$ s，$\zeta=0.4$。一阶微分环节和振荡环节的转折频率为 $\frac{1}{\tau}=3$ rad/s 和 $\frac{1}{T}=25$ rad/s。绘制系统的 Bode 图如题 5－21解图所示。图中转折频率处的修正值为 $20\lg\frac{1}{2\zeta}=1.94$，且 $20\lg|G(j\omega)H(j\omega)|_{\omega=1}=20\lg K=20$ dB。

（2）根据渐近幅频特性有

$$\frac{a}{\lg3-\lg10}=-20,$$

$$\frac{a}{\lg25-\lg\omega_1}=-40$$

则 $\omega_1=45.6$ rad/s，剪切频率应稍大于 $\omega_1$，试探得剪切频率 $\omega_c=50$ rad/s。

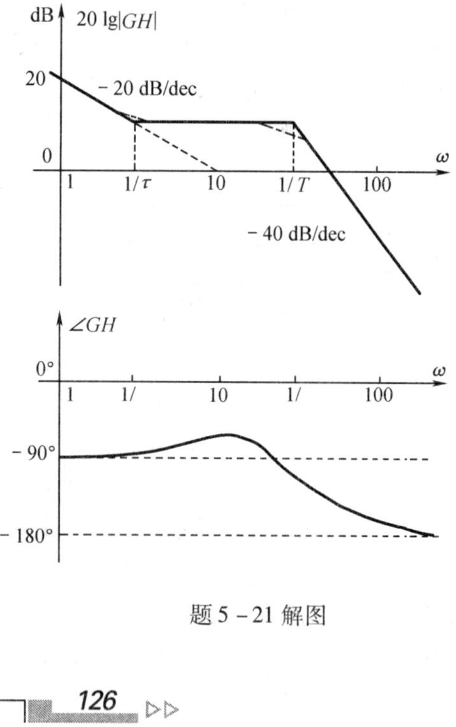


题 5－21 解图

5－22　设某控制系统的开环传递函数为

$$G(s)H(s)=\frac{Ks^2}{(0.02s+1)(0.2s+1)}$$

试绘制该系统的 Bode 图，并确定剪切频率 $\omega_c=5\ \mathrm{rad/s}$时的 $K$ 值。

**解**　(1)该系统的开环传递函数由比例环节、两个微分环节和两个惯性环节组成。两个惯性环节的转折频率分别为 $\omega_{n1}=5\ \mathrm{rad/s}$ 和 $\omega_{n2}=50\ \mathrm{rad/s}$。绘制系统渐近幅频特性及相频特性如题5－22解图中的实线所示。图中的虚线为修正后的精确幅频特性。

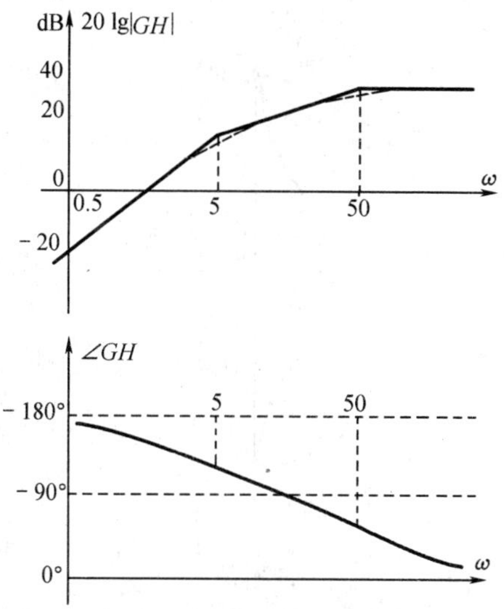


题 5－22 解图

(2)由剪切频率定义有 $|G(j\omega_c)H(j\omega_c)|=1$，则求得当 $\omega_c=5\ \mathrm{rad/s}$时，$K=0.056\ 8$。

5－23　设某单位负反馈系统的开环传递函数为 $G(s)=\dfrac{Ke^{-0.1s}}{s(s+1)}$，试确定使闭环系统稳定的开环增益 $K$ 的最大值。

**解**　系统开环幅频特性 $G(j\omega)=\dfrac{K}{\omega\sqrt{1+\omega^2}}$，相频特性$\angle G(j\omega)=-0.1\omega-90°-\arctan\omega$。

设 $\omega_g$ 为穿越频率，则有 $-0.1\omega_g-90°-\arctan\omega_g=-180°$，解得最小穿越频率 $\omega_{gm}=3.12$。绘 $G(s)$的线性部分 $G_1(s)=\dfrac{K}{s(s+1)}$的 Nyquist 曲线如题 5－23 解图所示。其中 $|G_1(j0^+)|=\infty$，$|G_1(j\infty)|=0$。设 $K=K_0$ 时，$G(j\omega_{gm})=-1$，即 $K_0=10$。当 $\omega>\omega_{gm}$ 时，$|G(j\omega)|<1$，当 $\omega<\omega_{gm}$ 时，$|G(j\omega)|>1$。已知 $P=0$，根据 Nyquist 稳定判据，为了使闭环系统稳定，系统的 Nyquist 曲线不包围$(-1,0j)$点，所以闭环系统稳定的开环增益 $K$ 的最大值为 $K_{max}=K_0=10$。

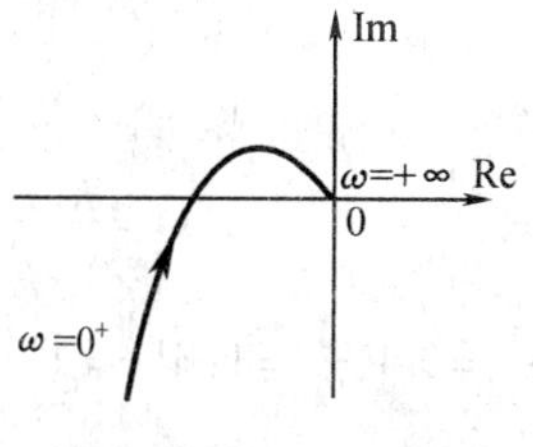


题 5－23 解图

5－24　已知某控制系统的方框图如题 5－24 图所示。试确定闭环系统稳定时反馈系数 $\tau$ 的取值范围，并绘制该系统开环频率响应的 Nyquist 图。

**解**　系统的闭环传递函数为$\Phi(s)=\dfrac{100}{s^2+(100\tau-1)s+100}$，则特征方程为

$$s^2+(100\tau-1)s+100=0$$

列劳斯表

| | | |
|---|---|---|
| $s^1$ | 1 | 100 |
| $s^1$ | $100\tau-1$ | 0 |
| $s^0$ | 100 | 0 |

应用 Routh 稳定判据，闭环系统稳定时反馈系数 $\tau$ 的取值范围为 $\tau>0.01$。根据 $\tau$ 的取值范围，

绘制该系统开环频率响应的 Nyquist 图如题 5－24 解图所示。

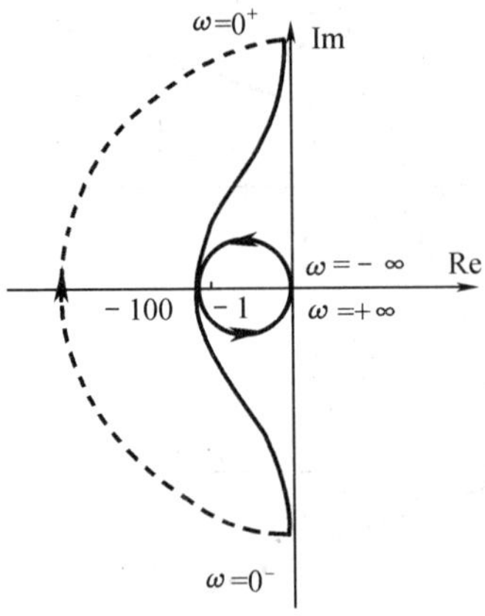


题 5－24 解图

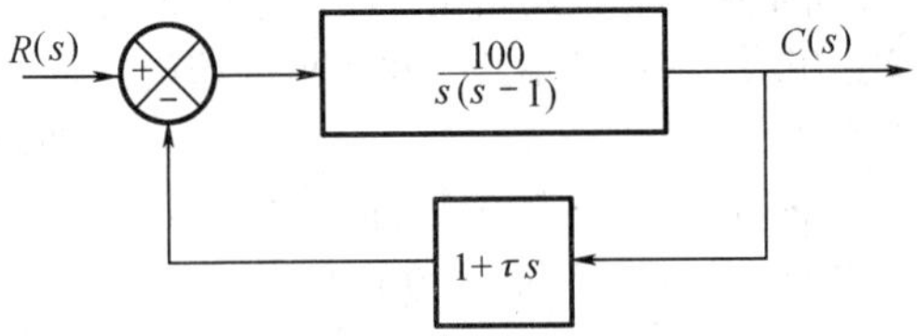


题 5－24 图

5－25　已知最小相位系统 Bode 图的渐近幅频特性如题 5－25 图所示。试求取该系统的开环传递函数。

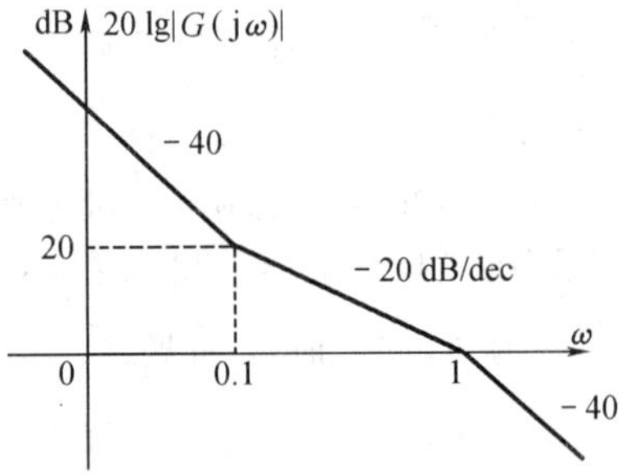


题 5－25 图

**解**　由题 5－25 图可知，系统的开环传递函数 $G(s)$ 由放大环节、两个积分环节、一个微分环节及一个惯性环节构成。开环传递函数 $G(s)$ 具有如下形式

$$G(s)=\frac{K(\tau s+1)}{s^2(Ts+1)}$$

且 $\frac{1}{\tau}=0.1$，$\frac{1}{T}=1$，则 $\tau=10$，$T=1$。渐近幅频特性低频段可用下式表示

$$L(\omega)=20\lg\frac{K}{\omega^2}$$

由图得，$L(0.1)=20$ dB，则求得 $K=0.1$。所以该系统的开环传递函数为

$$G(s)=\frac{0.1(10s+1)}{s^2(s+1)}$$

5－26　已知最小相位系统 Bode 图的渐近幅频特性如题 5－26 图所示。试求取各系统的开环传递函数。

**解**　方法同上题，求得各系统的开环传递函数为：

(a) $G(s)=\frac{10^4s^2}{(25s+1)^2}$；

高等学校优秀教材辅导丛书 GAODENG XUEXIAO YOUXIUJIAOCAI FUDAOCONGSHU

(b) $G(s)=\dfrac{10\left[\left(\frac{1}{80}\right)^2s^2+2\times0.1\times\frac{1}{80}s+1\right]}{\left(\frac{1}{5}\right)^2s^2+2\times0.2\times\frac{1}{5}s+1}$;

(c) $G(s)=\dfrac{10^{-4}(25s+1)^2}{s^2}$;

(d) $G(s)=\dfrac{31.62s}{(10s+1)(100s+1)}$。

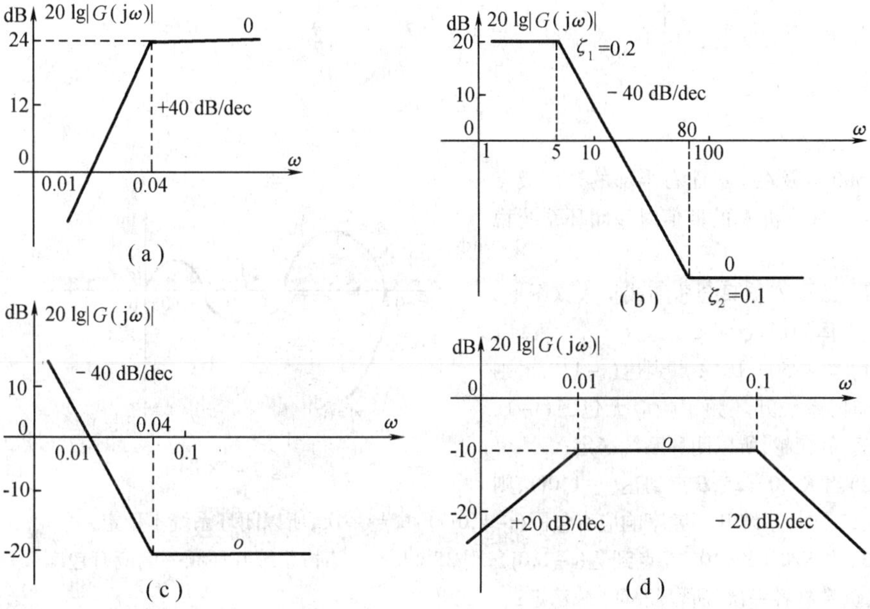


题 5－26 图

5－27　设控制系统开环频率响应的 Nyquist 图如题 5－27 图所示，试应用 Nyquist 稳定判据判别闭环系统的稳定性。

**解**　对于(a)，(b)，(c)图，根据系统的开环频率响应当 $\omega$ 从 $-\infty$ 变至 0 及从 0 变至 $+\infty$ 时的两部分特性对称于实轴，可将 Nyquist 曲线补全。对于(d)、(e)图，在此基础上，还要将增补的幅频特性补全。

(a) $N=-1, P=1, Z=0$，闭环系统稳定；

(b) $N=1, P=1, Z=2$，闭环系统不稳定；

(c) $N=-1, P=1, Z=0$，闭环系统稳定；

(d) $N=2, P=0, Z=2$，闭环系统不稳定；

(e) $N=-2, P=2, Z=0$，闭环系统稳定。

5－28　已知某负反馈系统开环频率响应的 Nyquist 图如题 5－28 图所示。该系统的开环增

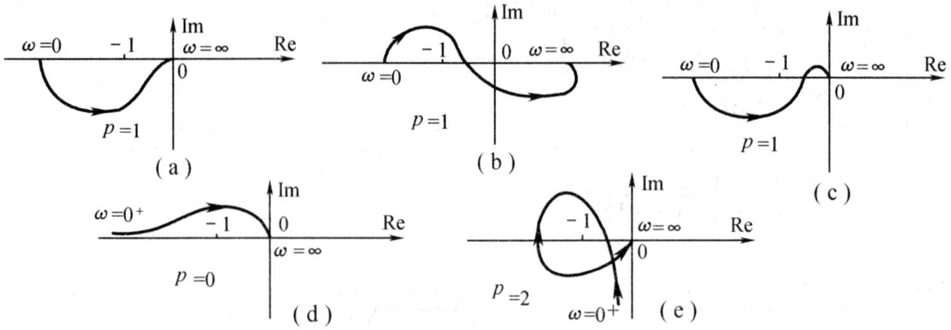


题 5－27 图

益 $K=500$ 以及在 $s$ 平面右半部的开环极点数 $p=0$。试分析 $K$ 的取值对该闭环系统稳定性的影响。

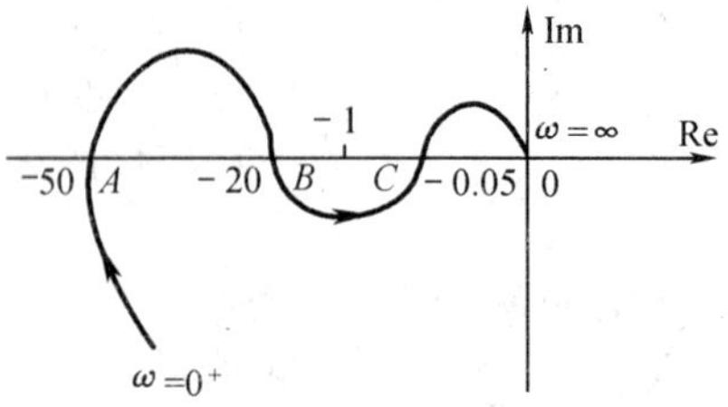


题 5－28 图

**解**　改变 $K$ 值只会压缩或扩大该图形，不改变大体的形状。

(1) 当 $K/50=10$，$A$ 点到达 $(-1,0j)$，则 $K<10$ 时，系统开环频率响应无包围 $(-1,0j)$ 的正、负穿越，所以闭环系统稳定；

(2) 当 $K/20=25$，$B$ 点到达 $(-1,0j)$，则 $10<K<25$ 时，系统开环频率响应有包围 $(-1,0j)$ 负穿越一次，所以闭环系统不稳定；

(3) 当 $K/0.05=10^4$，$C$ 点到达 $(-1,0j)$，则 $25<K<10^4$ 时，系统开环频率响应有包围 $(-1,0j)$ 正、负穿越各一次，所以闭环系统稳定；

(4) 当 $K>10^4$ 时，系统开环频率响应有包围 $(-1,0j)$ 正穿越一次、负穿越两次，所以闭环系统不稳定。所以，当 $K<10$ 和 $25<K<10^4$，闭环系统稳定；当 $10<K<25$ 和 $K>10^4$，闭环系统不稳定。

5－29　已知最小相位系统 Bode 图的渐近幅频特性如题 5－29 图所示。试计算该系统的相角裕度及幅值裕度。

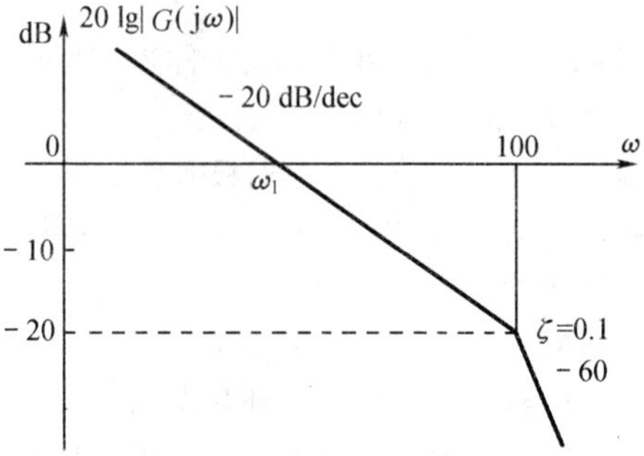


题 5－29 图

**解**　根据该系统 Bode 图的渐近幅频特性低频段知 $K=10\ \mathrm{s}^{-1}$，且开环传函为

$$G(s)=\frac{10}{s(0.01^2s^2+2\times0.01\times0.1s+1)}$$

转折频率处的修正值为 $20\lg\dfrac{1}{2\zeta}=14$ dB，根据幅频和相频特性得 $\omega_c=10$ rad/s，$\omega_g=100$ rad/s。则

(1) $\gamma=180°+\angle G(j\omega_c)=180°+\left(-90°+\arctan\dfrac{0.02}{0.99}\right)=88.8°$；

(2) $20\lg K_g=-20\lg|G(j\omega_g)|=6$ dB。

5-30　已知单位负反馈系统的开环传递函数为 $G(s)=\dfrac{100}{s(Ts+1)}$，试计算当系统的相角裕度 $\gamma=36°$ 时的 $T$ 值和系统闭环幅频特性的相对谐振峰值 $M_r$。

**解**　(1) 相角裕度 $\gamma=180°+\angle G(j\omega_c)=90°-\arctan T\omega_c=36°$，则 $T\omega_c=\tan 54°$。

并且由 $|G(j\omega_c)|=\dfrac{100}{\omega_c\sqrt{1+(T\omega_c)^2}}=1$，得 $\omega_c=58.8$ rad/s，则 $T=0.02$。

(2) 该单位负反馈系统的闭环传递函数为 $\Phi(s)=\dfrac{100}{s(0.02s+1)+100}=\dfrac{5\,000}{s^2+50s+5\,000}$，则

$$\omega_n=70.7\ \text{rad/s},\zeta=0.35$$

相对谐振峰值为

$$M_r=\frac{1}{2\zeta\sqrt{1-\zeta^2}}=1.53$$

5-31　已知最小相位系统 Bode 图的渐近幅频特性如题 5-31 图所示。试计算该系统在 $r(t)=t^2/2$ 作用下的稳态误差和相角裕度。

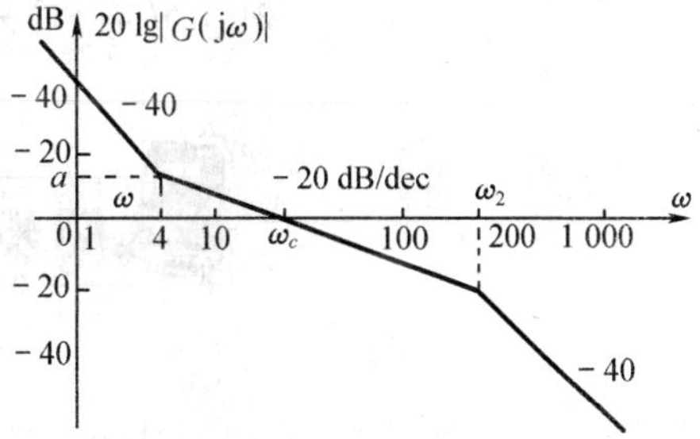


题 5-31 图

**解**　由题 5-31 图知该最小相位系统的开环传递函数为 $G(s)=\dfrac{100(0.25s+1)}{s^2(0.005s+1)}$。

(1) 该系统在 $r(t)=t^2/2$ 作用下的稳态误差 $e_{ss}=\dfrac{1}{K_a}=\dfrac{1}{100}=0.01$；

(2) 由渐近幅频特性的各频段斜率得 $\dfrac{40-a}{\lg1-\lg4}=-40$，$\dfrac{a}{\lg\omega_c-\lg4}=-20$，则初步推断 $\omega_c=25$ rad/s，且验证满足 $|G(j\omega_c)|=1$，$\gamma=180°+\angle G(j\omega_c)=180°+\arctan0.25\omega_c-180°-\arctan0.005\omega_c=73.7°$。

5-32　设单位负反馈系统的开环传递函数为 $G(s)=\dfrac{7}{s(0.087s+1)}$，试应用频率响应法计算该系统的时域指标：单位阶跃响应的超调量 $\sigma_p\%$ 及调整时间 $t_s$。

**解**　该系统的闭环传递函数为 $\Phi(s)=\dfrac{90.5}{s^2+11.5s+90.5}$，则 $\omega_n=9.97$ rad/s，$\zeta=0.58$。

(1) 相对谐振峰值为

$$M_r=\frac{1}{2\zeta\sqrt{1-\zeta^2}}=1.3$$



高等学校优秀教材辅导丛书 GAODENG XUEXIAO YOUXIUJIAOCAI FUDAOCONGSHU

单位阶跃响应的超调量 $\sigma_p\% = e^{-\pi\sqrt{\frac{M_r-\sqrt{M_r^2-1}}{M_r+\sqrt{M_r^2-1}}}} \times 100\% = 10.7\%$

(2)谐振峰值为 $\omega_r = \omega_n\sqrt{1-2\zeta^2} = 5.7$

调整时间
$$t_s = \frac{1}{\omega_r}\sqrt{\frac{2\sqrt{M_r^2-1}}{M_r-\sqrt{M_r^2-1}}} \cdot \ln\frac{\sqrt{2M_r}}{\Delta\sqrt{M_r+\sqrt{M_r^2-1}}}$$

则当 $\Delta = 0.05, t_s = 0.553$ s,当 $\Delta = 0.02, t_s = 0.712$ s。

5-33 设单位负反馈系统的开环传递函数为 $G(s) = \dfrac{48(s+1)}{s(8s+1)\left(\frac{1}{20}s+1\right)}$,试计算该系统的剪切频率 $\omega_c$ 及相角裕度 $\gamma$,并应用经验公式计算该系统的频域指标 $M_r$ 及时域指标 $\sigma_p\%, t_s$。

**解** 应用 MATLAB 中的 MARGIN 函数画出该系统的 BODE 图,求出剪切频率 $\omega_c \approx 6$ rad/s,相角裕度 $\gamma = 55°$。应用经验公式计算该系统的频域指标 $M_r$ 及时域指标 $\sigma_p\%, t_s$ 有

$$M_r = \frac{1}{\sin\gamma} = 1.22$$

$$\sigma_p\% = 0.16 + 0.4\left(\frac{1}{\sin\gamma} - 1\right) = 24.8\%$$

$$t_s = \frac{\pi}{\omega_c}[2 + 1.5(M_r - 1) + 2.5(M_r - 1)^2] = 1.28 \text{ s}$$

## 同步训练题

TONG BU XUN LIAN TI

1. 系统的结构图如题 1 图所示,当输入 $r(t) = 2\sin t$ 时,测得输出 $c(t) = 4\sin(t - 45°)$,试确定系统的参数 $\zeta, \omega_n$。

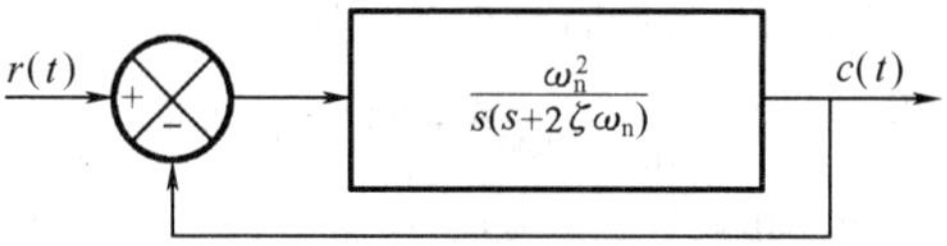


题 1 图

2. 若单位反馈系统的开环传递函数

$$G(s) = \frac{Ke^{-0.8s}}{s+1}$$

试确定使系统稳定的 $K$ 值范围。

3. 设单位反馈系统的开环传递函数

$$G(s) = \frac{5s^2e^{-\tau s}}{(s+1)^4}$$

试确定闭环系统稳定时,延迟时间 $\tau$ 的范围。

4. 对于典型二阶系统,已知 $\sigma\% = 15\%$,试计算相角裕度 $\gamma$。

5. 设系统的传递函数为

$$G(s) = \frac{K}{s^2(T_1s+1)(T_2s+1)} \quad (T_1, T_2, K > 0)$$

试绘制系统概略幅相特性曲线。

6. 已知系统的开环传递函数为

$$G(s)H(s)=\frac{10}{(5s+1)(10s+1)}$$

试用奈氏判据判断系统的闭环稳定性。

7. 设最小相位系统对数幅频渐近特性如题 7 图所示，试确定系统的传递函数。

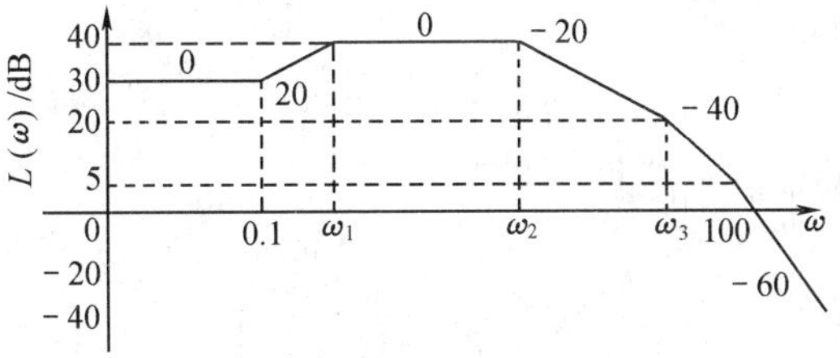


题 7 图

8. 已知单位反馈系统的开环传递函数

$$G(s)=\frac{100\left(\frac{s}{2}+1\right)}{s\left(\frac{s}{10}+1\right)\left(\frac{s}{20}+1\right)(s+1)}$$

试求系统的相角裕度和幅值裕度。

9. 对于高阶系统，若要求时域指标为 $\sigma\%=18\%$，$t_s=0.05$，试将其转化成频域指标。

10. 某线性系统的开环传递函数为 $G(s)=\frac{K(s+z)}{s(s-p)}$，其中 $z,p$ 为实数，且 $z>0,p>0,K=10$ 时系统的极坐标图如题10图所示，则系统稳定的 $K$ 值范围。

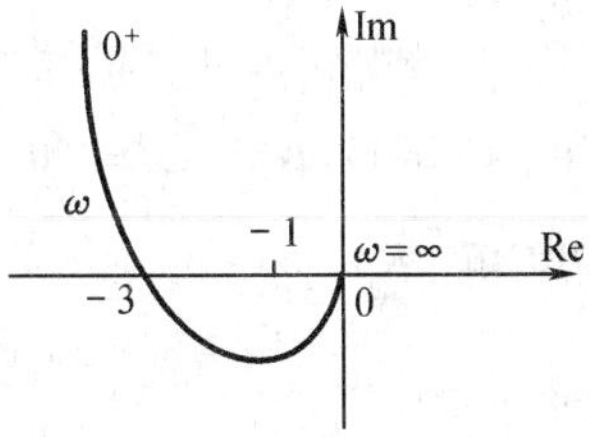


题 10 图

## 同步训练题答案

TONG BU XUN LIAN TI DA AN

1. **解** $\omega_n=1.244,\zeta=0.22$。

2. **解** $0<K<2.65$ 系统稳定。

3. **解** $0<\tau<1.3685$ 时系统稳定。

4. **解** $\gamma=53.16°$。

5. **解** 概略幅相特性曲线如题 5 解图所示。

高等学校优秀教材辅导丛书 GAODENG XUEXIAO YOUXIUJIAOCAI FUDAOCONGSHU

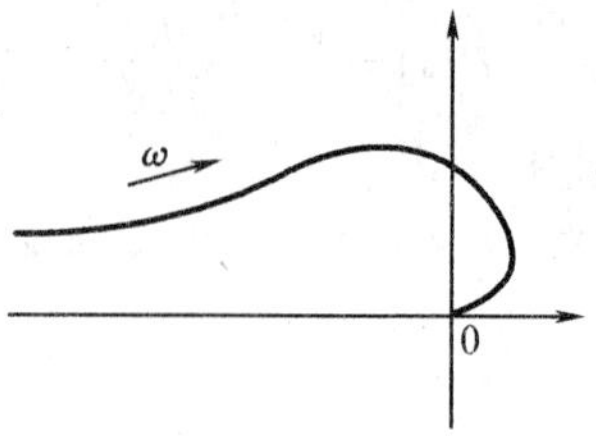


题 5 解图

6. **解** 系统闭环稳定。

7. **解**

$$G(s)=\frac{31.62\left(\frac{s}{0.1}+1\right)}{\left(\frac{s}{0.316}+1\right)\left(\frac{s}{3.481}+1\right)\left(\frac{s}{34.81}+1\right)\left(\frac{s}{82.54}+1\right)}$$

8. **解** 幅值裕度 $h=\frac{1}{G(j\omega_g)}=0.512$

相角裕度 $\gamma=180^\circ+\varphi(\omega_c)=-16.1^\circ$

9. **解** 频域指标为 $\omega_c=130.75$，$\gamma=72.25^\circ$。

10. **解** $K>\frac{10}{3}$。

# 第6章 控制系统的综合与校正

知识要点

## 6.1 引　言

### 6.1.1 基本概念

1. 系统的不可变部分:已初步选定的控制器和被控对象通常称为系统的不可变部分。

2. 校正问题:系统若不完全满足性能要求时,在系统中还要加一些必要的元件,重新组合起来,使整个控制系统全面满足所要求的性能指标,这就是校正问题。

3. 校正方案:校正元件在系统中所处的位置以及和系统不可变部分的连接方式。校正方案基本上有两种:串联校正和反馈校正,如图6-1、图6-2所示。

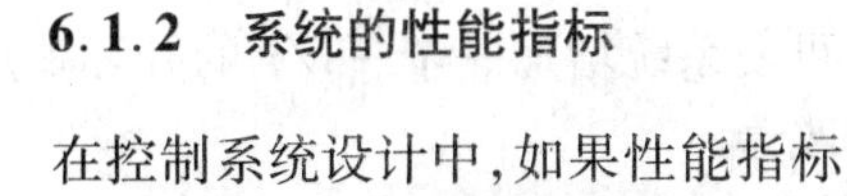


图6-1 串联校正系统方框图

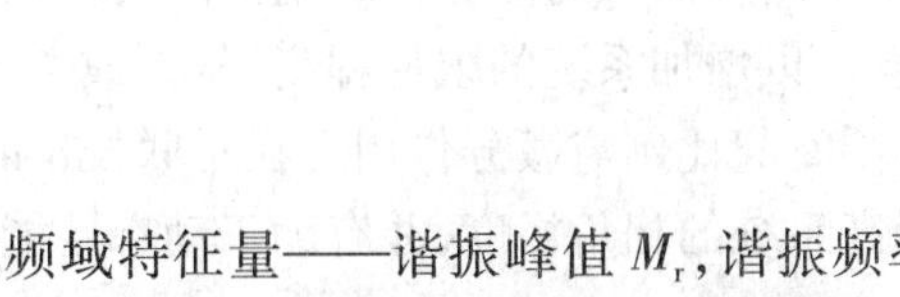


图6-2 反馈校正系统方框图

### 6.1.2 系统的性能指标

在控制系统设计中,如果性能指标以频域特征量——谐振峰值 $M_r$,谐振频率 $\omega_r$,带宽频率 $\omega_b$ 或开环频率特性的相角裕度 $\gamma$,剪切频率 $\omega_c$ 以及开环增益 $K$,稳态误差 $e_{ss}$ 等给出时,一般采用频率响应法校正;如果性能指标以时域特征量——阻尼



高等学校优秀教材辅导丛书
GAODENG XUEXIAO YOUXIUJIAOCAI FUDAOCONGSHU

比$\zeta$,无阻尼自振频率$\omega_n$或超调量$\sigma_p$,调节时间$t_s$,上升时间$t_r$及稳态误差$e_{ss}$等给出时,一般采用根轨迹法校正。

### 6.1.3 解决校正问题的条件

1. 已知控制系统不可变部分的特性参数。
2. 已知对控制系统提出的全部性能指标。

根据第一个条件可初步确定一个切实可行的校正方案,并在此基础上根据第二个条件利用本章介绍的方法确定校正元件的参数。

### 6.1.4 系统带宽的选择

选择合适的带宽频率$\omega_b$,既能以所需精度跟踪输入信号,又能抑制噪声等扰动信号,在系统综合和校正中是很重要的。在控制系统实际应用中,输入信号一般为低频信号,而噪声信号为高频信号。如果输入信号的带宽为$0\sim\omega_M$,则$\omega_b=(5\sim10)\omega_M$。

## 6.2 基本控制规律分析

### 6.2.1 比例(P)控制规律

控制器的输入信号为$\varepsilon(t)$,输出信号为$m(t)$,则

$$m(t)=K_p\varepsilon(t)$$

在串联校正中,采用比例校正元件可以提高系统的开环增益,减小稳态误差,但会降低系统的相对稳定性,故在系统校正设计中很少单独使用。

### 6.2.2 比例-微分(PD)控制规律

$$m(t)=K_p\varepsilon(t)+K_p\tau\frac{d\varepsilon(\tau)}{d\tau}$$

PD控制规律中的微分控制规律能反映输入信号的变化趋势,产生有效的早期修正信号,以增加系统的阻尼程度,从而改善系统的稳定性,其传递函数为$K(1+\tau s)$,可同时起比例与微分作用。在串联校正时,可使系统增加一个$-1/\tau$的开环零点,提高系统的相角裕度,并有助于动态性能的改善。

### 6.2.3 积分(I)控制规律

$$\frac{\mathrm{d}m(t)}{\mathrm{d}t}=K_i\varepsilon(t)$$

积分控制可以提高系统的型别(无差度),有利于系统稳态性能的提高。但积分控制使系统增加了一个位于原点的开环极点,使信号产生了90°的迟后相角,对系统的稳定性不利。因此不宜采用单一的I控制器。

### 6.2.4 比例-积分(PI)控制规律

$$m(t)=K_p\varepsilon(t)+\frac{K_p}{T_i}\int_0^t\varepsilon(\tau)\mathrm{d}\tau$$

其传递函数为

$$K_p=\left(1+\frac{1}{T_is}\right)=K_p\frac{1+T_is}{T_is}$$

进行串联校正时,相当于在系统中增加了一个开环极点和一个开环零点。位于原点的极点可提高系统的稳态性能,而增加的零点则可缓和极点对系统稳定性产生的不利影响。只要 $T_i$ 足够大,PI控制对系统稳定性的影响可大为减弱。

### 6.2.5 比例-积分-微分(PID)控制规律

$$m(t)=K_p\varepsilon(t)+\frac{K_p}{T_i}\int_0^t\varepsilon(\tau)\mathrm{d}\tau+K_p\tau\frac{\mathrm{d}\varepsilon(t)}{\mathrm{d}t}$$

其传递函数为

$$K_p\left(1+\tau s+\frac{1}{T_is}\right)=\frac{K_p(T_i\tau s^2+T_is+1)}{T_is}=\frac{K_p}{T_i}\frac{(\tau_1s+1)(\tau_2s+1)}{s}$$

当 $4\tau/T<1$ 时,适当选择参数 $T$ 和 $\tau$,这种PID控制器(校正装置)可使原系统增加两个负实数零点和一个位于坐标原点的开环极点。与PI控制相比,除了同样具有提高系统稳定性的优点外,由于多了一个负实部零点,还对提高系统的动态性能有更大的优越性。因此,在工业过程控制系统中,广泛使用PID调节器,PID各部分参数的选择,在系统现场调试中最后确定,应使I部分发生在系统频率特性的低频段,以提高系统的稳定性,而使D部分在系统高频段起作用,以改善系统的动态性能。

## 6.3 常用校正装置及特性

表6-1列出了常用的三种串联校正装置及特性。

**表 6－1　常用的三种串联校正装置及特性**

<table>
<tr><th>名称</th><th>无源校正网络及传递函数</th><th>零极点分布</th><th>Bode 图</th><th>特点与作用</th></tr>
<tr>
<td>超前校正装置</td>
<td>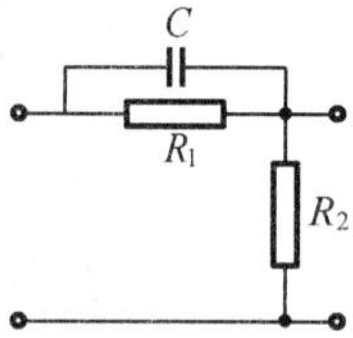<br>$G(s)=\frac{1}{a}\frac{1+aTs}{1+Ts}$<br>$a=\frac{R_1+R_2}{R_2}>1$<br>$T=\frac{R_1R_2}{R_1+R_2}C$</td>
<td>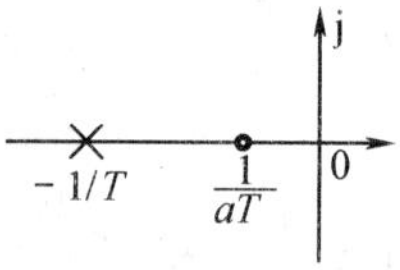</td>
<td>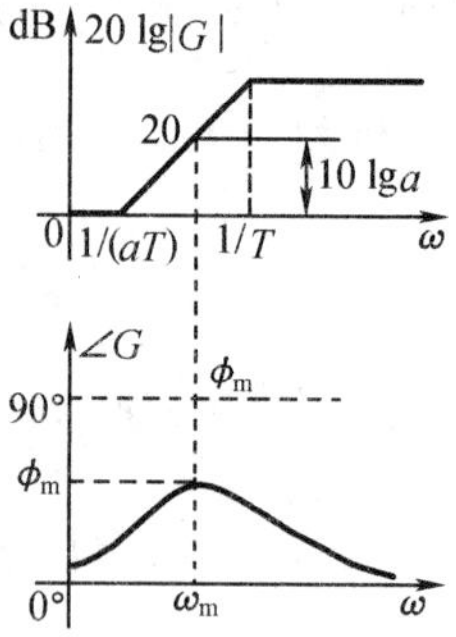<br>$\phi_m=\arcsin\frac{a-1}{a+1}$</td>
<td>(1)通过相角超前特性提高系统的 $\gamma$ 与 $\omega_c$，从而减小 $\sigma_p$；可提高系统的快速性，改善动态性能；<br>(2)使系统开环增益下降 $a$ 倍，因此需提高放大器增益加以补偿；<br>(3)抗高频干扰能力较弱，改善稳态精度作用不大；<br>(4)适用于系统稳态精度满足要求，但动态性能较差的系统校正。</td>
</tr>
<tr>
<td>迟后校正装置</td>
<td>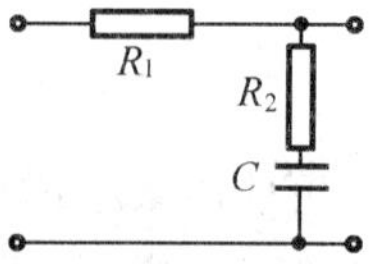<br>$G(s)=\frac{1+aTs}{1+Ts}$<br>$a=\frac{R_2}{R_1+R_2}<1$<br>$T=(R_1+R_2)C$</td>
<td>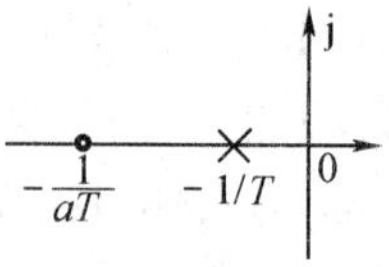</td>
<td>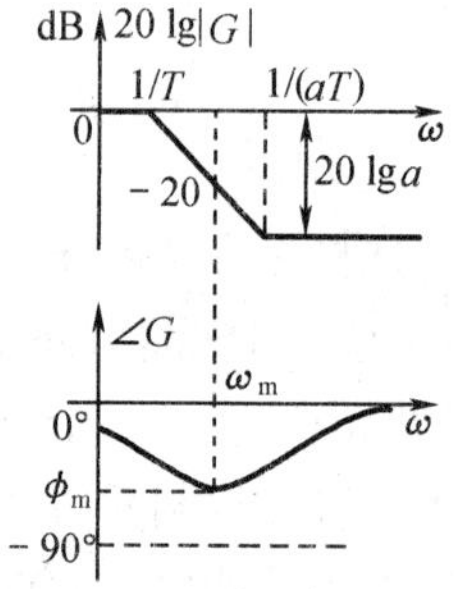<br>$\phi_m=\arcsin\frac{1-a}{1+a}$</td>
<td>(1)具有负相移和负幅值斜率；<br>(2)利用高频衰减特性来减小 $\omega_c$，提高 $\gamma$，从而减小 $\sigma_p$，有利于抑制高频噪声，但使频带变窄，不利于快速性；<br>(3)可提高系统稳态精度。适用于动态性能满足要求，稳态精度需要提高的系统校正。</td>
</tr>
</table>

**表 6－1**(续)

| 名称 | 无源校正网络及传递函数 | 零极点分布 | Bode 图 | 特点与作用 |
|---|---|---|---|---|
| 迟后—超前校正装置 | 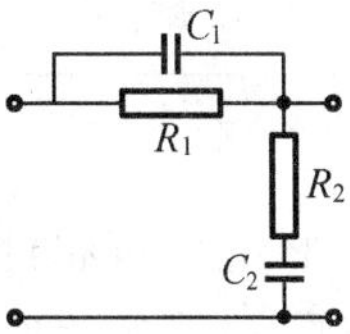<br>$G(s)=\dfrac{(T_1s+1)(T_2s+1)}{(aT_1s+1)(bT_2s+1)}$<br>$a\cdot b=1$ | 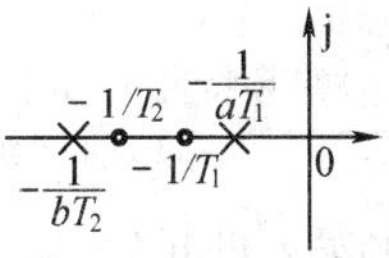 | 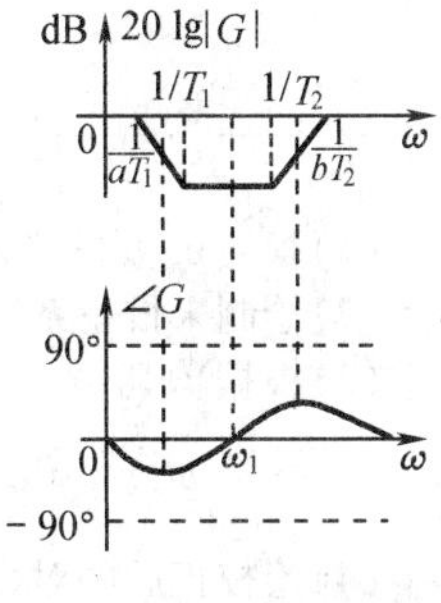<br>$\omega_1=\dfrac{1}{\sqrt{T_1\cdot T_2}}$ | (1)兼有滞后校正和超前校正的特点,利用滞后部分的幅值衰减特点提高系统的稳态精度;利用超前部分的相角超前特性提高系统的$\gamma$;<br>(2)可减小系统的$\sigma_p$,获得合适的响应速度和$e_{ss}$;<br>(3)适用于需同时提高稳态和动态性能的系统校正。 |

## 6.4 串 联 校 正

### 6.4.1 频率响应法校正设计

用频率响应法进行校正设计,通常在开环对数频率特性上进行。由于开环对数频率特性的低频段表征闭环系统的稳态性能,中频段表征动态性能,高频段表征系统的复杂性和滤波性能,因此加入参数适当的校正装置,使系统低频段的增益充分大,以满足对稳态误差的要求,中频段一般应具有 －20 dB/dec的斜率,并占据足够宽的频带,以保证系统具备适当的相角裕度,高频段增益应尽快衰减,以削弱噪声影响,并使校正装置的形式尽可能简单,易于物理实现。三种串联校正的作用如下。

1. 串联超前校正:使已校正系统的截止频率和相角裕度满足要求,从而改善闭环系统的稳态性能。

2. 串联迟后校正:减小未校正系统的中、高频幅值,以降低系统截止频率,从而提高相角裕度,改善系统动态性能;或保持原系统已满足要求的动态性能基本不变,而用以提高系统的开环增益,减小系统的稳态误差。

3. 串联迟后—超前校正:可同时改善系统的稳态性能和动态性能。

校正设计方法和步骤并没有一成不变的格式,经常需要经过反复才能得到满意的方案，其解也不是唯一的。表 6－2 总结了常用的三种校正装置的基于频率响应法的设计步骤。

**表 6－2　串联校正方式的基于频率响应法的校正设计步骤**

| 设计步骤 / 校正方式 | 频率响应法 |
|---|---|
| 超前校正 | (1)根据 $e_{ss}$ 要求确定开环增益 $K$；<br>(2)绘制未校正系统对数幅频特性 $L'(\omega)$，并确定相角裕度 $\gamma(\omega_c')$；<br>(3)根据剪切频率 $\omega_c''$ 要求，计算超前网络参数 $a$ 和 $T$：令 $\omega_m=\omega_c''$，由 $-L'(\omega_c'')=10\lg a$，确定 $a$，再由 $T=\dfrac{1}{\sqrt{a}\omega_m}$ 确定 $T$，得 $aG_c(s)=\dfrac{1+aTs}{1+Ts}$；<br>(4)绘校正后的对数幅频特性 $L''(\omega)$；<br>(5)验算已校正系统相角裕度 $\gamma''(\omega_c'')=\phi_m+\gamma(\omega_c'')$，$\phi_m=\arctan(a-1)/2\sqrt{a}$，若不满足要求，应重选 $\omega_m$；<br>(6)将开环增益增加 $a$ 倍，以补偿超前网络产生的幅值衰减。 |
| 迟后校正 | (1)根据 $e_{ss}$ 要求确定开环增益 $K$；<br>(2)利用已确定的开环增益，绘制未校正系统对数频率特性曲线，并确定未校正系统的剪切频率 $\omega_c'$，相角裕度 $\gamma(\omega_c')$；<br>(3)选择不同的 $\omega_c''$，查出相应的 $\gamma(\omega_c'')$，并绘其曲线；<br>(4)根据相角裕度 $\gamma$ 要求，选择已校正系统的剪切频率 $\omega_c''$，考虑到迟后网络在新的剪切频率 $\omega_c''$ 处会产生一定的迟后相角 $\phi_c(\omega_c'')$，因此 $\gamma''=\gamma(\omega_c'')+\phi_c(\omega_c'')$，一般取 $\phi_c(\omega_c'')=-6°\sim-14°$。根据上式计算结果，在 $\gamma(\omega_c'')$ 曲线上可查出相应的 $\omega_c''$；<br>(5)确定迟后网络参数 $a$ 和 $T$。<br>由 $20\lg a+20\lg G_0(\omega_c'')=0$，$1/aT=(0.1\sim0.25)\omega_c''$，得<br>$G_c(s)=(1+aTs)/(1+Ts)$<br>(6)验算性能指标是否满足要求。 |
| 迟后—超前校正 | (1)根据 $e_{ss}$ 要求确定开环增益 $K$；<br>(2)绘未校正系统对数频率特性，确定剪切频率 $\omega_c'$ 和相角裕度 $\gamma(\omega_c')$；<br>(3)在未校正系统对数幅频特性上，选从 $-20$ dB/dec 变为 $-40$ dB/dec 的交接频率为网络超前部分的转折频率 $\omega_2$；<br>(4)由响应速度要求选择 $\omega_c''$，并由下式确定 $a$<br>$-20\lg a+L'(\omega_c'')+20\lg\omega_c''/\omega_2=0$<br>(5)由 $\gamma$ 要求估算网络迟后部分转折频率 $\omega_1$，于是<br>$G(s)=\dfrac{(T_1s+1)(T_2s+1)}{(aT_1s+1)\left(\dfrac{1}{a}T_2s+1\right)}$<br>(6)验算性能指标是否满足要求。 |



高等学校优秀教材辅导丛书 GAODENG XUEXIAO YOUXIUJIAOCAI FUDAOCONGSHU

### 6.4.2 根轨迹法校正设计

用根轨迹法进行校正设计时,将系统性能指标转化为平面上的一对希望主导极点,然后适当选择校正装置的零、极点位置,迫使已校正系统的根轨迹通过希望主导极点位置,使系统实际主导极点与希望主导极点重合或接近重合。表 6-3 总结了常用的两种校正装置的基于根轨迹法的设计步骤。

**表 6-3 串联校正方式的基于根轨迹法的校正设计步骤**

| 设计步骤 / 校正方式 | 根轨迹法 |
|---|---|
| 超前校正 | (1)由给定时域指标要求确定闭环希望主导极点 $s_1,s_2$ 的区域和位置;<br>(2)绘未校正系统根轨迹,算出需要的相位超前角 $\phi=180°-\angle G_0(s_1)$;<br>(3)确定超前网络零点 $z_c$ 位置和极点 $p_c$ 位置;<br>(4)确定超前网络参数 $a,T$,$a=\left\|\frac{p_c}{z_c}\right\|$,$T=\frac{1}{\|p_c\|}$;<br>(5)绘校正后系统根轨迹,若根据要求的开环增益从根轨迹图上确定出的共轭复极点不符合闭环主导极点条件,则在性能指标允许范围内调整闭环极点位置,重新确定 $z_c$ 和 $p_c$ 位置,直到 $s_{1,2}$ 满足闭环主导极点条件为止。 |
| 迟后校正 | (1)绘制未校正系统的根轨迹图,根据给定性能指标中关于动态性能的要求,在根轨迹图上确定控制系统的闭环主导极点 $s_1$;<br>(2)根据绘制根轨迹的幅值条件,计算与闭环主导极点 $s_1$ 对应的开环增益 $K$;<br>(3)按给定性能指标中关于稳态误差要求,计算校正系统应具有的开环增益 $K_c$;并求取比值 $1/a=K_c/K$,由比值 $1/a$ 确定迟后校正参数 $a$;<br>(4)在 $s$ 平面负实轴上配置附加极点 $p_c$ 与零点 $z_c$,$\|z_c\|/\|p_c\|=1/a$,$\phi_c=\angle(s_1-p_c)-\angle(s_1-z_c)$ 控制在 5°~10°以下,为满足上述要求,首先需将 $z_c$ 与 $p_c$ 配置在原点附近,且应使极点 $p_c=-1/T$ 紧靠原点,由 $p_c$ 确定迟后校正参数 $T$;<br>(5)绘制校正系统的根轨迹图,并在其上按性能指标要求找出校正系统的闭环主导极点 $s_1'$,按幅值条件验算 $s_1'$ 对应的开环增益,并验算其余各项性能指标。 |

### 6.4.3 综合法(期望特性法)校正设计

前面介绍的校正方法均是加入校正装置改变系统的结构,使校正后系统满足性能指标要求,称为分析法或试探法。一般来说,基于设计者的经验,经过少量的修正计算便可确定出符合给定性能指标要求的校正参数。除上述方法外,还可根据综合法(期望特性法)进行校正设计。

1. 系统期望特性

系统期望特性通常是指满足给定性能指标的系统开环渐进幅频特性 $20\lg|G(j\omega)|$。由于这种特性只通过幅频特性来表示,而不考虑相频特性,故期望特性概念仅适用于最小相位系统。

2. 绘制系统期望特性的步骤

(1)根据对系统型别及稳态误差要求,通过性能指标 $v$ 及开环增益 $K$ 绘制期望特性的低频区特性。

(2)根据对系统响应速度及阻尼程度要求,通过剪切频率 $\omega_c$,相角裕度 $\gamma$,中频区宽度 $h$ 及中频区特性的上下限角频率 $\omega_3$ 与 $\omega_2$ 绘制期望特性的中频区特性。为确保系统具有足够的(如 $+45°$ 左右)相角裕度,取中频区特性斜率等于 $-20$ dB/dec。

(3)绘制期望特性的低、中频区特性间的过渡特性,其斜率一般取 $-40$ dB/dec。

(4)根据对系统幅值裕度 $20\lg K_g$ 及抑制高频干扰的要求,绘制期望特性的高频区特性。一般为使校正环节具有比较简单的特性以便于实现,要求期望特性的高频区特性在斜率上尽量与满足抑制高频干扰要求的系统不可变部分幅频特性在这一频带里的斜率一致,或使两者的高频区特性完全相同。

(5)绘制期望特性的中、高频区特性间的过渡特性,其斜率一般取 $-40$ dB/dec。

3. 期望特性法校正设计步骤

(1)根据系统稳态性能要求,绘制满足稳态性能的未校正系统的对数幅频特性 $20\lg|G(j\omega)|$。

(2)根据系统已给定的稳态和动态性能指标,绘制对应的期望开环对数幅频特性 $20\lg|G(j\omega)|$,其低频段与 $20\lg|G_0(j\omega)|$ 低频段重合。

(3)由式子 $20\lg|G(j\omega)| - 20\lg|G_0(j\omega)|$,得到校正装置对数幅频特性 $20\lg|G(j\omega)|$。

(4)验证校正后的系统是否满足性能指标要求,并加以工程实现。

高等学校优秀教材辅导丛书 GAODENG XUEXIAO YOUXIUJIAOCAI FUDAOCONGSHU

# 6.5 反馈校正

## 6.5.1 反馈的功能

1. 负反馈可以减弱为其包围环节的惯性,从而将扩展该环节的带宽。
2. 负反馈可以减弱参数变化对系统性能的影响。
3. 负反馈可以消除系统不可变部分中不希望有的特性。
4. 负反馈可以削弱非线性影响。
5. 正反馈可以提高反馈环路的增益。

## 6.5.2 基于频率响应法确定反馈校正参数

设含反馈校正的控制系统方框图如图 6-3 所示,其中 $G_0(s)$ 为系统不可变部分的传递函数,$H(s)$ 为反馈校正通道的传递函数。

确定反馈校正的结构与参数,即综合反馈校正传递函数 $H(s)$ 的步骤如下。

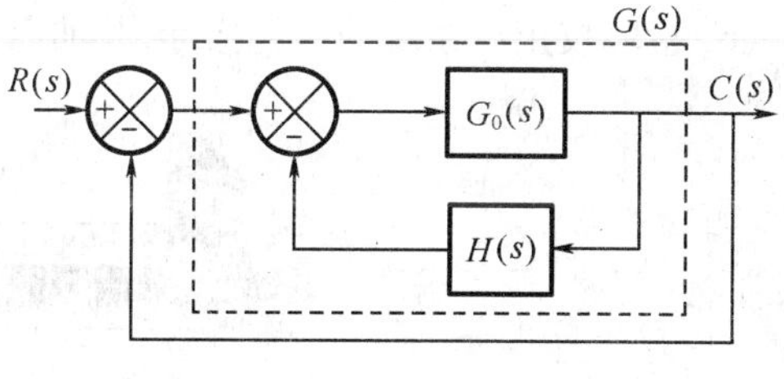

图 6-3 反馈校正的控制系统方框图

(1) 根据给定性能指标,结合系统不可变部分的频率响应,绘制给定系统的期望特性。

(2) 初选期望特性的中频区特性的倒特性,即取中频区特性对称于横轴的镜像特性为反馈校正通道频率响应的幅频特性。

(3) 根据系统不可变部分频率响应的幅频特性及反馈通道频率响应的幅频特性,绘制幅频特性 $20\lg|G_0(j\omega)H(j\omega)|=20\lg|G_0(j\omega)|+20\lg|H(j\omega)|$。

(4) 根据幅频特性 $20\lg|G(j\omega)|$ 检验初选的反馈通道频率响应。若系统期望特性的中频区特性位于 $20\lg|G_0(j\omega)H(j\omega)|>0$ dB 频带之内,且在剪切频率 $\omega_c$ 附近频域 $20\lg|G_0(j\omega)H(j\omega)|$ 值远大于 0 dB,则说明初选 $H(j\omega)$ 时所依据的条件 $G(j\omega)\approx\dfrac{1}{H(j\omega)}$ 是成立的;若系统期望特性 $20\lg|G(j\omega)|$ 的低、高频区特性分别位于 $20\lg|G_0(j\omega)H(j\omega)|<0$ dB 频带内,则说明初选 $H(j\omega)$ 时未考虑系统期望特性的低、高频区特性是正确的,这是因为在这种情况下由于条件 $|G_0(j\omega)H(j\omega)|\ll 1$ 基本得到满足,从而 $G(j\omega)\approx G_0(j\omega)$ 成立,反馈校正作用实际上已不存在。于是,初选的反馈通道频率响应 $H(j\omega)$ 如能满足上述条件便可认为选择合理而不必加以


高等学校优秀教材辅导丛书 GAODENG XUEXIAO YOUXIUJIAOCAI FUDAOCONGSHU

修正。

(5)由幅频特性 $20\lg|H(\mathrm{j}\omega)|$ 写出相应的反馈校正传递函数 $H(s)$，并加以工程实现。

### 6.5.3　基于期望特性法确定反馈校正参数

反馈校正控制系统方框图如图 6－2 所示，基于期望特性法确定反馈校正参数的步骤如下。

(1)绘制满足稳态性能指标要求的未校正系统开环对数幅频特性 $20\lg|G_0(\mathrm{j}\omega)|$；

(2)绘制满足性能要求的期望对数幅频特性 $20\lg|G(\mathrm{j}\omega)|$；

(3)用 $20\lg|G(\mathrm{j}\omega)|$ 减去 $20\lg|G(\mathrm{j}\omega)|$，取其中大于零分贝的那段幅频特性作为 $20\lg|G_2(\mathrm{j}\omega)G_c(\mathrm{j}\omega)|$，从而得 $G_2(s)G_c(s)$；

(4)检验局部反馈回路的稳定性，检查 $20\lg|G(\mathrm{j}\omega)|$ 的截止频率 $\omega_c$ 附近的 $|G_2(\mathrm{j}\omega)G_c(\mathrm{j}\omega)|>0$ dB 的程度；

(5)由 $G_2(s)G_c(s)$ 得 $G_c(s)$；

(6)检验校正后系统的性能指标，并加以工程实现。

## 书后习题解析

SHU HOU XI TI JIE XI

6－1　已知单位反馈系统的开环传递函数为 $G(s)=\dfrac{200}{s(0.1s+1)}$，试设计串联校正环节，使系统的相角裕度不小于 45°，剪切频率不低于 50 rad/s。

**解**　校正前系统的剪切频率为 44.2 rad/s，相角裕度为 12.7°。为了满足要求，相角裕度及剪切频率均应提高，则采用串联超前校正，校正环节的传递函数为

$$G_c(s)=\frac{\tau s+1}{Ts+1}\quad(\tau>T)$$

(1)选取剪切频率 $\omega_c=60$ rad/s，$\tau=10T$，则校正后系统的开环传递函数、幅频特性及相频特性分别为

$$G(s)=\frac{200(\tau s+1)}{s(0.1s+1)(Ts+1)}$$

$$|G(\mathrm{j}\omega)|=\frac{200\sqrt{1+(\tau\omega)^2}}{\omega\sqrt{1+(0.1\omega)^2}\sqrt{1+(T\omega)^2}}$$

$$\angle G(\mathrm{j}\omega)=-90°-\arctan(0.1\omega)-\arctan(T\omega)+\arctan(\tau\omega)$$

其中取 $T=0.1\tau$。

(2)由 $|G(j\omega_c)|_{\omega_c=60}=1$,求校正参数 $T$ 和 $\tau$。即

$$200\sqrt{1+(60\tau)^2}=60\sqrt{1+6^2}\sqrt{1+(6\tau)^2}$$

解得 $\tau=0.026\text{s}, T=0.002\ 6\ \text{s}$。

(3)验算

$$\angle G(j\omega_c)\Big|_{\omega_c=60}=-90°-\arctan 6-\arctan 0.002\ 6\times 60+\arctan 0.026\times 60=-122°$$

$$\gamma=180°+\angle G(j\omega_c)\Big|_{\omega_c=60}=+58°$$

校正后系统在相角裕度及剪切频率两方面均满足设计指标要求。所以串联超前校正环节的传递函数为

$$G_c(s)=\frac{1+0.026s}{1+0.002\ 6s}$$

6-2 在题6-2图所示控制系统中,要求采用串联校正以消除该系统跟踪匀速输入时的稳态误差。试设计串联校正环节。

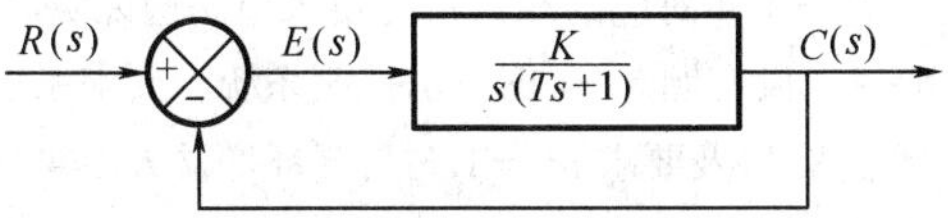


题6-2图

**解** 为了消除该系统跟踪匀速输入时的稳态误差,校正后的系统必须是Ⅱ型系统,并且还要保证系统的稳定性要求,所以选择PI控制,校正环节的传递函数 $G_c(s)$ 为

$$G_c(s)=\frac{K_1(\tau s+1)}{s}$$

从而校正后系统的开环传递函数为 $G(s)=\dfrac{K_1K(\tau s+1)}{s^2(Ts+1)}$

校正后系统的特征方程式为 $Ts^3+s^2+K_1K\tau s+K_1K=0$

保证系统稳定,由 $K_1K\tau-K_1KT>0$,求得 $\tau>T$,则可根据校正后系统对相角裕度的要求确定参数 $\tau$ 的取值;根据系统响应匀加速信号的稳态误差允许值来确定参数 $K_1$ 的取值,从而确定串联校正环节。

6-3 设某控制系统的开环传递函数为 $G(s)=\dfrac{10}{s(0.05s+1)(0.25s+1)}$,要求校正后系统的相对谐振峰值 $M_r=1.4$,谐振频率 $\omega_r>10$ rad/s。试设计串联校正环节。

**解** 由近似公式有 $\gamma=\arcsin\dfrac{1}{M_r}=\arcsin\dfrac{1}{1.4}=45.6°$

将该系统近似视为二阶系统。则由

$$M_r=\frac{1}{2\zeta\sqrt{1-\zeta^2}},\quad \omega_c=\omega_r\frac{\sqrt{\sqrt{1+\zeta^4}-2\zeta^2}}{\sqrt{1-2\zeta^2}}$$

求得 $\zeta=0.39,\quad \omega_c=1.008\ 4\omega_r=1.008\ 4\times 10=10.084$ rad/s

为满足 $\omega_r>10$ rad/s 的要求,并留有余地,取 $\omega_c=15$ rad/s。则有 $\angle G(j\omega_c)\big|_{\omega_c=15}=-202°, \gamma=-22°$,此时闭环系统不稳定。为了满足相角裕度要求,系统需采用串联超前校正,其传递函数为

$$G_c(s)=\frac{aTs+1}{Ts+1}\quad (a>1)$$



高等学校优秀教材辅导丛书 GAODENG XUEXIAO YOUXIUJIAOCAI FUDAOCONGSHU

(1)串联超前校正环节应提供的最大超前相角 $\phi_m$ 为 $\phi_m = 45.6° + 22° \approx 68°$。由 $\phi_m = \arcsin\dfrac{a-1}{a+1}$,解得 $a=26.4$,取 $a=27$。

(2)为使校正效果最好,令 $\omega_c = \omega_m = \dfrac{1}{\sqrt{a}T}$,解得 $T=0.013$,则满足设计指标的串联超前校正环节的传递函数为

$$G_c(s) = \frac{0.342s+1}{0.013s+1}$$

校正后系统的开环传递函数为

$$G(s) = \frac{73(0.342s+1)}{s(0.05s+1)(0.25s+1)(0.013s+1)}$$

(3)验算。当 $\omega_c = 15$ rad/s 时,校正后系统的相角裕度为 $\gamma = 46°$,则校正后系统的相角裕度满足与 $M_r = 1.4$ 对应的相角裕度要求值。这说明选取的校正环节是合适的。

6-4 设有题 6-4 图所示控制系统。要求系统的相对谐振峰值 $M_r = 1.3$,试确定前置放大器的增益 $K$,以及要求 $M_r = 1.3$ 与开环增益 $K_v \geqslant 4\ \text{s}^{-1}$,试确定串联迟后校正参数。

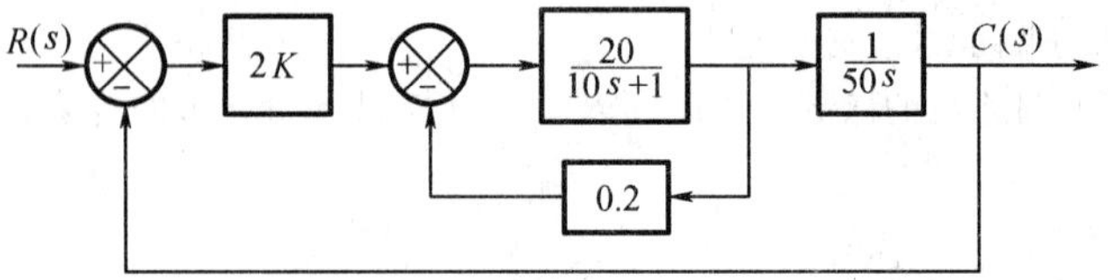


题 6-4 图

**解** (1)图中所示系统的开环传递函数为

$$G(s) = 2K \times \frac{\dfrac{20}{10s+1}}{1+\dfrac{20}{10s+1}\times 0.2} \times \frac{1}{50s} = \frac{K_v}{s(2s+1)}$$

其中 $K_v = 4K/25$。给定系统的闭环传递函数为

$$\Phi(s) = \frac{G(s)}{1+G(s)} = \frac{\dfrac{K_v}{2}}{s^2+0.5s+K_v/2}$$

与二阶系统传递函数的标准形式相对应,有

$$2\zeta\omega_n = 0.5, \quad \omega_n^2 = \frac{2K}{25}$$

由 $M_r = \dfrac{1}{2\zeta\sqrt{1-\zeta^2}}$,求得当 $M_r = 1.3$ 时,阻尼比 $\zeta = 0.45$。前置放大器的增益 $K = 4.33$,$K_v = \dfrac{4K}{25} = 0.693\ \text{s}^{-1}$。

(2)串联迟后校正环节的传递函数为

$$G_c(s)=\frac{1+aTs}{1+Ts}\quad (a<1)$$

未校正系统的幅频特性为 $$|G(j\omega)|=\frac{0.693}{\omega_c\sqrt{1+(2\omega_c)^2}}$$

求得 $$\omega_c=0.493$$

为了保证$\angle G_c(j\omega_c)\geqslant -3°$,令$1/aT=\frac{1}{25}\omega_c=0.2\ \text{rad/s}$。根据开环增益$K_v\geqslant 4\ \text{s}^{-1}$的要求,即将$K_v$从原值0.693提高到要求值4,需提高5.77倍以上,则令$\frac{1}{a}=7$,因此求得$T=350\ \text{s}$。求得串联迟后校正环节的传递函数为 $$G_c(s)=\frac{1+50s}{1+350s}$$

该迟后校正环节在$\omega_c=0.493\ \text{rad/s}$处的迟后相角为

$$\angle G_c(j\omega_c)=-\arctan 350\omega_c+\arctan 50\omega_c\Big|_{\omega_c=0.493}=-2°$$

这说明,选取的校正环节是合适的。

6-5 设单位反馈系统的开环传递函数为$G(s)=\frac{K}{s(0.04s+1)}$,要求系统响应匀速信号的稳态误差$e_{ss}\leqslant 1\%$及相角裕度$\gamma\geqslant 45°$,试确定串联迟后校正环节的传递函数。

**解** (1)未校正系统的幅频特性和相频特性分别为

$$|G(j\omega)|=\frac{K}{\omega\sqrt{1+(0.04\omega)^2}}$$

$$\angle G(j\omega)=-90°-\arctan(0.04\omega)$$

当$\gamma=50°(>45°)$时,即

$$\angle G(j\omega)=180°-90°-\arctan(0.04\omega)=50°$$

解得 $$\omega_c=21\ \text{rad/s}$$

则给定系统的开环增益为

$$K=\omega_c\sqrt{1+(0.04\omega_c)^2}=27.4\ \text{s}^{-1}$$

(2)根据系统响应匀速信号的稳态误差$e_{ss}\leqslant 1\%$,有$e_{ss}=\frac{1}{K}\leqslant 1\%$,即$K\geqslant 100$。因此通过串联迟后校正需将开环增益$K$提高的倍数$\frac{1}{a}$为

$$\frac{1}{a}=\frac{100}{27.4}=3.65$$

串联迟后校正环节的传递函数为

$$G_c(s)=\frac{1+aTs}{1+Ts}\quad (a<1)$$

并选取 $$\frac{1}{T}=2\ \text{rad/s}\approx\frac{1}{10}\omega_c$$

则$T=0.5\ \text{s}$。串联迟后校正环节的传递函数为

$$G_c(s)=\frac{0.5s+1}{1.83s+1}$$

(3)验算。校正后系统的开环传递函数为

$$G(s)=\frac{100}{s(0.04s+1)}\cdot\frac{0.5s+1}{1.83s+1}$$

则当剪切频率 $\omega_c=21$ rad/s 时,校正后系统的相角裕度为

$$\gamma=180°-90°-\arctan(0.04\times21)-\arctan(1.83\times21)+\arctan(0.5\times21)=60°$$

满足系统应具有相角裕度 $\gamma(\omega_c\geqslant45°)$ 的要求。

6-6 已知某单位反馈系统的开环传递函数为 $G(s)=\dfrac{Ke^{-0.005s}}{s(0.01s+1)(0.1s+1)}$,要求系统的相角裕度 $\gamma=45°$ 及响应匀速信号 $r(t)=t$ 时的稳态误差 $e_{ss}=0.01$。试确定串联校正环节的传递函数。

**解** (1)根据未校正系统的幅频特性和相频特性分别为

$$|G(j\omega)|=\frac{K}{\omega\sqrt{1+(0.01\omega)^2}\sqrt{1+(0.1\omega)^2}}$$

$$\angle G(j\omega)=-90°-\arctan(0.01\omega)-\arctan(0.1\omega)-57.3\times0.005\omega$$

确定满足相角裕度 $\gamma(\omega_c)=45°$时的剪切频率 $\omega_c$ 之值。

$$\gamma=180°+\angle G_c(j\omega_c)=180°-90°-\arctan(0.01\omega_c)-\arctan(0.1\omega_c)-57.3\times0.005\omega_c=45°$$

求得

$$\omega_c=8\ \text{rad/s}$$

则

$$|G(j\omega_c)|=\left.\frac{K}{\omega_c\sqrt{1+(0.01\omega_c)^2}\sqrt{1+(0.1\omega_c)^2}}\right|_{\omega_c=8}=1$$

解得使给定系统在 $\omega_c=8$ rad/s 处具有相角裕度 $\gamma(\omega_c)=45°$的开环增益为 $K=10.2\ \text{s}^{-1}$。

(2)根据系统响应匀速信号的稳态误差 $e_{ss}=1\%$,校正后系统应具有的开环增益为$K_1=100$。因此通过串联迟后校正需将开环增益 $K$ 提高的倍数$\dfrac{1}{a}$为

$$\frac{1}{a}=\frac{100}{10.2}\approx10$$

(3)串联迟后校正环节的传递函数为

$$G_{c1}(s)=\frac{aT_1s+1}{T_1s+1}\quad(a<1)$$

选取 $aT_1=1/6$ s,即 $1/aT_1=6$ rad/s,则串联迟后校正环节的传递函数为

$$G_{c1}(s)=\frac{\frac{1}{6}s+1}{\frac{1}{0.6}s+1}$$

并且

$$\angle G_c(j8)=\arctan\left(\frac{1}{6}\times8\right)-\arctan\left(\frac{1}{0.6}\times8\right)=-33°$$

(4)可见迟后校正环节在剪切频率 $\omega_c=8$ rad/s 处引入 $-33°$迟后相角,为确保校正后系统在剪切频率 $\omega_c=8$ rad/s 处具有相角裕度 $\gamma(\omega_c)=45°$,必须进一步采用串联超前校正,使其在

$\omega_c$ 处提供一个超前相角，以补偿由串联迟后校正在该处所造成 $-33°$ 的相角迟后。

选取串联超前校正环节，其传递函数为

$$G_{c2}(s)=\frac{1+a_1T_2s}{1+T_2s}\quad(a_1>1)$$

选取 $a_1T_2=1/10\ \mathrm{s}$，$a_1=10$，则串联超前校正环节的传递函数为

$$G_{c2}(s)=\frac{\frac{1}{10}s+1}{\frac{1}{100}s+1}$$

则串联超前校正环节在 $\omega_c=8\ \mathrm{rad/s}$ 处所能提供的超前相角为

$$\angle G_{c2}(\mathrm{j}8)=\arctan\left(\frac{1}{10}\times 8\right)-\arctan\left(\frac{1}{100}\times 8\right)=34°$$

从计算结果看出，选用的串联超前校正环节是合适的。

(5)验算。

校正后系统的开环传递函数为

$$G(s)=\frac{100\mathrm{e}^{-0.005s}\left(\frac{1}{6}s+1\right)}{s(0.01s+1)^2\left(\frac{1}{0.6}s+1\right)}$$

相角裕度

$$\gamma=180°-90°-2\arctan(0.01\times 8)-\arctan\left(\frac{1}{0.6}\times 8\right)-57.3\times 0.005\times 8=46°\quad(>45°)$$

可见选取的串联迟后—超前校正环节的传递函数是正确的，满足 $\gamma(\omega_c)=45°$ 及 $e_{ss}=0.01$ 的要求。

6－7　设某控制系统的方框图如题 6－7 图所示。欲通过反馈校正使系统相角裕度 $\gamma=50°$，试确定反馈校正参数 $K_t$。

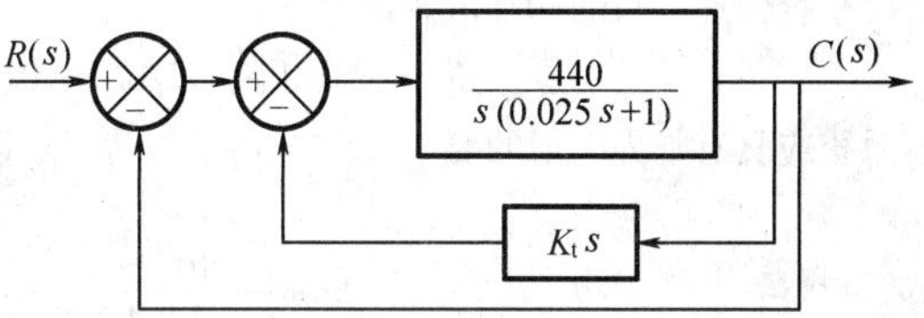


题 6－7 图

**解**　由图得该系统的开环传递函数 $G(s)$ 为

$$G(s)=\frac{\frac{440}{s(0.025s+1)}}{1+\frac{440}{s(0.025s+1)}\times K_ts}=\frac{440}{0.025s^2+(1+440K_t)s}$$

则闭环传递函数 $\Phi(s)$ 为

$$\Phi(s)=\frac{G(s)}{1+G(s)}=\frac{\frac{440}{0.025}}{s^2+\left(\frac{1+440K_t}{0.025}\right)s+\frac{440}{0.025}}$$

同二阶系统传递函数的标准形式比较,则有

$$2\zeta\omega_n = \frac{1+440K_t}{0.025}, \quad \omega_n = \sqrt{\frac{440}{0.025}} = 132.7\ \text{rad/s}$$

对于二阶系统,系统的相角裕度 $\gamma$ 与阻尼比 $\zeta$ 间的关系为

$$\gamma = \arctan \frac{2\zeta}{\sqrt{\sqrt{1+4\zeta^4}-2\zeta^2}}$$

当 $\gamma=50°$时,求得 $\zeta=0.48$,最后计算得

$$K_t = \frac{2\times 0.48\times 132.7\times 0.025-1}{440} = 0.005$$

6-8 设某控制系统的方框图如题 6-8 图所示。要求采用速度反馈校正,使系统具有临界阻尼,即阻尼比 $\zeta=1$。试确定反馈校正参数 $K_t$。

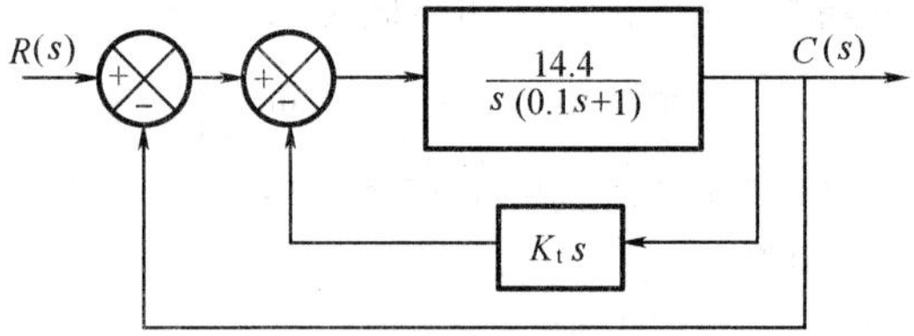


题 6-8 图

**解** 由题 6-8 图得该系统的开环传递函数为

$$G(s) = \frac{\dfrac{14.4}{s(0.1s+1)}}{1+\dfrac{14.4}{s(0.1s+1)}K_t s} = \frac{14.4}{0.1s^2+(1+14.4K_t)s}$$

则系统的闭环传递函数 $\Phi(s)$ 为

$$\Phi(s) = \frac{144}{s^2+10(1+14.4K_t)s+144}$$

同二阶系统传递函数的标准形式比较,则有

$$\omega_n = 12\ \text{rad/s}, \quad 2\zeta\omega_n = 10(1+14.4K_t)$$

根据系统应具有临界阻尼的要求,即 $\zeta=1$,求得速度反馈校正参数 $K_t$ 为

$$K_t = \frac{\dfrac{2\times 1\times 12}{10}-1}{14.4} = 0.097$$

6-9 已知最小相位系统的开环渐近幅频特性如题 6-9 图(a)所示,题 6-9 图(b)为该系统的方框图。欲通过反馈校正消除开环幅频特性在转折频率 20 rad/s 处的谐振峰,试确定反馈校正的传递函数形式及参数值。

**解** (1)由题 6-8 图(a)得该最小相位系统的开环传递函数为

$$G(s) = \frac{10}{s\left[\left(\frac{1}{20}\right)^2 s^2 + 2\zeta\left(\frac{1}{20}\right)s+1\right]}$$

并由 $20\lg\dfrac{1}{2\zeta}=4.5$ dB,解得 $\zeta=0.3$。则系统的开环传递函数为



高等学校优秀教材辅导丛书 GAODENG XUEXIAO YOUXIUJIAOCAI FUDAOCONGSHU

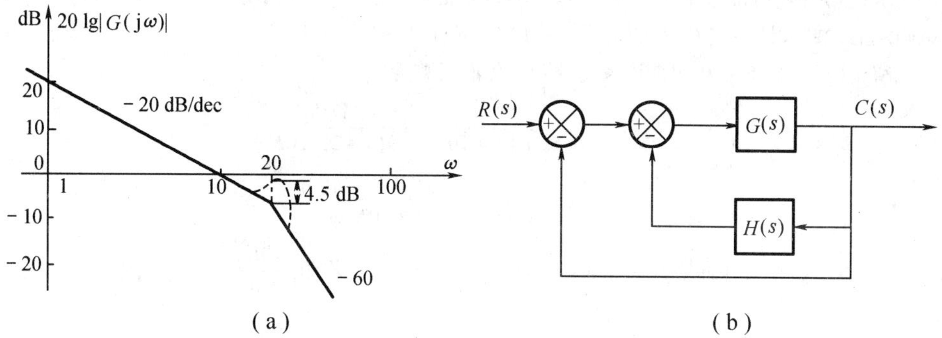


(a)　　　　(b)

题 6－9 图

$$G(s)=\frac{10}{s\left[\left(\frac{1}{20}\right)^2 s^2+2\times 0.3\times\frac{1}{20}s+1\right]}$$

(2)通过反馈校正消除图(a)所示开环幅频特性在转折频率 20 rad/s 处的谐振峰,意味着通过反馈校正应使振荡环节的阻尼比$\zeta\geqslant\frac{\sqrt{2}}{2}$,即将开环传递函数分母中的 $s^2$ 项系数由 $2\times 0.3\times\frac{1}{20}$ 提高到 $2\times 0.5\times\frac{1}{20}$。因此取反馈通道的传递函数

$$H(s)=as^2$$

式中 $a$ 为反馈系数。

(3)从图(b)求得反馈校正系统的开环传递函数为

$$G(s)=\frac{10}{s\left[\left(\frac{1}{20}\right)^2 s^2+\left(2\times 0.3\times\frac{1}{20}+10a\right)s+1\right]}$$

则
$$2\times 0.3\times\frac{1}{20}+10a\geqslant 2\times\frac{\sqrt{2}}{2}\times\frac{1}{20}$$

解得反馈系数为 $a\geqslant 0.004$。

6－10　已知某控制系统的方框图如题 6－10 图所示。欲使系统在测速反馈校正后满足如

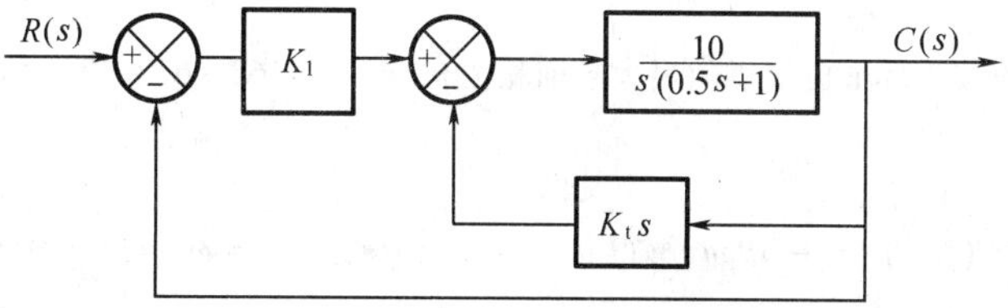


题 6－10 图



高等学校优秀教材辅导丛书 GAODENG XUEXIAO YOUXIUJIAOCAI FUDAOCONGSHU

下要求:(1)开环增益 $K_v \geqslant 5\ s^{-1}$;(2)闭环系统阻尼比 $\zeta=0.5$;(3)调整时间 $t_s \leqslant 2\ s\ (\Delta=0.05)$。试确定前置放大器增益 $K_1$ 及测速反馈系数 $K_t$($K_t$ 在 0~1 间选取)。

**解** (1)由题 6-10 图得该系统的开环传递函数为

$$G(s)=\frac{10K_1}{s(0.5s+1)+10K_ts}=\frac{20K_1}{s(s+2+20K_t)}$$

且
$$K_v=\lim_{s\to 0}sG(s)=\frac{10K_1}{1+10K_t}$$

根据题意,要求开环增益 $K_v \geqslant 5\ s^{-1}$,即 $\frac{10K_1}{1+10K_t}\geqslant 5\ s^{-1}$,若取 $\frac{10K_1}{1+10K_t}=5\ s^{-1}$,则

$$2K_1=1+10K_t$$

(2)该系统的闭环传递函数为

$$\Phi(s)=\frac{20K_1}{s^2+2(1+10K_t)s+20K_1}$$

同二阶系统传递函数的标准形式比较,则有

$$2\zeta\omega_n=2(1+10K_t),\quad \omega_n^2=20K_1$$

当 $\zeta=0.5$,得
$$\sqrt{5K_1}=1+10K_t$$

最后解得
$$K_1=1.25,\quad K_t=0.15$$

可见测速反馈系数 $K_t$ 满足在 0~1 间取值的要求。

(3)验算

$$K_v=\frac{10\times 1.25}{1+10\times 0.15}=5\ s^{-1},\quad t_s(\Delta=0.05)=\frac{4}{\zeta\omega_n}=\frac{4}{0.5\sqrt{20\times 1.25}}=1.6\ s$$

从以上验算结果看出,参数 $K_1=1.25$ 及 $K_t=0.15$ 满足题意要求,因此选值是正确的。

6-11 设某单位反馈系统的开环传递函数为 $G(s)=\frac{K_v}{s(s+1)}$,要求开环增益 $K_v=12\ s^{-1}$ 及相角裕度 $\gamma=40°$。试确定串联校正环节的传递函数。

**解** 满足开环增益 $K_v=12\ s^{-1}$,则该系统的开环传递函数为

$$G(s)=\frac{12}{s(s+1)}$$

计算得原系统的剪切频率和相角裕度分别为 $\omega_c=3.4$,$\gamma=16°$,则可采取串联超前校正,校正环节的传递函数为
$$G_c(s)=\frac{aTs+1}{Ts+1}\quad (a>1)$$

(1)串联超前校正环节应提供的最大超前相角 $\phi_m=40°-16°+6°=30°$,由 $\phi_m=\arcsin\frac{a-1}{a+1}$,解得 $a=3$。

(2)由 $20\lg|G(j\omega_m)|=-10\lg a$,解得 $\omega_m=4.5\ rad/s$,令 $\omega_c=\omega_m=\frac{1}{\sqrt{a}T}$,解得 $T=0.128$。则超前校正环节的传递函数为
$$G_c(s)=\frac{0.384s+1}{0.128s+1}$$

校正后系统的开环传递函数为 $G(s)=\dfrac{12(0.384s+1)}{s(s+1)(0.128s+1)}$

(3)验算

应用 MATLAB 中的 MARGIN 函数画出校正后系统的 Bode 图,得 $\omega_c=4.5,\gamma=43°$。表明选取的校正环节合适。

6-12 设某单位反馈系统的开环传递函数为 $G(s)=\dfrac{K_v}{s(0.5s+1)}$,要求系统响应匀速信号 $r(t)=t$ 时的稳态误差 $e_{ss}=0.1$ 及闭环幅频特性的相对谐振峰值 $M_r\leqslant1.5$,试确定串联校正环节的传递函数。

**解** 根据系统响应匀速信号 $r(t)=t$ 时的稳态误差的要求 $e_{ss}=0.1,K_v=10$,计算得原系统的剪切频率和相角裕度分别为 $\omega_c=4.26,\gamma=25°$。当 $M_r\leqslant1.5,\gamma\approx\arcsin\dfrac{1}{M_r}$,则 $\gamma\geqslant41.8°$。则可采取串联超前校正,校正环节的传递函数为 $G_c(s)=\dfrac{aTs+1}{Ts+1}(a>1)$。思路同上题,大致步骤如下。

(1)$\phi_m=41.8°-25°+5°=21.8°$,解得 $a=2.17$,取 $a=3$,解得 $\omega_m=5.7$ rad/s,令 $\omega_c=\omega_m=\dfrac{1}{\sqrt{a}T}$,解得 $T=0.1$,则超前校正环节的传递函数为 $G_c(s)=\dfrac{0.3s+1}{0.1s+1}$,校正后系统的开环传递函数为

$$G(s)=\frac{10(0.3s+1)}{s(0.5s+1)(0.1s+1)}$$

(2)验算

应用 MATLAB 中的 MARGIN 函数画出校正后系统的 Bode 图,$\omega_c=5.7,\gamma=49°$。满足性能指标要求。

6-13 设某单位反馈系统的开环传递函数为 $G(s)=\dfrac{10}{s(0.1s+1)(0.5s+1)}$,试绘出系统开环频率响应的 Bode 图,并求出其相角裕度及幅值裕度。当采用传递函数为 $G_c(s)=\dfrac{0.23s+1}{0.023s+1}$ 的串联校正环节时,试计算校正系统的相角裕度及幅值裕度,并讨论校正系统的性能有何改进。

**解** 原系统 Bode 图如题6-13解图所示,原系统相角裕度 $\gamma=3.9°$ 及幅值裕度 $20\lg K_g=1.58$ dB;校正系统的相角裕度 $\gamma=37.6°$ 及幅值裕度 $20\lg K_g=18$ dB。应用串联超前校正,系统的相角裕度变大,系统的动态性能得到改善。

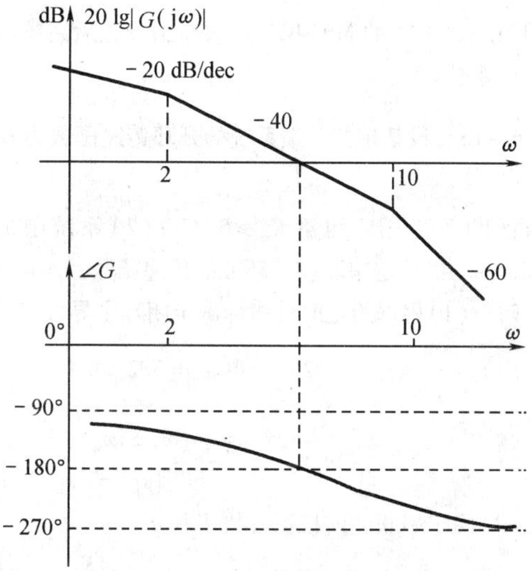


题6-13解图



高等学校优秀教材辅导丛书 GAODENG XUEXIAO YOUXIUJIAOCAI FUDAOCONGSHU

6－14　设某单位反馈系统的开环传递函数为 $G(s)=\dfrac{4}{s(2s+1)}$，设计一串联迟后校正环节，使校正系统的相角裕度 $\gamma \geqslant 40°$，并保持原有的开环增益值。

**解**　(1)未校正系统的幅频特性和相频特性分别为

$$|G(j\omega)|=\frac{4}{\omega\sqrt{1+4\omega^2}},\quad \angle G(j\omega)=-90°-\arctan(2\omega)$$

当 $\gamma=45°(>40°)$时，即　$\gamma=180°-90°-\arctan(2\omega_c)=45°$

解得

$$\omega_c=0.5\ \text{rad/s}$$

则保证系统的相角裕度 $\gamma=45°(>40°)$的开环增益为 $K=0.707\ \text{s}^{-1}$。

(2)保持开环增益 $K=4\ \text{s}^{-1}$不变，因此通过串联迟后校正，需将开环增益 $K$ 提高的倍数 $\dfrac{1}{a}$ 为

$$\frac{1}{a}=\frac{4}{0.707}=5.656$$

串联迟后校正环节的传递函数为

$$G_c(s)=\frac{1+aTs}{1+Ts}\quad (a<1)$$

并选取

$$\frac{1}{aT}=0.05\ \text{rad/s}=\frac{1}{10}\omega_c$$

则 $T=113$ s。串联迟后校正环节的传递函数为

$$G_c(s)=\frac{20s+1}{113s+1}$$

(3)验算。校正后系统的开环传递函数为

$$G(s)=\frac{4}{s(2s+1)}\cdot\frac{20s+1}{113s+1}$$

应用 MATLAB 中的 MARGIN 函数画出校正后系统的 Bode 图，$\omega_c=0.5$，$\gamma=40.2°>40°$，满足性能指标要求。

6－15　设某单位反馈系统的开环传递函数为 $G(s)=\dfrac{K_v}{s\left(\frac{1}{4}s+1\right)(s+1)}$。

要求：(1)系统开环增益 $K_v\geqslant 5\ \text{s}^{-1}$；(2)系统阻尼比 $\zeta=0.5$；(3)单位阶跃响应调整时间 $t_s=2.5$ s。试确定串联校正环节的传递函数。

**解**　(1)根据给定时域指标确定闭环主导极点位置。

由 $t_s\approx\dfrac{4}{\zeta\omega_n}(\Delta=0.02)$，求得 $\omega_n=3.2$。则闭环主导极点

$$s_{1,2}=-\zeta\omega_n\pm j\omega_n\sqrt{1-\zeta^2}=-1.6\pm j2.77$$

$$|s_1|=|s_2|=\omega_n=3.2$$

(2)确定串联超前校正参数 $T$ 和 $a$。

将开环传递函数变换为 $G(s)=\dfrac{4K}{s(s+4)(s+1)}=\dfrac{k}{s(s+4)(s+1)}$(令 $k=4K$)

高等学校优秀教材辅导丛书 GAODENG XUEXIAO YOUXIUJIAOCAI FUDAOCONGSHU

根据系统开环增益 $K=5\ \mathrm{s}^{-1}$ 的要求,得

$$k=4\times5=20$$

且
$$M=\frac{|s_1|\cdot|s_1-p_2|\cdot|s_1-p_3|}{1}=33.24$$

$$\phi=180°+\angle s_1+\angle s_1+\angle(s_1-p_2)+\angle(s_1-p_3)=180°+120°+102.22°+41.63°=83.85°$$

由于要求的超前补偿相角 $\phi<90°$,所以采用带惯性的 $PD$ 控制器实现串联超前校正是可行的,由 $k,M$ 及 $\phi$ 求得

$$\cot\alpha=\frac{33.24}{20}\csc83.85°-\cot83.85°$$

得
$$\alpha=32.62°$$

由 $\zeta=0.5$,求得

$$\delta=60°,\quad \theta=180°-\alpha-\delta=87.38°$$

则
$$|z_c|=\omega_n\frac{\sin\alpha}{\sin\theta}=1.73,\quad |p_c|=\omega_n\frac{\sin(\phi+\alpha)}{\sin(\theta-\phi)}=46.52$$

进而求得串联超前校正参数为

$$T=\frac{1}{|p_c|}=0.021\ 5,\quad a=\frac{|p_c|}{|z_c|}=26.89$$

带惯性的 $PD$ 控制器的传递函数为

$$G_c(s)=26.89\frac{s+1.73}{s+46.52}$$

(3)验算。经初步设计得到校正系统开环传函为

$$G_s=\frac{20\times26.89}{s(s+4)(s+1)}\times\frac{s+1.73}{s+46.52}$$

初步选定的闭环主导极点 $s_{1,2}=-1.6\pm \mathrm{j}2.77$,根据单位反馈系统的闭环传递函数为

$$\frac{C(s)}{R(s)}=\frac{20\times26.89(s+1.73)}{(s+1.6+\mathrm{j}2.77)(s+1.6-\mathrm{j}2.77)(s-s_3)(s-s_4)}$$

由 $C(0)/R(0)=1$,得

$$s_3s_4=90.86$$

又由

$$(s+1.6+\mathrm{j}2.77)(s+1.6-\mathrm{j}2.77)(s-s_3)(s-s_4)$$
$$=s(s+4)(s+1)(s+46.52)20\times26.89\times(s+1.73)$$

解得
$$s_3+s_4=-48.32$$

则闭环极点
$$s_3=-1.96,\quad s_4=-46.36$$

其中闭环极点 $s_3=-1.96$,可近似认为被闭环零点 $z_c=-1.73$ 完全补偿,闭环极点 $s_4=-46.36\approx29\mathrm{Re}(s_1)$,距离轴甚远,所以选定 $s_{1,2}=-1.6\pm\mathrm{j}2.77$ 作为闭环主导极点是合适的,因此,以 $a=26.89$ 和 $T=0.021\ 5$ s作为串联超前校正参数能满足对给定系统提出的各项性能指标。

6-16　设某单位反馈系统的开环传递函数为 $G(s)=\dfrac{K_v}{s(0.5s+1)(s+1)}$,要求系统的开环

高等学校优秀教材辅导丛书 GAODENG XUEXIAO YOUXIUJIAOCAI FUDAOCONGSHU

增益 $K_v \geq 5\ s^{-1}$ 及相角裕度 $\gamma \geq 38°$，试确定串联迟后校正环节的传递函数。

**解** 思路同上题，大致步骤如下。

(1) $G(j\omega)=\dfrac{K_v}{\omega\sqrt{1+(0.5\omega)^2}\sqrt{1+\omega^2}}$，$\angle G(j\omega)=-90°-\arctan 0.5\omega-\arctan\omega$，当 $\gamma=40°$ ($>38°$) 时，解得 $\omega_c=0.63\ \text{rad/s}$，保证系统的相角裕度 $\gamma=40°$ ($>38°$) 的开环增益为 $K=0.78\ s^{-1}$。

(2) 要求系统的开环增益 $K_v \geq 5\ s^{-1}$，因此通过串联迟后校正需将开环增益 $K$ 提高的倍数 $\dfrac{1}{a}$ 为 $\dfrac{1}{a}=\dfrac{5}{0.78}=6.4$，取 $\dfrac{1}{a}=7$。串联迟后校正环节的传递函数为 $G_c(s)=\dfrac{1+aTs}{1+Ts}(a<1)$ 并选取 $\dfrac{1}{aT}=0.063\ \text{rad/s}=\dfrac{1}{10}\omega_c$，则 $T=111.09\ s$。串联迟后校正环节的传递函数为

$$G_c(s)=\frac{15.87s+1}{111.09\ s+1}$$

(3) 验算。校正后系统的开环传递函数为

$$G(s)=\frac{5}{s(0.5s+1)(s+1)}\cdot\frac{15.87s+1}{111.09s+1}$$

应用 MATLAB 中的 MARGIN 函数画出校正后系统的 Bode 图，$\omega_c=0.878$，$\gamma=46.25°>38°$，满足性能指标要求。

6－17 设某单位反馈系统的开环传递函数为

$$G(s)=\frac{K_v}{s(0.1s+1)(0.2s+1)}$$

要求：(1) 系统开环增益 $K_v=30\ s^{-1}$；(2) 系统相角裕度 $\gamma \geq 45°$；(3) 系统截止频率 $\omega_b=12\ \text{rad/s}$。试确定串联迟后—超前校正环节的传递函数。

**解** (1) 未校正系统的幅频特性和相频特性分别为

$$|G(j\omega)|=\frac{K_v}{\omega\sqrt{1+0.01\omega^2}\sqrt{1+0.04\omega^2}}$$

$$\angle G(j\omega)=-90°-\arctan(0.1\omega)-\arctan 0.2\omega_c$$

保证系统的相角裕度 $\gamma=45°$，则由 $\gamma=180°-90°-\arctan 0.1\omega_c-\arctan 0.2\omega_c=45°$，得 $\omega_c=2.807\ \text{rad/s}$。则保证系统的相角裕度 $\gamma=45°$ 的开环增益为 $K=3.342\ s^{-1}$。

(2) 要求系统的开环增益 $K_v=30\ s^{-1}$，因此通过串联迟后校正需将开环增益 $K$ 提高的倍数 $\beta=\dfrac{30}{3.342}=8.97$，取 $\beta=9$。串联迟后校正环节的传递函数为 $G_c(s)=\dfrac{1+Ts}{1+\beta Ts}(\beta>1)$。并选取 $\dfrac{1}{T}=1\ \text{rad/s}$，则串联迟后校正环节的传递函数为 $G_{c1}(s)=\dfrac{s+1}{9s+1}$。

(3) $G_{c1}(j\omega_c)\approx-18°$，则需串联超前校正环节提供的最大相角为 $\phi_m=18°+5°=23°$，解得 $a=3$。串联超前校正环节的传递函数为 $G_{c2}(s)=\dfrac{1+aT_1s}{1+T_1s}(a>1)$，并选取 $\dfrac{1}{aT_1}=4\ \text{rad/s}$，则串联超

前校正环节的传递函数为 $G_{c2}(s)=\dfrac{\frac{1}{4}s+1}{\frac{1}{12}s+1}$。

(4)验算。校正后系统的开环传递函数为

$$G(s)=\frac{30(s+1)\left(\frac{1}{4}s+1\right)}{s(0.1s+1)(0.2s+1)(9s+1)\left(\frac{1}{12}s+1\right)}$$

应用 MATLAB 中的 MARGIN 函数画出校正后系统的 Bode 图，$\omega_c=3.4$，$\gamma=46.89°$，$\omega_b=13$ rad/s。满足性能指标要求。

6－18　设某单位反馈系统的开环传递函数为 $G(s)=\dfrac{K_v}{s(0.1s+1)(0.2s+1)}$。要求：(1)系统响应匀速信号 $r(t)=t$ 时的稳态误差 $e_{ss}=0.01$；(2)系统的相角裕度 $\gamma\geqslant 40°$。试设计一个串联迟后—超前校正环节。

**解**　思路同上题，大致步骤如下。

(1)$\gamma=45°\geqslant 40°$，得 $\omega_c=2.807$ rad/s，$K_v=3.342\ \mathrm{s}^{-1}$。

(2)$e_{ss}=0.01$，$K_v=100\ \mathrm{s}^{-1}$，$\beta=\dfrac{100}{3.342}\approx 30$。令迟后环节传函为 $G_c(s)=\dfrac{1+Ts}{1+\beta Ts}(\beta>1)$，并选取 $\dfrac{1}{T}=1$ rad/s，则 $G_{c1}(s)=\dfrac{s+1}{30s+1}$。

(3)$G_{c1}(j\omega_c)\approx -19°$，则 $\phi_m=19°+5°=24°$，得 $a=2.34$，取 $a=3$。令超前环节传函为 $G_{c2}(s)=\dfrac{1+aT_1s}{1+T_1s}$，并选取 $\dfrac{1}{aT_1}=4$ rad/s，则 $G_{c2}(s)=\dfrac{\frac{1}{4}s+1}{\frac{1}{12}s+1}$。

(4)验算。校正后系统的开环传递函数为

$$G(s)=\frac{100(s+1)\left(\frac{1}{4}s+1\right)}{s(0.1s+1)(0.2s+1)(30s+1)\left(\frac{1}{12}s+1\right)}$$

应用 MATLAB 中的 MARGIN 函数画出校正后系统的 Bode 图，$\omega_c=3.43$，$\gamma=45.64°$。满足性能指标要求。

6－19　已知某控制系统的方框图如题 6－19 图所示。要求：

(1)系统响应匀速输入 $\Omega_i=110$ rad/s 时的稳态误差 $e_{ss}=0.25$ rad；

(2)系统相角裕度 $\gamma\approx 55°$。试确定反馈校正参数 $\tau$ 和 $b$。

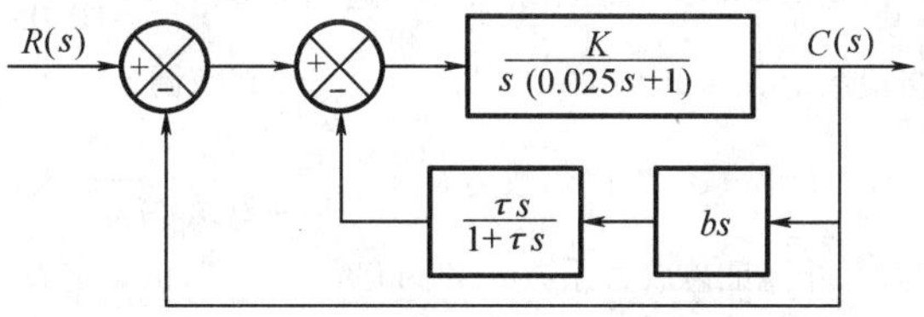


题 6－19 图



高等学校优秀教材辅导丛书 GAODENG XUEXIAO YOUXIUJIAOCAI FUDAOCONGSHU

**解** 校正系统的开环传递函数为 $G(s)=\dfrac{K(\tau s+1)}{s(T's+1)(T''s+1)}$，其中 $T'=0.025\dfrac{\tau}{T''}$，$T''=0.025+(1+Kb)\tau-T'$。

(1)校正前后系统的开环增益不变，由 $e_{ss}=\dfrac{110}{K}=0.25$，得 $K=440$。应用 MATLAB 中的 MARGIN 函数绘制待校正系统的 Bode 图，得 $\omega_c=135\ \text{rad/s}$，$\gamma=16.5°$。

(2)选择纯测速校正参数，提高系统的相角裕度。令 $\dfrac{\tau}{T''}=0.1$，则 $T'=0.0025$。此时，不计等效串联迟后校正的情况下，开环传递函数 $G_1(s)=\dfrac{K}{s(T'_s+1)}=\dfrac{440}{s(0.0025s+1)}$。仿真结果得 $\omega'_c=420\ \text{rad/s}$，$\gamma'=43.6°<55°$。

(3)加入等效串联迟后校正，减小系统带宽，进一步提高系统的相角裕度。令 $\tau=0.1\ \text{s}$，则 $T''=1\ \text{s}$，校正系统的开环传递函数为 $G(s)=\dfrac{440(0.1s+1)}{s(0.0025s+1)(s+1)}$。仿真结果得 $\omega''_c=42\ \text{rad/s}$，$\gamma'=72°>55°$，不符合要求。则通过试探，令 $\tau=0.033\ \text{s}$，则 $T''=0.33\ \text{s}$，$b=0.019\ \text{s}$。校正系统的开环传递函数为 $G(s)=\dfrac{440(0.033\ s+1)}{s(0.0025\ s+1)(0.33\ s+1)}$。应用 MATLAB 中的 MARGIN 函数画出校正后系统的 Bode 图，得 $\omega''_c=50.7\ \text{rad/s}$，$\gamma'=55.3°$，满足性能指标要求。

## 同步训练题

1. 设单位反馈系统的开环传递函数为 $G(s)=\dfrac{100K}{s(0.04s+1)}$，若要求系统对单位斜坡输入信号的稳态误差 $e_{ss}\leqslant1\%$，相角裕度 $\gamma\geqslant40°$，试确定系统的串联校正网络。

2. 设某系统的开环传递函数为 $G(s)=\dfrac{K}{s(0.1s+1)(0.05s+1)}$，试设计串联校正使系统满足：(1)速度误差系数 $K_v\geqslant30$；(2)相角稳定裕度 $\gamma\geqslant30°$。

3. 已知单位反馈系统开环传递函数 $G(s)=\dfrac{K}{s(0.05\ s+1)(0.2\ s+1)}$，设计串联超前校正网络使系统 $K_v\geqslant10\ \text{rad/s}$，超调量不大于25%，调节时间不大于1 s。

4. 二阶系统传递函数为 $G(s)=\dfrac{K\omega_n^2}{s^2+2\zeta\omega_n s+\omega_n^2}$，现欲加负反馈 $H(s)$ 来提高阻尼比，使阻尼比为 $\zeta''$，并保证总放大系数 $K$ 和固有频率不变，试确定 $H(s)$。

5. 一单位负反馈最小相位系统开环相频特性表达式为 $\varphi(\omega)=-90°-\arctan\dfrac{\omega}{2}-\arctan\omega$。(1)求相角裕度为45°时系统的开环传递函数；(2)在不改变截止频率 $\omega_c$ 的前提下，试选取参数 $K_c$ 与 $T$，使系统在加入串联校正环节后，系统的相角裕度提高到60°。

6. 设单位反馈系统的开环传递函数为 $G(s)=\dfrac{8}{s(2s+1)}$，若采用迟后—超前校正装置 $G_c(s)=\dfrac{(10s+1)(2s+1)}{(100s+1)(0.02s+1)}$对系统进行串联校正，试绘制系统校正前后的对数幅频渐近特性，并计算系统校正前后的相角裕度。

7. 设单位反馈系统的开环传递函数 $G(s)=\dfrac{K}{s(0.1s+1)(0.01s+1)}$，试设计串联校正装置，使系统期望特性满足下列指标：(1)静态速度误差系数 $K_v\geqslant 250\ \mathrm{s}^{-1}$；(2)截止频率 $\omega_c\geqslant 30\ \mathrm{rad/s}$；(3)相角裕度 $\gamma(\omega_c)\geqslant 45°$。

8. 设单位反馈系统开环传递函数为 $G(s)G_0(s)=\dfrac{K}{s(1+0.12s)(1+0.02s)}$，试设计串联校正装置，使系统满足 $K_v\geqslant 70$，$t_s\leqslant 1$，$\sigma\%\leqslant 40\%$。

9. 设单位反馈系统开环传递函数为 $G(s)=\dfrac{K}{s(0.05s+1)(0.2s+1)}$，试设计串联超前校正装置，使系统得静态速度误差系数小于5，超调量不大于25%，调节时间不大于1。

10. 设单位反馈系统开环传递函数为 $G(s)=\dfrac{K}{s(0.05s+1)(0.25s+1)(0.1s+1)}$，若要求校正后系统的开环增益不小于12，超调量小于30%，调节时间小于3，试确定串联迟后校正装置的传递函数。

11. 设单位反馈系统开环传递函数为 $G(s)=\dfrac{K}{s(s+4)(s+5)}$，若要求校正后系统的 $K_v=30$，$\zeta=0.707$，并保证原主导极点位置基本不变，试确定串联校正装置。

## 同步训练题答案

TONG BU XUN LIAN TI DA AN

1. **解**　根据稳态误差要求，$K\geqslant 1$，原系统 $\omega_c=50\ \mathrm{rad/s}$，$\gamma=26.6°$，引入超前校正 $G_c(s)=\dfrac{aTs+1}{Ts+1}\quad(a>1)$，$a=2.43$，$T=0.01\ \mathrm{s}$，校正后系统 $\gamma=48.22°$，校正后系统的开环传递函数

$$G(s)G_c(s)=\frac{100(0.024s+1)}{s(0.04s+1)(0.01s+1)}$$

2. **解**　$K_v\geqslant 30$，$K=30$，原系统 $\omega_c=17.3\ \mathrm{rad/s}$，$\gamma=-10.8°<30°$，选用迟后校正，校正环节函数 $G_c(s)=\dfrac{aTs+1}{Ts+1}\quad(a<1)$，则令 $\gamma=30°+6°=36°$，解得 $\omega_c'=7\ \mathrm{rad/s}$，$a=0.043$，由 $\dfrac{1}{aT}=0.1\omega_c'$，求得 $T=33$。校正环节传递函数 $G_c(s)=\dfrac{1.43s+1}{33s+1}$，验算 $\gamma''>30°$，满足要求。

3. **解**　要求 $\sigma\%\leqslant 25\%$，$M_r=1.225$，$t_s\leqslant 1\ \mathrm{s}$，$\omega_c'=7.74$，$\gamma'=54.7°$。原系统 $\omega_c=7.07$，$\gamma=15.8°$，采用超前校正，$G_c(s)=\dfrac{aTs+1}{Ts+1}\quad(a>1)$，$a=9$，$T=0.027$，所以 $G_c(s)=\dfrac{0.245s+1}{0.027s+1}$，验

高等学校优秀教材辅导丛书 GAODENG XUEXIAO YOUXIUJIAOCAI FUDAOCONGSHU

算满足要求。

4. 解　$H(s)=\dfrac{2(\zeta''-\zeta)s}{K\omega_n}$

5. 解　(1)开环传递函数为　$G_o(s)=\dfrac{0.56}{s\left(\dfrac{s}{2}+1\right)(s+1)}$

(2) $T=1.74$, $K_c=0.821$。

6. 解　校正前　$G(s)=\dfrac{8}{s(2s+1)}=\dfrac{8}{s\left(\dfrac{s}{0.5}+1\right)}$, $\omega_c=2$

$$\gamma=180°+\angle G(j\omega_c)=180°-90°-\arctan\frac{2}{0.5}=14°$$

做出校正前对数幅频特性，如题6解图中的实线所示。

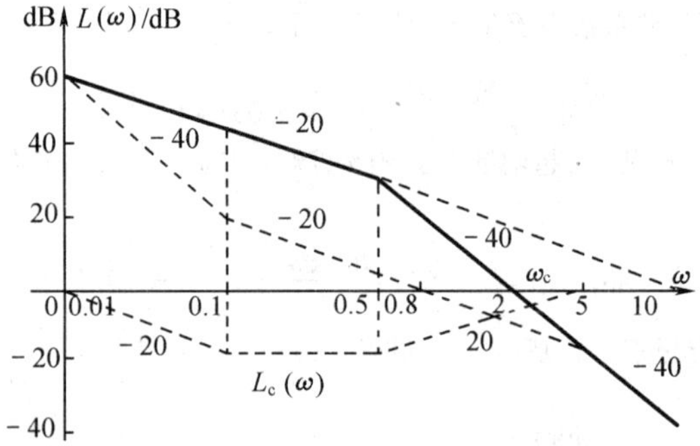


题6解图

校正后

$$G_c(s)=\frac{(10s+1)(2s+1)}{(100s+1)(0.2s+1)}=\frac{\left(\dfrac{s}{0.1}+1\right)\left(\dfrac{s}{0.5}+1\right)}{\left(\dfrac{s}{0.01}+1\right)\left(\dfrac{s}{5}+1\right)}$$

$$G'(s)=G_c(s)G(s)=\frac{8\left(\dfrac{s}{0.1}+1\right)}{s\left(\dfrac{s}{0.01}+1\right)\left(\dfrac{s}{5}+1\right)}$$

做出校正后对数幅频特性，如解图中的虚线 $L'(\omega)$ 所示。由图 $\omega_c'=0.8$ 有

$$\gamma'=180°+\arctan\frac{0.8}{0.1}-90°-\arctan\frac{0.8}{0.01}-\arctan\frac{0.8}{5}=74.5°$$

7. 解　选择迟后—超前校正

$$G_c(s)=\frac{\left(\frac{s}{3}+1\right)\left(\frac{s}{10}+1\right)}{\left(\frac{s}{0.36}+1\right)\left(\frac{s}{90}+1\right)}$$

校正后系统的开环传递函数 $$G'(s)=\frac{250\left(\frac{s}{3}+1\right)}{s\left(\frac{s}{0.36}+1\right)\left(\frac{s}{90}+1\right)\left(\frac{s}{100}+1\right)}$$

验算，$\gamma'>45^\circ$满足要求。

**8. 解** 校正装置 $G_c(s)=\frac{(1+0.25s)(1+0.12s)}{(1+1.34s)(1+0.022s)}$。

**9. 解** $G_c(s)=\frac{0.2s+1}{0.044s+1}$，$a=4.5$。

**10. 解** $G_c(s)=\frac{3.3s+1}{20.4s+1}$。

**11. 解** $G_c(s)=\frac{1}{27.8}\times\frac{431s+1}{15.5s+1}$。

# 第7章 线性离散系统的分析与综合

ZHI SHI YAO DIAN 知识要点

## 7.1 基本知识

### 7.1.1 采样脉冲序列

$$x^*(t) = \sum_{n=0}^{\infty} x(nT_0)\delta(t - nT_0)$$

$$\delta(t-nT_0) = \begin{cases} \infty, & t = nT_0 \\ 0, & t \neq nT_0 \end{cases}$$

$$\int_{-\infty}^{+\infty} \delta(t - nT_0)\,\mathrm{d}t = 1$$

### 7.1.2 采样(Shannon)定理

如果采样角频率大于或等于$2\omega_m$,即$\omega_s \geqslant 2\omega_m$,则经采样得到的脉冲序列能无失真的再恢复到原连续信号,$\omega_m$为连续信号频谱的上限频率。

### 7.1.3 零阶信号保持器

具有常值外推功能的保持器称零阶保持器,它将前一个采样时刻$nT_0$的采样值不增不减地保持到下一个采样时刻$(n+1)T_0$到来之前的一瞬间,即$\varepsilon(nT_0+\tau) = \varepsilon(nT_0)$,$0 \leqslant \tau < T_0$,传递函数为

$$G_h(s) = \frac{1 - \mathrm{e}^{-T_0 s}}{s}$$

高等学校优秀教材辅导丛书 GAODENG XUEXIAO YOUXIUJIAOCAI FUDAOCONGSHU

# 7.2 Z 变 换

## 7.2.1 Z 变换

1. 定义 $$X(z)=\sum_{n=0}^{\infty}X(nT_0)z^{-n}$$

2. Z 变换的求取方法

(1)级数求和法

Z 变换定义式展开有

$$X(z)=X(0)+X(T_0)z^{-1}+X(2T_0)z^{-2}+\cdots+X(nT_0)z^{-n}+\cdots \qquad (7-1)$$

如果(7-1)式能写成闭环式,则可求得 Z 变换。

(2)部分分式法

$X(t)$ 的拉氏变换 $X(s)$ 为 $s$ 的有理分式,并具有如下形式

$$X(s)=\frac{M(s)}{N(s)}=\sum_{i=1}^{n}\frac{A_i}{s+s_i},$$

而

$$\mathscr{L}^{-1}\left[\frac{A_i}{s+s_i}\right]=A_i\mathrm{e}^{-s_it},\quad \mathscr{Z}[A\mathrm{e}^{-s_it}]=\frac{A_iz}{z-\mathrm{e}^{-s_iT_0}}$$

所以 $$X(z)=\sum_{i=1}^{n}\frac{A_iz}{z-\mathrm{e}^{-s_iT_0}}$$

(3)留数计算法

已知 $X(t)$ 的拉氏变换 $X(s)$ 及全部极点 $s_i(i=1,2,\cdots,n)$

$$X(z)=\sum_{i=1}^{n}\mathrm{Res}\left[X(s_i)\frac{z}{z-\mathrm{e}^{s_iT_0}}\right]=\sum_{i=1}^{n}R_i$$

①当 $X(s)$ 具有一阶极点 $s=s_i$ 时,留数 $R_i=\lim\limits_{s\to s_i}(s-s_i)\left[X(s)\frac{z}{z-\mathrm{e}^{sT_0}}\right]$;

②当 $X(s)$ 有 $r$ 重极点时,$R_i=\frac{1}{(r-1)!}\lim\limits_{s\to s_i}\frac{\mathrm{d}^{r-1}}{\mathrm{d}s^{r-1}}\left[(s-s_i)^rX(s)\frac{z}{z-\mathrm{e}^{sT_0}}\right]$。

这里 $n$ 代表的是彼此互不相同的极点的个数。

## 7.2.2 Z 变换的基本定理

1. 线性定理

$$\mathscr{Z}[ax(t)]=aX(z)$$

$$\mathscr{Z}[X_1(t) \pm X_2(t)] = X_1(z) \pm X_2(z)$$

2. 实数位移定理

(1)迟后定理

设在 $t<0$ 时,连续函数为 $X(t)=0$,设其 $Z$ 变换存在,则

$$\mathscr{Z}[X(t-kT_0)] = z^{-k}X(z)$$

(2)超前定理

$$\mathscr{Z}[X(t+kT_0)] = z^k[X(z) - \sum_{n=0}^{k-1} X(nT_0)z^{-n}]$$

3. 终值定理

设连续时间函数 $X(t)$ 的 $Z$ 变换为 $X(z)$,$X(z)$ 不含有 $z=1$ 的二重以上极点,在单位圆外无极点,则有

$$\lim_{t\to\infty} X(t) = \lim_{z\to 1}[(z-1)X(z)]$$

4. 初值定理

设函数 $x(t)$ 的 $Z$ 变换为 $X(z)$,并且 $\lim\limits_{x\to\infty} X(z)$ 存在,则 $x(0)=\lim\limits_{z\to\infty} X(z)$。

### 7.2.3 Z 反变换

1. 长除法

$$X(z) = \frac{b_0 + b_1 z^{-1} + \cdots + b_m z^{-m}}{a_0 + a_1 z^{-1} + \cdots + a_n z^{-n}} \quad (n \geqslant m)$$

用分子除以分母,并按 $z^{-1}$ 的升幂排列得

$$X(z) = C_0 + C_1 z^{-1} + C_2 z^{-2} + \cdots + C_n z^{-n} + \cdots = \sum_{n=0}^{\infty} C_n z^{-n}$$

由 $Z$ 变换定义 $X(z) = \sum\limits_{n=1}^{\infty} X(nT_0)z^{-n}$,知 $C_n = X(nT_0)$,则可求得

$$X^*(t) = \sum_{n=0}^{\infty} X(nT_0)\delta(t-nT_0) = \sum_{n=0}^{\infty} C_n \delta(t-nT_0)$$

2. 部分分式法

(1)将 $X(z)/z$ 展开成部分分式;

(2)查表求出展开式每一项对应的时间函数 $X(t)$;

(3)将 $X(t)$ 转换成采样信号 $X^*(t)$。

3. 留数计算法

$$X(nT_0) = \sum_{i=1}^{l} \mathrm{Res}[X(z)z^{n-1}]$$



高等学校优秀教材辅导丛书 GAODENG XUEXIAO YOUXIUJIAOCAI FUDAOCONGSHU

$$\sum_{i=1}^{l}\text{Res}[X(z)z^{n-1}] = \sum_{i=1}^{l}\frac{1}{(r_i-1)!}\frac{\text{d}^{r_i-1}}{\text{d}z^{r_i-1}}[(z-z_i)^{r_i}X(z)z^{n-1}]\mid_{z=z_i}$$

$z_i$ 为彼此不相等的极点,总数为 $l$,$r_i$ 为重根极点 $z_i$ 的重复个数,则

$$X^*(t) = \sum_{n=0}^{\infty}X(nT_0)\delta(t-nT_0)$$

### 7.2.4 差分方程的 Z 变换法求解

实质是应用 Z 变换的实数位移定理,将差分方程化为以 $z$ 为变量的代数方程,然后进行 Z 反变换,求出各采样时刻的响应。

## 7.3 脉冲传递函数

### 7.3.1 定义

脉冲传递函数为零初始条件下,输出脉冲序列的 Z 变换与输入脉冲序列的 Z 变换之比。

开环线性数字控制系统方框图如图 7-1 所示,则脉冲传递函数 $G(z)$ 为

$$G(z) = \frac{\mathscr{Z}[C^*(t)]}{\mathscr{Z}[\varepsilon^*(t)]} = \frac{C(z)}{\varepsilon(z)}$$

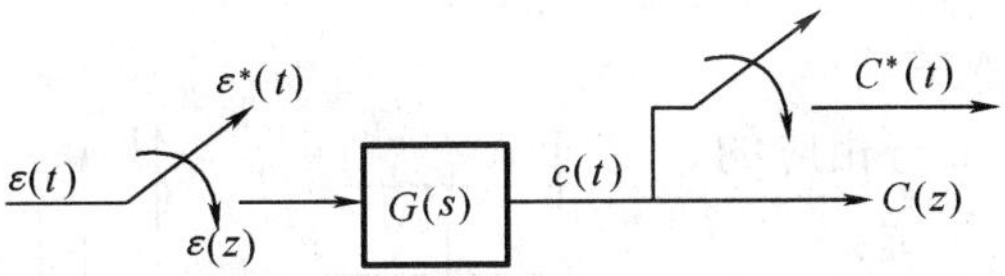


图 7-1 开环线性数字控制系统方框图

### 7.3.2 开环脉冲传递函数

1. 串联环节间无同步采样开关隔离时的脉冲传递函数等于各环节传递函数之积取 Z 变换

$$G(z) = G_1G_2\cdots G_n(z)$$

2. 串联环节间有同步采样开关时的脉冲传递函数等于各环节脉冲传递函数的 $z$ 变换之积

$$G(z) = G_1(z)G_2(z)\cdots G_n(z)$$

3. 与零阶保持器串联时的脉冲传递函数

$$G(z) = (1-z^{-1})\mathscr{Z}\left[\frac{G_1(s)}{s}\right]$$



高等学校优秀教材辅导丛书 GAODENG XUEXIAO YOUXIUJIAOCAI FUDAOCONGSHU

# 7.4　离散系统脉冲响应

## 7.4.1　极点位置与瞬态响应的关系

1. 具有共轭复数极点的情形

共轭复极点分布与相应的动态形式如图 7－2 所示。

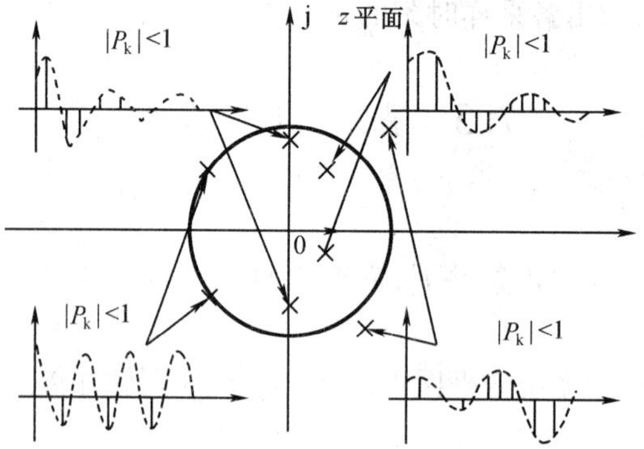


图 7－2　共轭复极点分布与相应的动态形式

2. 具有实数极点的情形

闭环实极点分布与相应的动态形式如图 7－3 所示。

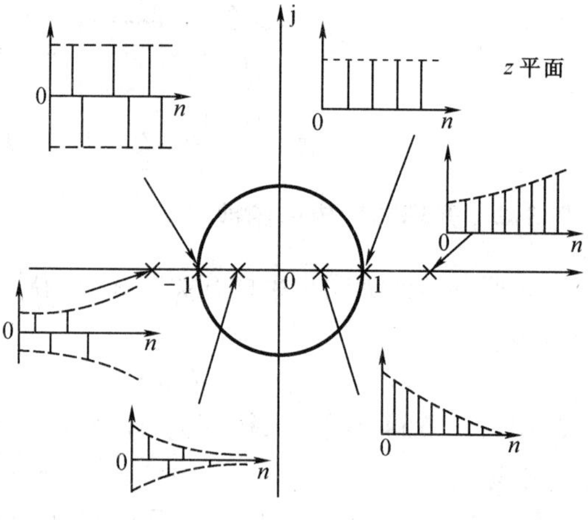


图 7－3　闭环实极点分布与相应的动态形式

## 7.4.2　稳态误差

线性数字控制系统方框图如图 7－4 所示，则系统的稳态误差为

$$e_{ss}=\lim_{t\to\infty}e_{ss}(t)=\lim_{z\to1}(z-1)E(z)$$

$$E(z)=\frac{R(z)}{1+G(z)}$$

$$e_{ss}=\lim_{z\to1}(z-1)R(z)/1+G(z)$$

（1）输入信号为单位阶跃函数 $r(t)=1(t)$ 时



高等学校优秀教材辅导丛书 GAODENG XUEXIAO YOUXIUJIAOCAI FUDAOCONGSHU

$$R(z)=\frac{z}{z-1},\quad e_{ss}=\lim_{z\to1}\frac{(z-1)\frac{z}{z-1}}{1+G(z)}=\lim_{z\to1}\frac{1}{1+G(z)}=\frac{1}{1+K_p}$$

这里 $K_p=\lim\limits_{z\to1}G(z)$——位置误差系数。

(2)输入信号为单位斜坡函数 $r(t)=t$ 时

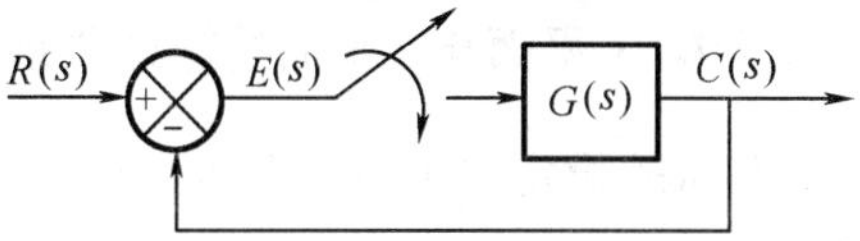


图 7-4　线性数字控制系统方框图

$$R(z)=\frac{T_0z}{(z-1)^2}$$

$$e_{ss}=\lim_{z\to1}\frac{(z-1)\frac{T_0z}{(z-1)^2}}{1+G(z)}$$

$$=\lim_{z\to1}\frac{T_0}{(z-1)G(z)}=\frac{T_0}{K_v}$$

这里 $K_v=\lim\limits_{z\to1}(z-1)G(z)$——速度误差系数。

(3)输入信号为单位抛物线信号，即 $r(t)=\frac{1}{2}t^2$ 时

$$R(z)=\frac{T_0^2z(z+1)}{2(z-1)^2}$$

$$e_{ss}=\lim_{z\to1}\frac{(z-1)\cdot\frac{T_0^2z(z+1)}{2(z-1)^3}}{1+G(z)}=\lim_{z\to1}\frac{T_0^2}{(z-1)^2G(z)}=\frac{T_0^2}{K_a}$$

这里 $K_a=\lim\limits_{z\to1}(z-1)^2G(z)$——加速度误差系数。

将上述结果总结如表 7-1 所示。

**表 7-1　不同类型系统的稳态误差终值**

| 稳态误差终值 \ 输入 / 系统类型 | $r(t)=1(t)$ | $r(t)=t$ | $r(t)=\frac{1}{2}t^2$ |
|---|---|---|---|
| 0 型系统 | $\frac{1}{1+k_p}$ | $\infty$ | $\infty$ |
| 1 型系统 | 0 | $\frac{T_0}{k_v}$ | $\infty$ |
| 2 型系统 | 0 | 0 | $\frac{T_0^2}{k_a}$ |
| 3 型系统 | 0 | 0 | 0 |

# 7.5 稳定性分析

### 7.5.1 $s$ 平面与 $z$ 平面的映射关系

$s$ 平面的稳定区域在 $z$ 平面上的映象是单位圆内部区域，映射关系如图 7-5 所示。

### 7.5.2 线性数字系统稳定的充要条件

如图 7-6 所示闭环系统的特征方程为 $1+G_1G_2H(z)=0$。

设特征方程的根为 $z_1,z_2,\cdots,z_n$，则线性数字控制系统稳定的充要条件是：系统特征方程的根均位于 $z$ 平面的单位圆内，或全部特征根的模小于 1。

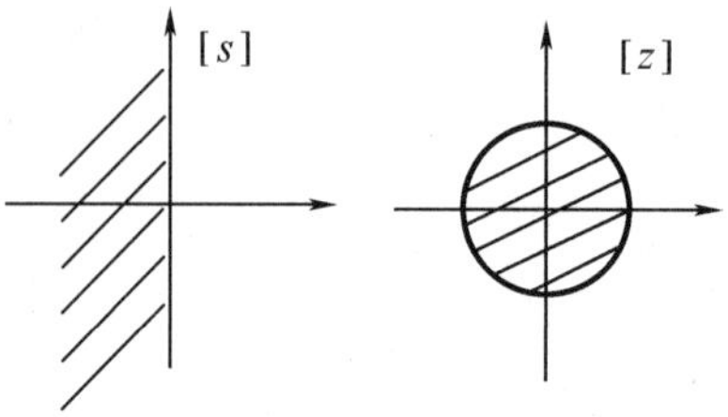


图 7-5　$s$ 平面与 $z$ 平面的映射关系

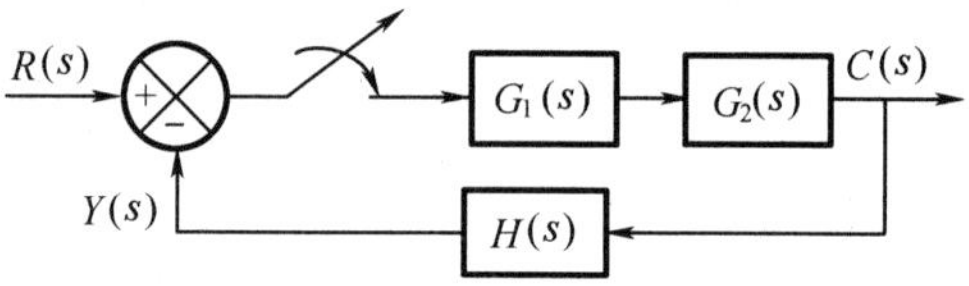


图 7-6　线性数字控制系统方框图

### 7.5.3 Routh 稳定判据

应用 Routh 判据判定系统稳定性步骤如下：

(1)求出采样系统的特征方程 $D(z)=0$；

(2)进行 $\omega$ 变换，令 $z=\dfrac{\omega+1}{\omega-1}$，整理后得 $D(\omega)=0$；

(3)应用 Routh 判据判别采样系统的稳定性。

# 7.6 线性离散系统的数字校正

### 7.6.1 数字控制器的脉冲传递函数

含数字控制器的线性离散系统方框图如图 7-7 所示，则



高等学校优秀教材辅导丛书 GAODENG XUEXIAO YOUXIUJIAOCAI FUDAOCONGSHU

$$\Phi(z)=\frac{C(z)}{R(z)}=\frac{D(z)G(z)}{1+D(z)G(z)}$$

$$\Phi_e(z)=\frac{\varepsilon(z)}{R(z)}=\frac{1}{1+D(z)G(z)}$$

得
$$D(z)=\frac{\Phi(z)}{G(z)[1-\Phi(z)]},\quad D(z)=\frac{1-\Phi_e(z)}{G(z)\Phi_e(z)}$$

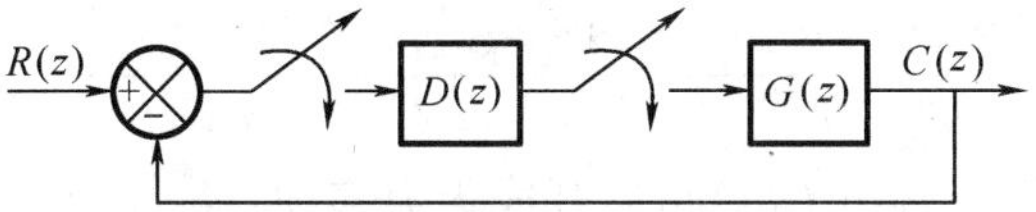


图 7 - 7　含数字控制器的线性离散系统方框图

### 7.6.2　最小拍系统的设计

1. 最小拍系统定义

拍——在采样过程中，通常称一个采样周期为一拍。

最小拍系统——在典型控制信号下，在各采样时刻上无稳态响应误差，且能在有限个采样周期内结束响应过程，从而完全跟踪控制信号的离散系统或数字系统。

2. 数字控制器设计

(1)对数字控制器的要求

①$D(z)$须具有有理分式，即 $D(z)$的分子多项式的次数不高于分母多项式的次数，否则 $D(z)$在第 $k$ 个采样时刻的输出需要用到第 $k$ 个采样时刻以后的 $e^*(k)$值，这是不可实现的，$D(z)$的形式为

$$D(z)=\frac{b_0z^q+b_1z^{q-1}+\cdots+b_{q-1}z+b_q}{z^p+a_1z^{p-1}+\cdots+a_{p-1}z+a_p}\quad(q\leqslant p)$$

②$D(z)$须是一个稳定的装置，以便在工程实际中可以调整其参数，其极点须都在单位圆内。

③设 $\Phi(z)$的分母是 $z$ 的 $r$ 次多项式，分子为 $z$ 的 $l$ 次多项式当然有 $r\leqslant l$，则 $l-\Phi(z)$的分母与 $\Phi(z)$的分母相同，而分子也是 $z$ 的 $r$ 次多项式，所以$\dfrac{\Phi(z)}{1-\Phi(z)}$的分子是 $l$ 次多项式，分母是 $r$ 次多项式。设 $G(z)$的分母为 $z$ 的 $n$ 次多项式，分子是 $m$ 次多项式，当然 $m\leqslant n$，则由 $D(z)=\dfrac{\Phi(z)}{G(z)[1-\Phi(z)]}$知 $D(z)$的分母为$m+r$次，多项式分子为 $n+l$ 次多项式，即 $p=m+l$，$q=n+l$，故有 $n+1\leqslant m+r$ 或$r-l\geqslant n-m$，

这说明 $\Phi(z)$ 的分子分母次数差 $r-l$ 不可小于 $G(z)$ 的分子分母次数差 $n-m$，也就是说选择的闭环 $z$ 传递函数的分母分子次数差只能比对象 $z$ 传递函数的分母分子次数差大，而不能比它小。

(2) $\Phi(z)=D(z)G(z)\Phi_e(z)$，$D(z)$ 的极点须在单位圆内且闭环系统须稳定，所以 $\Phi(z)$ 的极点也必须在单位圆内。

设 $\Phi(z)$ 可以表示成

$$\Phi(z)=\frac{\beta_0 z^{l-r}+\beta_1 z^{l-r-1}+\cdots+\beta_{l-1}z^{-(r-1)}+\beta_1 z^{-r}}{1+\alpha_1 z^{-1}+\cdots+\alpha_{r-1}z^{-(r-1)}+\alpha_r z^{-r}}\quad (l\leqslant r)$$

在单位脉冲信号作用下输出 $C(z)$ 可展开成无穷多项

$$C(z)=g_1 z^{l-r}+g_2 z^{l-r-1}+\cdots$$

这表明系统的脉冲响应过程为无穷长。若取 $\Phi(z)$ 的分母只有 $z^r$，其余各项为零，则

$$C(z)=\beta_0 z^{l-r}+\beta_1 z^{l-r-1}+\cdots+\beta_1 z^{-r}$$

就只有有限项了，过渡过程可在有限个采样周期内完成。

对于单位阶跃，单位斜坡，单位加速度 $R(z)$，它们的分母中都含有 $(1-z^{-1})^\nu$ $(\nu=1,2,3)$，不妨统一为

$$R(z)=\frac{A(z^{-1})}{(1-z^{-1})^\nu}$$

由于 $e_{ss}=\lim\limits_{z\to 1}(z-1)R(z)\Phi_e(z)$，可见除了满足上面的约束外，还含有相应的 $(z-1)^\nu$ 因子，要使 $e_{ss}=0$，则 $\Phi_e(z)=\dfrac{(z-1)^\nu\varphi(z)}{z^\nu}$，$\nu$ 取 1，2 或 3，且 $\varphi(z)$ 的阶次不大于 $r-l$，上式即为最小拍系统 $\Phi_e(z)$ 应具有的结构形式。

## 书后习题解析

7-1 试求取 $X(s)=(1-e^{-s})/s^2(s+1)$ 的 $Z$ 变换。

**解** 将给定的 $X(s)$ 展开成部分分式，则 $X(s)=\dfrac{1-e^{-s}}{s^2(s+1)}=(1-e^{-s})\left[\dfrac{1}{s^2}-\dfrac{1}{s}+\dfrac{1}{s+1}\right]$，求取 $X(s)$ 每一部分分式及 $(1-e^{-s})$ 的 $Z$ 变换，得

$$X(z)=(1-z^{-1})\left[\frac{z}{(z-1)^2}-\frac{z}{z-1}+\frac{z}{z-e^{-T_0}}\right]$$

式中 $T_0$ 为采样周期。整理得 $X(s)$ 的 $Z$ 变换为



高等学校优秀教材辅导丛书 GAODENG XUEXIAO YOUXIUJIAOCAI FUDAOCONGSHU

$$X(z)=\frac{e^{-T_0}+1-2e^{-T_0}}{z^2-(1+e^{-T_0})z+e^{-T_0}}\Bigg|_{T_0=1}=\frac{0.368z+0.264}{z^2-1.368z+0.368}$$

7-2　试求取 $X(z)=10z/(z-1)(z-2)$ 的 Z 反变换 $x(nT_0)(n=0,1,2,\cdots)$。

**解**　将 $X(z)/z$ 展开成部分分式，即

$$\frac{X(z)}{z}=\frac{-10}{z-1}+\frac{10}{z-2}$$

$$X(z)=-10\frac{z}{z-1}+10\frac{z}{z-2}$$

求 Z 反变换得　　$x(kT_0)=-10+10\times 2^k=10(-1+2^k)\quad(k=0,1,2,\cdots)$

因此 $x(0)=0,x(T_0)=10,x(2T_0)=30,x(3T_0)=70,x(4T_0)=150,\cdots$

本题还可应用长除法和留数法求解。

7-3　试求取题 7-3 图所示线性离散系统的闭环脉冲传递函数$\dfrac{C(z)}{R(z)}$。

**解**　由题 7-3 图有 $C(s)=G(s)E^*(s),E(s)=R(s)-Y^*(s),Y^*(s)=H(s)C^*(s)$。对以上各式分别采样有

$$C^*(s)=G^*(s)E^*(s)$$
$$E^*(s)=R^*(s)-Y^*(s)$$
$$Y^*(s)=H^*(s)C^*(s)$$

整理得$\dfrac{C^*(s)}{R^*(s)}=\dfrac{G^*(s)}{1+G^*(s)H^*(s)}$，所以$\dfrac{C(z)}{R(z)}=\dfrac{G(z)}{1+G(z)H(z)}$。

7-4　试求取题 7-4 图所示线性离散系统的输出变量的 Z 变换 $C(z)$。

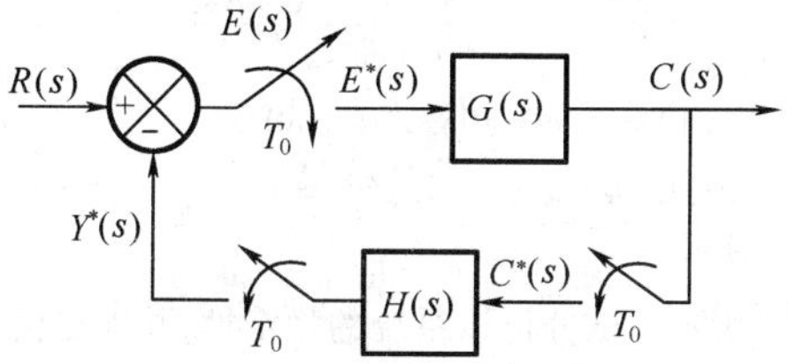


题 7-3 图

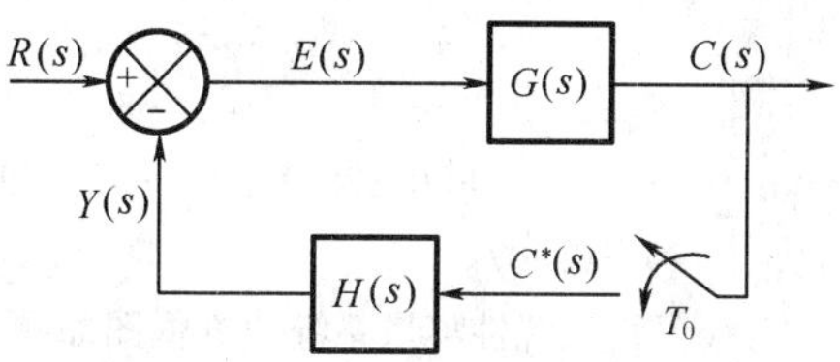


题 7-4 图

**解**　由题 7-4 图有 $C(s)=G(s)E(s),E(s)=R(s)-Y(s),Y(s)=H(s)C^*(s)$，则

$$C(s)=R(s)G(s)-G(s)H(s)C^*(s)$$

对上式采样得

$$C^*(s)=RG^*(s)-GH^*(s)C^*(s)$$

最后得

$$C(z)=\frac{RG(z)}{1+GH(z)}$$

7-5　设某线性离散系统的方框图如题 7-5 图所示。试求取该系统的单位阶跃响应。已知采样周期 $T_0=1$ s。



高等学校优秀教材辅导丛书 GAODENG XUEXIAO YOUXIUJIAOCAI FUDAOCONGSHU

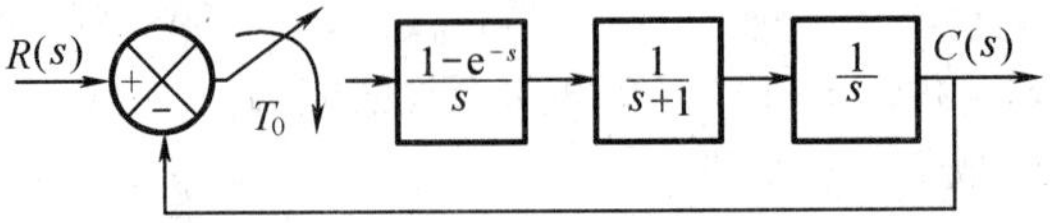


题 7－5 图

**解**　系统的开环脉冲传递函数为

$$G(z)=\mathscr{Z}\left[\frac{1-\mathrm{e}^{-s}}{s}\cdot\frac{1}{s+1}\cdot\frac{1}{s}\right]=(1-z^{-1})\mathscr{Z}\left[\frac{1}{s^2(s+1)}\right]=\frac{\mathrm{e}^{-1}z+1-2\mathrm{e}^{-1}}{z^2-(1+\mathrm{e}^{-1})z+\mathrm{e}^{-1}}$$

则系统的脉冲传递函数为

$$\frac{C(z)}{R(z)}=\frac{G(z)}{1+G(z)}=\frac{0.368z^{-1}+0.264z^{-2}}{1-z^{-1}+0.632z^{-2}},R(z)=\frac{1}{1-z^{-1}}$$

则

$$C(z)=\frac{0.368z^{-1}+0.264z^{-2}}{(1-z^{-1}+0.632z^{-2})(1-z^{-1})}=\frac{0.368z^{-1}+0.264z^{-2}}{1-2z^{-1}+1.632z^{-2}-0.632z^{-3}}$$

利用长除法有

$$\begin{array}{r} 0.368z^{-1}+z^{-2}+1.399z^{-3}+1.4z^{-4} \\ 1-2z^{-1}+1.632z^{-2}-0.632z^{-2}\overline{)\;0.368z^{-1}+0.264z^{-2}} \end{array}$$

$$\underline{0.368z^{-1}-0.736z^{-2}+0.601z^{-3}-0.234z^{-4}}$$

$$z^{-2}-0.601z^{-3}+0.234z^{-4}$$

$$\underline{z^{-2}-2z^{-3}+1.632z^{-4}-0.632z^{-5}}$$

$$1.399z^{-3}-1.398z^{-4}+0.632z^{-5}$$

$$\underline{1.399z^{-3}-2.798z^{-4}+2.835z^{-5}-0.884z^{-6}}$$

$$1.4z^{-4}-1.606z^{-5}+0.884z^{-6}$$

$$C(z)=0.386z^{-1}+z^{-2}+1.399z^{-3}+1.4z^{-4}+1.147z^{-5}+0.895z^{-6}+0.807z^{-7}$$

$C(0)=0, C(1)=0.386, C(2)=1, C(3)=1.399, C(4)=1.4, C(5)=1.147, C(6)=0.895, C(7)=0.807$。

7－6　设某线性离散系统的方框图如题 7－6 图所示。试分析该系统的稳定性，并确定使系统稳定的参数 $K$ 的取值范围。

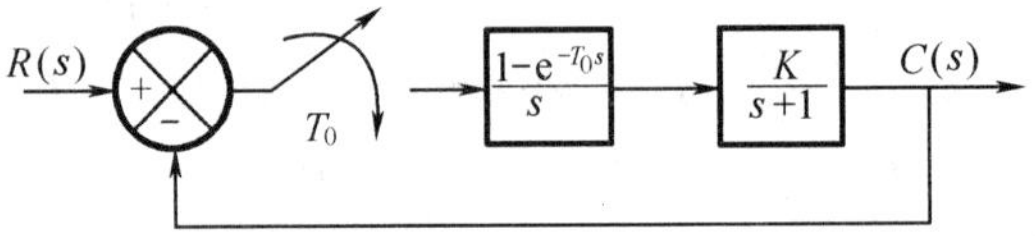


题 7－6 图

**解**　由题 7－6 图求得系统的开环脉冲传递函数为

$$G(z)=\mathscr{Z}[G(s)]=\mathscr{Z}\left[\frac{K(1-\mathrm{e}^{-T_0 s})}{s(s+1)}\right]=\frac{K(1-\mathrm{e}^{-T_0})}{z-\mathrm{e}^{-T_0}}$$

该单位反馈系统的特征方程为 $$1+G(z)=0$$

即 $$z+K(1-e^{-T_0})-e^{-T_0}=0$$

特征根为 $z=Ke^{-T_0}+e^{-T_0}-K$，只有当 $|z|<1$ 时，系统稳定。由 $1>Ke^{-T_0}+e^{-T_0}-K>-1$，最后求得使给定系统稳定的参数 $K$ 的取值范围为 $0<K<\dfrac{1+e^{-T_0}}{1-e^{-T_0}}$。

7－7　试分析题 7－7 图所示线性离散系统的稳定性。设采样周期 $T_0=0.2$ s。

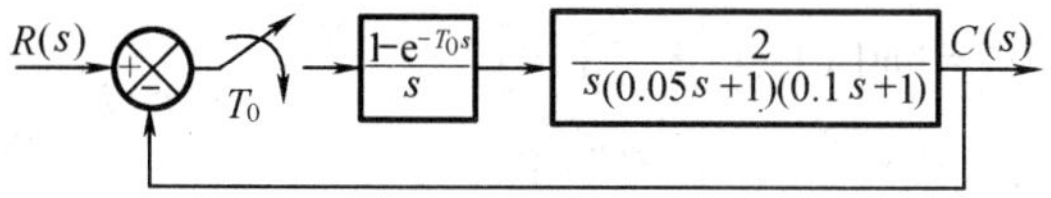


题 7－7 图

**解**　由题 7－7 图求得系统的开环脉冲传递函数 $G(z)$ 为

$$G(z)=\mathscr{Z}[G(s)]=\mathscr{Z}\left[\frac{2(1-e^{-T_0 s})}{s^2(0.05s+1)(0.1s+1)}\right]=\frac{0.152\,2z^2+0.179\,6z+0.008}{(z-0.018\,3)(z-0.135)(z-1)}$$

由 $1+G(z)=0$ 求得给定系统的特征方程为

$$z^3-1.001z^2+0.335\,4z+0.005\,5=0$$

应用代数判据法分析给定系统稳定性。令 $z=(\omega+1)/(\omega-1)$，则特征方程为

$$2.330\,9\omega^3+3.682\,1\omega^2+1.647\,1\omega+0.339\,9=0$$

列 Routh 表

| | | |
|---|---|---|
| $\omega$ | 2.330 9 | 1.647 1 |
| $\omega^2$ | 3.682 1 | 0.339 9 |
| $\omega^1$ | 1.431 9 | 0 |
| $\omega^0$ | 0.339 9 | |

由 Routh 表第一列元素符号无改变可知该离散系统稳定。

7－8　试计算题 7－8 图所示线性离散系统在下列输入信号

$$(1)\,r(t)=1(t);\ (2)\,r(t)=t;\ (3)\,r(t)=t^2$$

作用下的稳态误差。已知采样周期 $T_0=0.1$ s。

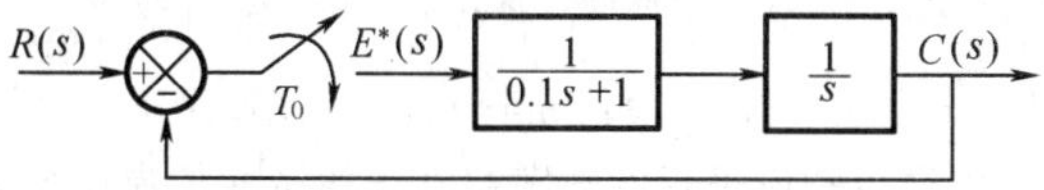


题 7－8 图

**解**　由题 7－8 图求得系统的开环脉冲传递函数 $G(z)$ 为

$$G(z)=\mathscr{Z}[G(s)]=\mathscr{Z}\left[\frac{1}{s(0.1s+1)}\right]=\frac{0.632z}{z^2-1.368z+0.368}$$

则
$$E(z)=\frac{1}{1+G(z)}R(z)=\frac{(z-1)(z-0.368)}{z^2-0.736z+0.368}R(z)$$

应用终值定理求系统的稳态误差。

(1)当 $r(t)=1(t)$ 时，$R(z)=z/z(-1)$。

$$\lim_{t\to\infty}e(t)=\lim_{z\to1}\left[(z-1)\cdot\frac{(z-1)(z-0.368)}{z^2-0.736z+0.368}\cdot\frac{z}{z-1}\right]=0$$

(2)当 $r(t)=t$ 时，$R(z)=T_0z/(z-1)^2$。

$$\lim_{t\to\infty}e(t)=\lim_{z\to1}\left[(z-1)\cdot\frac{(z-1)(z-0.368)}{z^2-0.736z+0.368}\cdot\frac{T_0z}{(z-1)^2}\right]=0.1$$

(3)当 $r(t)=t^2$ 时，$R(z)=T_0^2z(z+1)/(z-1)^3$。

$$\lim_{t\to\infty}e(t)=\lim_{z\to1}\left[(z-1)\cdot\frac{(z-1)(z-0.368)}{z^2-0.736z+0.368}\times\frac{T_0^2z(z+1)}{(z-1)^3}\right]=\infty$$

7-9　设某单位反馈线性离散系统的开环传递函数为 $G(s)=\frac{1-e^{-T_0s}}{s}\cdot\frac{10}{s(s+1)}$，式中 $T_0$ 为采样周期，$T_0=1$ s。试确定在匀速输入 $r(t)=t$ 作用下，使校正系统响应输入信号既无稳态误差，又能在有限拍内结束的数字控制器的脉冲传递函数 $D(z)$。

**解**　给定系统开环脉冲传递函数 $G(z)$ 为

$$G(z)=\frac{3.68(z+0.718)}{(z-1)(z-0.368)}$$

可见给定系统的 $G(z)$ 在单位圆外无零点也无极点，并且未校正系统的开环脉冲传递函数 $G(z)$ 分母、分子多项式的阶数差 $n-m=1$。要求校正后系统响应 $r(t)=t$ 时无稳态误差，则校正后系统应为Ⅱ型，即 $\nu=2$。因 $n=2,m=1$，由 $r-l\geqslant n-m=1$，取 $r=2,l=1$，则有

$$\Phi_e(z)=\frac{(z-1)^2}{z^2},\quad \Phi(z)=\frac{az+b}{z^2}$$

由 $\Phi(z)=1-\Phi_e(z)$，得 $a=2,b=-1$，则由 $D(z)=\frac{\Phi(z)}{G(z)[1-\Phi(z)]}$，求得串联校正环节的脉冲传递函数为

$$D(z)=\frac{(z-1)(z-0.368)}{3.68(z+0.718)}\times\frac{2z^{-1}-z^{-2}}{1-2z^{-1}+z^{-2}}=\frac{0.543(z-0.368)(z-0.5)}{(z-1)(z+0.718)}$$

7-10　已知某线性离散系统的开环脉冲传递函数 $G(z)$ 为 $G(z)=\frac{1}{a_2z^2+a_1z+a_0}$，设 $G(z)$ 的极点位于单位圆内。试确定在输入信号 $r(t)=r_0\cdot1(t)+r_1t$ 作用下，使系统响应输入信号 $r(t)$ 无稳态误差，且在有限拍内结束响应过程的数字控制器的脉冲传递函数 $D(z)$。设 $r_0,r_1$ 均为常数。

**解**　因 $n=2,m=0$，由 $r-l\geqslant n-m=2$，取 $r=3,l=1$，则有

$$\Phi_e(z)=\frac{(z-1)^2(az+b)}{z^3},\quad \Phi(z)=\frac{cz+d}{z^3}$$

由 $\Phi(z)=1-\Phi_e(z)$ 得 $a=1,b=2,c=3,d=-2$，则由 $D(z)=\frac{\Phi(z)}{G(z)[1-\Phi(z)]}$，求得数字控制器

的脉冲传递函数为

$$D(z)=\frac{(z-2)(a_2z^2+a_1z+a_0)}{z^2-2z+1}$$

7－11　试求取 $X(s)=(s+3)/(s+1)(s+2)$ 的 $Z$ 变换。

**解**

$$X(s)=\frac{s+3}{(s+1)(s+2)}=\frac{2}{s+1}-\frac{1}{s+2}$$

$$X(z)=\frac{2z}{z-e^{-T_0}}-\frac{z}{z-e^{-2T_0}}=\frac{2z(z-e^{-2T_0})-z(z-e^{-T_0})}{z^2-(e^{-T_0}+e^{-2T_0})z+e^{-T_0}e^{-2T_0}}$$

$$=\frac{z(z-2e^{-2T_0}+e^{-T_0})}{z^2-(e^{-T_0}+e^{-2T_0})z+e^{-3T_0}}$$

7－12　试应用幂级数法、部分分式法、留数法等三种方法求取 $X(z)=\dfrac{-3+z^{-1}}{1-2z^{-1}+z^{-2}}$ 的 $Z$ 反变换，即求取 $X(z)$ 的原函数。

**解**　(1)幂级数法

$$\begin{array}{r l}
 & -3\quad -5z^{-1}\quad -7z^{-2}\quad -9z^{-3}\quad -11z^{-4} \\
1-2z^{-1}+z^{-2}\,\big) & -3+z^{-1} \\
 & -3+6z^{-1}-3z^{-2} \\
 & -5z^{-1}+3z^{-2} \\
 & -5z^{-1}+10z^{-2}-5z^{-3} \\
 & -7z^{-2}+5z^{-3} \\
 & -7z^{-2}+14z^{-3}-7z^{-4} \\
 & -9z^{-3}+7z^{-4} \\
 & -9z^{-3}+18z^{-4}-9z^{-5} \\
 & -11z^{-4}-9z^{-5}
\end{array}$$

$$X(z)=-3-5z^{-1}-7z^{-2}-9z^{-3}-11z^{-4}-\cdots$$

$$X(0)=-3,\ X(T_0)=-5,\ X(2T_0)=-7,\ X(3T_0)=-9,\ X(4T_0)=-11,\cdots$$

$$X(nT_0)=-2n-3$$

$$X^*(t)=\sum_{n=0}^{\infty}(-2n-3)\delta(t-nT_0)$$

(2)部分分式法

$$X(z)=\frac{-3+z^{-1}}{1-2z^{-1}+z^{-2}}=\frac{-3z^2+z}{(z-1)^2}=\frac{-3(z^2-z)-2z}{(z-1)^2}$$

$$=\frac{-3z}{z-1}-\frac{2z}{(z-1)^2}$$

$$\mathscr{Z}^{-1}\left[\frac{z}{(z-1)^2}\right]=\frac{1}{T_0}t\bigg|_{t=nT_0}=n,\quad \mathscr{Z}^{-1}\left[\frac{z}{z-1}\right]=1$$

$$X(nT_0)=-2n-3$$

$$X^*(t)=\sum_{n=0}^{\infty}(-2n-3)\delta(t-nT_0)$$

(3)留数法

$$X(nT_0)=\frac{d}{dz}(z-1)^2\ \frac{-3z^2+z}{(z-1)^2}z^{n-1}\bigg|_{z=1}=-2n-3$$

$$X^*(t)=\sum_{n=0}^{\infty}(-2n-3)\delta(t-nT_0)$$

7－13　试求取题 7－13 图所示线性离散系统输出变量的 $Z$ 变换 $C(z)$。

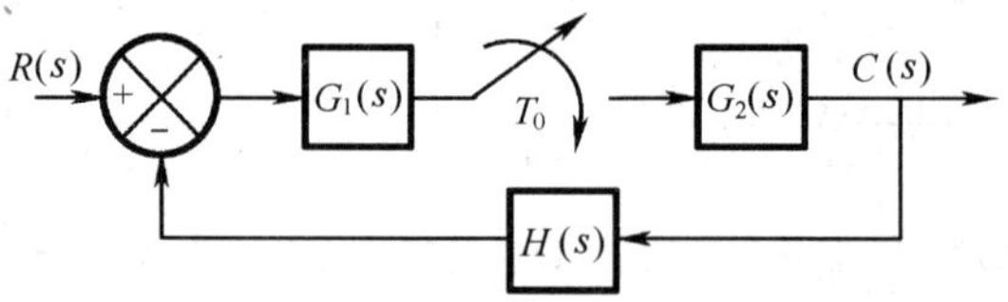


题 7－13 图

**解**

$$C(z)=\frac{RG_1(z)\cdot G_2(z)}{1+G_1G_2H(z)}$$

7－14　试求取题 7－14 图所示多环线性离散系统输出变量的 $Z$ 变换 $C(z)$。

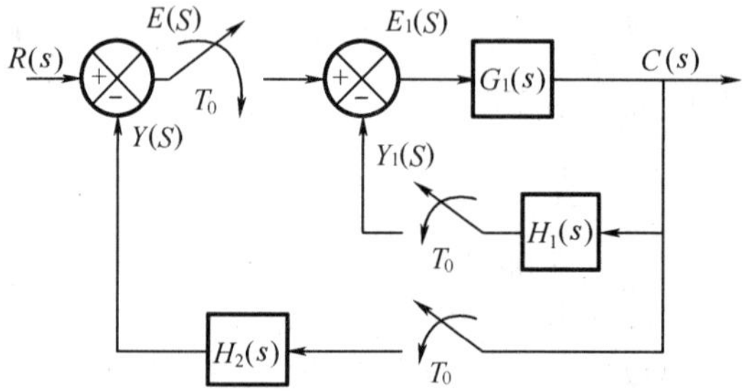


题 7－14 图

**解**　由题意有

$$C(s)=G_1(s)E_1(s),\quad E_1(s)=E^*(s)-Y_1^*(s)$$

$$Y_1(s)=H_1(s)C(s),\quad E(s)=R(s)-Y(s)$$

$$Y(s)=H_2(s)C^*(s)$$

(1)对 $E_1(s)$ 采样有

$$E_1^*(s)=E^*(s)-Y_1^*(s)$$

则

$$Y_1(s)=H_1(s)G_1(s)E_1(s)=H_1(s)G_1(s)[E^*(s)-Y_1^*(s)]$$

对 $Y_1(s)$ 采样有

$$Y_1^*(s)=H_1G_1^*(s)E^*(s)-H_1G_1^*(s)Y_1^*(s)$$

即

$$Y_1^*(s)=\frac{H_1G_1^*(s)E^*(s)}{1+H_1G_1^*(s)}$$

(2)

$$E(s)=R(s)-H_2(s)C^*(s)$$

对 $E(s)$ 采样有

$$E^*(s)=R^*(s)-H_2^*(s)C^*(s)$$



高等学校优秀教材辅导丛书 GAODENG XUEXIAO YOUXIUJIAOCAI FUDAOCONGSHU

则
$$C(s)=G_1(s)[E^*(s)-Y_1^*(s)]$$
采样有
$$C^*(s)=G_1^*(s)E^*(s)-G_1^*(s)Y_1^*(s)=G_1^*(s)[R^*(s)-H_2^*(s)C^*(s)]-\frac{G_1^*(s)H_1G_1^*(s)[R^*(s)-H_2^*C^*(s)]}{1+H_1G_1^*(s)}$$
进一步整理得
$$C^*(s)=\frac{G_1^*(s)}{1+H_1G_1^*(s)}[R^*(s)-H_2^*(s)C^*(s)]=\frac{G_1^*(s)R^*(s)}{1+G_1^*(s)H_2^*(s)+H_1G_1^*(s)}$$
所以
$$\frac{C(z)}{R(z)}=\frac{G_1(z)}{1+G_1(z)H_2(z)+H_1G_1(z)}$$

7－15　设某线性离散系统的方框图如题7－15图所示。试求取该系统的单位阶跃响应,并计算其超调量、上升时间与峰值时间。已知采样周期 $T_0=1$ s。

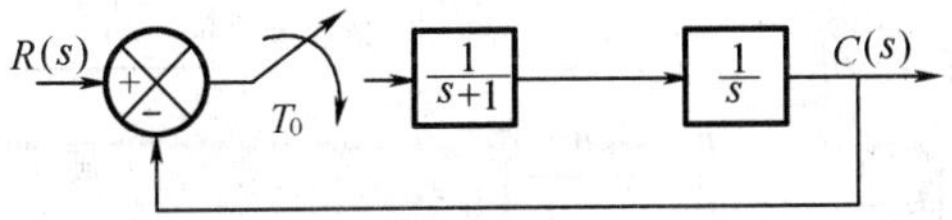


题7－15图

**解**
$$G(z)=\mathscr{Z}\left[\frac{1}{s+1}\cdot\frac{1}{s}\right]=\mathscr{Z}\left[\frac{1}{s}-\frac{1}{s+1}\right]=\frac{z}{z-1}-\frac{z}{z-e^{-T_0}}=\frac{z(1-e^{-T_0})}{z^2-(1+e^{-T_0})z+e^{-T_0}}$$
$$C(z)=\frac{G(z)}{1+G(z)}\cdot R(z)=\frac{z(1-e^{-T_0})}{z^2-2e^{-T_0}z+e^{-T_0}}\cdot\frac{z}{z-1}=\frac{0.632z^2}{z^3-1.734z^2+1.1z-0.368}$$
$$=\frac{0.632z^{-1}}{1-1.734z^{-1}+1.1z^{-2}-0.368z^{-3}}$$
$$=0.632z^{-1}+1.1z^{-2}+1.21z^{-3}+1.12z^{-4}+1.02z^{-5}+\cdots$$
其中 $T_0=1$ s,则　$C(0)=0,\quad C(T_0)=0.632,\quad C(2T_0)=1.1$
$$C(3T_0)=1.21,\quad C(4T_0)=1.12,\quad C(5T_0)=1.02,\cdots$$
从而得
$$t_p=3\ \text{s},\sigma_p=\frac{1.21-1}{1}=21\%,t_r<2\ \text{s}$$

7－16　某线性离散系统方框图如题7－16图所示。试求其单位阶跃响应。已知 $T_0=1$ s。

**解**　由题7－16图有
$$G(z)=\mathscr{Z}\left[\frac{(1-e^{-T_0s})2}{s(s+1)}\right]=2(1-z^{-1})\mathscr{Z}\left[\frac{1}{s}-\frac{1}{s+1}\right]$$
$$=2\cdot\frac{z-1}{z}\cdot\frac{z(1-e^{-T_0})}{z^2-(1+e^{-T_0})z+e^{-T_0}}$$

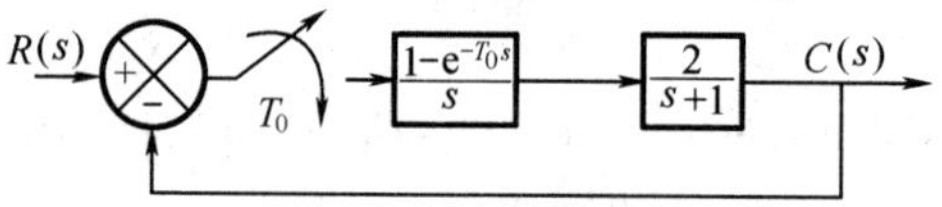


题 7 − 16 图

$$\frac{C(z)}{R(z)}=\frac{2(z-1)(1-e^{-T_0})}{z^2+(1-3e^{-T_0})z+(-2+3e^{-T_0})}$$

$$C(z)=\frac{1.264z}{z^2-0.1z-0.9}=\frac{1.264z^{-1}}{1-0.1z^{-1}-0.9z^{-2}}$$

则 $C(0)=0,\quad C(T_0)=1.264,\quad C(2T_0)=0.13,\quad C(3T_0)=1.237\cdots$

7 − 17 设某线性离散系统方框图如题 7 − 17 图所示，其中参数 $T>0,K>0$。试确定给定系统稳定时参数 $K$ 的取值范围。

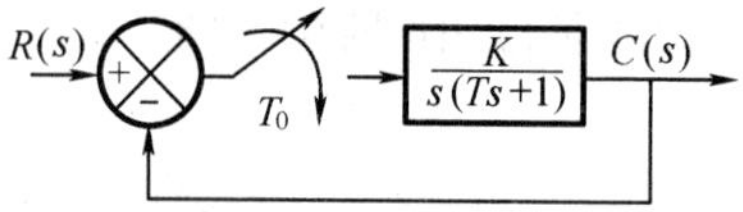


题 7 − 17 图

**解** 由题 7 − 17 图有

$$G(z)=\mathscr{Z}\left[\frac{K}{s(Ts+1)}\right]=\frac{K}{T}\mathscr{Z}\left[\frac{T}{s}-\frac{T}{s+\frac{1}{T}}\right]$$

$$=K\left(\frac{z}{z-1}-\frac{z}{z-e^{-\frac{T_0}{T}}}\right)$$

系统的特征方程为 $1+G(z)=0$，即

$$z^2-(1+e^{-\frac{T_0}{T}})z+e^{-\frac{T_0}{T}}+Kz(1-e^{-\frac{T_0}{T}}=0$$

$$z^2+(-1+K-e^{-\frac{T_0}{T}}-Ke^{-\frac{T_0}{T}})z+e^{-\frac{T_0}{T}}=0$$

令 $z=\frac{\omega+1}{\omega-1}$，有 $K(1-e^{-\frac{T_0}{T}})\omega^2+2(1-e^{-\frac{T_0}{T}})\omega+(2-K+2e^{-\frac{T_0}{T}}+Ke^{-\frac{T_0}{T}})=0$

列 Routh 表

| | | |
|---|---|---|
| $\omega^2$ | $K(1-e^{-\frac{T_0}{T}})$ | $2-K+2e^{-\frac{T_0}{T}}+Ke^{-\frac{T_0}{T}}$ |
| $\omega^1$ | $2(1-e^{-\frac{T_0}{T}})$ | 0 |
| $\omega^0$ | $2-K+2e^{-\frac{T_0}{T}}+Ke^{-\frac{T_0}{T}}$ | 0 |

给定系统稳定时 $K(1-e^{-\frac{T_0}{T}})>0,\quad 2-K+2e^{-\frac{T_0}{T}}+Ke^{-\frac{T_0}{T}}>0$

又由 $T>0,K>0$，求得 $K$ 的取值范围为 $0<K<\frac{2(1+e^{-\frac{T_0}{T}})}{1-e^{-\frac{T_0}{T}}}$。

7 − 18 试计算题 7 − 18 图所示线性离散系统响应 $r(t)=1(t),t,t^2$ 时的稳态误差。设采样周期 $T_0=1$ s。



高等学校优秀教材辅导丛书 GAODENG XUEXIAO YOUXIUJIAOCAI FUDAOCONGSHU

**解** 系统开环脉冲传递函数为

$$G(z)=\mathscr{Z}\left[\frac{1-e^{-T_0 s}}{s}\cdot\frac{1}{s(s+1)}\right]=\frac{e^{-1}z+1-2e^{-1}}{(z-1)(z-e^{-1})}\qquad \text{Ⅰ型系统}$$

$r(t)=1(t)$时
$$K_p=\lim_{z\to1}G(z)=\infty,\quad e_{ss}=\frac{1}{1+K_p}=0$$

$r(t)=t$ 时
$$K_v=\lim_{z\to1}(z-1)G(z)=\frac{1-e^{-1}}{1-e^{-1}}=1,\quad e_{ss}=\frac{T_0}{K_v}=1$$

$r(t)=t^2$ 时
$$K_a=\lim_{z\to1}(z-1)^2G(z)=0,\quad e_{ss}=\frac{2T_0}{K_a}=\infty$$

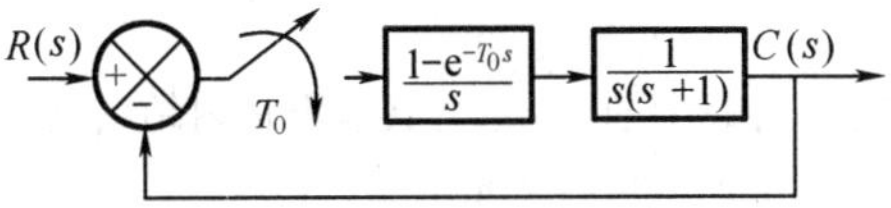


题 7 - 18 图

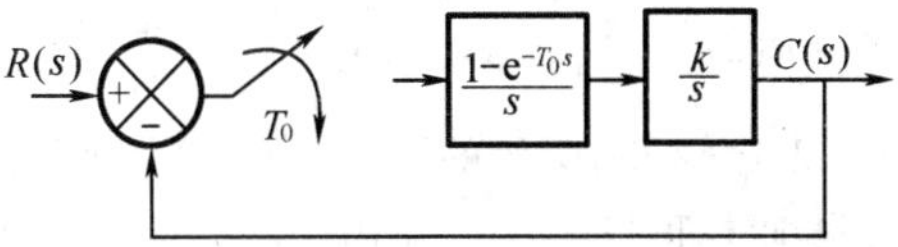


题 7 - 19 图

7 - 19 设某线性离散系统方框图如题 7 - 19 图所示,其中采样周期 $T_0=1$ s。试设计使系统响应输入信号 $r(t)=r_0\cdot1(t)+r_1t$ 时无稳态误差,且在有限拍内结束响应过程的数字控制器的脉冲传递函数 $D(z)$,其中 $r_0,r_1$ 均为常数。

**解**

$$G(z)=\mathscr{Z}\left[\frac{1-e^{-T_0 s}}{s}\cdot\frac{K}{s}\right]=K(1-z^{-1})\mathscr{Z}\left[\frac{1}{s^2}\right]=K(1-z^{-1})\frac{z^{-1}}{(1-z^{-1})^2}=\frac{Kz^{-1}}{1-z^{-1}}$$

$$\Phi_e(z)=(1-z^{-1})^2,\quad \Phi(z)=z^{-1}(a+bz^{-1}),\quad \Phi(z)=1-\Phi_e(z)$$

则 $a=2,b=-1$,即 $\Phi(z)=z^{-1}(2-z^{-1})$。

所以数字控制器的脉冲传递函数为

$$D(z)=\frac{\Phi(z)}{G(z)\Phi_e(z)}=\frac{z^{-1}(2-z^{-1})}{\dfrac{Kz^{-1}}{1-z^{-1}}(1-z^{-1})^2}=\frac{1}{K}\cdot\frac{2-z^{-1}}{1-z^{-1}}$$

## 同步训练题

1. 试用静态误差系数法计算题 1 图所示系统的误差。已知系统结构图如题 1 图所示,其中 $K=0,T=0.2,r(t)=1(t)+t+\frac{1}{2}t^2$。

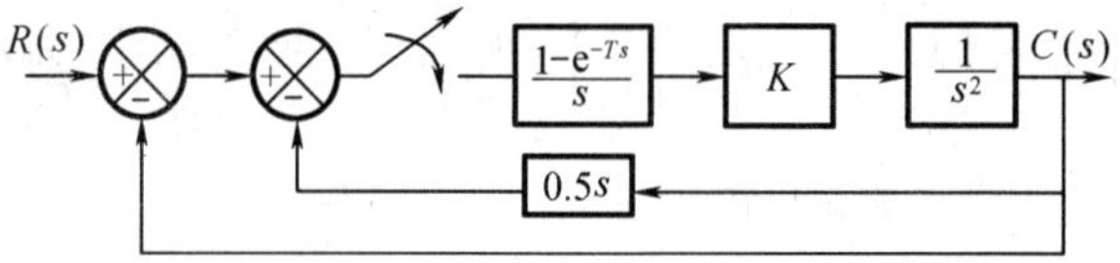


题 1 图

2. 已知脉冲传递函数

$$G(z)=\frac{C(z)}{R(z)}=\frac{0.53+0.1z^{-1}}{1-0.37z^{-1}}$$

其中 $R(z)=\frac{z}{z-1}$，试求 $c(nT)$。

3. 已知采样系统的结构图如题 3 图所示。欲使系统型次具有 $\nu=2$，并在有限拍内结束过渡过程，求校正装置形式。图中，$G_0(s)=K/s(\tau s+1)$。

4. 设离散系统如题 4 图所示，采样周期 $T=1$ s，$G_h(s)$ 为零阶保持器，而 $G(s)=\frac{K}{s(0.2s+1)}$，当 $K=5$ 时，分别在 $z$ 域和 $\omega$ 域中分析系统的稳定性。

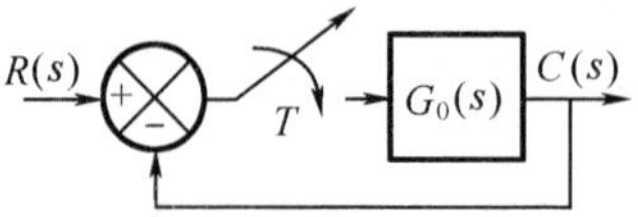


题 3 图

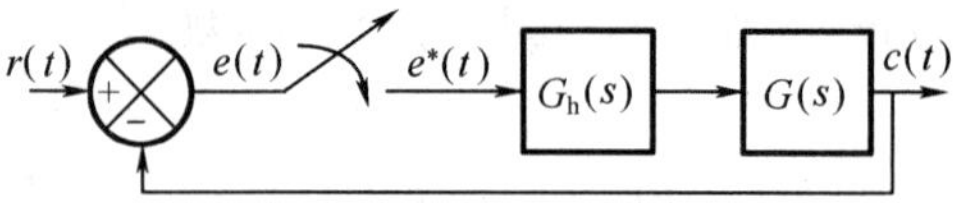


题 4 图

5. 采样系统的结构图如题 5 图所示，图中采样周期 $T=1$ s。试求闭环系统的脉冲传递函数 $C(z)/R(z)$，并计算系统在 $r(t)=2\cdot 1(t)$ 时的稳态误差 $e(\infty)$。

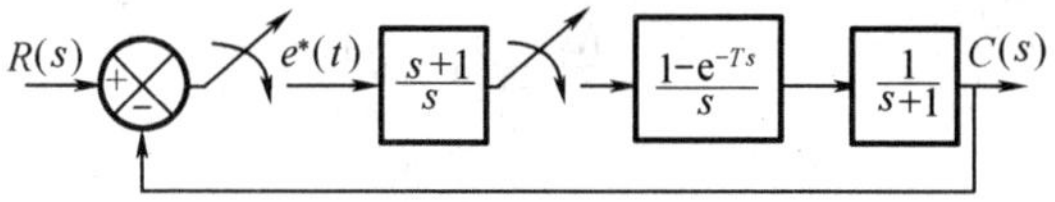


题 5 图

6. 离散系统如题 6 图所示，求 $C(z)$。

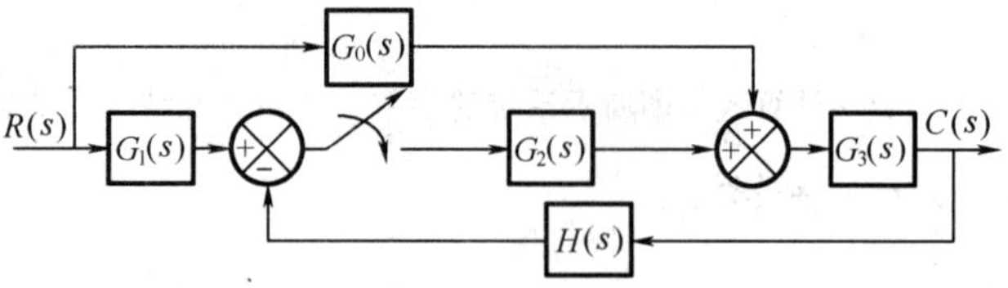


题 6 图



高等学校优秀教材辅导丛书 GAODENG XUEXIAO YOUXIUJIAOCAI FUDAOCONGSHU

7. 设单位反馈线性离散系统的结构如题 7 图所示，其中 $G_0(s)=\frac{4}{s(s+1)}$，采样周期为 $T=1\ \mathrm{s}$，试设计单位阶跃输入时最小拍无误差系统的数学控制器 $D(z)$。

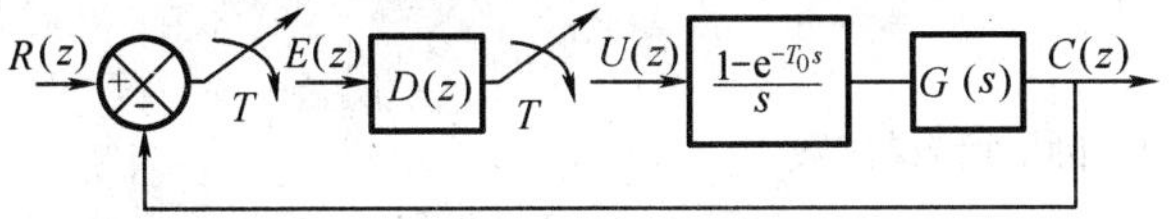


题 7 图

8. 求题 8 图所示系统的单位阶跃响应，设 $k_0=1$，$T=\tau=1$。并求系统的时域指标。

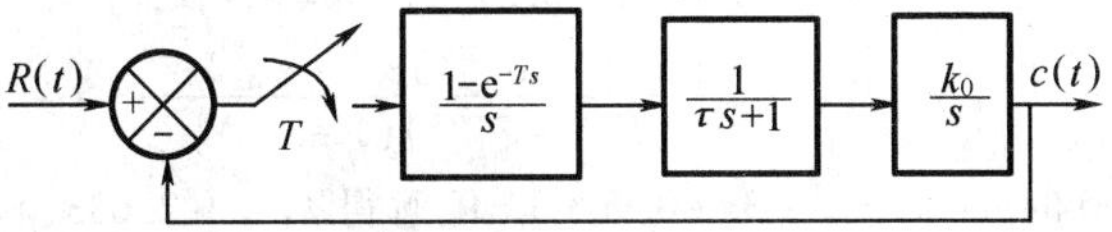


题 8 图

9. 设具有零阶保持器的采样系统如题 9 图所示，采样周期 $T=0.2\ \mathrm{s}$，试用频率特性法判断系统的稳定性。

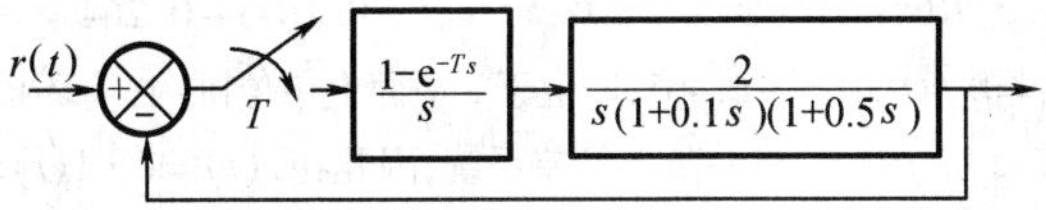


题 9 图

10. 采样系统的结构图如题 10 图所示，图中采样周期 $T=1\ \mathrm{s}$。试作出系统的根轨迹图，并确定系统临界稳定时的 $k$ 值。

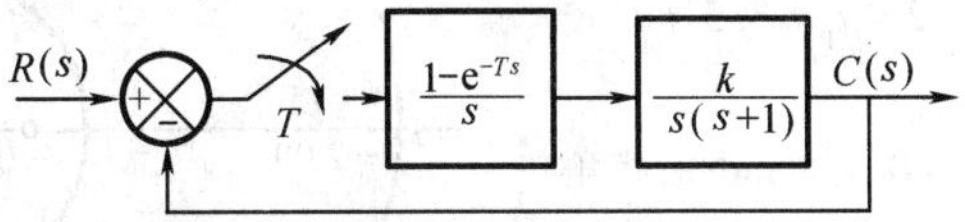


题 10 图

高等学校优秀教材辅导丛书 GAODENG XUEXIAO YOUXIUJIAOCAI FUDAOCONGSHU

## 同步训练题答案

TONG BU XUN LIAN TI DA AN

1. 解　系统的开环脉冲传递函数为

$$G(z)=\frac{1.2z-0.8}{(z-1)^2}$$

可以看出开环系统为Ⅱ型。因此 $K_p=\infty$，$K_v=\infty$，$K_a=0.4$，系统的稳态误差为

$$e(\infty)=\frac{1}{K_p}+\frac{T}{K_v}+\frac{T^2}{K_a}=0.1$$

2. 解　$c(nT)=1-0.47(0.37)^n$，　$n=0,1,2,\cdots$

3. 解　$G_c(z)=\dfrac{2-(1+2e^{-T/\tau})z^{-1}+e^{-T/\tau}z^{-2}}{K(1-e^{-T/\tau})(1-z^{-1})}$

4. 解　当 $K=5$ 时，$D(z)=z^2+3z+0.9663=0$，解得 $\lambda_1=-2.633$，$\lambda_2=-0.367$（系统不稳定），把 $z=\dfrac{\omega+1}{\omega-1}$ 代入，并整理得 $D(\omega)=\omega^2+0.01357\omega-0.208$，$D(\omega)$ 中系数小于零，不满足系统稳定的必要条件。

5. 解　开环脉冲传递函数为　$G(z)=\dfrac{1.264z-0.632}{(z-1)(z-0.368)}$

闭环传递函数为　$\dfrac{C(z)}{R(z)}=\Phi(z)=\dfrac{G(z)}{1+G(z)}=\dfrac{1.264z-0.632}{z^2-0.104z-0.264}$

由于闭环系统特征根 $z_1=0.569$，$z_2=-0.465$，均位于 $z$ 平面上单位圆内，闭环系统是稳定的，开环传递函数的分母多项式含有 $(z-1)$ 因式，是一阶无静差系统，因此在 $r(t)=2\cdot 1(t)$ 作用下，稳态误差为零。

6. 解　$C(z)=RG_0G_3(z)+\dfrac{RG_1(z)G_2G_3(z)-RG_0G_3H(z)G_2G_3(z)}{1+G_2G_3H(z)}$

7. 解　$D(z)=0.68\times\dfrac{1-0.368z^{-1}}{1+0.717z^{-1}}$

8. 解　$C(nT)=0.368\delta(t-T)+\delta(t-2T)+1.4\delta(t-3T)+\cdots$

因此得 $\sigma=40\%$，$t_r=2$ s，$t_p=3.5$ s，$t_s$ 较长。

9. 解　剪切频率 $\omega_c=0.188$ rad/s，相角裕度为70°，系统稳定。

10. 解　根轨迹如题10解图，系统临界稳定时 $k=2.43$。

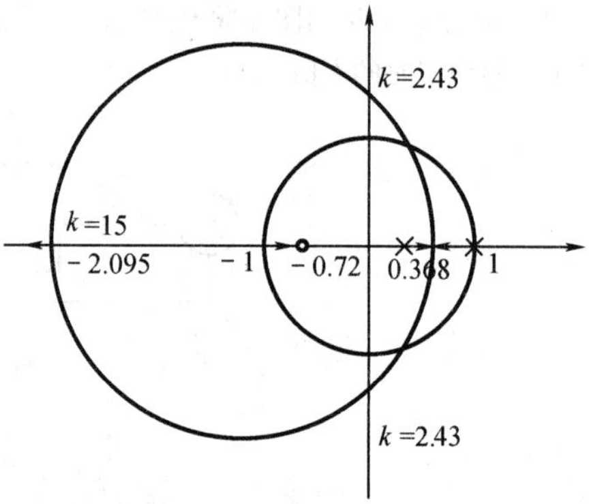


题10解图

# 第8章 线性系统的状态空间分析法

知识要点

## 8.1 基本概念

状态——系统的运动状态。控制系统的状态由描述系统的最小一组变量来确定,所以知道了在 $t=t_0$ 时刻的这组变量和 $t\geqslant t_0$ 时刻的输入函数,便完全能够确定在任何 $t\geqslant t_0$ 时刻上系统的行为。

状态变量——决定控制系统状态的变量,称为状态变量。

状态向量——若完全描述一个给定系统的动态行为需要几个状态变量 $x_1(t)$, $x_2(t)$, $\cdots$, $x_n(t)$,并将这些状态变量看作向量 $\boldsymbol{X}(t)$ 的各个分量,即

$$\boldsymbol{X}(t)=\begin{bmatrix} x_1(t) \\ x_2(t) \\ \vdots \\ x_n(t) \end{bmatrix}$$

则向量 $\boldsymbol{X}(t)$ 称为状态向量。

状态空间——以状态向量 $\boldsymbol{X}(t)$ 的各个分量 $x_1, x_2, \cdots, x_n$ 作轴构成的 $n$ 维空间称为状态空间。任何状态 $x(t)$ 都可用状态空间中的一个点来表示。

状态方程——描述系统状态变量与输入变量之间关系的一阶微分(差分)方程组。

输出方程——描述系统输出变量与状态变量、输入变量之间关系的数学表达式。

状态空间表达式——状态方程和输出方程合称为状态空间表达式,即

$$\dot{\boldsymbol{X}}=\boldsymbol{A}\boldsymbol{X}+\boldsymbol{B}\boldsymbol{u}$$
$$\boldsymbol{y}=\boldsymbol{C}\boldsymbol{X}+\boldsymbol{D}\boldsymbol{u}$$

式中 $\boldsymbol{A}$ 为系统矩阵 $n\times n$；

$\boldsymbol{B}$ 为控制矩阵 $n\times r$；

$\boldsymbol{C}$ 为输出矩阵 $l\times n$；

$\boldsymbol{D}$ 为直接传递矩阵 $l\times r$。

系统的结构图如图 8－1 所示。

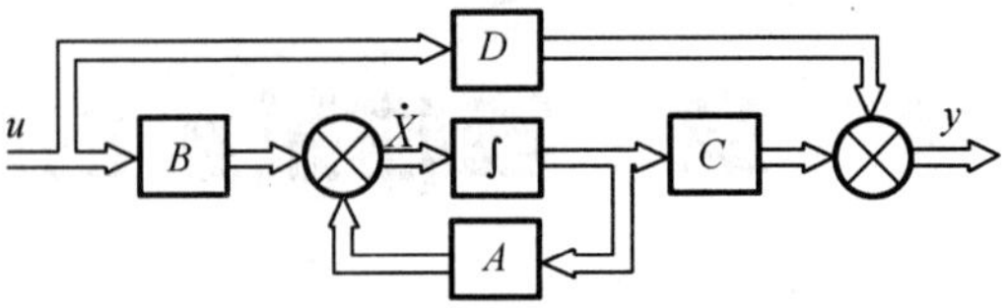


图 8－1 系统结构图

## 8.2 状态空间表达式的建立

### 8.2.1 由微分方程建立状态空间表达式

1. 作用函数不含导数项时的 $n$ 阶线性系统的状态空间表达式

$$y^{(n)}+a_1y^{(n-1)}+\cdots+a_{n-1}\dot{y}+a_ny=u$$

选取

$$\begin{cases}x_1=y\\x_2=\dot{y}=\dot{x}_1\\\vdots\\x_n=y^{(n-1)}=\dot{x}_{n-1}\end{cases}$$

则有状态方程 $\dot{\boldsymbol{X}}=\boldsymbol{AX}+\boldsymbol{B}u$

$$\boldsymbol{A}=\begin{bmatrix}0&1&0&\cdots&0\\0&0&1&\cdots&0\\\vdots&\vdots&\vdots&&\vdots\\0&0&0&\cdots&1\\-a_n&-a_{n-1}&-a_{n-2}&\cdots&-a_1\end{bmatrix},\quad \boldsymbol{B}=\begin{bmatrix}0\\0\\\vdots\\1\end{bmatrix},\quad \boldsymbol{C}=[1\quad 0\quad\cdots\quad 0]$$

输出方程 $\boldsymbol{y}=\boldsymbol{CX}$

状态变量图如图 8－2 所示。

2. 作用函数含导数项时的 $n$ 阶线性系统的状态空间表达式

(1)直接法

$$y^{(n)}+a_1y^{(n-1)}+\cdots+a_{n-1}\dot{y}+a_ny=b_0u^{(n)}+b_1u^{(n-1)}+\cdots+b_{n-1}\dot{u}+b_nu$$

选取

$$\begin{cases}x_1=y-b_0u\\x_2=\dot{x}_1-h_1u\\\vdots\\x_n=\dot{x}_{n-1}-h_{n-1}u\end{cases}$$

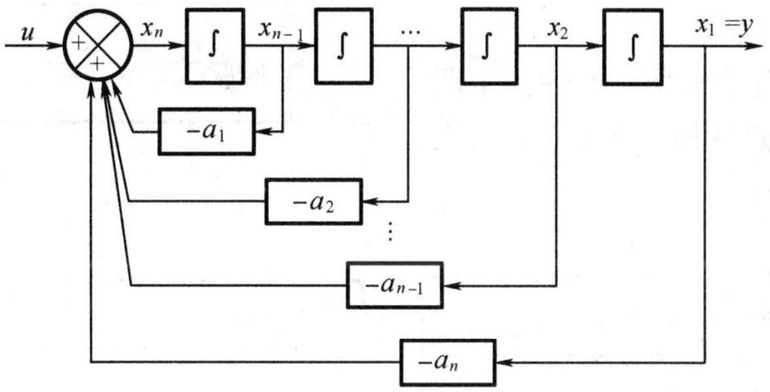


图 8－2　作用函数不含导数项时的状态变量图

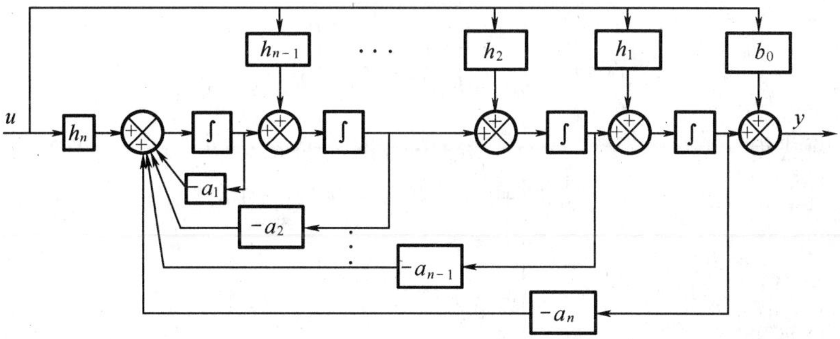


图 8－3　作用函数含导数项时的状态变量图

则有

$$\dot{\boldsymbol{X}}=\boldsymbol{AX}+\boldsymbol{B}u$$

$$y=\boldsymbol{CX}$$

$$h_1=b_1-a_1b_0$$

$$h_2=(b_2-a_2b_0)-a_1h_1$$

$$\vdots$$

$$h_n=(b_n-a_nb_0)-a_{n-1}h_1-a_{n-2}h_2-\cdots-a_1h_{n-1}$$

其中

$$\boldsymbol{A}=\begin{bmatrix}0&1&0&\cdots&0\\0&0&1&\cdots&0\\\vdots&\vdots&\vdots&&\vdots\\0&0&0&\cdots&1\\-a_n&-a_{n-1}&-a_{n-2}&\cdots&-a_1\end{bmatrix},\quad \boldsymbol{B}=\begin{bmatrix}h_1\\h_2\\\vdots\\h_n\end{bmatrix},\quad \boldsymbol{C}=[1\quad 0\quad\cdots\quad 0]$$



高等学校优秀教材辅导丛书 GAODENG XUEXIAO YOUXIUJIAOCAI FUDAOCONGSHU

状态变量图如图 8 -3 所示。

(2)中间变量法

已知系统的结构图如图 8 -4 所示,将上图做等效变换得图 8 -5,引入中间变量 $Z$,则有

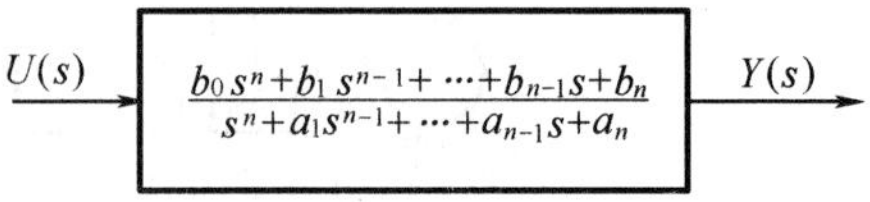


图 8 -4　系统结构图

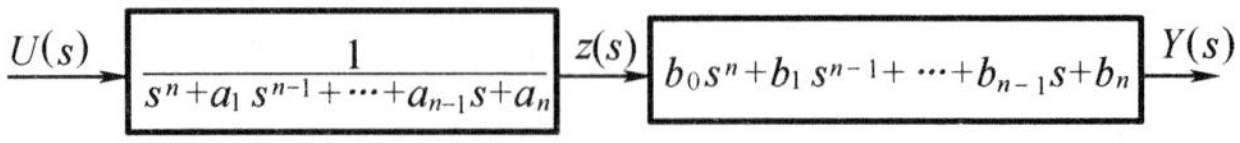


图 8 -5　等效方框图

$$\frac{Z(s)}{U(s)}=\frac{1}{s^n+a_1s^{n-1}+\cdots+a_{n-1}s+a_n} \tag{8-1}$$

$$\frac{Y(s)}{Z(s)}=b_0s^n+b_1s^{n-1}+\cdots+b_{n-1}s+b_n \tag{8-2}$$

由以上两式得

$$z^{(n)}+a_1z^{(n-1)}+\cdots+a_{n-1}\dot{z}+a_nz=u \tag{8-3}$$

$$y=b_0z^{(n)}+b_1z^{(n-1)}+\cdots+b_{n-1}\dot{z}+b_nz \tag{8-4}$$

对(8 -3)选取

$$\begin{cases} x_1=z \\ x_2=\dot{x}_1=\dot{z} \\ \vdots \\ x_{n-1}=\dot{x}_{n-2}=z^{(n-2)} \\ x_n=\dot{x}_{n-1}=z^{(n-1)} \end{cases} \tag{8-5}$$

$$\begin{bmatrix}\dot{x}_1\\ \dot{x}_2\\ \vdots\\ \dot{x}_n\end{bmatrix}=\begin{bmatrix}0&1&0&\cdots&0\\0&0&1&\cdots&0\\ \vdots&\vdots&\vdots&&\vdots\\0&0&0&\cdots&1\\-a_n&-a_{n-1}&-a_{n-2}&\cdots&-a_1\end{bmatrix}\begin{bmatrix}x_1\\x_2\\ \vdots\\x_n\end{bmatrix}+\begin{bmatrix}0\\0\\ \vdots\\1\end{bmatrix}\boldsymbol{u}$$

$$\begin{aligned}y&=b_0(u-a_1x_n-a_2x_{n-1}-\cdots-a_{n-1}x_2-a_nx_1)+b_1x_n+\cdots+b_{n-1}x_2+b_nx_1\\&=b_0(-a_n\quad -a_{n-1}\quad \cdots\quad -a_2\quad -a_1)\begin{bmatrix}x_1\\x_2\\ \vdots\\x_n\end{bmatrix}+b_0u+(b_n\quad b_{n-1}\quad \cdots\quad b_1)\begin{bmatrix}x_1\\x_2\\ \vdots\\x_n\end{bmatrix}\end{aligned}$$

### 8.2.2 由传递函数建立状态空间表达式

1. 直接程序法(Direct Program Method)

由传递函数直接画出状态变量图如图 8－6 所示,再由状态变量图直接写出状态空间表达式。

$$G(s)=\frac{Y(s)}{U(s)}=\frac{b_1s^{n-1}+b_2s^{n-2}\cdots+b_{n-1}s+b_n}{s^n+a_1s^{n-1}+\cdots+a_{n-1}s+a_n}$$

$$\frac{Y(s)}{U(s)}=\frac{b_1s^{-1}+b_2s^{-2}+\cdots+b_ns^{-n}}{1+a_1s^{-1}+a_2s^{-2}+\cdots+a_ns^{-n}}$$

$$E(s)=\frac{U(s)}{1+a_1s^{-1}+a_2s^{-2}+\cdots+a_ns^{-n}}$$

$$E(s)=U(s)-a_1s^{-1}E(s)-a_2s^{-2}E(s)-\cdots-a_ns^{-n}E(s)$$

$$Y(s)=(b_1s^{-1}+b_2s^{-2}+\cdots+b_ns^{-n})E(s)$$

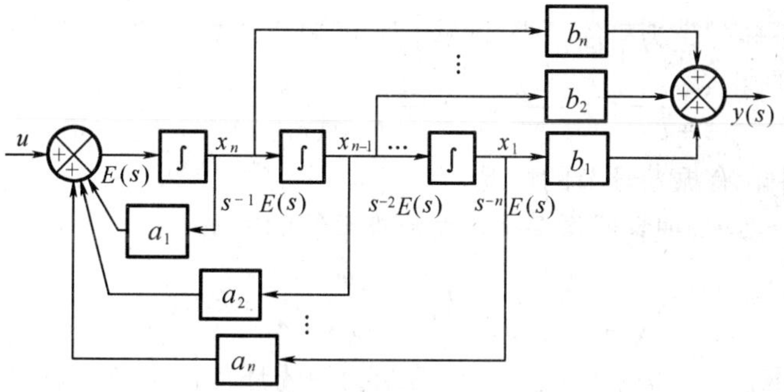


图 8－6 状态变量图

2. 并联程序法(Parallel Program Method)

由传递函数化为部分分式后画出状态变量图,再由状态变量图写出状态空间表达式。部分分式的基本单元为$\frac{X(s)}{U(s)}=\frac{1}{s+a}$,利用直接程序法,将此单元画为图 8－7。

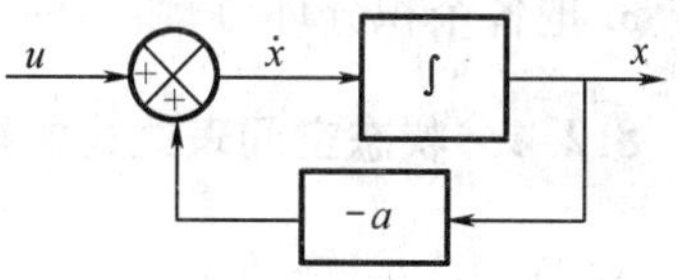


图 8－7 状态变量图

3. 迭代程序法(Iterative Program Method)

由传递函数化成因子连乘积形式,后画出状态变量图,再由状态变量图直接写出状态空间表达式。

基本单元为$\frac{X(s)}{U(s)}=\frac{s+b}{s+a}$,利用直接程序法,将此单元画为图 8-8 所示。

$$\frac{X(s)}{U(s)}=\frac{1+bs^{-1}}{1+as^{-1}},E(s)=\frac{U(s)}{1+as^{-1}}$$

$$E(s)=U(s)-as^{-1}E(s),X(s)=E(s)+bs^{-1}E(s)$$

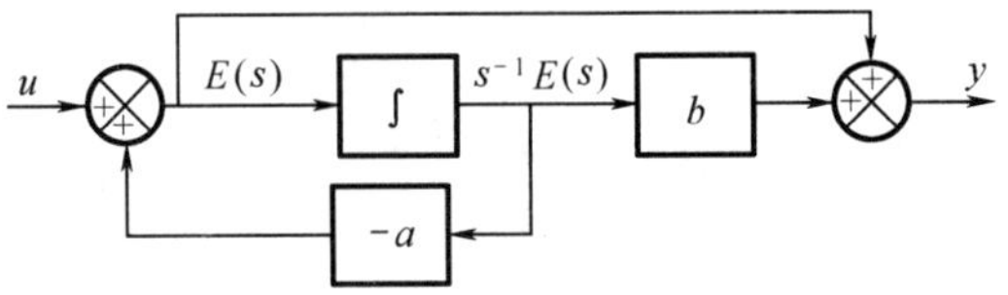


图 8-8　状态变量图

### 8.2.3　根据系统的方框图求状态空间表达式

1. 把各个环节化为最简单形式的组合,即积分环节、惯性环节和比例环节

$$\frac{s+c}{s+b}=1+\frac{c-b}{s+b}=1+\frac{k}{s+b}\qquad\frac{k}{s(s+a)}=\frac{k}{s}\times\frac{1}{s+a}$$

2. 系统中含有振荡环节的情况

对于二阶系统,把它看作一个单位反馈系统的输出

$$\frac{k}{s^2+a_1s+a_2}=k_0\frac{a_2}{s^2+a_1s+a_2}=k_0G(s)$$

把二阶环节看成是一单位闭环反馈结构的闭环传递函数,其前向通道传递函数可求得

$$G(s)=\frac{G_0(s)}{1+G_0(s)}\qquad G_0(s)=\frac{G(s)}{1-G(s)}=\frac{a_2}{s(s+a_1)}$$

3. 把各个积分环节、惯性环节的输出选做状态变量

### 8.2.4　状态空间表达式的规范化形式

$\frac{Y(s)}{U(s)}=\frac{b_0s^m+b_1s^{m-1}+\cdots+b_m}{s^n+a_1s^{n-1}+\cdots+a_{n-1}s+a_n}$,这里 $n>m$,设 $n=m-1$。

1. 能控标准型

系统的状态空间表达式为 $\dot{\boldsymbol{X}}=\boldsymbol{AX}+\boldsymbol{Bu}$,　$\boldsymbol{y}=\boldsymbol{CX}$,若 $A,B$ 两矩阵具有如下形式



高等学校优秀教材辅导丛书 GAODENG XUEXIAO YOUXIUJIAOCAI FUDAOCONGSHU

$$\boldsymbol{A}=\begin{bmatrix}0&1&0&\cdots&0\\0&0&1&\cdots&0\\\vdots&\vdots&\vdots&&\vdots\\0&0&0&\cdots&1\\-a_n&-a_{n-1}&-a_{n-2}&\cdots&-a_1\end{bmatrix},\quad \boldsymbol{B}=\begin{bmatrix}0\\0\\0\\\vdots\\1\end{bmatrix}$$

则称为能控标准型，其中 $C$ 矩阵可以是任意的。

2. 能观测标准型

系统的状态空间表达式为 $\dot{\boldsymbol{X}}=\boldsymbol{AX}+\boldsymbol{B}\boldsymbol{u},\boldsymbol{y}=\boldsymbol{CX}$，若 $\boldsymbol{A},\boldsymbol{C}$ 两矩阵具有如下形式

$$\boldsymbol{A}=\begin{bmatrix}0&0&0&\cdots&0&-a_n\\1&0&0&\cdots&0&-a_{n-1}\\0&1&0&\cdots&0&-a_{n-2}\\\vdots&\vdots&\vdots&&\vdots&\vdots\\0&0&0&\cdots&1&-a_1\end{bmatrix},\quad \boldsymbol{C}=[0\quad 0\quad\cdots\quad 1]$$

则称为能观测标准型，并且通过观察可以知道

$$\boldsymbol{A}_{能观测}=\boldsymbol{A}^{\mathrm{T}}_{能控}\quad \boldsymbol{C}_{能观测}=\boldsymbol{B}^{\mathrm{T}}_{能控}\quad \boldsymbol{B}_{能观测}=\boldsymbol{C}^{\mathrm{T}}_{能控}$$

3. 对角标准型

$$\boldsymbol{A}=\begin{bmatrix}\lambda_1&&&0\\&\lambda_2&&\\&&\ddots&\\0&&&\lambda_n\end{bmatrix}$$

$W(s)=\dfrac{Y(s)}{U(s)}=\dfrac{c_1}{s-\lambda_1}+\dfrac{c_2}{s-\lambda_2}+\cdots+\dfrac{c_n}{s-\lambda_n}=\sum\limits_{i=1}^{n}\dfrac{c_i}{s-\lambda_i}$，这里 $c_i=\lim\limits_{s\to\lambda_i}W(s)(s-\lambda_i)$。

选取状态变量为

$$x_i(s)=\frac{u(s)}{s-\lambda_i},sx_i(s)=\lambda_i x(s)+u(s),\dot{x}_i=\lambda_i x_i+u$$

$$\dot{\boldsymbol{X}}=\begin{bmatrix}\lambda_1&0&\cdots&0\\0&\lambda_2&\cdots&0\\\vdots&\vdots&&\vdots\\0&0&\cdots&\lambda_n\end{bmatrix}\boldsymbol{X}+\begin{bmatrix}1\\1\\\vdots\\1\end{bmatrix}\boldsymbol{u},\quad \boldsymbol{y}=[c_1\quad c_2\quad\cdots\quad c_n]\boldsymbol{X}$$



高等学校优秀教材辅导丛书 GAODENG XUEXIAO YOUXIUJIAOCAI FUDAOCONGSHU

4. 约当标准型

$$\boldsymbol{A}=\begin{bmatrix}\lambda_1 & 1 & 0 & 0 & \cdots & 0\\ 0 & \lambda_1 & 1 & 0 & \cdots & 0\\ 0 & 0 & \lambda_1 & 1 & \cdots & 0\\ \vdots & \vdots & \vdots & \vdots & & \vdots\\ 0 & 0 & 0 & 0 & \cdots & 1\\ 0 & 0 & 0 & 0 & \cdots & \lambda_1\end{bmatrix}$$

$$W(s)=\frac{Y(s)}{U(s)}=\frac{c_1}{(s-\lambda_1)^n}+\frac{c_2}{(s-\lambda_1)^{n-1}}+\cdots+\frac{c_n}{s-\lambda_1}$$

这里 $c_i=\lim\limits_{s\to\lambda_1}\frac{1}{(n-1)!}\frac{\mathrm{d}^{n-1}}{\mathrm{d}s^{n-1}}[W(s)(s-\lambda_1)^n]$。

选择状态变量

$$x_1(s)=\frac{u(s)}{(s-\lambda_1)^n},x_2(s)=\frac{u(s)}{(s-\lambda_1)^{n-1}},x_{n-1}(s)=\frac{u(s)}{(s-\lambda_1)^2},x_n(s)=\frac{u(s)}{s-\lambda_1}$$

$$sx_1(s)=\lambda_1x_1(s)+x_2(s)$$

$$sx_2(s)=\lambda_2x_2(s)+x_3(s)$$

$$\cdots$$

$$sx_{n-1}(s)=\lambda_1x_{n-1}(s)+x_n(s)$$

$$sx_n(s)=\lambda_1x_n(s)+u(s)$$

$$\begin{bmatrix}\dot{x}_1\\ \dot{x}_2\\ \vdots\\ \dot{x}_n\end{bmatrix}=\begin{bmatrix}\lambda_1 & 1 & & \\ & \lambda_1 & 1 & \\ & & \ddots & 1\\ & & & \lambda_1\end{bmatrix}\begin{bmatrix}x_1\\ x_2\\ \vdots\\ x_n\end{bmatrix}+\begin{bmatrix}0\\ 0\\ \vdots\\ 1\end{bmatrix}\boldsymbol{u}$$

$$y=\begin{bmatrix}c_1 & c_2 & \cdots & c_n\end{bmatrix}\begin{bmatrix}x_1\\ x_2\\ \vdots\\ x_n\end{bmatrix}$$

5. 推广

$$W(s)=\frac{c_{11}}{(s-\lambda_1)^r}+\cdots+\frac{c_{1r}}{(s-\lambda_1)}+\frac{c_{r+1}}{(s-\lambda_{r+1})}+\cdots+\frac{c_n}{(s-\lambda_n)}$$

$$\begin{bmatrix}\dot{x}_1\\ \dot{x}_2\\ \vdots\\ \dot{x}_n\end{bmatrix}=\begin{bmatrix}\lambda_1 & 1 & \cdots & 0 & & & & \\ 0 & \lambda_1 & \cdots & 0 & & 0 & & \\ \vdots & \vdots & \cdots & 1 & & & & \\ 0 & 0 & \cdots & \lambda_1 & & & & \\ & & & & \lambda_{r+1} & 0 & \cdots & 0\\ & 0 & & & 0 & \lambda_{r+2} & \cdots & \vdots\\ & & & & \vdots & \vdots & \cdots & 0\\ & & & & 0 & 0 & \cdots & \lambda_n\end{bmatrix}\begin{bmatrix}x_1\\ x_2\\ \vdots\\ x_n\end{bmatrix}+\begin{bmatrix}0\\ 0\\ \vdots\\ 1\\ 1\\ 1\\ \vdots\\ 1\end{bmatrix}\boldsymbol{u}$$

$$y=\begin{bmatrix}c_{11} & \cdots & c_{1r} & c_{r+1} & \cdots & c_n\end{bmatrix}\begin{bmatrix}x_1\\ x_2\\ \vdots\\ x_n\end{bmatrix}$$

### 8.2.5 由控制系统的状态空间表达式确定系统的传递函数矩阵

已知系统的传递矩阵为

$$\begin{cases}\dot{\boldsymbol{X}}=\boldsymbol{AX}+\boldsymbol{Bu}\\ \boldsymbol{y}=\boldsymbol{CX}+\boldsymbol{Du}\end{cases}$$

求得 $W(s)=\dfrac{Y(s)}{U(s)}=\boldsymbol{C}(s\boldsymbol{I}-\boldsymbol{A})^{-1}\boldsymbol{B}+\boldsymbol{D}$。

自动控制系统三种数学模型之间的关系如图 8－9 所示。

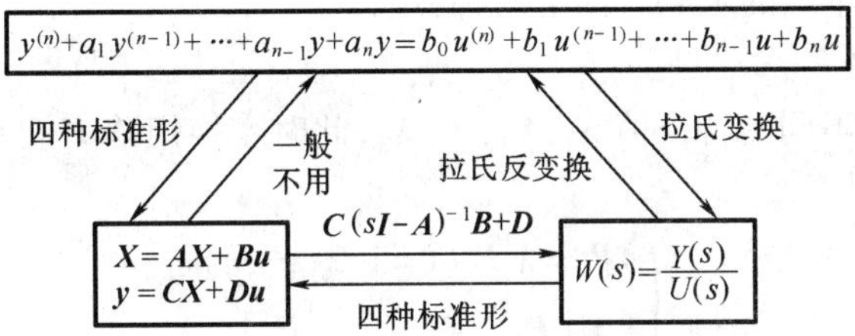


图 8－9　控制系统三种数学模型之间的关系图

## 8.3 线性定常系统的分析

### 8.3.1 状态转移矩阵的性质

1. 自身性 $\boldsymbol{\Phi}(0)=\boldsymbol{I}$。
2. 反逆性 $\boldsymbol{\Phi}^{-1}(t)=\boldsymbol{\Phi}(-t)$。
3. 传递性 $\boldsymbol{\Phi}(t_2-t_1)\boldsymbol{\Phi}(t_1-t_0)=\boldsymbol{\Phi}(t_2-t_0)$。
4. $\boldsymbol{\Phi}(t_1+t_2)=\boldsymbol{\Phi}(t_1)\boldsymbol{\Phi}(t_2)$。
5. $\{\boldsymbol{\Phi}(t)\}^n=\boldsymbol{\Phi}(nt)$。
6. $\dot{\boldsymbol{\Phi}}(t)=\boldsymbol{A}\boldsymbol{\Phi}(t)$。

### 8.3.2 状态转移矩阵的求取

1. 拉普拉斯法 $\boldsymbol{\Phi}(t)=L^{-1}[(s\boldsymbol{I}-\boldsymbol{A})^{-1}]$。
2. 根据 $e^{At}$定义的直接计算法

$$M=e^{At}\Big|_{t=T}=\sum_{k=0}^{\infty}\frac{\boldsymbol{A}^k t^k}{k!}\Big|_{t=T}$$

3. 变换系统矩阵 $A$ 为对角线矩阵的计算法

$$\boldsymbol{\Phi}(t)=\boldsymbol{P}e^{\Lambda t}\boldsymbol{P}^{-1},\text{其中 }\boldsymbol{\Lambda}=\boldsymbol{P}^{-1}\boldsymbol{A}\boldsymbol{P}=\begin{bmatrix}\lambda_1 & & 0\\ & \ddots & \\ 0 & & \lambda_n\end{bmatrix}。$$

其中变换矩阵 $\boldsymbol{P}$ 的求取有如下两种方法。

(1)一般方法

当 $\boldsymbol{A}$ 有 $n$ 个不同的特征值 $\lambda_1,\lambda_2,\cdots,\lambda_n$,此时变换矩阵 $\boldsymbol{P}$ 可由矩阵 $\boldsymbol{A}$ 的特征向量表示。

$$\begin{cases}\boldsymbol{A}\boldsymbol{P}_i=\lambda_i\boldsymbol{P}_i(i=1,2,\cdots,n)\\ \boldsymbol{P}=[\boldsymbol{P}_1\quad \boldsymbol{P}_2\quad \cdots\quad \boldsymbol{P}_n]\end{cases}$$

(2)如果状态矩阵 $\boldsymbol{A}$ 具有如下标准形式

$$\boldsymbol{A}=\begin{bmatrix}0 & 1 & 0 & \cdots & 0\\ 0 & 0 & 1 & \cdots & 0\\ \vdots & \vdots & \vdots & & \vdots\\ 0 & 0 & 0 & \cdots & 1\\ -a_n & -a_{n-1} & -a_{n-2} & \cdots & -a_1\end{bmatrix}$$



高等学校优秀教材辅导丛书 GAODENG XUEXIAO YOUXIUJIAOCAI FUDAOCONGSHU

$\boldsymbol{A}$ 具有各异的特征值 $\lambda_1\cdots\lambda_n$，则 $\boldsymbol{P}$ 可以取为下列的范德蒙特矩阵

$$\boldsymbol{P}=\begin{bmatrix}1 & 1 & 1 & \cdots & 1\\ \lambda_1 & \lambda_2 & \lambda_3 & \cdots & \lambda_n\\ \lambda_1^2 & \lambda_2^2 & \lambda_3^2 & \cdots & \lambda_n^2\\ \vdots & \vdots & \vdots & & \vdots\\ \lambda_1^{n-1} & \lambda_2^{n-1} & \lambda_3^{n-1} & \cdots & \lambda_n^{n-1}\end{bmatrix}$$

则 $\boldsymbol{P}$ 可以使 $\boldsymbol{A}$ 对角化。

4. 变换系统矩阵 $\boldsymbol{A}$ 为约当形矩阵的计算方法

若系统矩阵 $\boldsymbol{A}$ 的 $n$ 个特征值中有 $m$ 个重特征值 $\lambda_1$，而其余的 $n-m$ 个特征值 $\lambda_{m+1},\lambda_{m+2},\cdots,\lambda_n$ 彼此不等，约当标准形如下所示。

$$\boldsymbol{J}=\boldsymbol{P}^{-1}\boldsymbol{AP}=\begin{bmatrix}\begin{matrix}\lambda_1 & 1 & \cdots & 0\\ 0 & \lambda_1 & \cdots & 0\\ \vdots & \vdots & & 1\\ 0 & 0 & \cdots & \lambda_1\end{matrix} & \boldsymbol{0}\\ \boldsymbol{0} & \begin{matrix}\lambda_{m+1} & 0 & 0 & \cdots & 0\\ 0 & \lambda_{m+2} & 0 & \cdots & 0\\ 0 & 0 & \lambda_{m+3} & \cdots & 0\\ \vdots & \vdots & \vdots & & 0\\ 0 & 0 & 0 & \cdots & \lambda_n\end{matrix}\end{bmatrix}$$

(1) 由约当形矩阵 $\boldsymbol{J}$ 来求 $\boldsymbol{\Phi}(t)$

$$\boldsymbol{\Phi}(t)=\mathrm{e}^{\boldsymbol{A}t}=\boldsymbol{P}\mathrm{e}^{\boldsymbol{J}t}\boldsymbol{P}^{-1}=\boldsymbol{P}\begin{bmatrix}\mathrm{e}^{\lambda_1 t} & t\mathrm{e}^{\lambda_1 t} & \frac{1}{2!}t^2\mathrm{e}^{\lambda_1 t} & \cdots & \frac{t^{m-1}}{(m-1)!}\mathrm{e}^{\lambda_1 t} & 0 & \cdots & 0\\ 0 & \mathrm{e}^{\lambda_1 t} & t\mathrm{e}^{\lambda_1 t} & \cdots & \frac{t^{m-2}}{(m-2)!}\mathrm{e}^{\lambda_1 t} & 0 & \cdots & 0\\ 0 & 0 & \mathrm{e}^{\lambda_1 t} & \cdots & \frac{t^{m-3}}{(m-3)!}\mathrm{e}^{\lambda_1 t} & 0 & \cdots & 0\\ \vdots & \vdots & \vdots & & \vdots & \vdots & & \vdots\\ 0 & 0 & 0 & \cdots & \mathrm{e}^{\lambda_1 t} & 0 & \cdots & 0\\ 0 & 0 & 0 & \cdots & 0 & \mathrm{e}^{\lambda_{m+1}t} & \cdots & 0\\ \vdots & \vdots & \vdots & & \vdots & \vdots & & \vdots\\ 0 & 0 & 0 & \cdots & 0 & 0 & \cdots & \mathrm{e}^{\lambda_n t}\end{bmatrix}\boldsymbol{P}^{-1}$$

(2) 变换阵 $\boldsymbol{P}$ 的求取

①一般法



高等学校优秀教材辅导丛书 GAODENG XUEXIAO YOUXIUJIAOCAI FUDAOCONGSHU

首先对 $n-m$ 个彼此不相等的特征根对应的特征向量 $\boldsymbol{P}_{m+1},\boldsymbol{P}_{m+2},\cdots,\boldsymbol{P}_n$ 由公式 $\boldsymbol{AP}_i=\lambda_i\boldsymbol{P}_i(i=m+1,\cdots,n)$ 来求取；其次求取 $\lambda_1$ 的 $m$ 重特征值对应的特征向量 $\boldsymbol{P}_1,\boldsymbol{P}_2,\cdots,\boldsymbol{P}_m$。

$$\begin{cases}(\lambda_1\boldsymbol{I}-\boldsymbol{A})\boldsymbol{P}_1=0\\(\lambda_1\boldsymbol{I}-\boldsymbol{A})\boldsymbol{P}_2=-\boldsymbol{P}_1\\\cdots\\(\lambda_1\boldsymbol{I}-\boldsymbol{A})\boldsymbol{P}_m=-\boldsymbol{P}_{m-1}\end{cases}$$

这里 $\boldsymbol{P}_2,\boldsymbol{P}_3,\cdots,\boldsymbol{P}_m$，称为广义特征向量。

②若系统矩阵具有友矩阵的形式，即

$$\boldsymbol{A}=\begin{bmatrix}0&1&0&\cdots&0\\0&0&1&\cdots&0\\\vdots&\vdots&\vdots&&\vdots\\0&0&0&\cdots&1\\-a_n&-a_{n-1}&-a_{n-2}&\cdots&-a_1\end{bmatrix}$$

则对应的变换矩阵为

$$[\boldsymbol{P}_1\quad\boldsymbol{P}_2\quad\cdots\quad\boldsymbol{P}_m]=\left[\boldsymbol{P}_1\quad\frac{\mathrm{d}\boldsymbol{P}_1}{\mathrm{d}\lambda_1}\quad\cdots\quad\frac{\mathrm{d}^{m-1}\boldsymbol{P}_1}{\mathrm{d}\lambda_1^{m-1}}\right]$$

5. 应用 Cayley－Hamilton 定理的计算方法

$$\boldsymbol{\Phi}(t)=\alpha_0(t)\boldsymbol{I}+\alpha_1(t)\boldsymbol{A}+\cdots+\alpha_{n-1}(t)\boldsymbol{A}^{n-1}$$

其中待定系数的计算有如下方法。

(1)若 $\boldsymbol{A}$ 有互异特征值 $\lambda_1,\lambda_2,\cdots,\lambda_n$ 时

$$\begin{bmatrix}\alpha_0(t)\\\alpha_1(t)\\\vdots\\\alpha_{n-1}(t)\end{bmatrix}=\begin{bmatrix}1&\lambda_1&\lambda_1^2&\cdots&\lambda_1^{n-1}\\1&\lambda_2&\lambda_2^2&\cdots&\lambda_2^{n-1}\\\vdots&\vdots&\vdots&&\vdots\\1&\lambda_n&\lambda_n^2&\cdots&\lambda_n^{n-1}\end{bmatrix}^{-1}\begin{bmatrix}\mathrm{e}^{\lambda_1t}\\\mathrm{e}^{\lambda_2t}\\\vdots\\\mathrm{e}^{\lambda_nt}\end{bmatrix}$$

(2)若 $A$ 有 $n$ 重特征值 $\lambda_1$ 时

$$\begin{bmatrix}\alpha_0(t)\\\alpha_1(t)\\\vdots\\\alpha_{n-1}(t)\end{bmatrix}=\begin{bmatrix}1&\lambda_1&\lambda_1^2&\lambda_1^3&\cdots&\lambda_1^{n-1}\\0&1&2\lambda_1&3\lambda_1^2&\cdots&(n-1)\lambda_1^{n-2}\\0&0&1&3\lambda_1&\cdots&\frac{(n-1)(n-2)}{2!}\lambda_1^{n-3}\\\vdots&\vdots&\vdots&1&&\vdots\\0&0&0&0&\cdots&1\end{bmatrix}^{-1}\begin{bmatrix}\mathrm{e}^{\lambda_1t}\\t\mathrm{e}^{\lambda_1t}\\\frac{t^2}{2!}\mathrm{e}^{\lambda_1t}\\\vdots\\\frac{t^{n-1}}{(n-1)!}\mathrm{e}^{\lambda_1t}\end{bmatrix}$$

(3) 当 $A$ 有 $m$ 个重根，有 $n-m$ 个单根时

$$\begin{bmatrix} \alpha_0(t) \\ \vdots \\ \alpha_{m-1}(t) \\ \alpha_{n-m}(t) \\ \vdots \\ \alpha_{n-1}(t) \end{bmatrix} = \begin{bmatrix} 1 & \lambda_1 & \lambda_1^2 & \lambda_1^3 & \cdots & \lambda_1^{n-1} \\ 0 & 1 & 2\lambda_1 & 3\lambda_1^2 & \cdots & (n-1)\lambda_1^{n-2} \\ 0 & 0 & 1 & 3\lambda_1 & \cdots & \dfrac{(n-1)(n-2)}{2!}\lambda_1^{n-3} \\ \vdots & \vdots & \vdots & \vdots & & \vdots \\ 0 & 0 & 0 & 1 & \cdots & \dfrac{(n-1)\cdots(n-m+1)}{(m-1)!}\lambda_1^{n-m} \\ 1 & \lambda_{m+1} & \lambda_{m+1}^2 & \lambda_{m+1}^3 & \cdots & \lambda_{m+1}^{n-1} \\ \vdots & \vdots & \vdots & \vdots & & \vdots \\ 1 & \lambda_n & \lambda_n^2 & \lambda_n^3 & \cdots & \lambda_n^{n-1} \end{bmatrix}^{-1}$$

$$\cdot \begin{bmatrix} e^{\lambda_1 t} \\ \vdots \\ \dfrac{t^{m-1}}{(m-1)!}e^{\lambda_1 t} \\ e^{\lambda_{m+1} t} \\ \vdots \\ e^{\lambda_n t} \end{bmatrix}$$

6. 变换系统矩阵为模式矩阵的计算方法

(1) 模式矩阵定义

设矩阵 $A$ 的特征值为 $\lambda_1=\sigma+j\omega$，$\lambda_2=\sigma-j\omega$，则下述矩阵称为模式矩阵

$$\boldsymbol{M}=\boldsymbol{P}^{-1}\boldsymbol{A}\boldsymbol{P}=\begin{bmatrix} \sigma & \omega \\ -\omega & \sigma \end{bmatrix}$$

(2) $\boldsymbol{P}$ 阵的求取

设 $\boldsymbol{\lambda}_1$ 的特征向量为 $\boldsymbol{q}_1=\boldsymbol{\alpha}_1+j\boldsymbol{\beta}_1$，则有 $\boldsymbol{P}=[\boldsymbol{\alpha}_1 \quad \boldsymbol{\beta}_1]$。

(3) $e^{\boldsymbol{M}t}$ 的计算

$$e^{\boldsymbol{M}t}=e^{\begin{bmatrix} \sigma & \omega \\ -\omega & \sigma \end{bmatrix}t}=e^{\begin{bmatrix} \sigma & 0 \\ 0 & \sigma \end{bmatrix}t}\times e^{\begin{bmatrix} 0 & \omega \\ -\omega & 0 \end{bmatrix}t}=e^{\sigma t}\begin{bmatrix} \cos\omega t & \sin\omega t \\ -\sin\omega t & \cos\omega t \end{bmatrix}$$

### 8.3.3 状态方程的解

1. 齐次状态方程的解

(1) 连续系统　　$\boldsymbol{X}(t)=e^{\boldsymbol{A}t}\boldsymbol{X}(0)$

(2) 离散系统　　$\boldsymbol{X}(k)=\boldsymbol{A}^k\boldsymbol{X}(0)$

2. 非齐次状态方程的解

(1)连续系统 $X(t)=e^{At}X(0)+\int_0^t e^{A(t-\tau)}BU(\tau)d\tau$

(2)离散系统 $X(k)=A^kX(0)+\sum_{j=0}^{k-1}A^{k-j-1}BU(j)$

## 8.4 线性连续状态方程的离散化

设某线性系统的状态方程为:$\dot{X}=AX+BU$,将其进行离散化后有

$$X[(k+1)T_0]=A^*(T_0)X(kT_0)+B^*(T_0)u(kT_0)$$

其中 $A^*(T_0)=e^{AT_0}$,$B^*(T_0)=\int_0^{T_0}e^{At}Bdt$。

## 8.5 李雅普诺夫稳定性分析

### 8.5.1 李雅普诺夫稳定性定义

设对应于系统的初始条件可以画出一个球域 $S(\delta)$,它的范数为

$$\|X-X_e\|\leqslant\delta$$

$S(\varepsilon)$是含有方程 $\dot{X}=f(X,t)$ 的解 $\Phi(t,X_0,t_0)$ 的所有各点的球域,其范数为

$$\|\Phi(t,X_0,t_0)-X_e\|\leqslant\varepsilon\qquad(t\geqslant t_0)$$

这里 $X_e$ 为系统的平衡状态,$f(X_e,t)=0$。

1. 李雅普诺夫稳定

若系统 $\dot{X}=f(X,t)$ 对于任意选定的 $\varepsilon>0$,存在一个实数点 $\delta(\varepsilon,t_0)>0$,使得当 $\|X-X_e\|\leqslant\delta$ 时,恒有 $\|\Phi(t,X_0,t_0)-X_e\|\leqslant\varepsilon(t_0\leqslant t<\infty)$,则称系统的平衡状态 $X_e$ 是李雅普诺夫意义下稳定的。

2. 渐近稳定性

如果平衡状态 $X_e$ 在李雅普诺夫意义下是稳定的,又从球域 $S(\delta)$ 内出发的任意一个解,当 $t\to\infty$ 时不仅不能超出球域 $S(\varepsilon)$ 之外,而且最后收敛于 $X_e$,则称此类平衡状态是渐近稳定的。

3. 大范围渐近稳定性

对于所有的状态(状态空间中的所有各点),如果由这些状态出发的轨迹都保持渐近稳定性,则这时的平衡状态称作是大范围渐近稳定的。

4. 不稳定性

如果对于某个实数 $\varepsilon>0$ 和任意一个实数 $\delta>0$,不管这两个实数有多么小,在

平衡状态 $\boldsymbol{X}_e$ 周围的球域内总存在着一个初始状态 $\boldsymbol{X}_0$,使得从这一状态出发的轨迹最终会超出球域 $S(\varepsilon)$ 之外,这时称平衡状态 $\boldsymbol{X}_e$ 是不稳定的。

### 8.5.2 李雅普诺夫稳定性定理

定理1 设系统的状态方程为

$$\dot{\boldsymbol{X}}=f(\boldsymbol{X},t)$$

其中 $f(0,t)=0(t\geqslant t_0)$。如果存在具有连续一阶偏导数的标量函数 $V(x,t)$,并满足条件

(1) $V(\boldsymbol{X},t)$ 为正定;

(2) $\dot{V}(\boldsymbol{X},t)$ 为负定;

则在状态空间原点处的平衡状态是一致渐近稳定的。如果随着 $\|X\|\to\infty$,有 $V(\boldsymbol{X},t)\to\infty$,则在原点处的平衡状态是大范围一致渐近稳定的。

定理2 设系统状态方程为

$$\dot{\boldsymbol{X}}=f(\boldsymbol{X},t)$$

其中 $f(0,t)=0(t\geqslant t_0)$。如果存在一个具有一阶偏导数的标量函数 $V(\boldsymbol{X},t)$,且满足条件

(1) $V(\boldsymbol{X},t)$ 正定;

(2) $\dot{V}(\boldsymbol{X},t)$ 负半定;

(3) $\dot{V}[\boldsymbol{\Phi}(t,\boldsymbol{X}_0,t_0),t]$ 对于任意 $t_0$ 及任意 $\boldsymbol{X}_0\neq 0$,在 $t\geqslant t_0$ 时不恒等于零;

则在状态空间原点处的平衡状态为渐近稳定,当 $\|\boldsymbol{X}\|\to\infty$ 时,$V(\boldsymbol{X},t)\to\infty$ 在状态空间原点处的平衡状态为大范围渐近稳定的。

定理3 已知系统的状态方程为

$$\dot{\boldsymbol{X}}=f(\boldsymbol{X},t)$$

其中 $f(0,t)=0(t\geqslant t_0)$。如果存在一个具有连续一阶偏导数的标量函数 $V(\boldsymbol{X})$,且满足条件

(1) $V(\boldsymbol{X},t)$ 为正定;

(2) $\dot{V}(\boldsymbol{X},t)$ 为负半定,但在原点上的某一 $x$ 处恒等于零;

则系统在原点处的平衡状态是在李氏意义下稳定的,但非渐近稳定,在这种情况下,系统保持一个稳定的等幅振荡状态之上。

定理4 设系统的状态方程为

$$\dot{\boldsymbol{X}}=f(\boldsymbol{X},t)$$

其中 $f(0,t)=0(t\geqslant t_0)$,如果存在一个具有连续一阶偏导数的标量函数 $V(\boldsymbol{X},t)$,且

满足条件

(1) $V(\boldsymbol{X},t)$ 在原点附近的邻域内为正定；

(2) $\dot{V}(\boldsymbol{X},t)$ 在同一邻域内也是正定的；

则在原点处的平衡状态是不稳定的。

### 8.5.3 应用李雅普诺夫方法分析线性系统的稳定性

1. 线性定常系统李雅普诺夫稳定性分析

定理(李雅普诺夫定理) 设系统的状态方程为 $\dot{\boldsymbol{X}}=\boldsymbol{A}\boldsymbol{X}$，其中 $\boldsymbol{X}$ 为 $n\times1$，$\boldsymbol{A}$ 为 $n\times n$ 的矩阵。给定一个正定的赫米特矩阵(或实对称阵) $\boldsymbol{Q}$，有一个正定的赫米特矩阵(或实对称阵)矩阵 $\boldsymbol{P}$ 存在。它是方程 $\boldsymbol{A}^{\mathrm{T}}\boldsymbol{P}+\boldsymbol{P}\boldsymbol{A}=-\boldsymbol{Q}$ 的唯一解，则系统在平衡状态 $\boldsymbol{X}_e=0$ 处是大范围内的渐近稳定，这时标量函数 $V(\boldsymbol{X})=\boldsymbol{X}^{\mathrm{T}}\boldsymbol{P}\boldsymbol{X}$ 可选作该系统的李雅普诺夫函数。

2. 线性定常离散系统的李雅普诺夫稳定性分析

定理 设线性定常离散系统的状态方程为 $\boldsymbol{X}(k+1)=\boldsymbol{A}\boldsymbol{X}(k)$，其中 $\boldsymbol{X}$ 为状态向量，$n\times1$ 阶，$\boldsymbol{A}$ 为 $n\times n$ 阶的系统矩阵，非奇异矩阵。设 $\boldsymbol{X}_e=0$ 为系统的平衡状态，该系统在 $\boldsymbol{X}_e=0$ 处为渐近稳定的充要条件为给定任意正定赫米特(或实对称)矩阵 $\boldsymbol{Q}$，存在一个正定赫米特矩阵 $\boldsymbol{P}$ 使 $\boldsymbol{A}^{\mathrm{T}}\boldsymbol{P}\boldsymbol{A}-\boldsymbol{P}=-\boldsymbol{Q}$ 成立。且李氏函数可取为 $V[\boldsymbol{X}(k)]=\boldsymbol{X}^{\mathrm{T}}(k)\boldsymbol{P}\boldsymbol{X}(k)$。

## 书后习题解析

8-1 试列写由下列微分方程所描述的线性定常系统的状态空间表达式。

(1) $y^{(2)}(t)+2\dot{y}(t)+y(t)=0$

**解** 选取状态变量 $x_1=y$，$x_2=\dot{x}_1=\dot{y}$；则有

$$\begin{cases}\dot{x}_1=x_2\\ \dot{x}_2=-x_1-2x_2\\ y=x_1\end{cases}$$

则状态空间表达式为 $\begin{bmatrix}\dot{x}_1\\ \dot{x}_2\end{bmatrix}=\begin{bmatrix}0 & 1\\ -1 & -2\end{bmatrix}\begin{bmatrix}x_1\\ x_2\end{bmatrix}$，$y=\begin{bmatrix}1 & 0\end{bmatrix}\begin{bmatrix}x_1\\ x_2\end{bmatrix}$。

(2) $y^{(2)}(t)+2\dot{y}(t)+y(t)=u(t)$

**解** 选取状态变量 $x_1=y$，$x_2=\dot{x}_1=\dot{y}$；则有

$$\begin{cases}\dot{x}_1 = x_2 \\ \dot{x}_2 = -x_1 - 2x_2 + u \\ y = x_1\end{cases}$$

则状态空间表达式为$\begin{bmatrix}\dot{x}_1\\ \dot{x}_2\end{bmatrix}=\begin{bmatrix}0 & 1\\ -1 & -2\end{bmatrix}\begin{bmatrix}x_1\\ x_2\end{bmatrix}+\begin{bmatrix}0\\ 1\end{bmatrix}u, y=\begin{bmatrix}1 & 0\end{bmatrix}\begin{bmatrix}x_1\\ x_2\end{bmatrix}$。

(3) $y^{(3)}(t)+3y^{(2)}(t)+2\dot{y}(t)+2y(t)=0$

**解** 选取状态变量 $x_1=y, x_2=\dot{x}_1=\dot{y}, x_3=\dot{x}_2=\ddot{y}$;则有

$$\begin{cases}\dot{x}_1 = x_2 \\ \dot{x}_2 = x_3 \\ \dot{x}_3 = -2x_1 - 2x_2 - 3x_3 \\ y = x_1\end{cases}$$

则状态空间表达式为$\begin{bmatrix}\dot{x}_1\\ \dot{x}_2\\ \dot{x}_3\end{bmatrix}=\begin{bmatrix}0 & 1 & 0\\ 0 & 0 & 1\\ -2 & -2 & -3\end{bmatrix}\begin{bmatrix}x_1\\ x_2\\ x_3\end{bmatrix}, y=\begin{bmatrix}1 & 0 & 0\end{bmatrix}\begin{bmatrix}x_1\\ x_2\\ x_3\end{bmatrix}$。

(4) $y^{(3)}(t)+3y^{(2)}(t)+2\dot{y}(t)+2y(t)=u(t)$

**解** 选取状态变量 $x_1=y, x_2=\dot{x}_1=\dot{y}, x_3=\dot{x}_2=\ddot{y}$;则有

$$\begin{cases}\dot{x}_1 = x_2 \\ \dot{x}_2 = x_3 \\ \dot{x}_3 = -2x_1 - 2x_2 - 3x_3 + u \\ y = x_1\end{cases}$$

则状态空间表达式为$\begin{bmatrix}\dot{x}_1\\ \dot{x}_2\\ \ddot{x}\end{bmatrix}=\begin{bmatrix}0 & 1 & 0\\ 0 & 0 & 1\\ -2 & -2 & -3\end{bmatrix}\begin{bmatrix}x_1\\ x_2\\ x_3\end{bmatrix}+\begin{bmatrix}0\\ 0\\ 1\end{bmatrix}u, y=\begin{bmatrix}1 & 0 & 0\end{bmatrix}\begin{bmatrix}x_1\\ x_2\\ x_3\end{bmatrix}$。

(5) $y^{(3)}(t)+5y^{(2)}(t)+\dot{y}(t)+2y(t)=\dot{u}(t)+2u(t)$

由方程知 $a_1=5, a_2=1, a_3=2, b_0=0, b_1=0, b_2=1, b_3=2$,则

$$h_1=b_1-a_1b_0=0$$

$$h_2=(b_2-a_2b_0)-a_1h_1=1$$

$$h_3=(b_3-a_3b_0)-a_2h_1-a_1h_2=2-5\times 1=-3$$

选 $$\begin{cases}x_1 = y - b_0u \\ x_2 = \dot{x}_1 - h_1u \\ x_3 = \dot{x}_2 - h_2u\end{cases},则\begin{cases}\dot{x}_1 = x_2 + h_1u \\ \dot{x}_2 = x_3 + h_2u \\ \dot{x}_3 = -2x_1 - x_2 - 5x_3 + h_3u \\ y = x_1\end{cases}$$



高等学校优秀教材辅导丛书 GAODENG XUEXIAO YOUXIUJIAOCAI FUDAOCONGSHU

则状态方程为$\begin{bmatrix}\dot{x}_1\\\dot{x}_2\\\ddot{x}\end{bmatrix}=\begin{bmatrix}0&1&0\\0&0&1\\-2&-1&-5\end{bmatrix}\begin{bmatrix}x_1\\x_2\\x_3\end{bmatrix}+\begin{bmatrix}0\\1\\-3\end{bmatrix}u,y=[1\quad 0\quad 0]\begin{bmatrix}x_1\\x_2\\x_3\end{bmatrix}$。

(6)$y^{(3)}(t)+3y^{(2)}(t)+2\dot{y}(t)+y(t)=\ddot{u}(t)+2\dot{u}(t)+u(t)$

由方程知 $a_1=3,a_2=2,a_3=1,b_0=0,b_1=1,b_2=2,b_3=1$，则

$$h_1=b_1-a_1b_0=1$$

$$h_2=(b_2-a_2b_0)-a_1h_1=2-3\times1=-1$$

$$h_3=(b_3-a_3b_0)-a_2h_1-a_1h_2=1-2\times1-3\times(-1)=2$$

选
$$\begin{cases}x_1=y\\x_2=\dot{x}_1-h_1u\\x_3=\dot{x}_2-h_2u\end{cases},\text{则}\begin{cases}\dot{x}_1=x_2+h_1u\\\dot{x}_2=x_3+h_2u\\\dot{x}_3=-x_1-2x_2-3x_3+h_3u\\y=x_1\end{cases}$$

则状态空间表达式为$\begin{bmatrix}\dot{x}_1\\\dot{x}_2\\\dot{x}_3\end{bmatrix}=\begin{bmatrix}0&1&0\\0&0&1\\-1&-2&-3\end{bmatrix}\begin{bmatrix}x_1\\x_2\\x_3\end{bmatrix}+\begin{bmatrix}1\\-1\\2\end{bmatrix}\boldsymbol{u},y=[1\quad 0\quad 0]\begin{bmatrix}x_1\\x_2\\x_3\end{bmatrix}$。

8-2　试根据单位反馈系统的闭环传递函数$\frac{Y(s)}{R(s)}$列写线性定常系统的状态空间表达式。

(1)$\frac{\boldsymbol{Y}(s)}{R(s)}=\frac{1}{s^2(s+10)}$；　(2)$\frac{\boldsymbol{Y}(s)}{R(s)}=\frac{1}{s(s+1)(s+8)}$；

(3)$\frac{\boldsymbol{Y}(s)}{R(s)}=\frac{5}{s(s^2+4s+2)}$；　(4)$\frac{\boldsymbol{Y}(s)}{R(s)}=\frac{s^2+4s+5}{s^3+6s^2+11s+6}$。

**解**　(1)$\frac{\boldsymbol{Y}(s)}{R(s)}=\frac{1}{s^2(s+10)}=\frac{1}{s^3+10s^2}$

$$\boldsymbol{A}=\begin{bmatrix}0&1&0\\0&0&1\\0&0&10\end{bmatrix},\boldsymbol{B}=\begin{bmatrix}0\\0\\1\end{bmatrix},\boldsymbol{C}=[1\quad 0\quad 0]$$

(2)$\frac{Y(s)}{R(s)}=\frac{1}{s(s+1)(s+8)}=\frac{1}{8}\cdot\frac{1}{s}-\frac{1}{7}\cdot\frac{1}{s+1}+\frac{1}{56}\cdot\frac{1}{s+8}$

$$\boldsymbol{A}=\begin{bmatrix}0&0&0\\0&-1&0\\0&0&-8\end{bmatrix},\boldsymbol{B}=\begin{bmatrix}1\\1\\1\end{bmatrix},\boldsymbol{C}=\begin{bmatrix}\frac{1}{8}&-\frac{1}{7}&\frac{1}{56}\end{bmatrix}$$

另一种解法

又$\frac{Y(s)}{R(s)}=\frac{1}{s^3+9s^2+8s}$，所以$\boldsymbol{A}=\begin{bmatrix}0&1&0\\0&0&1\\0&-8&-9\end{bmatrix},\boldsymbol{B}=\begin{bmatrix}0\\0\\1\end{bmatrix},\boldsymbol{C}=[1\quad 0\quad 0]$。

(3)$\frac{Y(s)}{R(s)}=\frac{5}{s(s^2+4s+2)}=\frac{5}{s^3+4s^2+2s}$

高等学校优秀教材辅导丛书 GAODENG XUEXIAO YOUXIUJIAOCAI FUDAOCONGSHU

$$\boldsymbol{A}=\begin{bmatrix}0&1&0\\0&0&1\\0&-2&-4\end{bmatrix},\boldsymbol{B}=\begin{bmatrix}0\\0\\5\end{bmatrix},\boldsymbol{C}=[1\quad 0\quad 0]$$

(4) $\dfrac{Y(s)}{R(s)}=\dfrac{s^2+4s+5}{s^3+6s^2+11s+6}$

$$\boldsymbol{A}=\begin{bmatrix}0&1&0\\0&0&1\\-6&-11&-6\end{bmatrix},\boldsymbol{B}=\begin{bmatrix}0\\0\\1\end{bmatrix},\boldsymbol{C}=[5\quad 4\quad 1]$$

8-3　试应用矩阵指数法计算线性定常系统的状态转移矩阵 $\boldsymbol{\Phi}(t)$。已知系统的系统矩阵 $\boldsymbol{A}$ 为

$$\boldsymbol{A}=\begin{bmatrix}0&1\\-2&-3\end{bmatrix}$$

**解**　状态转移矩阵 $\boldsymbol{\Phi}(t)$ 可通过矩阵指数 $e^{\boldsymbol{A}t}$ 来表示,即 $\boldsymbol{\Phi}(t)=e^{\boldsymbol{A}t}$,其中

$$e^{\boldsymbol{A}t}=\boldsymbol{I}+\boldsymbol{A}t+\frac{1}{2!}(\boldsymbol{A}t)^2+\frac{1}{3!}(\boldsymbol{A}t)^3+\cdots+\frac{1}{k!}(\boldsymbol{A}t)^k+\cdots$$

将系数矩阵 $\boldsymbol{A}$ 代入上式,求得状态转移矩阵为

$$e^{\boldsymbol{A}t}=\begin{bmatrix}1&0\\0&1\end{bmatrix}+\begin{bmatrix}0&1\\-2&-3\end{bmatrix}t+\frac{1}{2!}\begin{bmatrix}0&1\\-2&-3\end{bmatrix}^2t^2+\cdots=\begin{bmatrix}2e^{-t}-e^{-2t}&e^{-t}-e^{-2t}\\-2e^{-t}+2e^{-2t}&-e^{-t}+2e^{-2t}\end{bmatrix}$$

8-4　试应用拉普拉斯法计算线性定常系统的状态转移矩阵 $\boldsymbol{\Phi}(t)$。已知系统的系统矩阵 $\boldsymbol{A}$ 为

$$\boldsymbol{A}=\begin{bmatrix}0&1\\-2&-3\end{bmatrix}$$

**解**　(1) $s\boldsymbol{I}-\boldsymbol{A}=\begin{bmatrix}s&0\\0&s\end{bmatrix}-\begin{bmatrix}0&1\\-2&-3\end{bmatrix}=\begin{bmatrix}s&-1\\2&s+3\end{bmatrix}$

$$(s\boldsymbol{I}-\boldsymbol{A})=\frac{\mathrm{adj}(s\boldsymbol{I}-\boldsymbol{A})}{|s\boldsymbol{I}-\boldsymbol{A}|}$$

式中

$$|s\boldsymbol{I}-\boldsymbol{A}|=\begin{vmatrix}s&-1\\2&s+3\end{vmatrix}=s(s+3)+2=(s+1)(s+2)$$

$$\mathrm{adj}(s\boldsymbol{I}-\boldsymbol{A})=\begin{bmatrix}s+3&1\\-2&s\end{bmatrix}$$

整理得

$$(s\boldsymbol{I}-\boldsymbol{A})^{-1}=\begin{bmatrix}\dfrac{s+3}{(s+1)(s+2)}&\dfrac{1}{(s+1)(s+2)}\\\dfrac{-2}{(s+1)(s+2)}&\dfrac{s}{(s+1)(s+2)}\end{bmatrix}$$

(2)
$$\boldsymbol{\Phi}(t)=L^{-1}[(s\boldsymbol{I}-\boldsymbol{A})^{-1}]=\begin{bmatrix}2e^{-t}-e^{-2t}&e^{-t}-e^{-2t}\\-2e^{-t}+2e^{-2t}&-e^{-t}+2e^{-2t}\end{bmatrix}$$

8-5　试应用变换系统矩阵 $\boldsymbol{A}$ 为对角线矩阵的计算法计算线性定常系统的状态转移矩阵



高等学校优秀教材辅导丛书 GAODENG XUEXIAO YOUXIUJIAOCAI FUDAOCONGSHU

$\boldsymbol{\Phi}(t)$。已知系统矩阵 $\boldsymbol{A}$ 为
$$\boldsymbol{A}=\begin{bmatrix}0 & 1\\ -2 & -3\end{bmatrix}$$

**解** (1)由 $|s\boldsymbol{I}-\boldsymbol{A}|=\begin{vmatrix}s & -1\\ 2 & s+3\end{vmatrix}=(s+1)(s+2)=0$,解出特征值 $s_1=-1,s_2=-2$。

(2)由于系统矩阵 $\boldsymbol{A}$ 具有“友”矩阵形式,则变换矩阵 $\boldsymbol{P}=\begin{bmatrix}1 & 1\\ -1 & -2\end{bmatrix}$

则 $\boldsymbol{P}^{-1}=\begin{bmatrix}2 & 1\\ -1 & -1\end{bmatrix}$,$\boldsymbol{P}^{-1}\boldsymbol{AP}=\begin{bmatrix}2 & 1\\ -1 & -1\end{bmatrix}\begin{bmatrix}0 & 1\\ -2 & -3\end{bmatrix}\begin{bmatrix}1 & 1\\ -1 & -2\end{bmatrix}=\begin{bmatrix}-1 & 0\\ 0 & -2\end{bmatrix}$。

(3)计算状态转移矩阵 $\boldsymbol{\Phi}(t)$

$$\boldsymbol{\Phi}(t)=\mathrm{e}^{At}=\boldsymbol{P}\mathrm{e}^{\boldsymbol{P}^{-1}\boldsymbol{AP}t}\boldsymbol{P}^{-1}=\begin{bmatrix}2\mathrm{e}^{-t}-\mathrm{e}^{-2t} & \mathrm{e}^{-t}-\mathrm{e}^{-2t}\\ -2\mathrm{e}^{-t}+2\mathrm{e}^{-2t} & -\mathrm{e}^{-t}+2\mathrm{e}^{-2t}\end{bmatrix}$$

8-6 试应用 Cayley-Hamilton 定理的计算法计算线性定常系统的状态转移矩阵 $\boldsymbol{\Phi}(t)$。已知系统矩阵 $\boldsymbol{A}$ 为 $\boldsymbol{A}=\begin{bmatrix}0 & 1\\ -2 & -3\end{bmatrix}$。

**解** 给定系统矩阵 $\boldsymbol{A}$ 的特征值为 $s_1=-1,s_2=-2$。可得方程组

$$\begin{cases}\alpha_0(t)+\alpha_1(t)s_1=\mathrm{e}^{s1t}\\ \alpha_0(t)+\alpha_1(t)s_2=\mathrm{e}^{s2t}\end{cases}$$

解出 $\alpha_0(t)=2\mathrm{e}^{-t}-\mathrm{e}^{-2t}$,$\alpha_1(t)=\mathrm{e}^{-t}-\mathrm{e}^{-2t}$,则状态转移矩阵 $\boldsymbol{\Phi}(t)$ 为

$$\boldsymbol{\Phi}(t)=\alpha_0(t)\boldsymbol{I}+\alpha_1(t)\boldsymbol{A}=(\mathrm{e}^{-t}-\mathrm{e}^{-2t})\begin{bmatrix}1 & 0\\ 0 & 1\end{bmatrix}+(\mathrm{e}^{-t}-\mathrm{e}^{-2t})\begin{bmatrix}0 & 1\\ -2 & -3\end{bmatrix}$$

$$=\begin{bmatrix}2\mathrm{e}^{-t}-\mathrm{e}^{-2t} & \mathrm{e}^{-t}-\mathrm{e}^{-2t}\\ -2\mathrm{e}^{-t}+2\mathrm{e}^{-2t} & -\mathrm{e}^{-t}+2\mathrm{e}^{-2t}\end{bmatrix}$$

8-7 已知线性定常系统的系统矩阵为 $\boldsymbol{A}=\begin{bmatrix}0 & 1 & 0\\ 0 & 0 & 1\\ -6 & -11 & -6\end{bmatrix}$,试计算该系统的状态转移矩阵 $\boldsymbol{\Phi}(t)$。

**解** $|s\boldsymbol{I}-\boldsymbol{A}|=s^3+6s^2+11s+6=(s+1)(s+2)(s+3)=0$,则系统三个特征根为 $s_1=-1,s_2=-2,s_3=-3$。利用 Cayley-Hamilton 定理有

$$\begin{bmatrix}\alpha_0(t)\\ \alpha_1(t)\\ \alpha_2(t)\end{bmatrix}=\begin{bmatrix}1 & -1 & 1\\ 1 & -2 & 4\\ 1 & -3 & 9\end{bmatrix}^{-1}\begin{bmatrix}\mathrm{e}^{-t}\\ \mathrm{e}^{-2t}\\ \mathrm{e}^{-3t}\end{bmatrix}=\begin{bmatrix}3\mathrm{e}^{-t}-3\mathrm{e}^{-2t}+\mathrm{e}^{-3t}\\ \dfrac{5}{2}\mathrm{e}^{-t}-4\mathrm{e}^{-2t}+\dfrac{3}{2}\mathrm{e}^{-3t}\\ \dfrac{1}{2}\mathrm{e}^{-t}-\mathrm{e}^{-2t}+\dfrac{1}{2}\mathrm{e}^{-3t}\end{bmatrix}$$

$\boldsymbol{\Phi}(t)=\alpha_0(t)\boldsymbol{I}+\alpha_1(t)\boldsymbol{A}+\alpha_2(t)\boldsymbol{A}^2$

$$
=\begin{bmatrix} 3e^{-t}-3e^{-2t}+e^{-3t} & \frac{5}{2}e^{-t}-4e^{-2t}+\frac{3}{2}e^{-3t} & \frac{1}{2}e^{-t}-e^{-2t}+\frac{1}{2}e^{-3t} \\ -3e^{-t}+6e^{-2t}-3e^{-3t} & -\frac{5}{2}e^{-t}+8e^{-2t}-\frac{9}{2}e^{-3t} & -\frac{1}{2}e^{-t}+2e^{-2t}-\frac{3}{2}e^{-3t} \\ 3e^{-t}-12e^{-2t}+9e^{-3t} & \frac{5}{2}e^{-t}-16e^{-2t}+\frac{27}{2}e^{-3t} & \frac{1}{2}e^{-t}-4e^{-2t}+\frac{9}{2}e^{-3t} \end{bmatrix}
$$

8－8 试根据下列系统矩阵求取线性定常系统的状态转移矩阵 $\boldsymbol{\Phi}(t)$。

$$
(1)\boldsymbol{A}=\begin{bmatrix} 0 & 1 & 0 & 0 \\ 0 & 0 & 1 & 0 \\ 0 & 0 & 0 & 1 \\ 0 & 0 & 0 & 0 \end{bmatrix};\quad (2)\boldsymbol{A}=\begin{bmatrix} \lambda & 0 & 0 & 0 \\ 0 & \lambda & 1 & 0 \\ 0 & 0 & \lambda & 1 \\ 0 & 0 & 0 & \lambda \end{bmatrix}。
$$

**解** (1) $\lambda_1=\lambda_2=\lambda_3=\lambda_4=0,\boldsymbol{\Phi}(t)=\begin{bmatrix} 1 & t & \frac{t^2}{2} & \frac{t^3}{6} \\ 0 & 1 & t & \frac{t^2}{2} \\ 0 & 0 & 1 & t \\ 0 & 0 & 0 & 1 \end{bmatrix}$。

$$
(2)\boldsymbol{\Phi}(t)=\begin{bmatrix} e^{\lambda t} & 0 & 0 & 0 \\ 0 & e^{\lambda t} & te^{\lambda t} & \frac{t^2}{2}e^{\lambda t} \\ 0 & 0 & e^{\lambda t} & te^{\lambda t} \\ 0 & 0 & 0 & e^{\lambda t} \end{bmatrix}。
$$

8－9 设线性定常系统的齐次状态方程为 $\dot{\boldsymbol{X}}=\boldsymbol{AX}$，已知 $\boldsymbol{X}(t)=\begin{bmatrix} e^{-2t} \\ -e^{-2t} \end{bmatrix},\boldsymbol{X}(0)=\begin{bmatrix} 1 \\ -1 \end{bmatrix};\boldsymbol{X}(t)=\begin{bmatrix} 2e^{-t} \\ -e^{-t} \end{bmatrix},\boldsymbol{X}(0)=\begin{bmatrix} 2 \\ -1 \end{bmatrix}$。试求取该系统的系统矩阵 $\boldsymbol{A}$ 及状态转移矩阵 $\boldsymbol{\Phi}(t)$。

**解** 齐次方程的解为 $\boldsymbol{X}(t)=\boldsymbol{\Phi}(t)\boldsymbol{X}(0)$，则

$$
\begin{bmatrix} e^{-2t} & 2e^{-t} \\ -e^{-2t} & -e^{-t} \end{bmatrix}=\boldsymbol{\Phi}(t)\begin{bmatrix} 1 & 2 \\ -1 & -1 \end{bmatrix}
$$

$$
\boldsymbol{\Phi}(t)=\begin{bmatrix} e^{-2t} & 2e^{-t} \\ -e^{-2t} & -e^{-t} \end{bmatrix}\begin{bmatrix} 1 & 2 \\ -1 & -1 \end{bmatrix}^{-1}
$$

由于 $\text{rank}=\begin{vmatrix} 1 & 2 \\ -1 & -1 \end{vmatrix}=2$，所以 $\begin{bmatrix} 1 & 2 \\ -1 & -1 \end{bmatrix}^{-1}=\begin{bmatrix} -1 & -2 \\ 1 & 1 \end{bmatrix}$。

最终求得给定系统的状态转移矩阵

$$
\boldsymbol{\Phi}(t)=\begin{bmatrix} 2e^{-t}-e^{-2t} & 2e^{-t}-2e^{-2t} \\ -e^{-t}+e^{-2t} & -e^{-t}+2e^{-2t} \end{bmatrix}
$$

$$
\boldsymbol{A}=\dot{\boldsymbol{\Phi}}(t)\Big|_{t=0}=\begin{bmatrix} -2e^{-t}+2e^{2t} & -2e^{-t}+4e^{-2t} \\ -e^{t}-2e^{-2t} & e^{-t}-4e^{-2t} \end{bmatrix}\Bigg|_{t=0}=\begin{bmatrix} 0 & 2 \\ -1 & -3 \end{bmatrix}
$$

8－10　设线性定常系统的齐次状态方程为 $\dot{\boldsymbol{X}}=\boldsymbol{A}\boldsymbol{X}$。已知 $\boldsymbol{X}(t)=\begin{bmatrix} e^{-2t} \\ -2e^{-2t} \end{bmatrix}$，$\boldsymbol{X}(0)=\begin{bmatrix} 1 \\ -2 \end{bmatrix}$；$\boldsymbol{X}(t)=\begin{bmatrix} e^{-t} \\ -e^{-t} \end{bmatrix}$，$\boldsymbol{X}(0)=\begin{bmatrix} 1 \\ -1 \end{bmatrix}$。

**解**　齐次方程的解为 $\boldsymbol{X}(t)=\boldsymbol{\Phi}(t)\boldsymbol{X}(0)$，则

$$\begin{bmatrix} -e^{-2t} \\ -2e^{-2t} \end{bmatrix}=\begin{bmatrix} \boldsymbol{\Phi}_{11}(t) & \boldsymbol{\Phi}_{12}(t) \\ \boldsymbol{\Phi}_{21}(t) & \boldsymbol{\Phi}_{22}(t) \end{bmatrix}\begin{bmatrix} 1 \\ -2 \end{bmatrix}$$

$$\begin{bmatrix} e^{-t} \\ -e^{-t} \end{bmatrix}=\begin{bmatrix} \boldsymbol{\Phi}_{11}(t) & \boldsymbol{\Phi}_{12}(t) \\ \boldsymbol{\Phi}_{21}(t) & \boldsymbol{\Phi}_{22}(t) \end{bmatrix}\begin{bmatrix} 1 \\ -1 \end{bmatrix}$$

则

$$\boldsymbol{\Phi}(t)=\begin{bmatrix} -2e^{-2t}+2e^{-t} & e^{-t}-e^{-2t} \\ 2e^{-2t}-2e^{-t} & -e^{-t}+2e^{-2t} \end{bmatrix}$$

$$\boldsymbol{A}=\dot{\boldsymbol{\Phi}}(t)\Big|_{t=0}=\begin{bmatrix} -2e^{-t}+2e^{-2t} & -e^{-t}+2e^{-2t} \\ 2e^{-t}-4e^{-2t} & e^{-t}-4e^{-2t} \end{bmatrix}\Bigg|_{t=0}=\begin{bmatrix} 0 & 1 \\ -2 & -3 \end{bmatrix}$$

8－11　已知线性定常系统的齐次状态方程为 $\begin{bmatrix} \dot{x}_1 \\ \dot{x}_2 \\ \dot{x}_3 \end{bmatrix}=\begin{bmatrix} 2 & 1 & 0 \\ 0 & 2 & 1 \\ 0 & 0 & 2 \end{bmatrix}\begin{bmatrix} x_1 \\ x_2 \\ x_3 \end{bmatrix}$，试求取通过初始条件 $x_1(0)$，$x_2(0)$ 及 $x_3(0)$ 表示的齐次状态方程解。

**解**　$\boldsymbol{X}(t)=\begin{bmatrix} e^{2t} & te^{2t} & \frac{t^2}{2}e^{2t} \\ 0 & e^{2t} & te^{2t} \\ 0 & 0 & e^{2t} \end{bmatrix}\begin{bmatrix} x_1(0) \\ x_2(0) \\ x_3(0) \end{bmatrix}$。

8－12　已知线性定常系统的齐次状态方程为 $\dot{\boldsymbol{X}}=\begin{bmatrix} 0 & 1 \\ 2 & -1 \end{bmatrix}\boldsymbol{X}$，试确定与状态 $\boldsymbol{X}(t)=[2\quad 5]^{\mathrm{T}}$ 相对应的初始状态 $\boldsymbol{X}(0)$。

**解**　(1)应用对角化法计算 $\boldsymbol{\Phi}(t)$。

系统矩阵 $\boldsymbol{A}$ 具有友矩阵形式，其特征值 $|s\boldsymbol{I}-\boldsymbol{A}|=s^2+s-2=(s-1)(s+2)=0$，求得 $s_1=1$，$s_2=-2$。则 $\boldsymbol{P}=\begin{bmatrix} 1 & 1 \\ 1 & -2 \end{bmatrix}$，$\boldsymbol{P}^{-1}=\begin{bmatrix} \frac{2}{3} & \frac{1}{3} \\ \frac{1}{3} & -\frac{1}{3} \end{bmatrix}$，$e^{\boldsymbol{P}^{-1}\boldsymbol{A}\boldsymbol{P}t}=\begin{bmatrix} e^{t} & 0 \\ 0 & e^{-2t} \end{bmatrix}$，最后求得

$$\boldsymbol{\Phi}(t)=e^{At}=\boldsymbol{P}e^{\boldsymbol{P}^{-1}\boldsymbol{A}\boldsymbol{P}t}\boldsymbol{P}^{-1}=\frac{1}{3}\begin{bmatrix} 2e^{t}+e^{-2t} & e^{t}-e^{-2t} \\ 2e^{t}-2e^{-2t} & e^{t}+2e^{-2t} \end{bmatrix}$$

(2)

$$\boldsymbol{\Phi}^{-1}(t)=\boldsymbol{\Phi}(-t)=\frac{1}{3}\begin{bmatrix} 2e^{-t}+e^{2t} & e^{-t}-e^{2t} \\ 2e^{-t}-2e^{2t} & e^{-t}+2e^{2t} \end{bmatrix}$$

$$\boldsymbol{X}(0)=\boldsymbol{\Phi}^{-1}(t)\boldsymbol{X}(t)=\frac{1}{3}\begin{bmatrix} 2e^{-t}+e^{2t} & e^{-t}-e^{2t} \\ 2e^{-t}-2e^{2t} & e^{-t}+2e^{2t} \end{bmatrix}\begin{bmatrix} 2 \\ 5 \end{bmatrix}=\begin{bmatrix} 3e^{-t}-e^{2t} \\ 3e^{-t}+2e^{-2t} \end{bmatrix}$$

8－13　试求解线性定常系统的非齐次状态方程 $\begin{bmatrix}\dot{x}_1\\ \dot{x}_2\end{bmatrix}=\begin{bmatrix}0 & 1\\ -2 & -3\end{bmatrix}\begin{bmatrix}x_1\\ x_2\end{bmatrix}+\begin{bmatrix}2\\ 0\end{bmatrix}\boldsymbol{u}$，已知 $\begin{bmatrix}x_1(0)\\ x_2(0)\end{bmatrix}=\begin{bmatrix}0\\ 1\end{bmatrix}$，$u(t)=\begin{cases}e^{-t}, & t\geqslant 0\\ 0, & t<0\end{cases}$。

**解**　$\boldsymbol{A}=\begin{bmatrix}0 & 1\\ -2 & -3\end{bmatrix}$，则 $\boldsymbol{\Phi}(t)=\begin{bmatrix}2e^{-t}-e^{-2t} & e^{-t}-e^{-2t}\\ -2e^{-t}+2e^{-2t} & -e^{-t}+2e^{-2t}\end{bmatrix}$。

$$\int_0^t \boldsymbol{\Phi}(t-\tau)\boldsymbol{Bu}(\tau)\mathrm{d}\tau=\int_0^t\begin{bmatrix}4e^{-(t-\tau)}-2e^{-2(t-\tau)}\\ -4e^{-(t-\tau)}+4e^{-2(t-\tau)}\end{bmatrix}e^{-\tau}\mathrm{d}\tau$$

$$=\int_0^t\begin{bmatrix}4e^{-t}-2e^{-2t}e^{\tau}\\ -4e^{-t}+4e^{-2t}e^{\tau}\end{bmatrix}\mathrm{d}\tau=\begin{bmatrix}(4t-2)e^{-t}+2e^{-2t}\\ (4-4t)e^{-t}-4e^{-2t}\end{bmatrix}$$

$$\boldsymbol{x}(t)=\boldsymbol{\Phi}(t)x(0)+\int_0^t\boldsymbol{\Phi}(t-\tau)\boldsymbol{Bu}(\tau)\mathrm{d}\tau$$

$$=\begin{bmatrix}e^{-t}-e^{-2t}\\ -e^{-t}+2e^{-2t}\end{bmatrix}+\begin{bmatrix}(4t-2)e^{-t}+2e^{-2t}\\ (4-4t)e^{-t}-4e^{-2t}\end{bmatrix}=\begin{bmatrix}(4t-1)e^{-t}+e^{-2t}\\ (3-4t)e^{-t}-2e^{-2t}\end{bmatrix}$$

8－14　已知线性定常系统的状态方程及输出方程分别为

$$\dot{X}=\begin{bmatrix}0 & 1\\ -2 & -3\end{bmatrix}\boldsymbol{X}+\begin{bmatrix}0\\ 2\end{bmatrix}\boldsymbol{u}$$

$$\boldsymbol{y}=[3\quad 1]\boldsymbol{X}$$

设当 $t=0$ 时输入 $u(t)=1(t)$。试计算初始条件 $\boldsymbol{X}(0)=\begin{bmatrix}0\\ 1\end{bmatrix}$ 下的系统输出 $y(t)$。

**解**　状态转移矩阵 $\boldsymbol{\Phi}(t)=\begin{bmatrix}2e^{-t}-e^{-2t} & e^{-t}-e^{-2t}\\ -2e^{-t}+2e^{-2t} & -e^{-t}+2e^{-2t}\end{bmatrix}$

$$y=\boldsymbol{C\Phi}(t)\boldsymbol{X}(0)+\boldsymbol{C}\int_0^t\boldsymbol{\Phi}(t-\tau)\boldsymbol{Bu}(\tau)\mathrm{d}\tau$$

$$\boldsymbol{C\Phi}(t)\boldsymbol{X}(0)=[3\quad 1]\begin{bmatrix}2e^{-t}-e^{-2t} & e^{-t}-e^{-2t}\\ -2e^{-t}+2e^{-2t} & -e^{-t}+2e^{-2t}\end{bmatrix}\begin{bmatrix}0\\ 1\end{bmatrix}=2e^{-t}-e^{-2t}$$

$$\boldsymbol{C}\int_0^t\boldsymbol{\Phi}(t-\tau)\boldsymbol{Bu}(\tau)\mathrm{d}\tau=[3\quad 1]\int_0^t\begin{bmatrix}2e^{-(t-\tau)}-e^{-2(t-\tau)} & e^{-(t-\tau)}-e^{-2(t-\tau)}\\ -2e^{-(t-\tau)}+2e^{-2(t-\tau)} & -e^{-(t-\tau)}+2e^{-2(t-\tau)}\end{bmatrix}\begin{bmatrix}0\\ 2\end{bmatrix}\cdot 1\,\mathrm{d}\tau$$

$$=3-4e^{-t}+e^{-2t}$$

则系统输出 $y=2e^{-t}-e^{-2t}-4e^{-t}+e^{-2t}+3=3-2e^{-t}$。

8－15　试求取线性时变系统非齐次状态方程

$$\begin{bmatrix}\dot{X}_1\\ \dot{X}_2\end{bmatrix}=\begin{bmatrix}0 & \dfrac{1}{(t+1)^2}\\ 0 & 0\end{bmatrix}\begin{bmatrix}x_1\\ x_2\end{bmatrix}+\begin{bmatrix}1\\ 1\end{bmatrix}u(t-t_0)$$

的解，其中 $u(t-t_0)$ 是从 $t_0$ 时刻开始的单位阶跃函数。

**解**　计算 $\boldsymbol{\Phi}(t,t_0)$

$$\int_{t_0}^{t}\boldsymbol{A}(\tau_1)\mathrm{d}\tau_1=\int_{t_0}^{t}\begin{bmatrix}0 & \dfrac{1}{(\tau_1+1)^2}\\ 0 & 0\end{bmatrix}\mathrm{d}\tau_1=\begin{bmatrix}0 & -\dfrac{1}{t+1}+\dfrac{1}{t_0+1}\\ 0 & 0\end{bmatrix}$$

$$\int_{t_0}^{t}\boldsymbol{A}(\tau_1)\int_{t_0}^{\tau_1}A(\tau_2)\mathrm{d}\tau_2\mathrm{d}\tau_1=\int_{t_0}^{t}\begin{bmatrix}0 & \dfrac{1}{(\tau_1+1)^2}\\ 0 & 0\end{bmatrix}\begin{bmatrix}0 & -\dfrac{1}{\tau_1+1}+\dfrac{1}{t_0+1}\\ 0 & 0\end{bmatrix}\mathrm{d}\tau_1$$

$$=\int_{t_0}^{t}\begin{bmatrix}0 & 0\\ 0 & 0\end{bmatrix}\mathrm{d}\tau_1=\begin{bmatrix}0 & 0\\ 0 & 0\end{bmatrix}$$

$$\int_{t_0}^{t}\boldsymbol{A}(\tau_1)\int_{t_0}^{t_1}\boldsymbol{A}(\tau_2)\int_{t_0}^{t_2}\boldsymbol{A}(\tau_3)\mathrm{d}\tau_3\mathrm{d}\tau_2\mathrm{d}\tau_1$$

$$=\int_{t_0}^{t}\begin{bmatrix}0 & \dfrac{1}{(\tau_1+1)^2}\\ 0 & 0\end{bmatrix}\int_{t_0}^{t_1}\begin{bmatrix}0 & \dfrac{1}{(\tau_2+1)^2}\\ 0 & 0\end{bmatrix}\int_{t_0}^{t_2}\begin{bmatrix}0 & \dfrac{1}{(\tau_3+1)^2}\\ 0 & 0\end{bmatrix}\mathrm{d}\tau_3\mathrm{d}\tau_2\mathrm{d}\tau_1$$

$$=\int_{t_0}^{t}\begin{bmatrix}0 & \dfrac{1}{(\tau_1+1)^2}\\ 0 & 0\end{bmatrix}\int_{t_0}^{t_1}\begin{bmatrix}0 & 0\\ 0 & 0\end{bmatrix}\mathrm{d}\tau_2\mathrm{d}\tau_1=\begin{bmatrix}0 & 0\\ 0 & 0\end{bmatrix}$$

$$\boldsymbol{\Phi}(t,t_0)=\boldsymbol{I}+\int_{t_0}^{t}\boldsymbol{A}(\tau_1)\mathrm{d}\tau_1=\begin{bmatrix}1 & 0\\ 0 & 1\end{bmatrix}+\begin{bmatrix}0 & -\dfrac{1}{t+1}+\dfrac{1}{t_0+1}\\ 0 & 0\end{bmatrix}$$

$$\int_{t_0}^{t}\boldsymbol{\Phi}(t,\tau)\boldsymbol{Bu}(\tau)=\int_{t_0}^{t}\begin{bmatrix}1 & -\dfrac{1}{t+1}+\dfrac{1}{\tau+1}\\ 0 & 1\end{bmatrix}\begin{bmatrix}1\\ 1\end{bmatrix}\cdot 1\ \mathrm{d}\tau=\begin{bmatrix}\dfrac{t(t-t_0)}{t+1}+\ln\dfrac{t+1}{t_0+1}\\ t-t_0\end{bmatrix}$$

所以$\begin{bmatrix}x_1(t)\\ x_2(t)\end{bmatrix}=\begin{bmatrix}1 & -\dfrac{1}{t+1}+\dfrac{1}{t_0+1}\\ 0 & 1\end{bmatrix}\begin{bmatrix}x_{10}\\ x_{20}\end{bmatrix}+\begin{bmatrix}\dfrac{t(t-t_0)}{t+1}+\ln\dfrac{t+1}{t_0+1}\\ t-t_0\end{bmatrix}$。

8－16　设描述线性定常离散系统的差分方程为$y(k+2)+3y(k+1)+2y(k)=u(k)$，试选取$x_1(k)=y(k)$，$x_2(k)=y(k+1)$为一组状态变量，写出该系统的状态方程，并求其解。已知$u(t)=1(t)$。

**解**　依题意选取$\begin{cases}x_1(t)=y(k)\\ x_2(k)=y(k+1)\end{cases}$，则系统状态空间表达式为

$$\begin{bmatrix}x_1(k+1)\\ x_2(k+1)\end{bmatrix}=\begin{bmatrix}0 & 1\\ -2 & -3\end{bmatrix}\begin{bmatrix}x_1(k)\\ x_2(k)\end{bmatrix}+\begin{bmatrix}0\\ 1\end{bmatrix}u(k),y(k)=\begin{bmatrix}1 & 0\end{bmatrix}\begin{bmatrix}x_1(k)\\ x_2(k)\end{bmatrix}$$

$$\mathscr{Z}^{-1}[(z\boldsymbol{I}-\boldsymbol{A})^{-1}z]=\mathscr{Z}^{-1}\left[\begin{bmatrix}z & -1\\ 2 & z+3\end{bmatrix}^{-1}z\right]=\begin{bmatrix}2(-1)^k-(-2)^k & (-1)^k-(-2)^k\\ -2(-1)^k+2(-2)^k & -(-1)^k+2(-2)^k\end{bmatrix}$$

$$\mathscr{Z}^{-1}[(z\boldsymbol{I}-\boldsymbol{A})^{-1}\boldsymbol{Bu}(z)]=\mathscr{Z}^{-1}\left\{\begin{bmatrix}\dfrac{z+3}{(z+1)(z+2)} & \dfrac{1}{(z+1)(z+2)}\\ \dfrac{-2}{(z+1)(z+2)} & \dfrac{z}{(z+1)(z+2)}\end{bmatrix}\begin{bmatrix}0\\ 1\end{bmatrix}\dfrac{z}{z-1}\right\}$$

高等学校优秀教材辅导丛书 GAODENG XUEXIAO YOUXIUJIAOCAI FUDAOCONGSHU

$$=\begin{bmatrix}\frac{1}{6}-\frac{1}{2}(-1)^k+\frac{1}{3}(-2)^k\\ \frac{1}{6}+\frac{1}{2}(-1)^k-\frac{2}{3}(-2)^k\end{bmatrix}$$

所以
$$\begin{bmatrix}x_1(k)\\x_2(k)\end{bmatrix}=\begin{bmatrix}2(-1)^k-(-2)^k & (-1)^k-(-2)^k\\ -2(-1)^k+2(-1)^k & -(-1)^k+2(-2)^k\end{bmatrix}\begin{bmatrix}x_1(0)\\x_2(0)\end{bmatrix}$$
$$+\begin{bmatrix}\frac{1}{6}-\frac{1}{2}(-1)^k+\frac{1}{3}(-2)^k\\ \frac{1}{6}+\frac{1}{2}(-1)^k-\frac{2}{3}(-2)^k\end{bmatrix}$$

8-17 设描述线性定常离散系统的差分方程为

$$y(k+3)+3y(k+2)+2y(k+1)+y(k)=u(k+2)+2u(k+1)$$

试列写该系统的状态方程,并求其解。设已知 $u(t)=t$。

**解** 取状态变量为

$$\begin{cases}x_1(k)=y(k)-b_0u(k)\\x_2(k)=x_1(k+1)-h_1u(k)\\x_3(k)=x_2(k+1)-h_2u(k)\end{cases},\begin{cases}x_1(k+1)=x_2(k)+h_1u(k)\\x_2(k+1)=x_3(k)+h_2u(k)\\x_3(k+1)=-x_1(k)-2x_2(k)-3x_3(k)+h_3u(k)\end{cases}$$

已知 $a_1=3,a_2=2,a_3=1,b_0=0,b_1=1,b_2=2,b_3=0$,则

$$h_1=b_1-a_1b_0=1$$
$$h_2=(b_2-a_2b_0)-a_1h_1=2-3\times1=-1$$
$$h_3=(b_3-a_3b_0)-a_2h_1-a_1h_2=0-2\times1-3\times(-1)=1$$

$$\begin{bmatrix}x_1(k+1)\\x_2(k+1)\\x_3(k+1)\end{bmatrix}=\begin{bmatrix}0&1&0\\0&0&1\\-1&-2&-3\end{bmatrix}\begin{bmatrix}x_1(k)\\x_2(k)\\x_3(k)\end{bmatrix}+\begin{bmatrix}1\\-1\\1\end{bmatrix}u(k)$$

$$y(k)=[1\quad0\quad0]\begin{bmatrix}x_1(k)\\x_2(k)\\x_3(k)\end{bmatrix}$$

8-18 试求取下列状态方程的离散化方程。

(1)$\dot{\boldsymbol{X}}=\begin{bmatrix}0&1\\0&0\end{bmatrix}\boldsymbol{X}+\begin{bmatrix}0\\1\end{bmatrix}\boldsymbol{u}$;(2)$\dot{\boldsymbol{X}}=\begin{bmatrix}0&1\\0&-2\end{bmatrix}\boldsymbol{X}+\begin{bmatrix}0\\1\end{bmatrix}\boldsymbol{u}$

**解** (1)$\boldsymbol{A}^*(T_0)=\begin{bmatrix}1&T_0\\0&1\end{bmatrix}$

$$\boldsymbol{B}^*(T_0)=\int_0^{T_0}e^{At}\boldsymbol{B}dt=\int_0^{T_0}\begin{bmatrix}1&t\\0&1\end{bmatrix}\begin{bmatrix}0\\1\end{bmatrix}dt=\int_0^{T_0}\begin{bmatrix}t\\1\end{bmatrix}dt=\begin{bmatrix}\frac{1}{2}T_0^2\\T_0\end{bmatrix}$$

$$\begin{bmatrix}x_1[(k+1)T_0]\\x_2[(k+1)]T_0\end{bmatrix}=\begin{bmatrix}1&T_0\\0&1\end{bmatrix}\begin{bmatrix}x_1(kT_0)\\x_2(kT_0)\end{bmatrix}+\begin{bmatrix}\frac{1}{2}T_0^2\\T_0\end{bmatrix}\boldsymbol{u}(kT_0)$$



高等学校优秀教材辅导丛书 GAODENG XUEXIAO YOUXIUJIAOCAI FUDAOCONGSHU

(2) $A^*(T_0)=\begin{bmatrix}1 & \frac{1}{2}(1-e^{-2T_0})\\ 0 & e^{-2T_0}\end{bmatrix}, B^*(T_0)=\begin{bmatrix}\frac{1}{2}\left(T_0+\frac{e^{-2T_0}-1}{2}\right)\\ \frac{1}{2}(1-e^{-2T_0})\end{bmatrix}$

$$\begin{bmatrix}x_1[(K+1)T_0]\\ x_2[(k+1)T_0]\end{bmatrix}=\begin{bmatrix}1 & \frac{1}{2}(1-e^{-2T_0})\\ 0 & e^{-2T_0}\end{bmatrix}\begin{bmatrix}x_1(kT_0)\\ x_2(kT_0)\end{bmatrix}+\begin{bmatrix}\frac{1}{2}\left(T_0+\frac{e^{-2T_0}-1}{2}\right)\\ \frac{1}{2}(1-e^{-2T_0})\end{bmatrix}\boldsymbol{u}(kT_0)$$

8-19 已知线性定常系统的状态方程为 $\dot{X}=\begin{bmatrix}-1 & -2\\ 1 & -4\end{bmatrix}X$，试应用李雅普诺夫第二法判别该系统的平衡状态的稳定性。

**解** $A=\begin{bmatrix}-1 & -2\\ 1 & -4\end{bmatrix}$，取 $Q=I=\begin{bmatrix}1 & 0\\ 0 & 1\end{bmatrix}$，设 $P=\begin{bmatrix}P_{11} & P_{12}\\ P_{12} & P_{22}\end{bmatrix}$，则由 $A^TP+PA=-Q$ 有

$$\begin{bmatrix}-1 & 1\\ -2 & -4\end{bmatrix}\begin{bmatrix}P_{11} & P_{12}\\ P_{12} & P_{22}\end{bmatrix}+\begin{bmatrix}P_{11} & P_{12}\\ P_{12} & P_{22}\end{bmatrix}\begin{bmatrix}-1 & -2\\ 1 & -4\end{bmatrix}=\begin{bmatrix}-1 & 0\\ 0 & -1\end{bmatrix}$$

解得 $P_{11}=\frac{23}{60}, P_{12}=-\frac{7}{60}, P_{22}=\frac{11}{60}$，因此 $P=\begin{bmatrix}\frac{23}{60} & -\frac{7}{60}\\ -\frac{7}{60} & \frac{11}{60}\end{bmatrix}$。

$\Delta_1=|P_{11}|=\frac{23}{60}>0, \Delta_2=\begin{vmatrix}P_{11} & P_{12}\\ P_{12} & P_{22}\end{vmatrix}=\begin{vmatrix}\frac{23}{60} & -\frac{7}{60}\\ -\frac{70}{60} & \frac{11}{60}\end{vmatrix}=\frac{204}{60^2}>0$，因此，对称矩阵 $P$ 具有正定性，所以系统的平衡状态是大范围渐近稳定的。

8-20 已知线性定常系统的状态方程为 $\dot{X}=\begin{bmatrix}-1 & 1\\ 2 & 3\end{bmatrix}X$，试分析系统在平衡状态 $X_e=0$ 处的稳定性。

**解** $X_e=0$，由 $A^TP+PA=-I$ 有

$$\begin{bmatrix}-1 & 2\\ 1 & 3\end{bmatrix}\begin{bmatrix}p_{11} & p_{12}\\ p_{21} & p_{22}\end{bmatrix}+\begin{bmatrix}p_{11} & p_{12}\\ p_{21} & p_{22}\end{bmatrix}\begin{bmatrix}-1 & 1\\ 2 & 3\end{bmatrix}=\begin{bmatrix}-1 & 0\\ 0 & -1\end{bmatrix}$$

其中 $P_{12}=P_{21}$，解得 $P_{11}=\frac{2}{5}, P_{21}=P_{12}=-\frac{1}{20}, P_{22}=-\frac{3}{20}$，并且 $\Delta_1=P_{11}=\frac{2}{5}>0, \Delta=|P|=-\frac{1}{16}=-0.0625$，所以系统不稳定。

8-21 已知线性定常系统的齐次状态方程为 $\dot{X}=AX, X=[x_1 \quad x_2 \quad x_3 \quad x_4]^T$，其中 $A=\begin{bmatrix}0 & 1 & 0 & 0\\ -b_4 & 0 & 1 & 0\\ 0 & -b_3 & 0 & 1\\ 0 & 0 & -b_2 & -b_1\end{bmatrix}$，$b_i\neq 0(i=1,2,3,4)$，试用 $b_i(i=1,2,3,4)$ 表示该系统在平衡点 $X_e=$



高等学校优秀教材辅导丛书 GAODENG XUEXIAO YOUXIUJIAOCAI FUDAOCONGSHU

0 处渐近稳定的充分条件。

**解** 取 $\boldsymbol{Q}=\begin{bmatrix}0&0&0&0\\0&0&0&0\\0&0&0&0\\0&0&0&1\end{bmatrix}$，由 $\boldsymbol{A}^{\mathrm{T}}\boldsymbol{P}+\boldsymbol{P}\boldsymbol{A}=-\boldsymbol{Q}$，解得

$$\boldsymbol{P}=\begin{bmatrix}\dfrac{b_2^2b_3}{2b_1}&0&0&0\\0&\dfrac{b_2b_3}{2b_1}&0&0\\0&0&\dfrac{b_2}{2b_1}&0\\0&0&0&\dfrac{1}{2b_1}\end{bmatrix}$$

并且，$\Delta_1=\boldsymbol{P}_{11}=\dfrac{b_2^2b_3}{2b_1}>0,\Delta_2=\dfrac{b_2^3b_3^2}{4b_1^2}>0,\Delta_3=\dfrac{b_2^4b_3^2}{8b_1^3}>0,\ |\boldsymbol{P}|=\dfrac{b_2^4b_3^2}{16b_1^4}>0$。要使系统稳定需有 $b_1>0,b_2>0,b_3>0$。

8－22 已知线性定常离散系统的状态方程为

$$x_1(k+1)=x_1(k)+3x_2(k)$$
$$x_2(k+1)=-3x_1(k)-2x_2(k)-3x_3(k)$$
$$x_3(k+1)=x_1(k)$$

试分析该系统的平衡状态的稳定性。

**解** 由题知 $\boldsymbol{A}=\begin{bmatrix}1&3&0\\-3&-2&-3\\1&0&0\end{bmatrix}$，应用 MATLAB 中的 eig 函数求得 $\boldsymbol{A}$ 的特征根为 0.117 3 ±2.697 4i，－1.234 6。特征根在 $z$ 平面单位圆外，系统不稳定；或取 $\boldsymbol{Q}=\boldsymbol{I}$，$\boldsymbol{P}$ 是对称阵，由 $\boldsymbol{A}^{\mathrm{T}}\boldsymbol{P}\boldsymbol{A}-\boldsymbol{P}=-\boldsymbol{Q}$，得 $\boldsymbol{P}=\begin{bmatrix}-0.2463&-0.2564&-0.5\\-0.2564&-0.6282&-1.4615\\-0.5&-1.4615&-4.6538\end{bmatrix}$，由 $p_{11}<0$，$\boldsymbol{P}$ 不是正定的，故系统不稳定。

8－23 已知线性定常离散系统的齐次状态方程为 $\boldsymbol{X}(k+1)=\boldsymbol{A}\boldsymbol{X}(k)$，其中系统矩阵 $\boldsymbol{A}$ 为 $\boldsymbol{A}=\begin{bmatrix}0&1&0\\0&0&1\\0&\dfrac{K}{2}&0\end{bmatrix}$，以及 $K>0$。试确定系统在平衡状态 $\boldsymbol{X}_e=0$ 处渐近稳定时参数 $K$ 的取值范围。

**解** $\boldsymbol{X}(k+1)=\boldsymbol{A}\boldsymbol{X}(k),k>0,\ |z\boldsymbol{I}-\boldsymbol{A}|=\begin{vmatrix}z&-1&0\\0&z&-1\\0&\dfrac{-K}{2}&z\end{vmatrix}=z^3-\dfrac{K}{2}z=z(z^2-\dfrac{K}{2})=0$，解得

$z_1=0, z_{2,3}=\pm\sqrt{\dfrac{K}{2}}$，若系统稳定，则$\sqrt{\dfrac{K}{2}}<1, K<2$，又$K>0$，即$0<K<2$。

或取$\boldsymbol{Q}=\boldsymbol{I}, \boldsymbol{P}=\begin{bmatrix} p_{11} & p_{12} & p_{13} \\ p_{12} & p_{22} & p_{23} \\ p_{13} & p_{23} & p_{33} \end{bmatrix}$，由$\boldsymbol{A}^{\mathrm{T}}\boldsymbol{PA}-\boldsymbol{P}=-\boldsymbol{Q}$，得$\boldsymbol{P}=\begin{bmatrix} 1 & 0 & 0 \\ 0 & \dfrac{2+\frac{K^2}{4}}{1-\frac{1}{4}K^2} & 0 \\ 0 & 0 & \dfrac{3}{1-\frac{1}{4}K^2} \end{bmatrix}$，欲使$\boldsymbol{P}$为正定，只要$1-\dfrac{1}{4}K^2>0$，即$K<2$。

## 同步训练题

1. 试求系统$\dfrac{Y(s)}{U(s)}=\dfrac{2(s+3)}{(s+1)(s+2)}$的状态空间表达式。

2. 已知一线性系统的状态转移矩阵为$\boldsymbol{\Phi}(t)=\begin{bmatrix} 2e^{-t}-e^{-2t} & e^{-t}-e^{-2t} \\ -2e^{-t}+2e^{-2t} & -e^{-t}+2e^{-2t} \end{bmatrix}$，试求该系统的状态矩阵$\boldsymbol{A}$。

3. 试用李雅普诺夫第二法(直接法)判断下述系统的原点稳定性。

$$\dot{x}_1=x_2$$
$$\dot{x}_2=2x_1-x_2$$

4. 已知系统的状态方程

$$\dot{\boldsymbol{X}}(t)=\begin{bmatrix} -1 & 1 & 0 \\ 0 & -1 & 0 \\ 0 & 0 & -2 \end{bmatrix}\boldsymbol{X}(t)+\begin{bmatrix} 0 \\ 1 \\ 4 \end{bmatrix}u(t), \boldsymbol{X}(0)=\begin{bmatrix} 1 \\ 2 \\ 1 \end{bmatrix}$$

试求系统在单位阶跃输入作用下的时间响应。

5. 已知连续时间系统的状态方程$\dot{\boldsymbol{X}}(t)=\begin{bmatrix} 0 & 1 \\ -6 & 5 \end{bmatrix}\boldsymbol{X}(t)+\begin{bmatrix} 1 \\ -2 \end{bmatrix}u(t)$，试求其响应的离散时间状态方程。

6. 设有一 *RLC* 网络如题6图所示，试写出该网络的状态方程及输出方程。

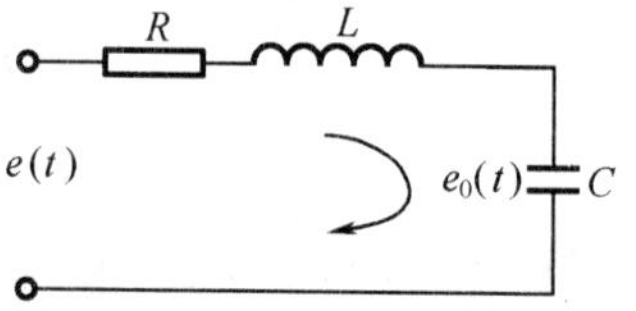

题6图

7. 设系统的状态方程为$\begin{cases} \dot{x}_1=\dot{x}_2 \\ \dot{x}_2=-x_1-2x_2+u \end{cases}$，试求当输

入$u(t)=\sin t+\cos t$时非齐次方程的解,且已知$\begin{bmatrix} x_1(0) \\ x_1(0) \end{bmatrix}=\begin{bmatrix} 1 \\ 0 \end{bmatrix}$,输出方程为$y=x_1$。

8. 设系统的状态方程为$\begin{bmatrix} \dot{x}_1 \\ \dot{x}_2 \end{bmatrix}=\begin{bmatrix} 0 & 1 \\ -2 & -2 \end{bmatrix}\begin{bmatrix} x_1 \\ x_2 \end{bmatrix}$,试化矩阵$\boldsymbol{A}$为模式矩阵。

9. 设某控制系统的方程为$\begin{bmatrix} \dot{x}_1 \\ \dot{x}_2 \end{bmatrix}=\begin{bmatrix} -5 & -1 \\ 3 & -1 \end{bmatrix}\begin{bmatrix} x_1 \\ x_2 \end{bmatrix}+\begin{bmatrix} 2 \\ 5 \end{bmatrix}u$,$y=[1\quad 2]\begin{bmatrix} x_1 \\ x_2 \end{bmatrix}$,试求该系统的传递函数。

10. 系统差分方程为$y(k)+0.7y(k-1)+0.1y(k-2)=2u(k)+3.6u(k-1)-0.8u(k-2)$,写出系统状态空间表达式,并画出状态变量图。

## 同步训练题答案

TONG BU XUN LIAN TI DA AN

1. **解** $\begin{bmatrix} \dot{x}_1 \\ \dot{x}_2 \end{bmatrix}=\begin{bmatrix} 0 & 1 \\ -2 & -3 \end{bmatrix}\begin{bmatrix} x_1 \\ x_2 \end{bmatrix}+\begin{bmatrix} 2 \\ 0 \end{bmatrix}u$,$y=[1\quad 0]\begin{bmatrix} x_1 \\ x_2 \end{bmatrix}$

2. **解** 由状态转移矩阵的性质知

$$\dot{\boldsymbol{\Phi}}(t)=\boldsymbol{A\Phi}(t),\boldsymbol{\Phi}(0)=\boldsymbol{I}$$

所以
$$\boldsymbol{A}=\dot{\boldsymbol{\Phi}}(t)\big|_{t=0}=\begin{bmatrix} 0 & 1 \\ -2 & -3 \end{bmatrix}$$

3. **解** 系统原点($x_1=0,x_2=0$)是该系统唯一的平衡状态。

系统状态方程的解$x(t)=e^{At}x(0)$,$x(0)=x_0$,$\boldsymbol{A}$的特征方程为$\det(\lambda\boldsymbol{I}-\boldsymbol{A})=0$,$\boldsymbol{A}$的特征值为$\lambda_1=-2,\lambda_2=1$,可见系统原点平衡状态是不稳定的。

4. **解**
$$x(t)=\begin{bmatrix} 1+te^{-t} \\ 1+e^{-t} \\ 2-e^{-2t} \end{bmatrix}$$

5. **解** $x(k+1)=\begin{bmatrix} 3e^{-2t}-2e^{-3t} & e^{-2t}-e^{-3t} \\ -6e^{-2t}+6e^{-3t} & -e^{-2t}+3e^{-3t} \end{bmatrix}x(k)+\begin{bmatrix} -\dfrac{1-e^{-2t}}{2} \\ 1-e^{-2t} \end{bmatrix}u(k)$

6. **解法1** $LC\dfrac{d^2e_0}{dt^2}+RC\dfrac{de_0}{dt}+e_0=e$,则$\dfrac{d^2e_0}{dt^2}+\dfrac{R}{L}\dfrac{de_0}{dt}+\dfrac{1}{LC}e_0=\dfrac{1}{LC}e$

取$\begin{cases} x_1=e_0 \\ x_2=\dot{x}_1=\dot{e}_0 \end{cases}$,则有$\begin{bmatrix} \dot{x}_1 \\ \dot{x}_2 \end{bmatrix}=\begin{bmatrix} 0 & 1 \\ -\dfrac{1}{LC} & -\dfrac{R}{L} \end{bmatrix}\begin{bmatrix} x_1 \\ x_2 \end{bmatrix}+\begin{bmatrix} 0 \\ \dfrac{1}{LC} \end{bmatrix}e$,即$\dot{\boldsymbol{X}}=\boldsymbol{AX}+\boldsymbol{B}u$

其中
$$\boldsymbol{A}=\begin{bmatrix} 0 & 1 \\ -\dfrac{1}{LC} & -\dfrac{R}{L} \end{bmatrix},\boldsymbol{B}=\begin{bmatrix} 0 \\ \dfrac{1}{LC} \end{bmatrix}$$

$y=e_0=(1\quad 0)\begin{bmatrix}x_1\\x_2\end{bmatrix}$，而 $\boldsymbol{y}=\boldsymbol{CX}$，其中 $\boldsymbol{C}=(1\quad 0)$。状态变量图如题 6 解图(a)所示。

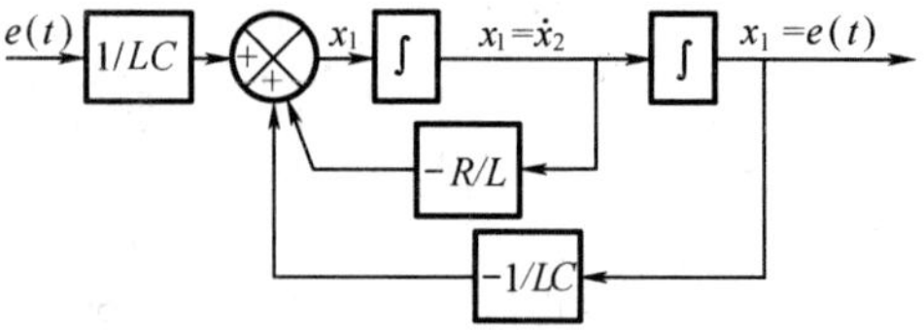


题 6 解图(a)

**解法 2**　选取 $\begin{cases}x_1=i\\x_2=\int i\mathrm{d}t\end{cases}$，则有 $\begin{cases}\dot{x}_1=-\dfrac{R}{L}x_1-\dfrac{1}{LC}x_2+\dfrac{1}{L}e(t)\\\dot{x}_2=x_1\end{cases}$

$$\begin{bmatrix}\dot{x}_1\\\dot{x}_2\end{bmatrix}=\begin{bmatrix}-\dfrac{R}{L}&-\dfrac{1}{LC}\\1&0\end{bmatrix}$$

$$\begin{bmatrix}x_1\\x_2\end{bmatrix}+\begin{bmatrix}\dfrac{1}{L}\\0\end{bmatrix}e(t)$$

$$e_0(t)=\frac{1}{C}\int i\mathrm{d}t=\frac{1}{C}x_2=\left(0\quad\frac{1}{C}\right)\begin{bmatrix}x_1\\x_2\end{bmatrix}$$

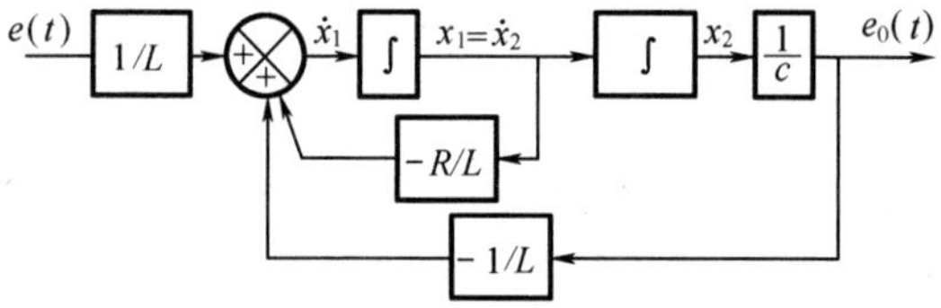


题 6 解图(b)

状态变量图如题 6 解图(b)所示。

**解法 3**　选取 $\begin{cases}x_1=i\\x_2=\dfrac{1}{C}\int i\mathrm{d}t\end{cases}$，则有 $\begin{cases}\dot{x}_1=-\dfrac{R}{L}x_1-\dfrac{1}{L}x_2+\dfrac{1}{L}e(t)\\\dot{x}_2=\dfrac{1}{C}x_1\end{cases}$

$$\begin{bmatrix} \dot{x}_1 \\ \dot{x}_2 \end{bmatrix} = \begin{bmatrix} -\frac{R}{L} & -\frac{1}{L} \\ \frac{1}{C} & 0 \end{bmatrix} \begin{bmatrix} x_1 \\ x_2 \end{bmatrix} + \begin{bmatrix} \frac{1}{L} \\ 0 \end{bmatrix} e(t)$$

$$e_0(t) = \frac{1}{C}\int i\mathrm{d}t = x_2 = (0 \quad 1)\begin{bmatrix} x_1 \\ x_2 \end{bmatrix}$$

状态变量图如题 6 解图(c)所示。

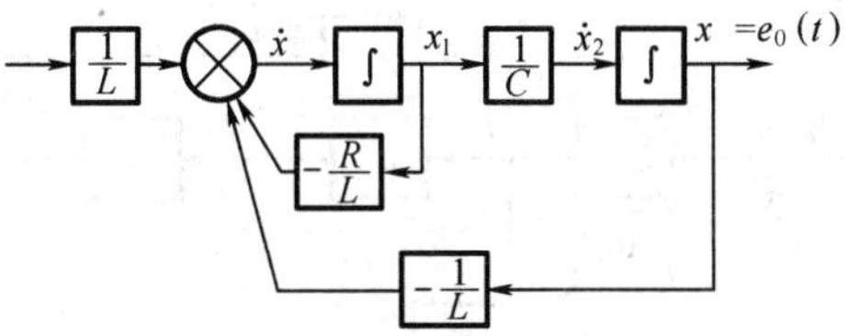


题 6 解图(c)

7. 解 $\boldsymbol{A} = \begin{bmatrix} 0 & 1 \\ -1 & -2 \end{bmatrix}, \boldsymbol{B} = \begin{bmatrix} 0 \\ 1 \end{bmatrix}, \boldsymbol{C} = [1 \quad 0]$。

(1)
$$\boldsymbol{\Phi}(t) = \begin{bmatrix} (1+t)\mathrm{e}^{-t} & t\mathrm{e}^{-t} \\ -t\mathrm{e}^{-t} & (1-t)\mathrm{e}^{-t} \end{bmatrix}$$

(2)
$$\boldsymbol{y} = \boldsymbol{CX} = \boldsymbol{C\Phi}(t) \times (0) + \boldsymbol{C}\int_0^t \boldsymbol{\Phi}(t-\tau)\boldsymbol{B}u(\tau)\mathrm{d}\tau$$

$$= (1+t)\mathrm{e}^{-t} + \int_0^t (t-\tau)\mathrm{e}^{-(t-\tau)}(\sin\tau + \cos\tau)\mathrm{d}\tau$$

$$y(t) = \frac{3}{2}\mathrm{e}^{-t} + t\mathrm{e}^{-t} + \frac{1}{2}\sin t - \frac{1}{2}\cos t$$

8. 解 $\boldsymbol{A}$ 的特征值为 $\begin{vmatrix} \lambda & -1 \\ 2 & \lambda+2 \end{vmatrix} = \lambda(\lambda+2)+2 = (\lambda+1-\mathrm{j})(\lambda+1+\mathrm{j}) = 0$，解得 $\lambda_1 = -1+\mathrm{j}, \lambda_2 = -1-\mathrm{j}$，与友矩阵对应的特征向量为 $q_1 = \begin{bmatrix} 1 \\ -1+\mathrm{j} \end{bmatrix}, q_2 = \begin{bmatrix} 1 \\ -1-\mathrm{j} \end{bmatrix}, q_1 = \begin{bmatrix} 1 \\ -1 \end{bmatrix} + \begin{bmatrix} 0 \\ 1 \end{bmatrix}\mathrm{j}, P = [\alpha_1 \quad \beta_1] = \begin{bmatrix} 1 & 0 \\ -1 & 1 \end{bmatrix}, P^{-1} = \begin{bmatrix} 1 & 0 \\ 1 & 1 \end{bmatrix}$，验算得

$$\boldsymbol{M} = \boldsymbol{P}^{-1}\boldsymbol{AP} = \begin{bmatrix} 1 & 0 \\ 1 & 1 \end{bmatrix}\begin{bmatrix} 0 & 1 \\ -2 & -2 \end{bmatrix}\begin{bmatrix} 1 & 0 \\ -1 & 1 \end{bmatrix} = \begin{bmatrix} -1 & 1 \\ -1 & -1 \end{bmatrix}, \mathrm{e}^{\boldsymbol{M}t} = \mathrm{e}^{-t}\begin{bmatrix} \cos t & \sin t \\ -\sin t & \cos t \end{bmatrix}$$

$$\boldsymbol{\Phi}(t) = \boldsymbol{P}\mathrm{e}^{\boldsymbol{M}t}\boldsymbol{P}^{-1} = \begin{bmatrix} 1 & 0 \\ -1 & 1 \end{bmatrix}\mathrm{e}^{-t}\begin{bmatrix} \cos t & \sin t \\ -\sin t & \cos t \end{bmatrix}\begin{bmatrix} 1 & 0 \\ 1 & 1 \end{bmatrix} = \mathrm{e}^{-t}\begin{bmatrix} \cos t + \sin t & \sin t \\ -2\sin t & -\sin t + \cos t \end{bmatrix}$$

9. 解
$$(s\boldsymbol{I} - \boldsymbol{A})^{-1} = \begin{bmatrix} s+5 & 1 \\ -3 & s+1 \end{bmatrix}^{-1} = \frac{1}{s^2+6s+8}\begin{bmatrix} s+1 & -1 \\ 3 & s+5 \end{bmatrix}$$

高等学校优秀教材辅导丛书 GAODENG XUEXIAO YOUXIUJIAOCAI FUDAOCONGSHU

$$W(s)=\frac{Y(s)}{U(s)}=[1\quad 2]\begin{bmatrix}s+1 & -1\\ 3 & s+5\end{bmatrix}\begin{bmatrix}2\\5\end{bmatrix}\frac{1}{s^2+6s+8}=\frac{12s+59}{s^2+6s+8}$$

10. **解** (1) $\frac{Y(z)}{U(z)}=\frac{2+3.6z^{-1}-0.8z^{-2}}{1+0.7z^{-1}+0.1z^{-2}}=2+\frac{2.2z^{-1}-z^{-2}}{1+0.7z^{-1}+0.1z^{-2}}=2+\frac{2.2z-1}{z^2+0.7z+0.1}$

$$\begin{bmatrix}x_1(k+1)\\x_2(k+1)\end{bmatrix}=\begin{bmatrix}0 & 1\\ -0.1 & -0.7\end{bmatrix}\begin{bmatrix}x_1(k)\\x_2(k)\end{bmatrix}+\begin{bmatrix}0\\1\end{bmatrix}u(k),\ y(k)=[-1\quad 2.2]\begin{bmatrix}x_1(k)\\x_2(k)\end{bmatrix}+2u(k)$$

状态变量图如题10解图所示。

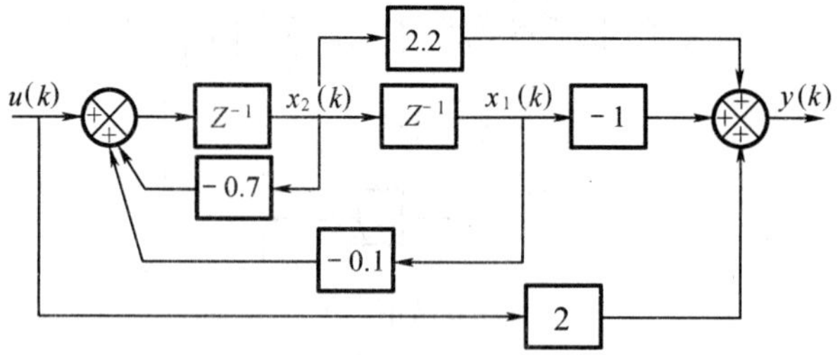


题10解图

高等学校优秀教材辅导丛书 GAODENG XUEXIAO YOUXIUJIAOCAI FUDAOCONGSHU

# 第9章　线性系统的状态空间综合法

ZHI SHI YAO DIAN 知识要点

## 9.1　线性系统的能控性与能观测性

### 9.1.1　基本概念

系统的状态方程为 $\dot{\boldsymbol{X}}=\boldsymbol{AX}+\boldsymbol{BU}$。

1. 能控性

如果存在一个不受约束的分段连续控制作用 $u(t)$ 在有限的时间间隔内 $t\in[t_0\quad t_f]$，能使系统从任意的初始状态 $\boldsymbol{X}(t_0)$ 转移到任意的终端 $\boldsymbol{X}(t_f)$，则称初始状态 $\boldsymbol{X}(t_0)$ 是能控的，如果系统的所有状态 $\boldsymbol{X}(t_0)$ 都是能控的，称系统是状态完全能控的。

2. 输出能控性

如果存在一个在幅值上无约束的分段连续的控制作用向量 $\boldsymbol{u}(t)$，能在有限的时间间隔$(t_f\sim t_0)$内，将任意初始输出 $\boldsymbol{y}(t_0)$ 转移到终端输出 $\boldsymbol{y}(t_f)$，则称系统是输出完全能控的。

3. 能观测性

如果根据在有限的时间$(t_f\sim t_0)$内取得的输出 $y(t)$ 的量测值，能够确定系统的初始状态 $\boldsymbol{X}(t_0)$ 的每一个分量，则称 $t_0$ 时刻的初始状态 $\boldsymbol{X}(t_0)$ 在时间间隔$(t_f\sim t_0)$上是能观测的；若系统在 $t_0$ 时刻的所有状态都是能观测的，则称状态$\boldsymbol{X}(t)$是完全能观测的，简称系统是能观测的或者系统具有能观测性。

### 9.1.2　能控性与能观测性判据

1. 能控性判据

(1) $\text{rank}[\boldsymbol{B}\quad \boldsymbol{AB}\quad \cdots\quad \boldsymbol{A}^{n-1}\boldsymbol{B}]=n$；

(2)当 $\boldsymbol{A}$ 为对角阵且特征根互异时,控制矩阵 $\boldsymbol{B}$ 中每行至少有一个元素不为零;

(3)当 $\boldsymbol{A}$ 为约当阵且相同特征根分布在一个约当块内时,控制矩阵 $\boldsymbol{B}$ 中与每个约当块最后一行对应的行中的元素不全为零;

(4)单输入系统 $[\boldsymbol{A},\boldsymbol{B}]$ 为能控标准型;

(5)SISO 系统传递函数没有零极点相消。

2. 输出能控性判据

$$\text{rank}[\boldsymbol{CB} \quad \boldsymbol{CAB} \quad \cdots \quad \boldsymbol{CA}^{n-1}\boldsymbol{B} \quad \boldsymbol{D}] = m(m\text{ 输出的维数})$$

3. 能观测性判据

(1)$\text{ran}[\boldsymbol{C} \quad \boldsymbol{CA} \quad \cdots \quad \boldsymbol{CA}^{n-1}]^{\text{T}} = n$;

(2)当 $\boldsymbol{A}$ 为对角阵且特征根互异时,输出矩阵 $\boldsymbol{C}$ 中每一列至少有一个元素不为零;

(3)当 $\boldsymbol{A}$ 为约当阵且相同特征根分布在一个约当块内时,输出矩阵 $\boldsymbol{C}$ 中与每个约当块第一列对应的列中的元素不全为零;

(4)单输出系统 $[\boldsymbol{A},\boldsymbol{C}]$ 为能观标准型;

(5)SISO 系统传递函数没有零极点相消。

### 9.1.3 对偶原理

控制系统 $s_1[\boldsymbol{A} \quad \boldsymbol{B} \quad \boldsymbol{C}]$ 状态完全能控(或状态完全能观测)的充要条件与其对偶系统 $s_2[\boldsymbol{A}^{\text{T}} \quad \boldsymbol{C}^{\text{T}} \quad \boldsymbol{B}^{\text{T}}]$ 状态完全能观测(或状态完全能控)的充要条件相同。

### 9.1.4 结构分解

对不完全能控、不完全能观测系统分解为能控能观测 $CO$、能控不能观测 $C\bar{O}$、不能控能观测 $\bar{C}O$、不能控不能观测 $\bar{C}\ \bar{O}$ 四个子空间,称为系统的结构分解,如图 9-1 所示。

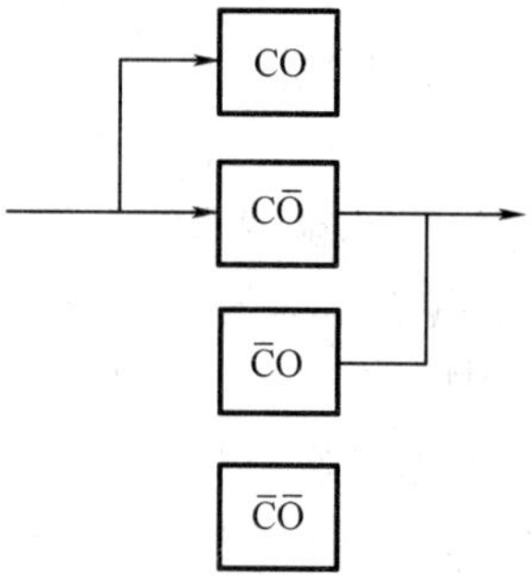


图 9-1 系统的结构分解图

## 9.2 线性系统的状态反馈与输出反馈

### 9.2.1 状态反馈及其极点配置

1. 系统结构

结构图如图 9-2 所示,引入状态反馈后系统的状态方程和输出方程为



高等学校优秀教材辅导丛书 GAODENG XUEXIAO YOUXIUJIAOCAI FUDAOCONGSHU

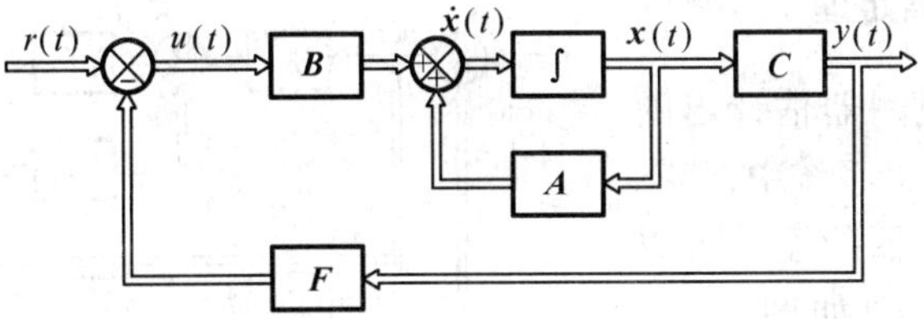


图 9-2 多输入-多输出系统具有状态反馈的方框图

$$\dot{X}=(A-BF)X+Br,y=CX$$

2. 极点配置定理

用状态反馈实现任意极点配置的充要条件为系统状态完全能控。

### 9.2.2 输出反馈及其极点配置

1. 系统结构

结构图如图 9-3 所示，引入输出反馈后系统的状态方程和输出方程为

$$\dot{X}=(A-HC)X+BU,y=CX$$

2. 极点配置定理

用输出反馈实现任意极点配置的充要条件为系统状态完全能控能观测。输出反馈不改变系统的零点。

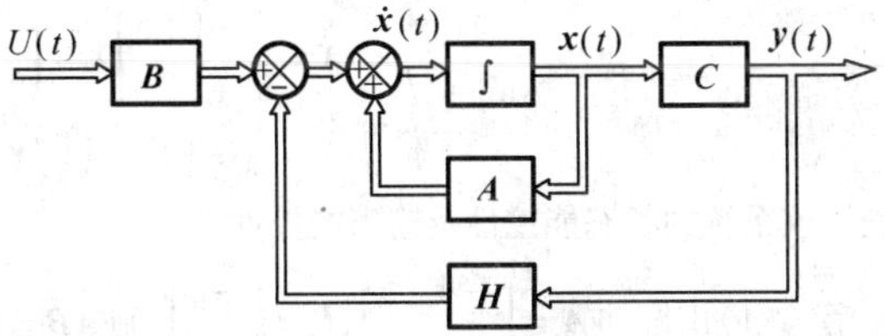


图 9-3 多输入-多输出系统具有输出反馈的方框图

### 9.2.3 状态观测器

1. 系统结构

结构图如图 9-4 所示。

状态观测器的状态方程和输出方程为

$$\dot{X}_e=AX_e+BU-F_e(y_e-y)$$

$$y_e=CX_e$$

2. 极点配置定理

存在一个线性反馈使状态观测器实现任意极点配置的充要条件是系统状态完全能观测。

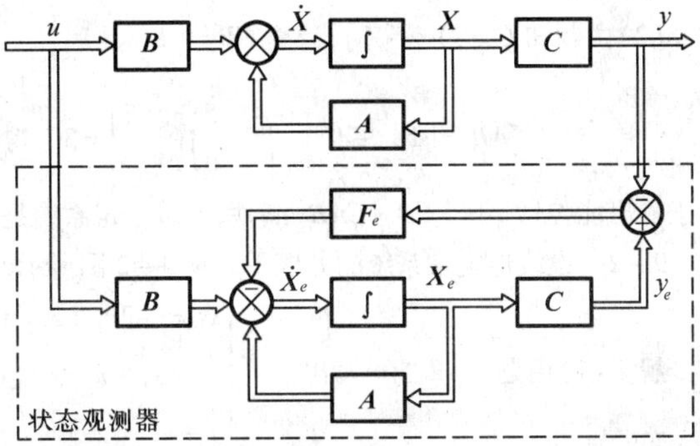


图 9-4 带有状态反馈观测器的系统方框图



高等学校优秀教材辅导丛书 GAODENG XUEXIAO YOUXIUJIAOCAI FUDAOCONGSHU

### 9.2.4 分离定理

在由状态观测器估计出的状态实现状态反馈系统中，状态反馈与状态观测器的设计可以独立进行，结构图如图 9 - 5 所示。

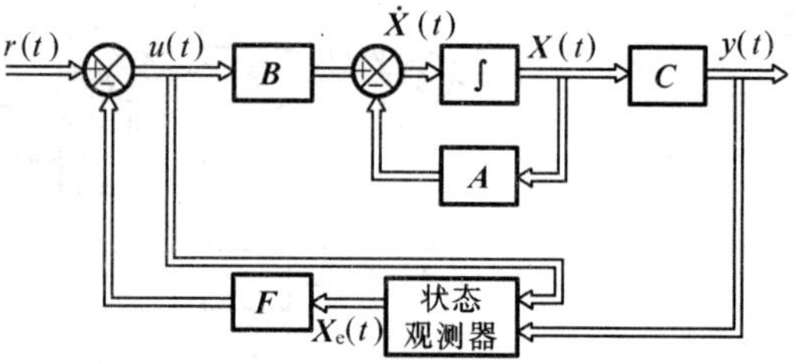


图 9 - 5 线性定常系统通过状态观测器实现的状态反馈系统方框图

## 书后习题解析

SHU HOU XI TI JIE XI

9 - 1 已知某控制系统的状态方程及输出方程为

$$\dot{\boldsymbol{X}}=\begin{bmatrix}-4 & 5\\ 1 & 0\end{bmatrix}\boldsymbol{X}+\begin{bmatrix}-5\\ 1\end{bmatrix}\boldsymbol{u}$$

$$\boldsymbol{y}=[1 \quad -1]\boldsymbol{X}$$

试判别该系统的状态能控性及输出能控性。

**解** (1) 由题知 $\boldsymbol{A}=\begin{bmatrix}-4 & 5\\ 1 & 0\end{bmatrix}$，$\boldsymbol{B}=\begin{bmatrix}-5\\ 1\end{bmatrix}$，则 $\boldsymbol{AB}=\begin{bmatrix}-4 & 5\\ 1 & 0\end{bmatrix}\begin{bmatrix}-5\\ 1\end{bmatrix}=\begin{bmatrix}25\\ -5\end{bmatrix}$，得

rank $=\begin{bmatrix}-5 & 25\\ 1 & -5\end{bmatrix}=1\neq 2$，由于能控性矩阵不满秩，所以给定系统是状态不完全能控的。

(2) 由题知 $\boldsymbol{C}=[1 \quad -1]$，计算 $\boldsymbol{CB}=[1 \quad -1]\begin{bmatrix}-5\\ 1\end{bmatrix}=-6$，得

$$\boldsymbol{CAB}=[1 \quad -1]\begin{bmatrix}-4 & 5\\ 1 & 0\end{bmatrix}\begin{bmatrix}-5\\ 1\end{bmatrix}=30\text{，得 rank}=[-6 \quad 30]=1=l$$

由于输出能控性矩阵 $[\boldsymbol{CB} \quad \boldsymbol{CAB}]$ 满秩，所以给定系统是输出完全能控的。

9 - 2 设线性定常系统的方框图如题 9 - 2 图所示，试判别该系统的能控性和能观测性。

**解** (1) 由题 9 - 2 图可写出 $\begin{cases}\dot{x}_1=-2x_1+3x_2+u\\ \dot{x}_2=x_1+u\\ y=x_1\end{cases}$

则系统的状态方程与输出方程分别为

$$\dot{\boldsymbol{X}}(t)=\begin{bmatrix}-2 & 3\\ 1 & 0\end{bmatrix}\boldsymbol{X}(t)+\begin{bmatrix}1\\ 1\end{bmatrix}\boldsymbol{u}(t)$$

$$\boldsymbol{y}(t)=[1\quad 0]\boldsymbol{X}(t)$$

(2) $\boldsymbol{A}=\begin{bmatrix}-2 & 3\\ 1 & 0\end{bmatrix}$, $\boldsymbol{B}=\begin{bmatrix}1\\ 1\end{bmatrix}$, $\boldsymbol{C}=[1\quad 0]$,计算得

$$\text{rank}[\boldsymbol{B}\quad \boldsymbol{AB}]=\text{rank}\begin{bmatrix}1 & 1\\ 1 & 1\end{bmatrix}=1\neq 2$$

由于系统的能控性矩阵不满秩,所以给定系统状态不完全能控。

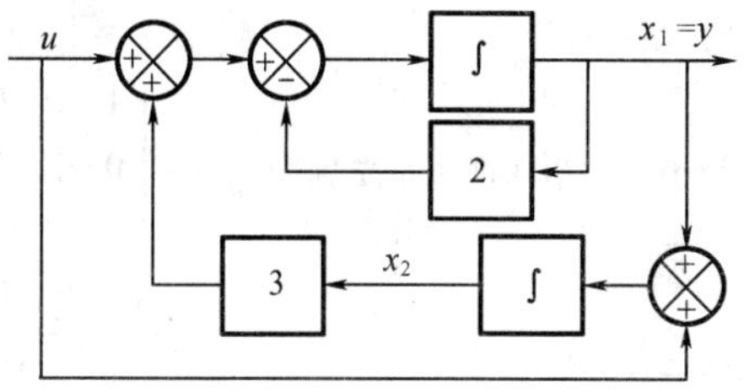


题 9-2 图

$$\text{rank}[\boldsymbol{C}^{\text{T}}\quad \boldsymbol{A}^{\text{T}}\boldsymbol{C}^{\text{T}}]=\text{rank}\begin{bmatrix}1 & -2\\ 0 & 3\end{bmatrix}=2=n$$

由于系统的能观测性矩阵满秩,所以给定系统状态完全能观测。

9-3　设线性系统的运动方程为 $\ddot{y}+2\dot{y}+y=\dot{u}+u$,选状态变量为 $x_1=y,x_2=\dot{y}-u$,试列写该系统的状态方程及输出方程,并分析其能控性与能观测性。

**解**　(1)由已知得
$$\dot{x}_1=\dot{y}=x_2+u$$
$$\dot{x}_2=\ddot{y}-\dot{u}=-2\dot{y}-y+\dot{u}+u-\dot{u}=-x_1-2x_2-u$$

则状态方程为
$$\dot{\boldsymbol{X}}(t)=\begin{bmatrix}0 & 1\\ -1 & -2\end{bmatrix}\boldsymbol{X}(t)+\begin{bmatrix}1\\ -1\end{bmatrix}\boldsymbol{u}(t)$$

输出方程为
$$\boldsymbol{y}(t)=[1\quad 0]\boldsymbol{X}(t)$$

(2)判别给定系统的能控性及能观测性

$\boldsymbol{A}=\begin{bmatrix}0 & 1\\ -1 & -2\end{bmatrix}$,$\boldsymbol{B}=\begin{bmatrix}1\\ -1\end{bmatrix}$,$\boldsymbol{C}=[1\quad 0]$,则

$$\text{rank}[\boldsymbol{B}\quad \boldsymbol{AB}]=\text{rank}\begin{bmatrix}1 & -1\\ -1 & 1\end{bmatrix}=1\neq 2,\ \text{rank}\begin{bmatrix}\boldsymbol{C}\\ \boldsymbol{CA}\end{bmatrix}=\text{rank}\begin{bmatrix}1 & 0\\ 0 & 1\end{bmatrix}=2=n$$

所以给定系统是状态不完全能控,状态完全能观测的。

9-4　已知线性定常系统的状态方程及输出方程分别为

$$\dot{\boldsymbol{X}}=\begin{bmatrix}a & b\\ c & d\end{bmatrix}\boldsymbol{X}+\begin{bmatrix}1\\ 1\end{bmatrix}\boldsymbol{u}$$
$$\boldsymbol{y}=[1\quad 0]\boldsymbol{X}$$

试确定系统完全能控和完全能观测时的 $a,b,c,d$ 值。

**解**　由题知
$$\boldsymbol{A}=\begin{bmatrix}a & b\\ c & d\end{bmatrix}\quad \boldsymbol{B}=\begin{bmatrix}1\\ 1\end{bmatrix}\quad \boldsymbol{C}=[1\quad 0]$$

则
$$\text{rank}[\boldsymbol{B}\quad \boldsymbol{AB}]=\text{rank}\begin{bmatrix}1 & a+b\\ 1 & c+d\end{bmatrix},\ \text{rank}[\boldsymbol{C}^{\text{T}}\quad \boldsymbol{A}^{\text{T}}\boldsymbol{C}^{\text{T}}]=\text{rank}\begin{bmatrix}1 & a\\ 0 & b\end{bmatrix}$$

若满足状态完全能控则 $(c+d)-(a+b)\neq 0$;满足状态完全能观测则 $b\neq 0$。

9-5　已知线性系统的状态方程为 $\dot{\boldsymbol{X}}=\begin{bmatrix}s_1 & 1 & 0\\ 0 & s_1 & 1\\ 0 & 0 & s_1\end{bmatrix}\boldsymbol{X}+\begin{bmatrix}a\\ b\\ c\end{bmatrix}\boldsymbol{u}$,试确定满足系统状态完全能

控条件的控制矩阵元素 $a,b,c$。

**解** $c\neq 0$。

9-6 已知线性定常系统 $\dot{X}=\begin{bmatrix}1&0&0\\0&2&0\\0&0&3\end{bmatrix}X+\begin{bmatrix}1\\1\\0\end{bmatrix}u$

$$y=[1\quad 0\quad 1]X$$

试对其进行结构分解。

**解** 状态变量 $x_1$，可控可观($co$)

状态变量 $x_2$，可控不可观($c\bar{o}$)

状态变量 $x$ 不可控可观($\bar{c}o$)

9-7 已知线性系统的状态方程为

$$\dot{X}=\begin{bmatrix}0&1&0\\0&0&1\\0&-2&-3\end{bmatrix}X+\begin{pmatrix}0\\0\\1\end{pmatrix}u$$

试确定状态反馈矩阵 $F$，要求将系统极点配置在 $s_{1,2}=-1\pm \mathrm{j}$ 及 $s_3=-2$ 位置上。

**解** 系统矩阵及控制矩阵具有能控标准形，这表明给定的系统状态完全能控。

设状态反馈矩阵 $F=[f_1,f_2,f_3]$，则

$$A-BF=\begin{bmatrix}0&1&0\\0&0&1\\-f_1&-2-f_2&-3-f_3\end{bmatrix}$$

$$|sI-(A-BF)|=\begin{vmatrix}s&-1&0\\0&s&-1\\f_1&2+f_2&s+(3+f_3)\end{vmatrix}=0$$

则具有状态反馈的系统的特征方程式为

$$s^3+(3+f_3)s^2+(2+f_2)s+f_1=0$$

由指定的极点确定的系统特征方程式为

$$(s+2)(s+1-\mathrm{j})(s+1+\mathrm{j})=s^3+4s^2+6s+4=0$$

两特征方程式对照，有 $3+f_3=4,2+f_2=6,f_1=4$，则 $f_1=4,f_2=4,f_3=1$；所以状态反馈矩阵

$$F=[4\quad 4\quad 1]$$

9-8 设线性系统的状态方程及输出方程分别为

$$\dot{X}=AX=Bu$$

$$y=CX$$

其中 $A=\begin{bmatrix}0&1\\0&-5\end{bmatrix}$，$B=\begin{bmatrix}0\\100\end{bmatrix}$，$C=[1\quad 0]$，要求通过状态反馈将系统极点配置再 $s_{1,2}=-7.07\pm \mathrm{j}7.07$ 上，试确定状态反馈矩阵 $F$。

**解**
$$\mathrm{rank}[B\quad AB]=\mathrm{rank}\begin{bmatrix}0&100\\100&-500\end{bmatrix}=2$$

所以系统状态完全能控,可以通过状态反馈进行任意极点配置。

$$\Delta_1 = |sI-(A-BF)| = \begin{vmatrix} s & -1 \\ 100f_1 & s+5+100f_2 \end{vmatrix} = s^2+(5+100f_2)s+100f_1=0$$

$$\Delta_2 = (s-s_1)(s-s_2)=(s+7.07+j7.07)(s+7.07-j7.07)$$
$$=s^2+14.14s+100=0$$

则 $5+100f_2=14.14, 100f_1=100$,解得 $F=[1 \quad 0.09]$。

9-9　设具有输出反馈的线性系统方框图如题 9-9 图所示,其中

$$A=\begin{bmatrix} 0 & \omega_s^2 \\ -1 & 0 \end{bmatrix},\quad B=\begin{bmatrix} 1 & 0 \\ 0 & 1 \end{bmatrix},\quad C=[1 \quad 0]$$

要求将系统极点配置到 $s_1=-5$ 及 $s_2=-8$ 上,试确定输出反馈阵 $H$。

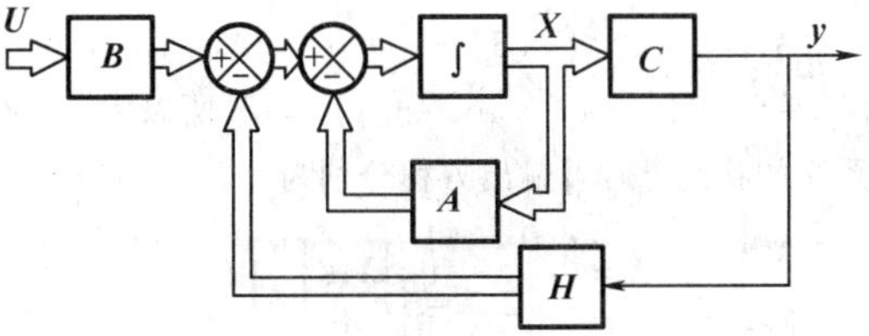


题 9-9 图

**解**　$\text{rank}[B \quad AB]=\text{rank}\begin{bmatrix} 1 & 0 & 0 & w_s^2 \\ 0 & 1 & -1 & 0 \end{bmatrix}=2, \text{rank}\begin{bmatrix} C \\ CA \end{bmatrix}=\text{rank}\begin{bmatrix} 1 & 0 \\ 0 & w_s^2 \end{bmatrix}=2$

所以系统又能控又能观测,可以通过输出反馈进行极点配置。

$$\Delta_1 = |sI-(A-HC)| = \begin{vmatrix} s+h_1 & -w_s^2 \\ 1+h_2 & s \end{vmatrix} = s^2+h_1s+(1+h_2)w_s^2=0$$

$$\Delta_2=(s-s_1)(s-s_2)=(s+5)(s+8)=s^2+13s+40=0$$

解得

$$h_1=13, h_2=\frac{40}{w_s^2}-1$$

9-10　已知单输入-单输出线性定常系统的传递函数为 $\Phi(s)=\dfrac{(s-1)(s+2)}{(s+1)(s-2)(s+3)}$,试分析能否通过状态反馈将传递函数变成为 $\Phi_f(s)=\dfrac{s-1}{(s+2)(s+3)}$,若可能,试确定状态反馈矩阵 $F$。

**解**　(1)由于 $\Phi(s)$ 不存在零极点相消,因此由 $\Phi(s)$ 建立状态空间表达式是既能控又能观测的,因而可以通过状态反馈将传递函数变成 $\Phi_f(s)$。又由于状态反馈不改变系统的零点,对比 $\Phi(s)$ 和 $\Phi_f(s)$ 可有 $\Phi_f(s)=\dfrac{(s-1)(s+2)}{(s+2)^2(s+3)}$,所以系统配置后的极点为 $-2, -2, -3$。

(2)由传递函数 $\Phi(s)$ 得系统状态空间表达式为

$$\begin{bmatrix}\dot{x}_1\\ \dot{x}_2\\ \dot{x}_3\end{bmatrix}=\begin{bmatrix}0 & 1 & 0\\ 0 & 0 & 1\\ 6 & 5 & -2\end{bmatrix}\begin{bmatrix}x_1\\ x_2\\ x_3\end{bmatrix}+\begin{bmatrix}0\\ 0\\ 1\end{bmatrix}u$$

$$\boldsymbol{y}=[-2\quad 1\quad 1]\begin{bmatrix}x_1\\ x_2\\ x_3\end{bmatrix}$$

设状态反馈阵为 $\boldsymbol{F}=[f_1\quad f_2\quad f_3]$，则

$$\Delta_1=|s\boldsymbol{I}-(\boldsymbol{A}-\boldsymbol{BF})|=\begin{vmatrix}s & -1 & 0\\ 0 & s & -1\\ -6+f_1 & -5+f_2 & s+2+f_3\end{vmatrix}$$

$$=s^3+(2+f_3)s^2+(-5+f_2)s+(-6+f_1)=0$$

$$\Delta_2=(s+2)^2(s+3)=s^3+7s^2+16s+12=0$$

$\Delta_1$ 和 $\Delta_2$ 对应项相等，有 $2+f_3=7$，$-5+f_2=16$，$-6+f_1=12$，所以 $\boldsymbol{F}=[18\quad 21\quad 5]$。

9－11　已知线性系统的状态方程及输出方程分别为

$$\dot{\boldsymbol{X}}=\begin{bmatrix}0 & 1\\ -2 & -3\end{bmatrix}\boldsymbol{X}+\begin{bmatrix}0\\ 1\end{bmatrix}\boldsymbol{u}$$

$$\boldsymbol{y}=[2\quad 0]\boldsymbol{X}$$

要求将状态观测器的极点配置在 $s_1=s_2=-10$ 位置上，试确定反馈矩阵 $F_e$。

**解**　(1)判别给定系统的能控性与能观测性

$\boldsymbol{A}$、$\boldsymbol{B}$ 具有能控标准形，故给定系统是状态完全能控的。

$$\text{rank}[\boldsymbol{C}^{\text{T}}\quad \boldsymbol{A}^{\text{T}}\boldsymbol{C}^{\text{T}}]=\text{rank}\begin{bmatrix}2 & 0\\ 0 & 2\end{bmatrix}=2=n$$

所以它是状态完全能观测的。给定系统具备构成状态观测器的充分条件。

(2)确定状态反馈矩阵 $\boldsymbol{F}_e$

设状态反馈矩阵为 $\boldsymbol{F}_e=\begin{bmatrix}f_1\\ f_2\end{bmatrix}$，则

$$\boldsymbol{A}-\boldsymbol{F}_e\boldsymbol{C}=\begin{bmatrix}0 & 1\\ -2 & -3\end{bmatrix}-\begin{bmatrix}f_1\\ f_2\end{bmatrix}[2\quad 0]=\begin{bmatrix}-2f_1 & 1\\ -2-2f_2 & -3\end{bmatrix}$$

$$|s\boldsymbol{I}-(\boldsymbol{A}-\boldsymbol{F}_e\boldsymbol{C})|=\begin{vmatrix}s+2f_1 & -1\\ 2+2f_2 & s+3\end{vmatrix}=0$$

$$s^2+(2f_1+3)s+(6f_1+2f_2+2)=0$$

根据对状态观测器极点配置的要求，求得状态观测器应具有的特征方程为

$$(s+10)(s+10)=s^2+20s+100=0$$

两特征方程对应项相等，得 $\boldsymbol{F}_e=\begin{bmatrix}8.5\\ 23.5\end{bmatrix}$。

高等学校优秀教材辅导丛书 GAODENG XUEXIAO YOUXIUJIAOCAI FUDAOCONGSHU

9 - 12　设线性系统的状态方程及输出方程分别为

$$\dot{X}=\begin{bmatrix}0&0&-2\\1&0&9\\0&1&0\end{bmatrix}X+\begin{bmatrix}3\\2\\1\end{bmatrix}u$$

$$y=[0\quad 0\quad 1]X$$

要求将状态观测器的极点配置到 $s_1=-3, s_2=-4$ 及 $s_3=-5$ 位置上，试确定反馈矩阵 $F_e$。

**解**　(1)因为 $\text{rank}\begin{bmatrix}C\\CA\\CA^2\end{bmatrix}=\text{rank}\begin{bmatrix}0&0&1\\0&1&0\\1&0&9\end{bmatrix}=3$，所以系统状态完全能观测，可以通过状态反馈进行任意极点配置。

(2)设反馈矩阵 $F_e=\begin{bmatrix}f_1\\f_2\\f_3\end{bmatrix}$，则

$$\Delta_1=|sI-(A-F_eC)|=\begin{vmatrix}s&0&2+f_1\\-1&s&-9+f_2\\0&-1&s+f_3\end{vmatrix}$$

$$=s^3+f_3s^2+(-9+f_2)s+2+f_1=0$$

期望特征多项式为　$\Delta_2=(s+3)(s+4)(s+5)=s^3+12s^2+47s+60=0$

令 $\Delta_1\Delta_2$ 对应项系数相等有 $f_3=12, -9+f_2=47, 2+f_1=60$，解得 $f_1=58, f_2=56, f_3=12$。

所以

$$F_e=\begin{bmatrix}58\\56\\12\end{bmatrix}$$

9 - 13　设线性定常系统的状态方程及输出方程分别为

$$\dot{X}=AX+Bu$$

$$y=CX$$

其中 $A=\begin{bmatrix}0&1\\0&-5\end{bmatrix}, B=\begin{bmatrix}0\\100\end{bmatrix}, C=[1\quad 0]$，假定系统的状态变量 $x_1$ 及 $x_2$ 不可测。试根据反馈方程 $u=r-FX_e$，确定反馈矩阵 $F=[f_1\quad f_2]$，要求将状态反馈的极点配置在 $s_{1,2}=-7.07\pm j7.07$ 上，并要求状态差 $X(t)-X_e(t)$ 尽快衰减到零。其中 $X_e$ 为估计状态，$r$ 及 $y$ 分别为系统的输入与输出。

**解**　根据分离原理设计状态反馈矩阵 $F$ 及状态观测器的反馈矩阵 $F_e$。

(1)　　$\text{rank}[B\quad AB]=\text{rank}\begin{bmatrix}0&100\\100&-500\end{bmatrix}=2, \text{rank}\begin{bmatrix}C\\CA\end{bmatrix}=\text{rank}\begin{bmatrix}1&0\\0&1\end{bmatrix}=2$

可见给定系统既能控能观测，因此以给定系统的输入 $u$ 及输出 $y$ 为输入的状态观测器是一定存在的。



高等学校优秀教材辅导丛书 GAODENG XUEXIAO YOUXIUJIAOCAI FUDAOCONGSHU

(2)设计状态反馈矩阵 $\boldsymbol{F}$

$$\Delta_1 = |s\boldsymbol{I}-(\boldsymbol{A}-\boldsymbol{BF})| = \begin{vmatrix} s & -1 \\ 100f_1 & s+(5+100f_2) \end{vmatrix} = s^2+(5+100f_2)s+100f_1=0$$

$$\Delta_2=(s+7.07-\mathrm{j}7.07)(s+7.07+\mathrm{j}7.07)=s^2+2\times7.07s+2\times(7.07)^2=0$$

两个方程对应项相等,求得 $100f_1=2\times(7.07)^2$,$5+100f_2=2\times7.07$。

解出状态反馈反馈阵为 $\boldsymbol{F}=[1\quad 0.091\,4]$

(3)设计状态观测器的反馈矩阵 $\boldsymbol{F}_e$

设反馈矩阵 $\boldsymbol{F}_e=\begin{bmatrix} f_{e1} \\ f_{e2}\end{bmatrix}$,则

$$|s\boldsymbol{I}-(\boldsymbol{A}-\boldsymbol{F}_e\boldsymbol{C})| = \begin{vmatrix} s+f_{e1} & -1 \\ f_{e2} & s+5 \end{vmatrix} = s^2+(5+f_{e1})s+(5f_{e1}+f_{e2})=0$$

设选取的系统矩阵$(\boldsymbol{A}-\boldsymbol{F}_e\boldsymbol{C})$的特征值 $s_1=s_2=-50$,则

$$(s+50)^2=s^2+100s+2\,500=0$$

两个方程对应项相等,可得 $5+f_{e1}=100$,$5f_{e1}+f_{e2}=2\,500$,解得状态观测器的反馈矩阵

$$\boldsymbol{F}_e=\begin{bmatrix} 95 \\ 2\,025 \end{bmatrix}$$

9-14 已知双输入-双输出线性定常系统方框图如题 9-14 图所示。试确定串联补偿器的传递函数矩阵,要求解耦系统的传递函数矩阵为

$$\boldsymbol{\Phi}(s)=\begin{bmatrix} \dfrac{1}{0.1s+1} & 0 \\ 0 & \dfrac{1}{0.01s+1} \end{bmatrix}$$

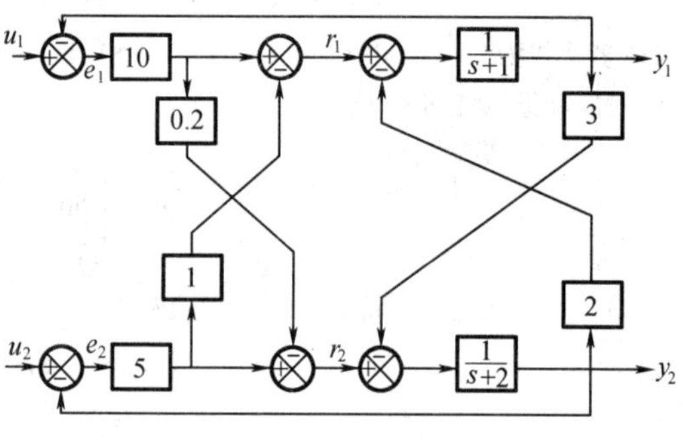


题 9-14 图

**解** $r_1=10e_1-5e_2$

$r_2=5e_2-2e_1$

$$\begin{bmatrix} r_1 \\ r_2 \end{bmatrix}=\begin{bmatrix} 10 & -5 \\ -2 & 5 \end{bmatrix}\begin{bmatrix} e_1 \\ e_2 \end{bmatrix}$$

$$y_1=\frac{1}{s+1}(r_1-2y_2),\ y_2=\frac{1}{s+2}(r_2-3y_1)$$

$$(s+1)y_1+2y_2=r_1,\ 3y_1+(s+2)y_2=r_2$$

$$\begin{bmatrix} y_1 \\ y_2 \end{bmatrix}=\begin{bmatrix} s+1 & 2 \\ 3 & s+2 \end{bmatrix}^{-1}\begin{bmatrix} r_1 \\ r_2 \end{bmatrix}=\begin{bmatrix} s+1 & 2 \\ 3 & s+2 \end{bmatrix}^{-1}\begin{bmatrix} 10 & -5 \\ -2 & 5 \end{bmatrix}\begin{bmatrix} e_1 \\ e_2 \end{bmatrix}$$

$$\boldsymbol{G}_p(s)=\begin{bmatrix} s+1 & 2 \\ 3 & s+2 \end{bmatrix}^{-1}\begin{bmatrix} 10 & -5 \\ -2 & 5 \end{bmatrix},$$

$$G_c(s)=G_p^{-1}(s)\Phi(s)(I-\Phi(s))^{-1}$$

$$=\begin{bmatrix}10 & -5\\ -2 & 5\end{bmatrix}^{-1}\begin{bmatrix}s+1 & 2\\ 3 & s+2\end{bmatrix}\begin{bmatrix}\dfrac{1}{0.01s+1} & 0\\ 0 & \dfrac{1}{0.01s+1}\end{bmatrix}\times\begin{bmatrix}\dfrac{0.1s+1}{0.1s} & 0\\ 0 & \dfrac{0.01s+1}{0.01s}\end{bmatrix}$$

$$=\begin{bmatrix}\dfrac{5s+20}{4s} & \dfrac{25s+100}{2s}\\ \dfrac{s+16}{2s} & \dfrac{10s+24}{0.4s}\end{bmatrix}$$

9－15　已知多输入－多输出线性定常系统

$$\dot{X}=\begin{bmatrix}0 & 1 & 0\\ 2 & 3 & 0\\ 1 & 1 & 1\end{bmatrix}X+\begin{bmatrix}0 & 0\\ 1 & 0\\ 0 & 1\end{bmatrix}U$$

$$y=\begin{bmatrix}1 & 1 & 0\\ 0 & 0 & 1\end{bmatrix}X$$

试分析该系统能否实现状态反馈解耦。如可能，试确定用以实现积分型解耦的状态反馈矩阵及输入变换矩阵。

**解**　$$(sI-A)^{-1}=\begin{bmatrix}s & -1 & 0\\ -2 & s-3 & 0\\ -1 & -1 & s-1\end{bmatrix}^{-1}$$

$$=\frac{1}{(s-1)(s^2-3s-2)}\begin{bmatrix}(s-1)(s-3) & s-1 & 0\\ 2(s-1) & s(s-1) & 0\\ s-1 & s+1 & s(s-3)-2\end{bmatrix}$$

$$G(s)=C(sI-A)^{-1}B=\begin{bmatrix}1 & 1 & 0\\ 0 & 0 & 1\end{bmatrix}\frac{1}{(s-1)(s^2-3s-2)}$$

$$\cdot\begin{bmatrix}(s-1)(s-3) & s-1 & 0\\ 2(s-1) & s(s-1) & 0\\ s-1 & s+1 & s(s-3)-2\end{bmatrix}\begin{bmatrix}0 & 0\\ 1 & 0\\ 0 & 1\end{bmatrix}$$

$$=\frac{1}{(s-1)(s^2-3s-2)}\begin{bmatrix}(s-1)^2 & (s-1)(s+1) & 0\\ s-1 & s+1 & s_1-3s-2\end{bmatrix}\begin{bmatrix}0 & 0\\ 1 & 0\\ 0 & 1\end{bmatrix}$$

$$=\frac{1}{(s-1)(s^2-3s-2)}\begin{bmatrix}(s-1)(s+1) & 0\\ s+1 & s^2-3s-2\end{bmatrix}$$

$$=\begin{bmatrix}\dfrac{s+1}{s^2-3s-2} & 0\\ \dfrac{s+1}{s^2-3s-2} & \dfrac{1}{s-1}\end{bmatrix}$$

$$d_1=\min[1]-1=0$$

$$d_2 = \min[2 \quad 1] - 1 = 0$$

$$\boldsymbol{E}_1 = \lim_{s\to\infty} s^{0+1}\left[\frac{s+1}{s^2-3s-2} \quad 0\right] = [1 \quad 0]$$

$$\boldsymbol{E}_2 = \lim_{s\to\infty} s^{0+1}\left[\frac{s+1}{s^3-4s^2+s+2}, \frac{1}{s-1}\right] = [0 \quad 1]$$

$$\boldsymbol{E} = \begin{bmatrix} 1 & 0 \\ 0 & 1 \end{bmatrix}, \boldsymbol{H} = \boldsymbol{E}^{-1} = \begin{bmatrix} 1 & 0 \\ 0 & 1 \end{bmatrix}, \boldsymbol{N} = \begin{bmatrix} \boldsymbol{C}_1\boldsymbol{A}^{d_1+1} \\ \boldsymbol{C}_2\boldsymbol{A}^{d_2+1} \end{bmatrix} = \begin{bmatrix} \boldsymbol{C}_1\boldsymbol{A} \\ \boldsymbol{C}_2\boldsymbol{A} \end{bmatrix}$$

$$\boldsymbol{C}_1\boldsymbol{A} = [2 \quad 4 \quad 0], \boldsymbol{C}_2\boldsymbol{A} = [1 \quad 1 \quad 1], \boldsymbol{N} = \begin{bmatrix} 2 & 4 & 0 \\ 1 & 1 & 1 \end{bmatrix}$$

$$\boldsymbol{F} = -\boldsymbol{E}^{-1}\boldsymbol{N} = -\begin{bmatrix} 1 & 0 \\ 0 & 1 \end{bmatrix}\begin{bmatrix} 2 & 4 & 0 \\ 1 & 1 & 1 \end{bmatrix} = -\begin{bmatrix} 2 & 4 & 0 \\ 1 & 1 & 1 \end{bmatrix}$$

$$\boldsymbol{\Phi}(s) = \boldsymbol{C}[s\boldsymbol{I} - (\boldsymbol{A} + \boldsymbol{BF})]^{-1}\boldsymbol{BH}$$

$$\boldsymbol{BF} = -\begin{bmatrix} 0 & 0 \\ 1 & 0 \\ 0 & 1 \end{bmatrix}\begin{bmatrix} 2 & 4 & 0 \\ 1 & 1 & 1 \end{bmatrix} = -\begin{bmatrix} 0 & 0 & 0 \\ 2 & 4 & 0 \\ 1 & 1 & 1 \end{bmatrix}$$

$$\boldsymbol{A} + \boldsymbol{BF} = \begin{bmatrix} 0 & 1 & 0 \\ 0 & -1 & 0 \\ 0 & 0 & 0 \end{bmatrix}$$

$$[s\boldsymbol{I} - (\boldsymbol{A} + \boldsymbol{BF})]^{-1} = \begin{bmatrix} s & -1 & 0 \\ 0 & s+1 & 0 \\ 0 & 0 & s \end{bmatrix}^{-1} = \frac{1}{s^2(s+1)}\begin{bmatrix} s(s+1) & s & 0 \\ 0 & s^2 & 0 \\ 0 & 0 & s(s+1) \end{bmatrix}$$

$$\boldsymbol{\Phi}(s) = \begin{bmatrix} \frac{1}{s} & 0 \\ 0 & \frac{1}{s} \end{bmatrix}$$

9-16　已知双输入-双输出线性定常系统的传递矩阵为

$$\boldsymbol{G}(s) = \begin{bmatrix} \frac{1}{s(s+1)} & \frac{2}{s+1} \\ \frac{2}{s+1} & \frac{1}{s+1} \end{bmatrix}$$

试求取其最小实现。

**解**　由给定传递矩阵知 $\boldsymbol{G}(s) = \frac{\boldsymbol{P}(s)}{\boldsymbol{D}(s)}$ $\boldsymbol{G}(s)$的特征多项式为所有各次子式的最小公分母。一次子式为$\frac{1}{s(s+1)} \cdot \frac{1}{s+1} \cdot \frac{2}{s+1} \cdot \frac{1}{s+1}$，二次子式为$\frac{1}{s(s+1)} - \frac{1}{s+1} - \frac{4}{(s+1)^2} = \frac{1-4s-s^2}{s(s+1)^2}$，一次与二次子式的最小公分母为$s(s+1)^2$。

因此$\boldsymbol{D}(s) = s(s+1)^2 = s^3 + 2s^2 + s$，$\alpha_0 = 0$，$\alpha_1 = 1$，$\alpha_2 = 2$。

$$\boldsymbol{P}(s) = \boldsymbol{P}_2 s^2 + \boldsymbol{P}_1 + \boldsymbol{P}_0, \boldsymbol{D}(s)\boldsymbol{G}(s) = \boldsymbol{P}(s)$$

$$\begin{bmatrix} s+1 & 2s(s+1) \\ 2s(s+1) & s(s+1) \end{bmatrix} = \begin{bmatrix} 0 & 2 \\ 2 & 1 \end{bmatrix} s^2 + \begin{bmatrix} 1 & 2 \\ 2 & 1 \end{bmatrix} s + \begin{bmatrix} 1 & 0 \\ 0 & 0 \end{bmatrix} = \boldsymbol{P}_2 s^2 + \boldsymbol{P}_1 s + \boldsymbol{P}_0$$

由此可得
$$\boldsymbol{P}_2 = \begin{bmatrix} 0 & 2 \\ 2 & 1 \end{bmatrix}, \boldsymbol{P}_1 = \begin{bmatrix} 1 & 2 \\ 2 & 1 \end{bmatrix}, \boldsymbol{P}_0 = \begin{bmatrix} 1 & 0 \\ 0 & 0 \end{bmatrix}$$

$\boldsymbol{G}(s)$的能控标准型实现为

$$\boldsymbol{A} = \begin{bmatrix} 0 & 0 & 1 & 0 & 0 & 0 \\ 0 & 0 & 0 & 1 & 0 & 0 \\ 0 & 0 & 0 & 0 & 1 & 0 \\ 0 & 0 & 0 & 0 & 0 & 1 \\ 0 & 0 & -1 & 0 & -2 & 0 \\ 0 & 0 & 0 & -1 & 0 & -2 \end{bmatrix}, \boldsymbol{B} = \begin{bmatrix} 0 & 0 \\ 0 & 0 \\ 0 & 0 \\ 0 & 0 \\ 1 & 0 \\ 0 & 1 \end{bmatrix}$$

$$\boldsymbol{C} = \begin{bmatrix} 1 & 0 & 1 & 2 & 0 & 2 \\ 0 & 0 & 2 & 1 & 2 & 1 \end{bmatrix}$$

$G(s)$的能观标准型实现为

$$\boldsymbol{A} = \begin{bmatrix} 0 & 0 & 0 & 0 & 0 & 0 \\ 0 & 0 & 0 & 0 & 0 & 0 \\ 1 & 0 & 0 & 0 & -1 & 0 \\ 0 & 1 & 0 & 0 & 0 & -1 \\ 0 & 0 & 1 & 0 & -2 & 0 \\ 0 & 0 & 0 & 1 & 0 & -2 \end{bmatrix}, \boldsymbol{B} = \begin{bmatrix} 1 & 0 \\ 0 & 0 \\ 1 & 2 \\ 2 & 1 \\ 0 & 2 \\ 2 & 1 \end{bmatrix}$$

$$\boldsymbol{C} = \begin{bmatrix} 0 & 0 & 0 & 0 & 1 & 0 \\ 0 & 0 & 0 & 0 & 0 & 1 \end{bmatrix}$$

根据能观标准型的$[\boldsymbol{A} \quad \boldsymbol{B} \quad \boldsymbol{C}]$阵有

$$\mathrm{rank}[\boldsymbol{B} \quad \boldsymbol{AB} \quad \boldsymbol{A}^2\boldsymbol{B} \quad \boldsymbol{A}^3\boldsymbol{B} \quad \boldsymbol{A}^4\boldsymbol{B} \quad \boldsymbol{A}^5\boldsymbol{B}]$$

$$= \mathbf{rank}\begin{bmatrix} 1 & 0 & 0 & 0 & 0 & 0 & 0 & 0 & 0 & 0 & 0 & 0 \\ 0 & 0 & 0 & 0 & 0 & 0 & 0 & 0 & 0 & 0 & 0 & 0 \\ 1 & 2 & 1 & -2 & -1 & 2 & 1 & -2 & -1 & 2 & 1 & -2 \\ 2 & 1 & -2 & -1 & 2 & 1 & -2 & -1 & 2 & 1 & -2 & -1 \\ 0 & 2 & 1 & -2 & -1 & 2 & 1 & -2 & -1 & 2 & 1 & -2 \\ 2 & 1 & -2 & -1 & 2 & 1 & -2 & -1 & 2 & 1 & -2 & -1 \end{bmatrix}$$

取
$$\boldsymbol{P} = \begin{bmatrix} 1 & 0 & 0 & 0 & 0 & 0 \\ 0 & 0 & 0 & 1 & 0 & 0 \\ 1 & 2 & 1 & 0 & 0 & 0 \\ 2 & 1 & -2 & 0 & 1 & 0 \\ 0 & 2 & 1 & 0 & 0 & 1 \\ 2 & 1 & -2 & 0 & 0 & 0 \end{bmatrix}, \boldsymbol{P}^{-1} = \begin{bmatrix} 1 & 0 & 0 & 0 \\ -0.8 & 0 & 0.4 & 0 \\ 0.6 & 0 & 0.2 & 0 \\ 0 & 1 & 0 & 0 \\ 0 & 0 & 0 & 1 \\ 1 & 0 & -1 & 0 \end{bmatrix}$$

$$P^{-1}AP=\begin{bmatrix}0&0&0&0&0&0\\0&-1&0&0&0.2&-0.4\\1&0&-1&0&-0.4&-0.2\\0&0&0&0&0&0\\0&0&0&1&-1&0\\0&0&0&0&0&-1\end{bmatrix},P^{-1}B=\begin{bmatrix}1&0\\0&1\\0&0\\0&0\\0&0\\0&0\end{bmatrix}$$

$$CP=\begin{bmatrix}0&2&1&0&0&1\\2&1&2&0&0&0\end{bmatrix}$$

$$\tilde{A}=\begin{bmatrix}0&0\\0&-1\end{bmatrix},\tilde{B}=\begin{bmatrix}1&0\\0&1\end{bmatrix},\tilde{C}=\begin{bmatrix}0&2\\2&1\end{bmatrix}$$

$$\text{rank}[\tilde{B}\quad \tilde{A}\tilde{B}]=\textbf{rank}\begin{bmatrix}1&0&0&0\\0&1&0&-1\end{bmatrix}=2$$

$$\textbf{rank}\begin{bmatrix}\tilde{C}\\\tilde{C}\tilde{A}\end{bmatrix}=\text{rank}\begin{bmatrix}0&2\\2&1\\0&-2\\0&-1\end{bmatrix}=2$$

因此模型$\begin{cases}\dot{X}=\tilde{A}X+\tilde{B}U\\Y=\tilde{C}X\end{cases}$是给定传递矩阵$G(s)$的一个最小实现。

## 同步训练题

1. 反馈系统如题1图所示，试判别系统的可控性与可观测性。

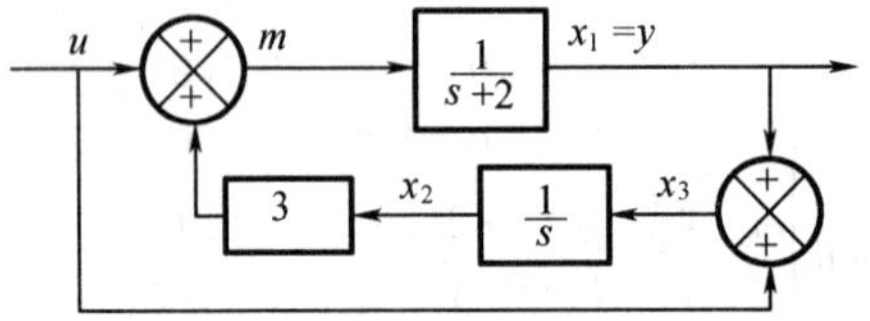


题1图

2. 设系统的状态空间描述为 $\dot{x}=\begin{bmatrix}-5&-1\\6&0\end{bmatrix}x+\begin{bmatrix}0\\2\end{bmatrix}u,y=[1\quad 0]x$。(1)求系统的传递函数；(2)判断系统可控性；(3)求系统的状态转移矩阵$\boldsymbol{\Phi}(t)$；(4)当$x(0)=\begin{bmatrix}0\\3\end{bmatrix},u(t)=0$时，求系统输出$y(t)$；(5)设计全维状态观测器，将观测器的极点配置在$-10+j10,-10-j10$处；(6)设在(5)基础上，设计状态反馈矩阵$K$，使系统闭环极点配置在处$-5+j5,-5-j5$。

3. 已知 $A=\begin{bmatrix}0&1&0&0\\0&0&1&0\\0&0&0&1\\0&-2&1&2\end{bmatrix}$,求 $A$ 的对角阵 $\widetilde{A}$ 及其变换阵 $P$。

4. 设某系统的状态方程和输出方程分别为

$$\dot{X}=\begin{bmatrix}0&1&0\\0&0&1\\16&5&-2\end{bmatrix}X+\begin{bmatrix}0\\0\\1\end{bmatrix}u$$

$$y=[-2\quad 1\quad 0]X$$

(1)试判别系统的能控性和能观测性;

(2)求初始条件为零时,系统对单位阶跃输入 $u(t)$ 的响应。

5. 设系统的动态方程为

$$\dot{X}=AX+Bu$$

$$Y=CX$$

式中 $A=\begin{bmatrix}1&3\\0&-1\end{bmatrix}$,$B=\begin{bmatrix}0\\1\end{bmatrix}$,$C=[1\quad 1]$。

试设计一个状态观测器,观测器的期望的极点为 -2, -2,并画出该系统状态观测器的结构图。

6. 设系统的传递函数为 $G(s)=\dfrac{Y(s)}{U(s)}=\dfrac{s^2+8s+15}{s^3+7s^2+14s+8}$,试求:

(1)可控标准型实现;

(2)可观测标准型实现;

(3)对角型实现。

7. 某单位负反馈位置随动系统,其控制系统的开环传递函数为 $G_0(s)=\dfrac{9}{s(s+2)}$。

(1)试确定反馈增益向量 $K$,使其状态反馈系统具有阻尼比 $\zeta=0.707$,无阻尼自然振荡频率 $\omega_n=20$;

(2)若用输出反馈能否达到控制效果?

8. 已知系统的输入输出方程为 $\dddot{y}+4\dot{y}+3y=\ddot{u}+6\dot{u}+8u$,试分别求出满足下述要求的状态空间表达式。

(1)系统为可控可观测的对角标准型;

(2)系统为可控不可观测的;

(3)系统为可观测不可控的;

(4)系统为既不可控也不可观测的。

9. 设 $n$ 阶系统的状态空间表达式为

$$\dot{x}=Ax+bu$$

$$y=Cx$$

若 $\boldsymbol{Cb}=0,\boldsymbol{CAb}=0,\boldsymbol{CA}^2\boldsymbol{b}=0,\cdots,\boldsymbol{CA}^{n-1}\boldsymbol{b}=0$,试证:系统不能同时满足可控性、可观测性的条件。

10. 线性定常连续系统状态方程为

$$\dot{x}=\begin{bmatrix}0 & 1\\ -4 & 0\end{bmatrix}\boldsymbol{x}+\begin{bmatrix}0\\ 2\end{bmatrix}\boldsymbol{u}$$

(1)设采样周期为 $T$,建立系统离散状态方程;

(2)为维持离散化前系统原有的可控性,试确定采样周期 $T$ 的取值。

11. 如题 11 图所示机械位移系统由质量分别为 $M_1$ 和 $M_2$ 的质量块,弹性系数分别为 $K_1$ 和 $K_2$ 的弹簧,黏性摩擦系数分别为 $B_1$ 和 $B_2$ 的阻尼器组成。试列写在外力 $f$ 的作用下,以质量块 $M_1$ 和 $M_2$ 的位移 $y_1$ 和 $y_2$ 为输出的状态空间表达式。

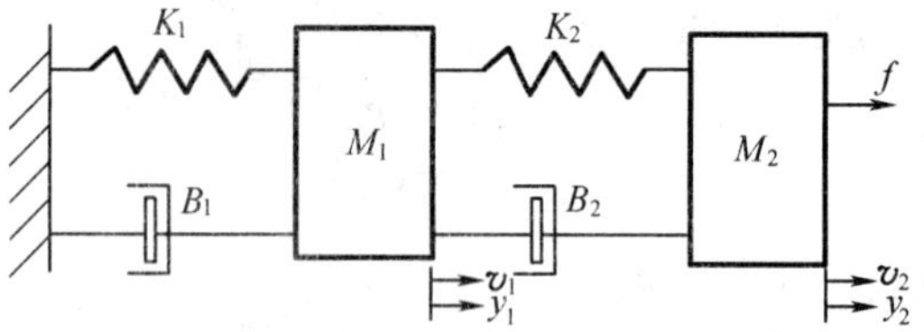


题 11 图

## 同步训练题答案

TONG BU XUN LIAN TI DA AN

1. 解　系统可观测但不可控。

2. 解　(1)$G(s)=\dfrac{2(s+5)}{s^2+5s+6}$;

(2)系统可控、可观测;

(3)$\boldsymbol{\Phi}(t)=\begin{bmatrix}3\mathrm{e}^{-3t}-2\mathrm{e}^{-2t} & \mathrm{e}^{-3t}-\mathrm{e}^{-2t};\\ -6\mathrm{e}^{-3t}+6\mathrm{e}^{-2t} & -2\mathrm{e}^{-3t}+3\mathrm{e}^{-2t}\end{bmatrix}$;

(4)$\boldsymbol{y}(t)=\boldsymbol{C}x(t)=\boldsymbol{C\Phi}(t)\boldsymbol{x}(0)=9\mathrm{e}^{-2t}-2t-6\mathrm{e}^{-3t}$;

(5)观测器的误差反馈矩阵为 $\boldsymbol{H}=\begin{bmatrix}-\dfrac{119}{6}\\ -15\end{bmatrix}$;

(6)$\boldsymbol{K}=\begin{bmatrix}\dfrac{19}{2} & -\dfrac{5}{2}\end{bmatrix}$。



高等学校优秀教材辅导丛书 GAODENG XUEXIAO YOUXIUJIAOCAI FUDAOCONGSHU

3. 解　$P=\begin{bmatrix}1&1&1&1\\1&-1&2&0\\1&1&4&0\\1&-1&8&0\end{bmatrix}$；$\widetilde{A}=\begin{bmatrix}1&0&0&0\\0&-1&0&0\\0&0&2&0\\0&0&0&0\end{bmatrix}$。

4. 解　(1)系统具有能控性，不具有能观测性；

(2)单位阶跃响应 $y(t)=\frac{1}{8}[1-\sqrt{2}\mathrm{e}^{-2t}\sin(2t+45°)]$。

5. 解　$\mathrm{rank}[\boldsymbol{B}\quad \boldsymbol{AB}]=2$，所以系统是状态完全能控的。$\mathrm{rank}\begin{bmatrix}\boldsymbol{C}\\\boldsymbol{CA}\end{bmatrix}=2$，所以系统能观测，可以通过适当选择 $F_e$ 满足状态观测器的极点要求，$\boldsymbol{F}_e=\begin{bmatrix}3\\1\end{bmatrix}$。

6. 解　(1)可控标准型实现

$$\begin{bmatrix}\dot{x}_1\\\dot{x}_2\\\dot{x}_3\end{bmatrix}=\begin{bmatrix}0&1&0\\0&0&1\\-8&-14&-7\end{bmatrix}\begin{bmatrix}x_1\\x_2\\x_3\end{bmatrix}+\begin{bmatrix}0\\0\\1\end{bmatrix}u,y=[15\quad 8\quad 1]\begin{bmatrix}x_1\\x_2\\x_3\end{bmatrix}$$

(2)可观测标准型

$$\begin{bmatrix}\dot{x}_1\\\dot{x}_2\\\dot{x}_3\end{bmatrix}=\begin{bmatrix}0&0&-8\\1&0&-14\\0&1&-7\end{bmatrix}\begin{bmatrix}x_1\\x_2\\x_3\end{bmatrix}+\begin{bmatrix}15\\8\\1\end{bmatrix}u,y=[0\quad 0\quad 1]\begin{bmatrix}x_1\\x_2\\x_3\end{bmatrix}$$

(3)对角标准型实现为

$$\begin{bmatrix}\dot{x}_1\\\dot{x}_2\\\dot{x}_3\end{bmatrix}=\begin{bmatrix}-1&0&0\\0&-2&0\\0&0&-3\end{bmatrix}\begin{bmatrix}x_1\\x_2\\x_3\end{bmatrix}+\begin{bmatrix}1\\1\\1\end{bmatrix}u,y=\begin{bmatrix}\frac{8}{3}&-\frac{3}{2}&-\frac{1}{6}\end{bmatrix}\begin{bmatrix}x_1\\x_2\\x_3\end{bmatrix}$$

7. 解　(1)$\boldsymbol{K}=[-391\quad -26.28]$；

(2)无论 $\boldsymbol{K}$ 值如何选取，均无法实现上述效果。

8. 解　(1)$\begin{cases}\boldsymbol{x}(t)=\begin{bmatrix}-1&0\\0&-3\end{bmatrix}\boldsymbol{x}(t)+\begin{bmatrix}1\\1\end{bmatrix}\boldsymbol{u}(t)\\\boldsymbol{y}(t)=\begin{bmatrix}\frac{3}{2}&\frac{1}{2}\end{bmatrix}\boldsymbol{x}(t)+\boldsymbol{u}\end{cases}$；

(2)$\begin{cases}\boldsymbol{x}(t)=\begin{bmatrix}0&1&0\\0&0&1\\0&-3&-4\end{bmatrix}\boldsymbol{x}(t)+\begin{bmatrix}0\\0\\1\end{bmatrix}\boldsymbol{u}(t)\\\boldsymbol{y}(t)=[0\quad 5\quad 2]\boldsymbol{x}(t)+\boldsymbol{u}\end{cases}$；

(3)$\begin{cases}\dot{\boldsymbol{x}}(t)=\begin{bmatrix}0&0&0\\1&0&-3\\0&1&-4\end{bmatrix}\boldsymbol{x}(t)+\begin{bmatrix}0\\5\\2\end{bmatrix}\boldsymbol{u}(t)\\\boldsymbol{y}(t)=[0\quad 0\quad 1]\boldsymbol{x}(t)+\boldsymbol{u}\end{cases}$；



高等学校优秀教材辅导丛书 GAODENG XUEXIAO YOUXIUJIAOCAI FUDAOCONGSHU

(4) $\begin{cases}\dot{\boldsymbol{x}}(t)=\begin{bmatrix}-1 & & \\ & -3 & \\ & & a\end{bmatrix}\boldsymbol{x}(t)+\begin{bmatrix}1\\1\\0\end{bmatrix}\boldsymbol{u}(t)\\ \boldsymbol{y}(t)=\begin{bmatrix}\frac{3}{2} & \frac{1}{2} & 0\end{bmatrix}\boldsymbol{x}(t)+\boldsymbol{u}\end{cases}$。

9. 证明:系统的可控性矩阵

$$\boldsymbol{P}_c=[\boldsymbol{b}\quad \boldsymbol{Ab}\quad \boldsymbol{A}^2\boldsymbol{b}\quad \cdots\quad \boldsymbol{A}^{n-1}\boldsymbol{b}],\text{可观测性矩阵 }\boldsymbol{P}_o=\begin{bmatrix}\boldsymbol{C}\\ \boldsymbol{CA}\\ \boldsymbol{CA}^2\\ \vdots\\ \boldsymbol{CA}^{n-1}\end{bmatrix}$$

$$\boldsymbol{P}_o\boldsymbol{P}_c=\begin{bmatrix}\boldsymbol{C}\\ \boldsymbol{CA}\\ \boldsymbol{CA}^2\\ \vdots\\ \boldsymbol{CA}^{n-1}\end{bmatrix}[\boldsymbol{b}\quad \boldsymbol{Ab}\quad \boldsymbol{A}^2\boldsymbol{b}\quad \cdots\quad \boldsymbol{A}^{n-1}\boldsymbol{b}]$$

$$=\begin{bmatrix}\boldsymbol{Cb} & \boldsymbol{CAb} & \boldsymbol{CA}^2\boldsymbol{b} & \cdots & \boldsymbol{CA}^{n-1}\boldsymbol{b}\\ \boldsymbol{CAb} & \boldsymbol{CA}^2\boldsymbol{b} & \boldsymbol{CA}^3\boldsymbol{b} & \cdots & \boldsymbol{CA}^n\boldsymbol{b}\\ \vdots & \vdots & \vdots & & \vdots\\ \boldsymbol{CA}^{n-1}\boldsymbol{b} & \boldsymbol{CA}^n\boldsymbol{b} & \boldsymbol{CA}^{n+1}\boldsymbol{b} & \cdots & \boldsymbol{CA}^{2(n-1)}\boldsymbol{b}\end{bmatrix}$$

$$=\begin{bmatrix}0 & 0 & 0 & \cdots & 0\\ 0 & 0 & 0 & \cdots & \boldsymbol{CA}^n\boldsymbol{b}\\ \vdots & \vdots & \vdots & & \vdots\\ 0 & \boldsymbol{CA}^n\boldsymbol{b} & \boldsymbol{CA}^{n+1}\boldsymbol{b} & \cdots & \boldsymbol{CA}^{2(n-1)}\boldsymbol{b}\end{bmatrix}$$

可见,$\boldsymbol{P}_o\boldsymbol{P}_c$ 不满秩。根据矩阵理论,$\boldsymbol{P}_o$,$\boldsymbol{P}_c$ 中至少有一个矩阵不满秩,即系统不能同时可控可观测。

10. **解** (1)离散化状态方程为

$$\boldsymbol{x}(k+1)=\begin{bmatrix}\cos 2T & \frac{1}{2}\sin 2T\\ -2\sin 2T & \cos 2T\end{bmatrix}\boldsymbol{x}(k)+\begin{bmatrix}\frac{1}{2}-\frac{1}{2}\cos 2T\\ \sin 2T\end{bmatrix}\boldsymbol{u}(k)$$

(2)只要有 $T\neq\frac{k\pi}{2}(k=\pm1,\pm2,\cdots)$,离散系统便可控。

11. **解** 选 $M_1$,$M_2$ 的位移 $y_1$,$y_2$ 和速度 $v_1$,$v_2$ 作为状态变量,即

$$x_1=y_1,x_2=y_2,x_3=v_1=\frac{\mathrm{d}y_1}{\mathrm{d}t},x_4=v_2=\frac{\mathrm{d}y_2}{\mathrm{d}t}$$

状态方程为

$$\dot{\boldsymbol{X}}=\begin{bmatrix}0 & 0 & 1 & 0\\ 0 & 0 & 0 & 1\\ -\dfrac{K_1+K_2}{M_1} & \dfrac{k_2}{M_1} & -\dfrac{B_1+B_2}{M_1} & \dfrac{B_2}{M_1}\\ \dfrac{K_2}{M_2} & -\dfrac{K_2}{M_2} & \dfrac{B_2}{M_2} & -\dfrac{B_2}{M_2}\end{bmatrix}\boldsymbol{X}+\begin{bmatrix}0\\ 0\\ 0\\ \dfrac{1}{M_2}\end{bmatrix}\boldsymbol{u}$$

$x_1$，$x_2$ 为输出，所以输出方程为

$$\boldsymbol{y}=\begin{bmatrix}1 & 0 & 0 & 0\\ 0 & 1 & 0 & 0\end{bmatrix}\boldsymbol{X}$$

# 第 10 章　非线性控制系统分析

ZHI SHI YAO DIAN 知识要点

## 10.1　非线性系统概念

### 10.1.1　一般概念

非线性是宇宙间的普遍规律,而线性只是对实际情况在一定条件下理想化的近似。控制系统在不同程度上都存在着非线性,当系统中含有一个或多个具有非线性元件时,该系统称为非线性系统。

### 10.1.2　非线性系统的若干特征

1. 非线性系统的数学模型是非线性微分方程。线性系统可以使用叠加原理,而非线性系统不能使用叠加原理。

2. 线性系统的稳定性只取决于系统的结构和参数,与初始状态无关。非线性系统的稳定性除与系统的结构、参数有关外,还和初始状态有关。

3. 线性系统在任何初始偏移下的时间响应曲线都具有相同的形式。非线性系统则不然,当初始偏移变化后,其时间响应曲线可以发生很大的变化,可能由原来的振荡收敛形式变为非周期形式,甚至出现发散的情况。

4. 在没有外界周期信号作用时,非线性系统完全有可能产生具有固定周期和幅值的稳定振荡过程,即非线性自持振荡。改变系统的结构和参数,可以改变自持振荡的振幅和频率,或消除自持振荡。

5. 在正弦信号作用下,线性系统的输出为同频率的正弦信号,只是幅值和相位发生变化。非线性系统在正弦信号作用下,其输出量中可以有倍频、分频等谐波分量,有些非线性系统当输入信号的频率由小到大和由大到小变化时,其幅频的数值不完全相同,并会出现跳跃和不连续的现象。

非线性系统理论主要研究自持振荡问题和利用非线性特征改善系统性能。常用的分析方法是相平面法和描述函数法。

## 10.2 相平面法

### 10.2.1 相平面法

相平面法是求解一、二阶常微分方程的图解方法,它是时域分析法在非线性系统中的应用和推广。相平面法是将非线性微分方程写成以系统中某变量 $x$ 及其导数 $\dot{x}$ 为变量的两个一阶微分方程,然后求出系统在 $x$ 及 $\dot{x}$ 所构成的相平面上的运动轨迹,并由此对系统的时间响应进行判别,分析非线性系统的稳定性、运动形式、平衡位置以及初始条件和参数对系统运动的影响。相平面法所得结果比较精确和全面,但不适于讨论高于二阶的系统。

### 10.2.2 有关概念

1. 相平面　设二阶系统常微分方程为 $\ddot{x}+f(x,\dot{x})=0$,则以 $x,\dot{x}$ 为坐标的平面称为相平面。

2. 相轨迹　当系统运动时,$x,\dot{x}$ 相应变化,对应在相平面上描绘出的轨迹。

3. 相轨迹的斜率方程 $\dfrac{\mathrm{d}\dot{x}}{\mathrm{d}x}=-\dfrac{f(x,\dot{x})}{\dot{x}}$　相轨迹与 $x$ 轴相交时,$\dot{x}=0$,斜率无穷大,因此相轨迹与 $x$ 轴正交。

4. 相平面图　多个初始条件下的运动对应多条相轨迹,形成相轨迹簇,而由一簇相轨迹所组成的图形称为相平面图。

5. 奇点与平衡点　在相平面上 $\dfrac{\mathrm{d}\dot{x}}{\mathrm{d}x}=\dfrac{0}{0}$ 的点称为奇点,在奇点处 $\dot{x}=0,\ddot{x}=f(x,\dot{x})=0$,故奇点也为系统的平衡点。根据二阶线性系统特征方程 $\lambda^2+a\lambda+b=0$ 的两个根的性质,奇点存在六种情况,其特征根的分布及相轨迹图如表 10-1 所示。

6. 相轨迹的走向　上半相平面的点随时间增加向右($x$ 轴正方向)运动,下半相平面的点随时间增加向左($x$ 轴负方向)运动,所以沿相轨迹的运动为顺时针方向,相轨迹穿越 $x$ 轴时与 $x$ 轴垂直相交。

高等学校优秀教材辅导丛书 GAODENG XUEXIAO YOUXIUJIAOCAI FUDAOCONGSHU

**表 10－1　二阶线性系统奇点与相轨迹**

| 极点位置 | 相轨迹 | 奇点类型 |
|---|---|---|
| 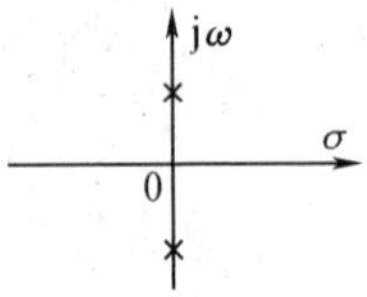 | 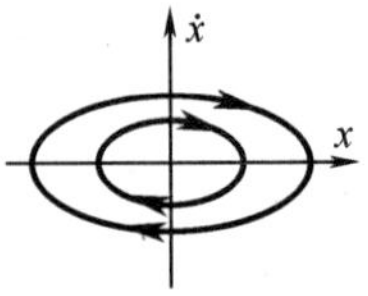 | 中心点 |
| 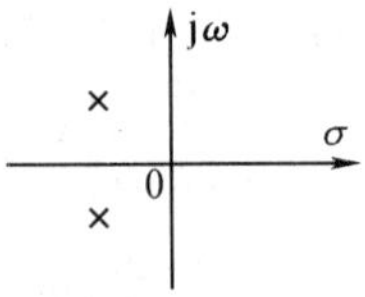 | 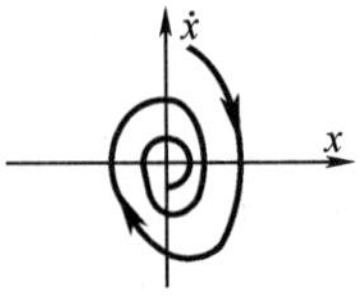 | 稳定焦点 |
| 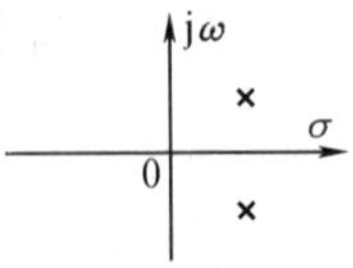 | 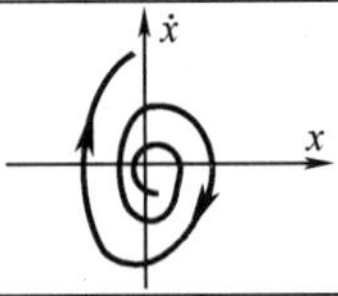 | 不稳定焦点 |
| 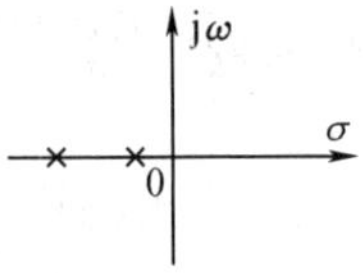 | 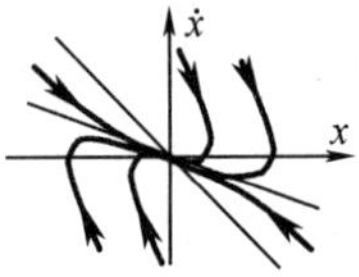 | 稳定节点 |
| 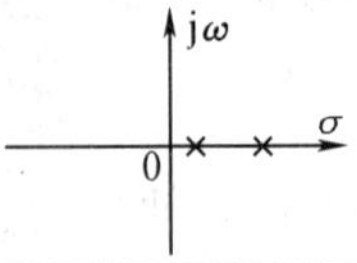 | 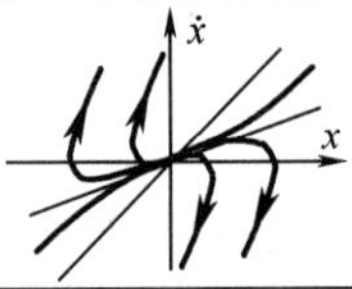 | 不稳定节点 |
| 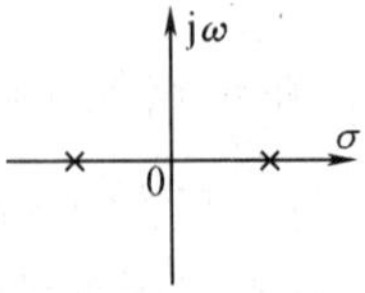 | 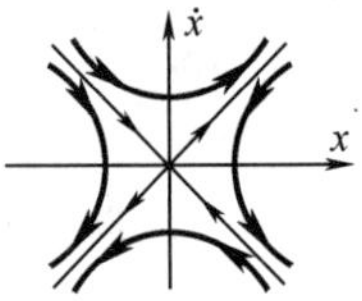 | 鞍点 |

7. 极限环　若非线性系统的相轨迹在相平面上表现为一个孤立的封闭曲线，所有附近的相轨迹都渐近地趋向或离开这个封闭曲线，则此封闭的相轨迹称为极限环。极限环分稳定极限环、不稳定极限环和半稳定极限环，其中稳定极限环对应稳定的自振运动。表 10－2 给出了不同的极限环的类型及相应的时间响应。

表 10－2　极限环的类型及时间响应

| 极限环类型 | 相轨迹 | 时间响应 |
| --- | --- | --- |
| 稳定极限环 | 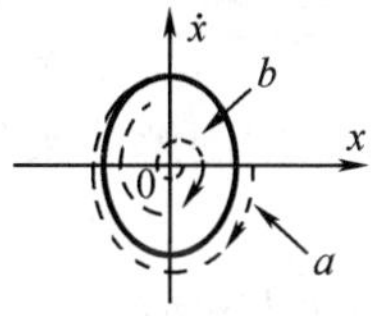 | 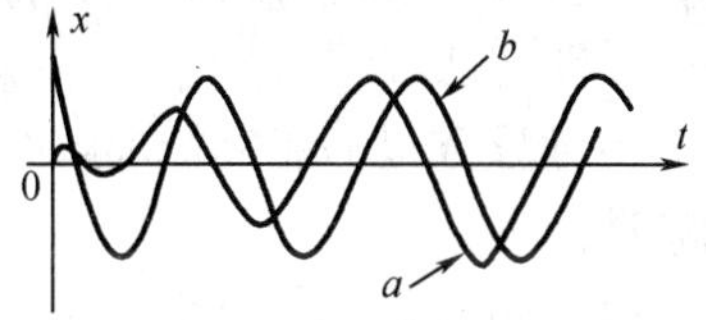 |
| 不稳定极限环 | 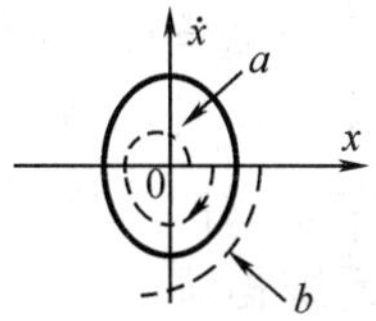 | 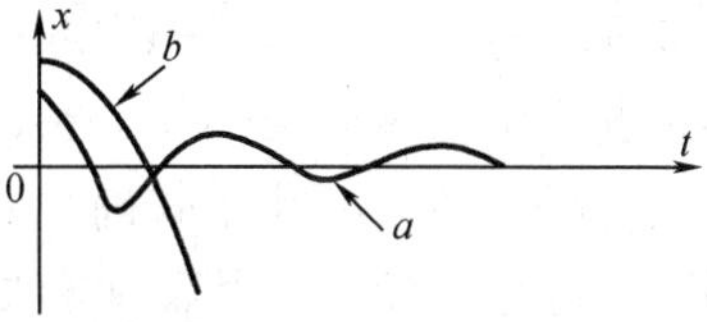 |
| 半稳定极限环 | 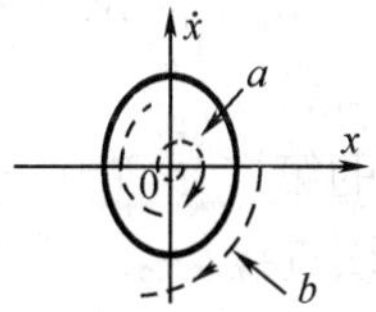 | 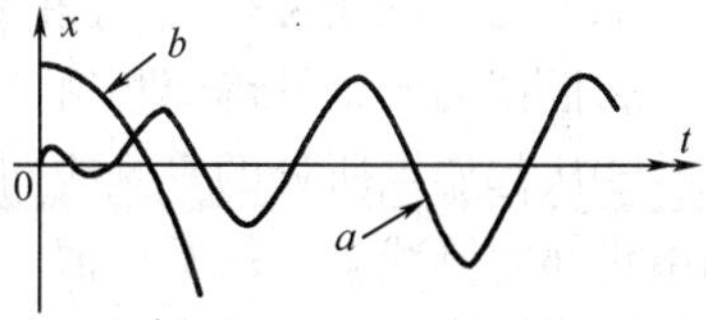 |
| 半稳定极限环 | 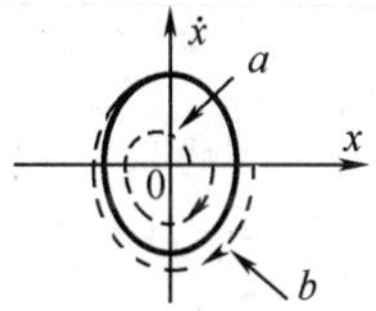 | 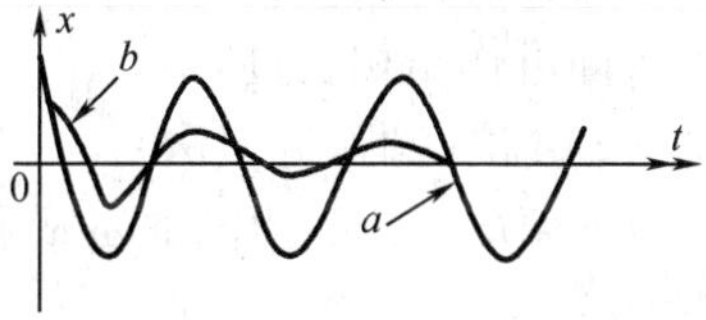 |

### 10.2.3　相轨迹的绘制

描绘相轨迹的方法可以归纳为两种：解析法和图解法。

设二阶系统的微分方程为 $\ddot{x}=f(x,\dot{x})=0$。

1. 解析法

用求解微分方程的方法找出 $x$ 和 $\dot{x}$ 的关系，从而可在相平面上绘制相轨迹，这种方法称为解析法。下面介绍三种解析法。

(1) 消去参变量 $t$ 法　由 $\ddot{x}=-f(\dot{x},x)$ 直接求出 $x(t)$，通过求导得到 $\dot{x}(t)$。在这两个解中，消去作为参变量的 $t$，就得到了 $x$ 和 $\dot{x}$ 的关系。

(2) 直接积分法　因为 $\ddot{x}=\dot{x}\mathrm{d}\dot{x}/\mathrm{d}x$，所以 $\dot{x}\mathrm{d}\dot{x}/\mathrm{d}x=-f(x,\dot{x})$，若上式可分解成 $g(\dot{x})\mathrm{d}\dot{x}=h(x)\mathrm{d}x$，则由 $\int_{\dot{x}_0}^{\dot{x}} g(u)\ \mathrm{d}u=\int_{x_0}^{x} h(v)\mathrm{d}v$，可直接找出 $x$ 和 $\dot{x}$ 的关系，其中 $x_0,\dot{x}_0$ 为初始条件。

(3)状态变量法　如果系统的微分方程不能很容易地积分,则根据相变量可以转变为状态变量,以形成新的微分方程,从而把二阶微分方程变成一阶微分方程组,从它可以直接获得相平面图,这是一个非常有用的分析手段。

2. 图解法

当微分方程不能解析求解时,就只能用图解法来绘制相轨迹。下面介绍两种图解法。

(1)等倾线法　等倾线是指在相平面内对应相轨迹上具有等倾斜点的连线。

设 $\ddot{x}=f(x,\dot{x})$,因 $\ddot{x}=\dot{x}\mathrm{d}\dot{x}/\mathrm{d}x$,所以 $\mathrm{d}\dot{x}/\mathrm{d}x=f(x,\dot{x})/\dot{x}$,其中,$\mathrm{d}\dot{x}/\mathrm{d}x$ 为相轨迹在某一点的切线斜率,令 $\alpha=\mathrm{d}\dot{x}/\mathrm{d}x$,则有 $\alpha=f(x,\dot{x})/\dot{x}$。则满足此方程的点$(x,\dot{x})$处的切线斜率必为$\alpha$,由上式确定 $x$ 和 $\dot{x}$ 关系的曲线称为等倾线。相轨迹必然以$\alpha$的斜率经过等倾线。应用等倾线法绘制系统相轨迹方法如下。

①根据等倾线方程式,在相平面上作出不同 $\alpha$ 值的等倾线。

②根据初始条件确定相轨迹的起始点。

③从起始点所处的等倾线向相邻的第二条等倾线画直线,它的斜率近似于这两条相邻等倾线斜率的平均值。再从该直线与第二条等倾线的交点向相邻的第三条等倾线画直线。这段直线的斜率等于第二、第三等倾线斜率的平均值,如此继续下去,即可作出相轨迹。

(2)$\delta$ 法(圆弧近似法)

$\ddot{x}=-f(\dot{x},x)$两边同加 $\omega^2x$,得 $\ddot{x}+\omega^2x=-f(x,\dot{x})+\omega^2x$,令

$$\delta(x,\dot{x})=\frac{-f(\dot{x},x)+\omega^2x}{\omega^2}$$

得
$$\ddot{x}+\omega^2x=\delta(x,\dot{x})\omega^2,\left(\frac{\dot{x}}{\omega}\right)^2+(x-\delta_1)^2=d_1^2$$

式中 $\delta_1=\delta(x_1,\dot{x}_1)$,$d_1^2=\dfrac{x_1^2}{\omega^2}+(x_1-\delta_1)^2$。利用上式就可得点$[x_1,\dot{x}_1]$邻域内的相平面图形。表 10-3 给出一些特殊二阶系统的相轨迹。

### 10.2.4　非线性系统的相平面分析

一般非线性系统可用分段线性微分方程来描述。在相平面的不同区域内,代表该非线性系统运动规律的微分方程是线性的,因而每个区域内的相轨迹都是线性系统的相轨迹,仅在不同区域的边界上相轨迹要发生转换。区域的边界线称为开关线或转换线。因此,一般非线性系统相轨迹,实际上就是分段线性系统相轨迹,只需做好相轨迹在开关线上的衔接工作。用相平面法分析非线性系统的一般步骤如下。

**表 10－3　特殊二阶线性系统的相轨迹**

| 微分方程 | 相平面图 |
| --- | --- |
| $T\ddot{x}+\dot{x}=0$<br>$T>0$ | 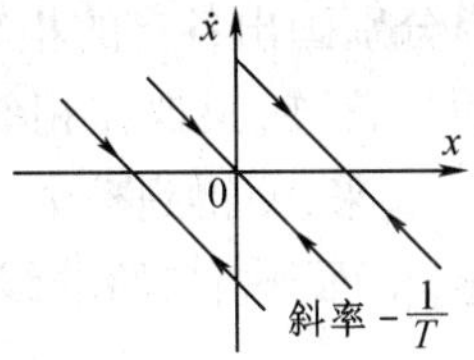  |
| $T\ddot{x}+\dot{x}=0$<br>$T<0$ | 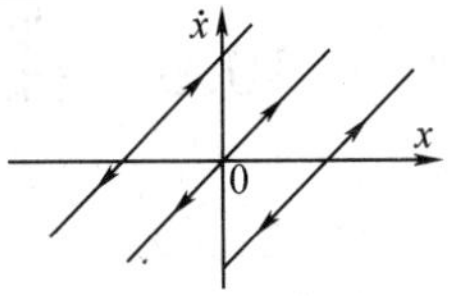 |
| $T\ddot{x}+\dot{x}=M$<br>$T>0$ | 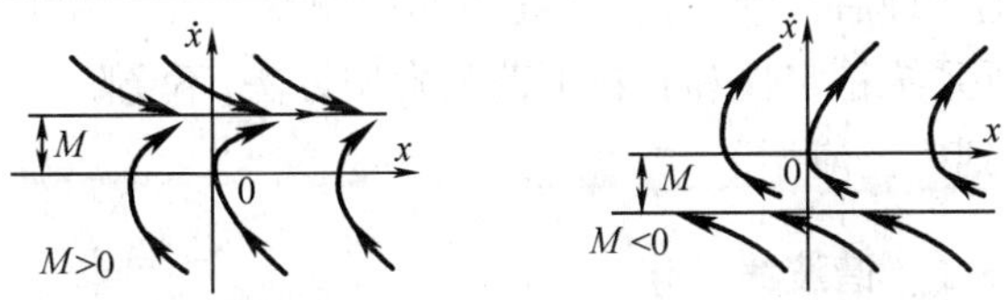  |
| $T\ddot{x}+\dot{x}=M$<br>$T<0$ | 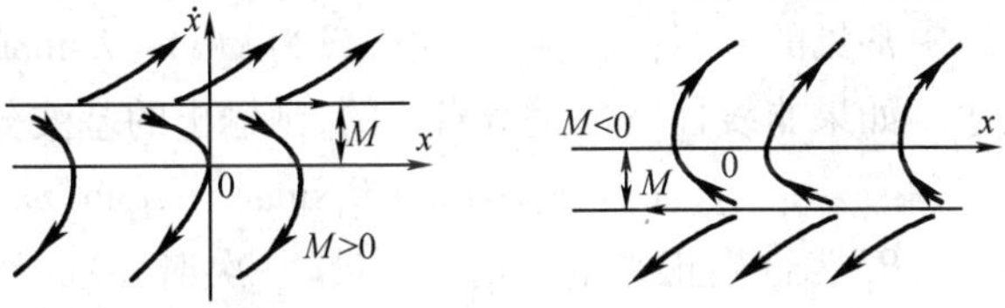  |
| $\ddot{x}=M$ | 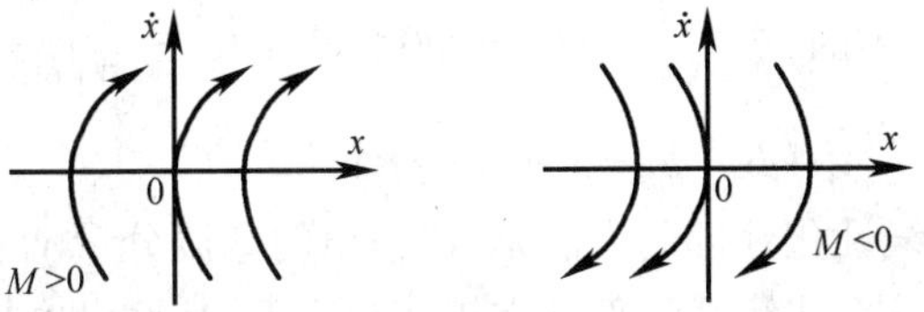  |
| $\ddot{x}=0$ | 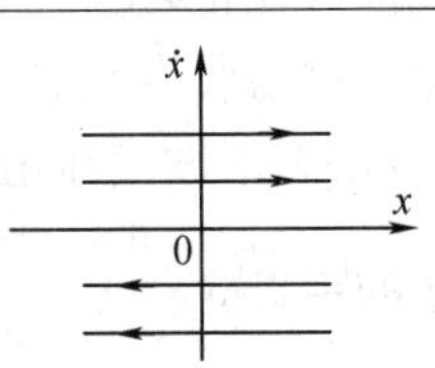 |

(1)将非线性特性用分段的直线特性来表示,写出相应线段的数学表达式。

(2)首先在相平面上选择合适的坐标,一般常用误差 $e$ 及其导数 $\dot{e}$ 分别为横坐标和纵坐标,然后将相平面根据非线性特性分成若干区域使非线性特性在每个区域内都呈线性特性。

(3)确定每个区域的奇点类别和在相平面上的位置。

(4)在每个区域内分别画出各自的相轨迹。

(5)将相邻区域的相轨迹,根据在相邻两区分界线上的点对相邻两区具有相同工作状态的原则连接起来,便得到整个非线性系统的相轨迹。

(6)基于该相轨迹,全面分析二阶非线性系统的动态及稳态特性。

## 10.3 描述函数法

非线性特性的描述函数法,是对非线性特性在正弦信号作用下的输出进行谐波线性化处理后得到的,它是线性部件频率特性法在非线性特性中的推广。该方法是分析系统稳定性和自持振荡的常用方法,不受阶次限制,所得结果也较接近实际,故得到广泛应用。

### 10.3.1 谐波线性化

系统中常见的非线性特性,当输入设为 $x(t)=A\sin\omega t$,则输出 $y(t)$ 可用傅氏级数来表达。如果非线性特性是奇对称的,则输出的基波分量为

$$y_1(t)=A_1\cos\omega t+B_1\sin\omega t=X_1\sin(\omega t+\varphi_1)$$

上式中,$A_1$,$B_1$ 为输出正弦量中基波分量(一次谐波)的傅氏系数,且

$$A_1=\frac{1}{\pi}\int_0^{2\pi}y(t)\cos\omega t\mathrm{d}(\omega t),B_1=\frac{1}{\pi}\int_0^{2\pi}y(t)\sin\omega t\mathrm{d}(\omega t)$$

并且 $X_1=\sqrt{A_1^2+B_1^2}$,$\phi_1=\arctan A_1/B_1$。

谐波线性化处理的方法是:以输出的基波分量 $y_1(t)$ 近似代替整个输出 $y(t)$。这意味着一个非线性元部件在正弦输入下,其输出也是一个同频率的正弦量,只是幅值和相位发生了变化。这与线性元部件在正弦信号作用下的输出具有形式上的相似性,故称上述处理方法为谐波线性化。

### 10.3.2 描述函数的定义

描述函数 $N$ 定义为非线性特性输出的基波分量与输入正弦量的复数比,即

$$N(A)=\frac{X_1}{A}\mathrm{e}^{\mathrm{j}\phi_1}=\frac{\sqrt{A_1^2+B_1^2}}{A}\angle\arctan\frac{A_1}{B_1}=\frac{B_1}{A}+\mathrm{j}\frac{A_1}{A}$$

一般情况下,描述函数 $N$ 是一个与输入信号幅值 $A$ 和频率 $\omega$ 有关的复数量。

但对于大多数非线性元件，其描述函数仅是 $A$ 的函数，记为 $N(A)$。

### 10.3.3 非线性系统的描述函数分析

1. 描述函数法的应用前提

设非线性系统经过变换和归化，可表示为非线性部分 $N$ 和线性部分 $G$ 相串联的典型反馈结构，如图 10－1 所示。

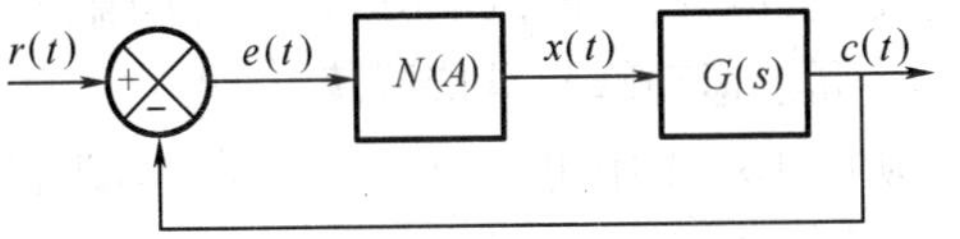

图 10－1　非线性控制系统方框图

描述函数法是基于这样的假设，当系统处于自振状态时，非线性部分和线性部分的输入、输出均为同频率的正弦信号。在这种条件下，非线性部分的特性可用描述函数表示，线性部分的特性可用频率特性表示，从而建立起非线性系统自振时的理论模型。

应用描述函数法分析非线性系统的前提是：

(1) 非线性特性具有奇对称性；

(2) 非线性系统可以归化为图 10－1 所示的典型结构；

(3) 非线性部分输出 $y(t)$ 中的基波分量最强；

(4) 线性部分 $G(s)$ 的低通滤波效应较好。

2. 结构归化问题

由于在讨论自振及稳定性时，只研究由系统内部产生的周期运动，并不考虑外作用，因此将结构图进行结构归化时，可以认为所有外作用均为零，只考虑系统封闭回路。与线性系统等效结构变换一样，归化的原则是信号的等效变换。

(1) 非线性环节串联　两个非线性环节串联，可将两个环节的特性归化为一个特性，即第一个非线性环节的输入为归化后的非线性部分的输入，以第二个非线性环节的输出为归化后的非线性特性的输出。串联的非线性环节次序不可交换。一般地说，不能用两个串联的非线性环节描述函数相乘得到等效的非线性特性的描述函数。用同样的方法，依次将多个串联非线性环节的描述函数求出。

(2) 非线性环节并联　$r$ 个非线性环节并联后的描述函数并不等于各非线性环节的描述函数的代数和。假定第 $i$ 个非线性环节的描述函数为

$$N_i = \frac{1}{A}\sqrt{A_{1i} + B_{1i}}\angle \arctan\frac{A_{1i}}{B_{1i}}$$

则等效的非线性特性的描述函数为

$$N = \frac{1}{A}\sqrt{\left(\sum_{i=1}^{r} A_{1i}\right)^2 + \left(\sum_{i=1}^{r} B_{1i}\right)^2} \angle \arctan \frac{\sum_{i=1}^{r} A_{1i}}{\sum_{i=1}^{r} B_{1i}}$$

(3)将各线性元件合并为一个等效部分。多个线性环节按照等效变换的原则进行变换，但要保证加到非线性部分的输入、输出不变。

3. 周期运动解与自持振荡

从图 10-1 中可写出非线性系统经谐波线性化处理后的线性化系统的闭环频率响应为

$$\frac{C(j\omega)}{R(j\omega)} = \frac{N(A)G(j\omega)}{1+N(A)G(j\omega)}$$

由上式求得非线性系统特征方程为 $1+N(A)G(j\omega)=0$，还可写成 $G(j\omega) = -\frac{1}{N(A)}$，其中 $-1/N(A)$ 称为非线性特性的负倒描述函数。若有 $(A,\omega)$ 使上式成立，便有 $X(t)=A\sin\omega t$ 或 $c(t)=-A\sin\omega t$ 对应着一个正弦周期运动。若系统扰动后，上述周期运动经过一段时间，振幅仍能恢复为 $A$，则具有这种性质的周期运动，称为自持振荡。可见，自持振荡就是一种振幅能自动恢复的周期运动。周期运动解 $(A,\omega)$ 可由特征方程式求得，亦可通过图解法获得。

4. 稳定性分析

所谓非线性系统是稳定的，是指非线性系统在受到扰动后，能够恢复原来的平衡位置。非线性系统不稳定是指非线性系统受到扰动后，其输出增大，不能恢复原来的平衡位置。介于稳定与不稳定之间的状态，称为临界状态。周期运动解就是一种临界状态，对照线性系统中 Nyquist 稳定判据知，$-1/N(A)$ 相当于线性系统稳定性分析时复平面上的 $(-1,0j)$ 点地位。所以，非线性系统中的临界点为 $-1/N(A)$ 曲线。在描述函数法中，可用系统中线性部分的频率特性 $G(j\omega)$ 和临界点轨迹 $-1/N(A)$ 的相对位置来判断非线性系统的稳定性。

下面给出用 Nyquist 稳定判据判断非线性系统稳定性和确定系统是否存在自持振荡状态的若干结论。设线性部分传递函数 $G(s)$ 的正极点个数为 $P$。

(1)若 $G(j\omega)$ 曲线与 $-1/N(A)$ 曲线无交点，则系统不存在周期运动解。若 $G(j\omega)$ 曲线逆时针包围整个 $-1/N(A)$ 曲线 $P$ 圈，则该非线性系统是稳定的，否则是不稳定的。

(2)若 $G(j\omega)$ 曲线与 $-1/N(A)$ 曲线有交点，则非线性系统处于临界状态，对应系统存在近似于正弦的周期运动解 $X(t)=A\sin\omega t$。交点处的参数 $A$ 和 $\omega$ 分别为周期运动解的振幅和频率。若该周期运动是稳定的，则系统出现自持振荡。

(3)判断系统是否存在自持振荡，只需要在 $-1/N(A)$ 曲线上，在 $G(j\omega)$ 和

高等学校优秀教材辅导丛书 GAODENG XUEXIAO YOUXIUJIAOCAI FUDAOCONGSHU

$-1/N(A)$交点附近沿 $A$ 增大和减小的方向各取一点，若在此两点的运动最终都回到该交点处，则该交点为稳定交点，对应系统的一个自振状态，相应的周期运动解是稳定的。否则就不是自振状态，只是一个不稳定的周期运动解。

(4)如果 $G(s)$ 中没有正极点，即 $P=0$。此时，若 $G(j\omega)$ 不包围 $-1/N(A)$ 曲线，则非线性系统稳定；若 $G(j\omega)$ 曲线包围 $-1/N(A)$ 曲线，则非线性系统不稳定。若 $G(j\omega)$ 曲线和 $-1/N(A)$ 曲线相交，则系统存在周期运动；若交点为稳定交点，则该点对应的周期运动就是自持振荡。

5. 自持振荡振幅 $A_0$ 和频率 $\omega_0$ 的求解步骤

(1)将系统归化为典型结构。

(2)绘制线性部分的频率响应 $G(j\omega)$ 和非线性特性的负倒描述函数 $-1/N(A)$ 曲线。

(3) $G(j\omega)$ 和 $-1/N(A)$ 曲线的交点即为满足 $G(j\omega)=-1/N(A)$ 的点。

(4)分析交点的稳定性。

(5)在稳定交点处从频率响应 $G(j\omega)$ 上确定自持振荡频率 $\omega_0$，而从 $-1/N(A)$ 曲线上确定自持振荡振幅 $A_0$，一般依据

$$\angle G(j\omega_0)=180°,\ |G(j\omega_0)|=-\frac{1}{N(A_0)}$$

## 10.4 非线性控制系统稳定性分析

### 10.4.1 李雅普诺夫第一方法(线性化法)

已知系统状态方程为 $\dot{X}=f(X,t)$，假定系统的平衡状态 $X_e=0$，并将系统在平衡状态 $X_e=0$ 邻域展成泰勒级数，得

$$\dot{X}=AX+B(x)$$

式中，

$$\boldsymbol{A}=\frac{\partial f(X,t)}{\partial X^{\mathrm{T}}}\bigg|_{x=x_e}=\begin{bmatrix}\frac{\partial f_1}{\partial x_1} & \frac{\partial f_1}{\partial x_2} & \cdots & \frac{\partial f_1}{\partial x_n}\\ \frac{\partial f_2}{\partial x_1} & \frac{\partial f_2}{\partial x_2} & \cdots & \frac{\partial f_2}{\partial x_n}\\ \vdots & \vdots & & \vdots\\ \frac{\partial f_n}{\partial x_1} & \frac{\partial f_n}{\partial x_2} & \cdots & \frac{\partial f_n}{\partial x_n}\end{bmatrix}_{x=x_e}$$

为雅克比矩阵。$\dot{\boldsymbol{X}}=\boldsymbol{AX}+\boldsymbol{R}(\boldsymbol{X})$，则有

(1)若 $\boldsymbol{A}$ 的特征值都具有负实部,系统在平衡点处渐近稳定;

(2)若 $\boldsymbol{A}$ 的特征值至少有一个有正实部,系统在平衡点处不稳定;

(3)若 $\boldsymbol{A}$ 的特征值有纯虚根,其它根都是负实部,则系统在平衡点稳定性不能确定。

### 10.4.2 李雅普诺夫第二方法

应用第 8 章介绍的李雅普诺夫第二方法,分析非线性系统的稳定性是非常有效的方法之一。

### 10.4.3 克拉索夫斯基方法

若非线性控制系统的运动方程为 $\dot{\boldsymbol{X}}=\boldsymbol{f}(\boldsymbol{X})$,若中 $\boldsymbol{X}$ 为 $n$ 维向量,设已知该系统的一个平衡状态为坐标原点,即 $\boldsymbol{f}(0)=0$,又设 $\boldsymbol{f}(\boldsymbol{X})$ 对于 $x_i(i=1,2,\cdots,n)$ 的一阶偏导数是连续的,则该系统在平衡状态 $X=0$ 处渐近稳定的充分条件是赫米特矩阵

$$\hat{\boldsymbol{F}}(\boldsymbol{X})=\boldsymbol{F}^*(\boldsymbol{X})+\boldsymbol{F}(\boldsymbol{X})$$

在所有 $\boldsymbol{X}$ 下都是负定的,而且标量函数 $V(\boldsymbol{X})=\boldsymbol{f}^*(\boldsymbol{X})\boldsymbol{f}(\boldsymbol{X})$ 可作为该系统的李氏函数。其中

$$\boldsymbol{F}(\boldsymbol{X})=\begin{bmatrix}\frac{\partial f_1}{\partial x_1} & \frac{\partial f_1}{\partial x_2} & \cdots & \frac{\partial f_1}{\partial x_n}\\ \frac{\partial f_2}{\partial x_1} & \frac{\partial f_2}{\partial x_2} & \cdots & \frac{\partial f_2}{\partial x_n}\\ \vdots & \vdots & & \vdots\\ \frac{\partial f_n}{\partial x_1} & \frac{\partial f_n}{\partial x_2} & \cdots & \frac{\partial f_n}{\partial x_n}\end{bmatrix}$$

$\boldsymbol{F}^*(\boldsymbol{X})$ 及 $\boldsymbol{f}^*(\boldsymbol{X})$ 分别为矩阵 $\boldsymbol{F}(\boldsymbol{X})$ 及 $\boldsymbol{f}(\boldsymbol{X})$ 的共轭转置矩阵。如果 $\|\boldsymbol{X}\|\to\infty$ 时有 $\boldsymbol{f}^*(\boldsymbol{X})f(\boldsymbol{X})\to\infty$,则平衡状态是大范围渐近稳定的。

### 10.4.4 变量梯度法

设非线性系统的运动方程为 $\dot{\boldsymbol{X}}=\boldsymbol{f}(\boldsymbol{X},t)$,假定状态空间的坐标原点为该系统的平衡状态。用 $V$ 表示一个假想的李氏函数,并假定 $V$ 是状态向量 $\boldsymbol{X}$ 的显函数,而不是时间 $t$ 的显函数,则有

$$\dot{V}=\frac{\partial V}{\partial x_1}\dot{x}_1+\frac{\partial V}{\partial x_2}\dot{x}_2+\cdots+\frac{\partial V}{\partial x_n}\dot{x}_n=[\nabla V]^{\mathrm{T}}\dot{\boldsymbol{X}}$$

其中
$$\nabla V=\begin{bmatrix}\dfrac{\partial V}{\partial x_1}\\ \vdots \\ \dfrac{\partial V}{\partial x_n}\end{bmatrix}=\begin{bmatrix}\nabla V_1\\ \vdots \\ \nabla V_n\end{bmatrix}$$
为李氏函数 $V$ 的梯度。于是,李氏函数 $V$ 可作为 $\nabla V$ 的线积分来求取,即
$$V=\int_0^{x_1(x_2=x_3=\cdots=0)}\nabla V_1\mathrm{d}x_1+\int_0^{x_2(x_1=x_1,x_3=x_4=\cdots=x_n=0)}\nabla V_2\mathrm{d}x_2$$
$$+\cdots+\int_0^{x_n(x_1=x_1,x_2=x_2,\cdots,x_{n-1}=x_{n-1})}\nabla V_n\mathrm{d}x_n$$
其中 $\nabla V_1$ 是 $\nabla V$ 在 $x_i$ 方向上的分量。要由向量函数 $\nabla V$ 的线积分求取标量函数 $V$,就必须使矩阵
$$\boldsymbol{F}=\begin{bmatrix}\dfrac{\partial\nabla V_1}{\partial x_1} & \dfrac{\partial\nabla V_1}{\partial x_2} & \cdots & \dfrac{\partial\nabla V_1}{\partial x_n}\\ \dfrac{\partial\nabla V_2}{\partial x_1} & \dfrac{\partial\nabla V_2}{\partial x_2} & \cdots & \dfrac{\partial\nabla V_2}{\partial x_n}\\ \vdots & \vdots & & \vdots\\ \dfrac{\partial\nabla V_n}{\partial x_1} & \dfrac{\partial\nabla V_n}{\partial x_2} & \cdots & \dfrac{\partial\nabla V_n}{\partial x_n}\end{bmatrix}$$
满足 $n$ 维广义旋度方程,即 $\dfrac{\partial\nabla V_i}{\partial x_j}=\dfrac{\partial\nabla V_j}{\partial x_i}(i,j=1,2,\cdots,n)$,它包含的方程总数为 $n(n-1)/2$ 个。于是,确定满足李雅普诺夫稳定性定理的标量函数 $V$ 的问题就转化成求一个 $\nabla V$,使其 $n$ 维旋度等于零。当然,$V$ 和 $\dot V$ 还必须满足李雅普诺夫稳定性定理。

如果非线性系统的平衡状态 $\boldsymbol{X}_e=0$ 是渐近稳定的,应用变量梯度法求取李氏函数的步骤如下。

(1)假设 $\nabla\boldsymbol{V}=\begin{bmatrix}a_{11}x_1+a_{12}x_2+\cdots+a_{1n}x_n\\ a_{11}x_1+a_{12}x_2+\cdots+a_{1n}x_n\\ \vdots\\ a_{n1}x_1+a_{n2}x_2+\cdots+a_{nn}x_n\end{bmatrix}$,使其元素为状态变量的函数,其中 $a_{ij}$ 是未知量,它可能是常数,或时间 $t$ 的函数,或状态变量的函数。然而,为方便起见,常选 $a_{ij}$ 为常数或 $t$ 的函数,它们当中的一些也可选为零。

(2)按 $\dot V=[\nabla V]^{\mathrm T}\dot{\boldsymbol{X}}$,由 $\nabla V$ 确定 $\dot V$。

(3)限制 $\dot V$ 为负定或至少为负半定。

(4)应用 $n(n-1)/2$ 个旋度方程确定 $\nabla V$ 中的待定系数 $a_{ij}$,但矩阵 $\boldsymbol{F}$ 必须是对称的。

(5)由于上步计算结果可能改变了 $\dot{V}$,故需要按所得结果重新校核 $\dot{V}$。

## 书后习题解析

10－1　试将题 10－1 图所示非线性控制系统简化成非线性特性 $N$ 和等效线性部分 $G(s)$ 相串联的典型结构,并写出等效线性部分的传递函数 $G(s)$。

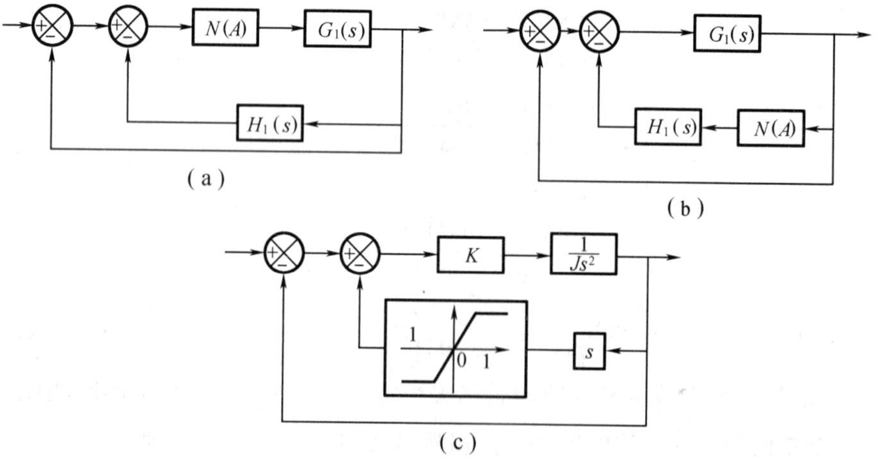


题 10－1 图

**解**　(1)图(a)可等效简化成题 10－1 解图(a),且求得等效线性部分的传递函数为

$$G(s)=G_1(s)[1+H_1(s)]$$

(2)图(b)可等效简化成题 10－1 解图(b),且求得 $G(s)=\dfrac{G_1(s)}{1+G_1(s)}\cdot H_1(s)$;

(3)图(c)可等效简化成题 10－1 解图(c),且求得 $G(s)=\dfrac{\dfrac{K}{Js^2}}{1+\dfrac{K}{Js^2}}\cdot s=\dfrac{s}{\dfrac{J}{K}s^2+1}$。

10－2　设非线性控制系统的方框图如题 10－2 图所示,其中 $G(s)$ 为线性部分的传递函数,$N_1$、$N_2$ 分别为描述死区特性与继电器特性的典型非线性特性。试将串联的非线性特性 $N_1$ 与 $N_2$ 等效变换为一个等效非线性特性 $N$。



高等学校优秀教材辅导丛书 GAODENG XUEXIAO YOUXIUJIAOCAI FUDAOCONGSHU

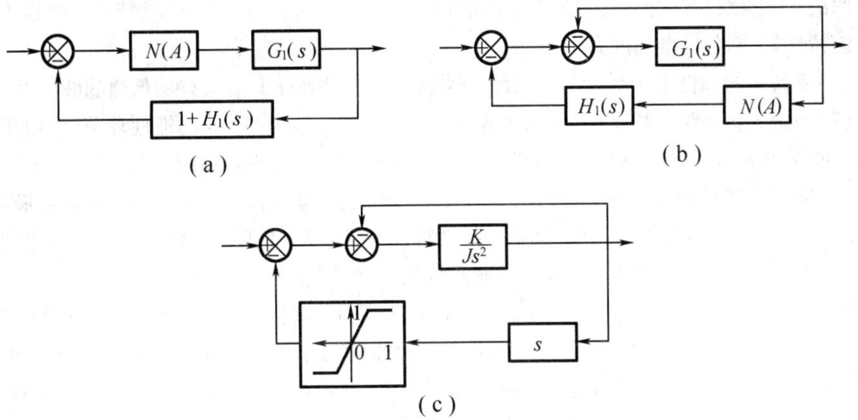


题 10 - 1 解图

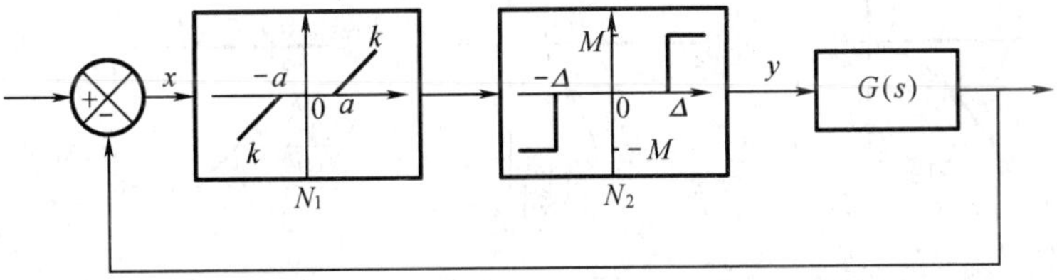


题 10 - 2 图

**解** 沿由 $x$ 到 $y$ 的信号流通方向，$N_1$ 与 $N_2$ 的串联特性可用一个带死区无滞环的继电特性 $N$ 来等效，其中死区 $\Delta_1 = a + \dfrac{\Delta}{k}$。通过等效非线性特性 $N$ 与线性部分传递函数 $G(s)$ 串联来表示的与题 10 - 2 图所示系统等效的系统方框图如题 10 - 2 解图所示。

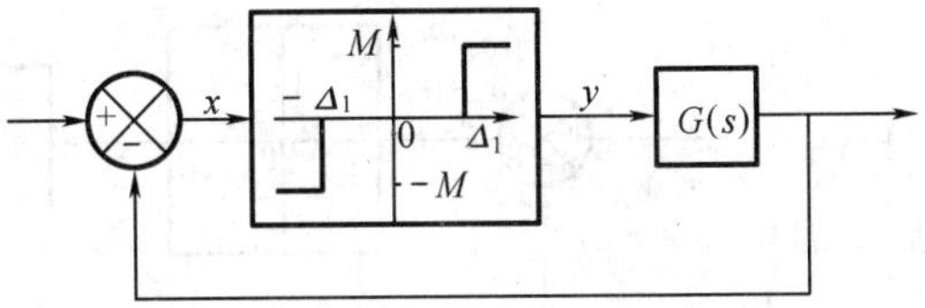


题 10 - 2 解图

10 - 3 设三个非线性控制系统具有相同的非线性特性，而线性部分各不相同，它们的传递函数分别为(1) $G_1(s) = \dfrac{2}{s(0.1s+1)}$；(2) $G_2(s) = \dfrac{2}{s(s+1)}$；(3) $G_3(s) = \dfrac{2(1.5s+1)}{s(s+1)(0.1s+1)}$。试判断应用描述函数法分析非线性控制系统稳定性时，哪个系统的分析准确度高。

**解** 因为三个系统的非线性环节相同,所以应用描述函数法分析非线性系统稳定性的准确度便取决于各自线性部分所具有的低通滤波特性,即取决于线性部分的惯性特性。惯性大的低通滤波特性好,则分析准确度高。

(1)系统2的惯性大于系统1的惯性,所以系统2较系统1具有较好的低通滤波特性。

(2)系统3与系统2相比较,系统3增加了一个时间常数为0.1 s的惯性环节,但由于还含一个时间常数为1.5 s的一阶微分环节,因此其实际低通滤波特性较系统2差。

(3)应用描述函效法分析给定的三个非线性系统的稳定性时,系统2的分析准确度最高。

10-4 设有非线性控制系统,其中非线性特性为斜率 $k=1$ 的饱和特性。当不考虑饱和特性时,闭环系统稳定。试分析该非线性控制系统是否有产生自持振荡的可能性。

**解** 一个稳定线性系统可能有的开环频率响应 $G(j\omega)$ 如题10-4解图(a)、(b)、(c)所示。对于图(a)、(b),特性 $G(j\omega)$ 与 $-1/N(A)$ 无交点,所以考虑饱和因素时非线性系统中不可能产生自持振荡,因此该非线性系统是稳定的。而对于图(c)所示情况,特性 $G(j\omega)$ 与 $-1/N(A)$ 有交点 $a$ 和 $b$,其中点 $a$ 是稳定交点,因此该非线性系统中将产生稳定的自持振荡。

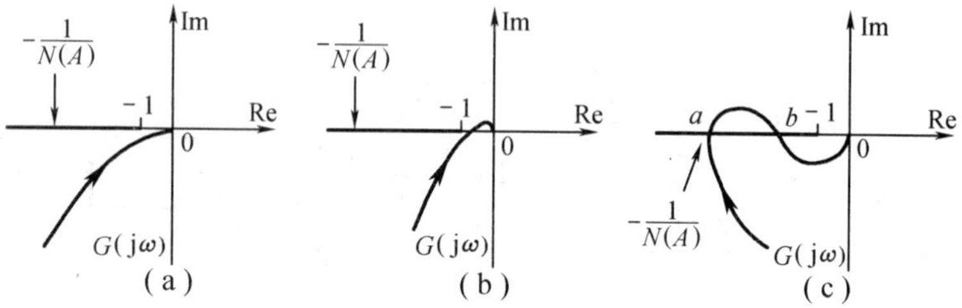


题10-4解图

10-5 设某非线性控制系统如题10-5图所示。试确定其自持振荡的振幅和角频率。

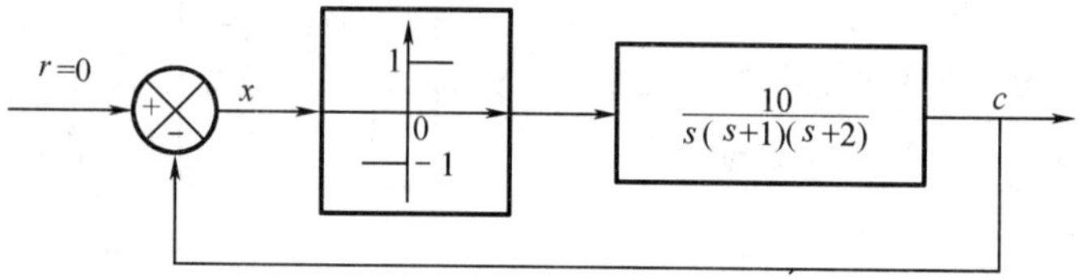


题10-5图

**解** 非线性控制系统的 $G(j\omega)$ 与 $-1/N(A)$ 特性如题10-5解图所示。根据稳定性分析知交点 $B$ 代表稳定自持振荡。

(1)由题10-5图得线性部分的传递函数为 $G(s)=\dfrac{5}{s(s+1)(0.5s+1)}$,其幅频及相频特性分别为

$$\angle G(\mathrm{j}\omega)=\frac{5}{\omega\sqrt{1+\omega^2}\sqrt{1+(0.5\omega)^2}}$$

$$\angle G(\mathrm{j}\omega)=-90°-\arctan\omega-\arctan(0.5\omega)$$

(2)由 $\angle G(\mathrm{j}\omega)=-90°-\arctan\omega-\arctan(0.5\omega)=-180°$，解得自持振荡角频率 $\omega_0=\sqrt{2}\,\mathrm{rad/s}$，$|G(\mathrm{j}\omega_0)|=\frac{5}{3}$，即 $G(\mathrm{j}\omega)$ 与负实轴的交点坐标为 $\left(-\frac{5}{3},0\mathrm{j}\right)$。则 $-\frac{1}{N(A_0)}=-\frac{\pi A_0}{4M}=-\frac{5}{3}$，解出自持振荡振幅为 $A_0=\frac{20}{3\pi}=2.122$。

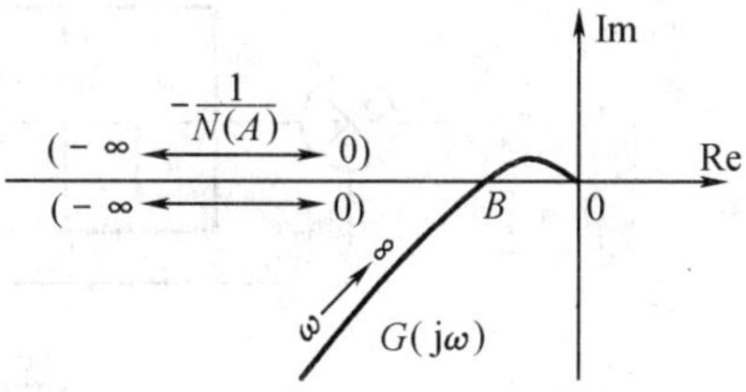


题 10－5 解图

10－6　设有如题 10－6 图所示非线性控制系统。试应用描述函数法分析当 $K=10$ 时系统的稳定性，并求取 $K$ 的临界值。

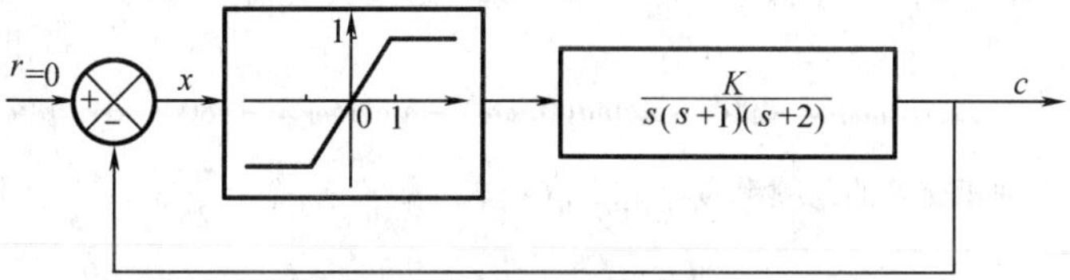


题 10－6 图

**解**　由题 10－6 图看出，当 $K=10$ 时，线性部分的幅频特性及相频特性分别为

$$|G(\mathrm{j}\omega)|=\frac{10}{\omega\sqrt{1+\omega^2}\sqrt{4+\omega^2}}$$

$$\angle G(\mathrm{j}\omega)=-90°-\arctan\omega-\arctan(0.5\omega)$$

(1)由　　$\angle G(\mathrm{j}\omega)=-90°-\arctan\omega-\arctan(0.5\omega)=-180°$

得 $\omega=\sqrt{2}\ \mathrm{rad/s}$，$|G(\mathrm{j}\omega)|=\frac{5}{3}$，即 $G(\mathrm{j}\omega)$ 与负实轴的交点坐标为 $\left(-\frac{5}{3},0\mathrm{j}\right)$。饱和非线性特性的斜率 $k=1$，饱和特性的 $-1/N(A)$ 特性为复平面负实轴上 $-1$ 至 $-\infty$ 区段。则 $G(\mathrm{j}\omega)$ 与 $-1/N(A)$ 特性存在稳定交点，此时非线性系统中将有稳定自持振荡存在。

(2)当 $G(\mathrm{j}\omega)$ 通过 $(-1,0\mathrm{j})$，此时系统处于稳定的临界状态，这时可求得 $K$ 的临界值，即

$$|G(\mathrm{j}\omega)|=\frac{K}{\omega\sqrt{1+\omega^2}\sqrt{4+\omega^2}}=1$$

解得 $K_c=6$。

10－7　设某非线性控制系统的方框图如题 10－7 图所示。试应用描述函数法分析该系统的稳定性。为使系统稳定，继电器参数 $a,b$ 应如何调整。

**解**　$G(\mathrm{j}\omega)$ 和带死区、无滞环继电器特性的 $-1/N(A)$ 曲线相交大致有三种情况，如题 10－7



高等学校优秀教材辅导丛书 GAODENG XUEXIAO YOUXIUJIAOCAI FUDAOCONGSHU

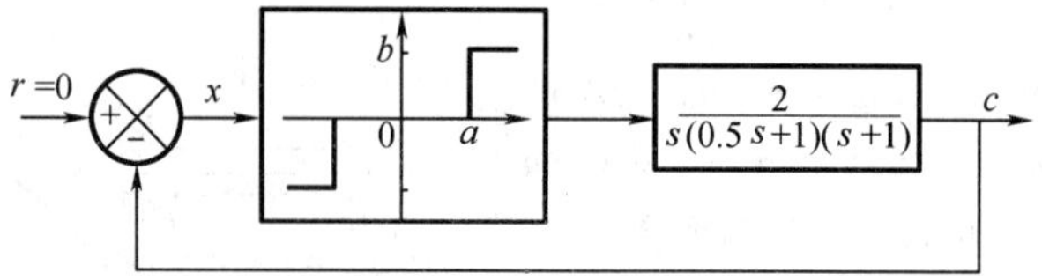


题 10－7 图

解图所示。

(1)基于应用描述函数法分析非线性系统稳定性的判据,第一种情况,$G(j\omega)$若与$-1/N(A)$相交(见题 10－7 解图中的①),则原系统将产生稳定自持振荡,且自持振荡振幅$A_o > A_p$;若$G(j\omega)$不与$-1/N(A)$相交(见题 10－7 解图中的②),则原系统稳定,不产生自持振荡;若$G(j\omega)$通过点$P$(见题 10－7 解图中的③),则原系统处于临界稳定状态。

(2)继电器参数$a,b$的临界稳定值可根据$G(j\omega)$通过负实轴上的点$P(-\pi a/2b, j0)$来确定。

$$\angle G(j\omega) = -90° - \arctan(0.5\omega) - \arctan\omega = -180°$$

解得$G(j\omega)$与负实轴相交处的角频率$\omega_0 = \sqrt{2}$,$\left|G(j\sqrt{2})\right| = \dfrac{2}{3}$,令$-\dfrac{\pi a}{2b} = -\dfrac{2}{3}$,则求得为使系统稳定,继电器参数$a,b$的调整范围为$\dfrac{b}{a} < 2.356$。

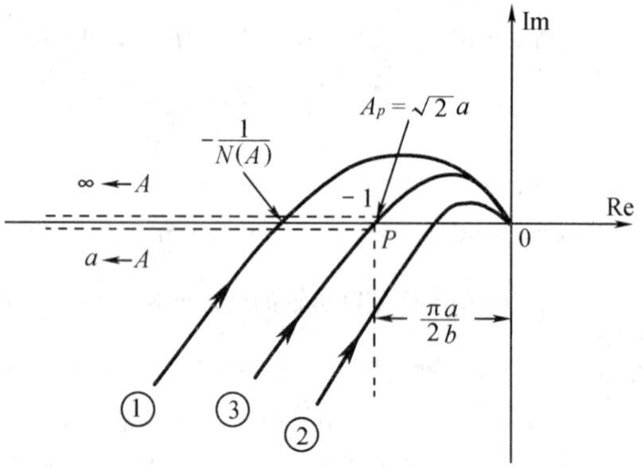


题 10－7 解图

10－8　设某非线性控制系统的方框图如题 10－8 图所示。试确定该系统稳定时$K$的取值范围。

**解**　对应于不同$K$值的$G(j\omega)$和曲线$-1/N(A)$如题 10－8 解图所示。从图可见,由于特性$-1/N(A)$与$K=5.48$时的频率特性$G(j\omega)$相切,所以能使系统稳定的$K$的取值范围是$0<K<5.48$。

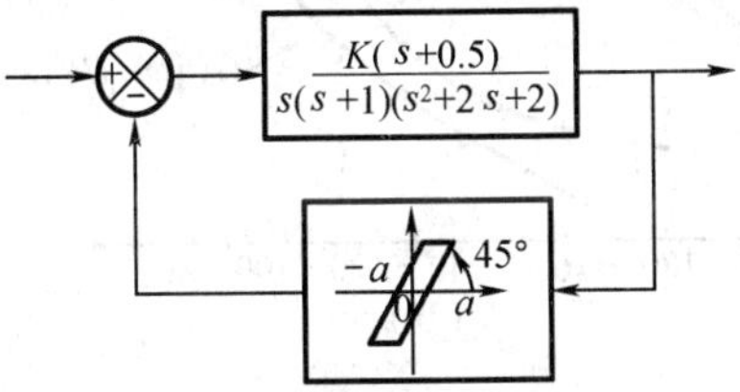


题 10－8 图

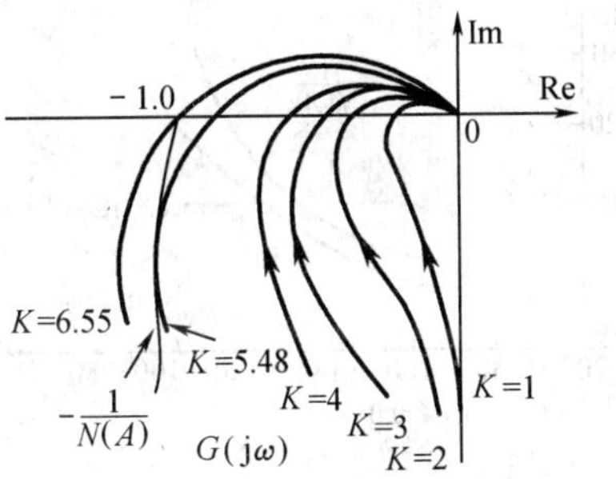


题 10－8 解图

10－9　设某非线性控制系统的方框图如题 10－9 图所示。(1)试确定自持振荡振幅与频率;(2)若线性部分采用串联超前校正$(1+0.8s)/(1+0.4s)$,能否消除自持振荡;(3)若系统采用传递函数为$H(s)=1+0.4s$的反馈校正,能否消除自持振荡。

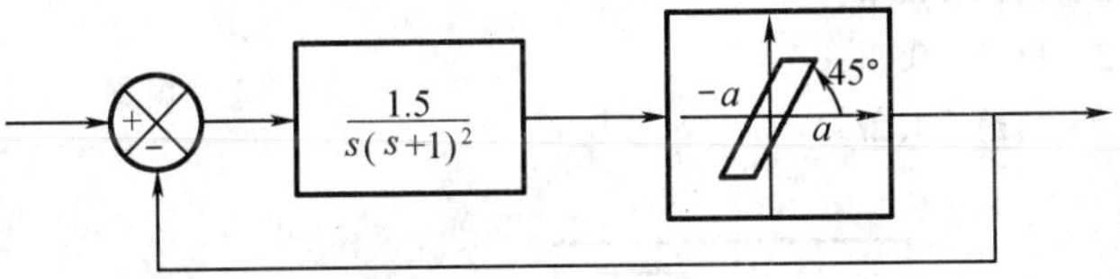


题 10－9 图

**解**　(1)在 Nichols 图上绘制 $G(\mathrm{j}\omega)$ 及 $-1/N(A)$ 曲线,二特性有两个交点 $P$ 与 $Q$,其中点 $Q$ 是稳定交点。求得自持振荡频率 $\omega_0=0.84$ rad/s,自持振荡振幅由与 $Q$ 点对应的 $a/A=0.16$ 来确定。

(2)通过串联超前校正 $G_c(s)=(1+0.8s)/(1+0.4s)$ 及反馈校正 $H(s)=(1+0.4s)$ 后的线性部分频率响应 $G(j\omega)G_c(j\omega)$ 及 $G(j\omega)H(j\omega)$ 如题 10－9 解图(a)、(b)所示,可见在产生自持振荡的非线性系统中,引进串联超前校正 $G_c(s)=(1+0.8s)/(1+0.4s)$ 及反馈校正 $H(s)=(1+0.4s)$ 都可以消除原非线性系统的自持振荡。

10－10　试确定下列二阶非线性运动方程的奇点及其类型。

$$\ddot{e}+0.5\dot{e}+2e+e^2=0$$

**解**　由 $\dfrac{\mathrm{d}\dot{e}}{\mathrm{d}e}=\dfrac{-0.5\dot{e}-2e-e^2}{\dot{e}}=\dfrac{0}{0}$,解出 $\dot{e}=0,e=0$ 及 $\dot{e}=0,e=-2$ 为运动方程的两个奇点。

(1)在奇点 $\dot{e}=0,e=0$ 邻域,运动方程可近似为 $\ddot{e}+0.5\dot{e}+2e=0$,其特征根为 $\lambda_{1,2}=-0.25\pm\mathrm{j}1.3$,故奇点 $\dot{e}=0,e=0$ 为稳定焦点。

(2)在奇点 $\dot{e}=0,e=-2$ 处,令 $x=e+2$, $\ddot{x}+0.5\dot{x}+2x+x^2=0$,在奇点 $\dot{e}=0,e=-2$ 邻域,即在 $\dot{x}=0$、$x=0$ 邻域,运动方程可近似为 $\ddot{x}+0.5\dot{x}+2x=0$,其特征根为 $\lambda_1=1.19,\lambda_2=-1.69$,根



高等学校优秀教材辅导丛书
GAODENG XUEXIAO YOUXIUJIAOCAI FUDAOCONGSHU

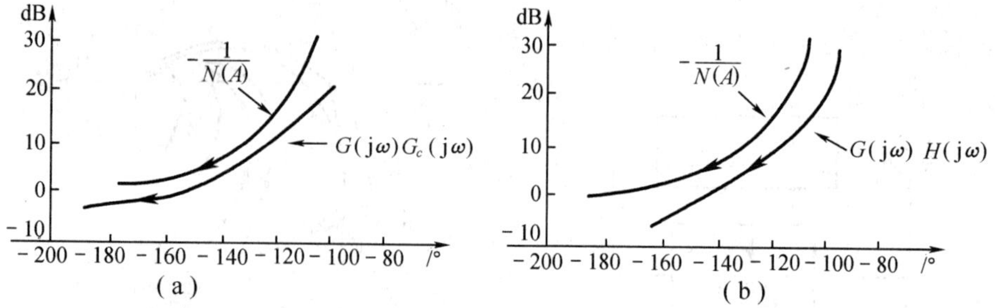


题 10－9 解图

据上述特征根可知奇点 $\dot{e}=0, e=-2$ 为鞍点。

10－11　设某二阶非线性系统方框图如题 10－11 图所示，其中 $e_0=0.2, M_0=0.2, K=4$ 及 $T=1$ s。试分别画出输入信号取下列函数时系统的相轨迹图。设系统原处于静止状态。

(1) $r(t)=2\cdot 1(t)$；

(2) $r(t)=-2\cdot 1(t)+0.4t$；

(3) $r(t)=-2\cdot 1(t)+0.8t$；

(4) $r(t)=-2\cdot 1(t)+1.2t$。

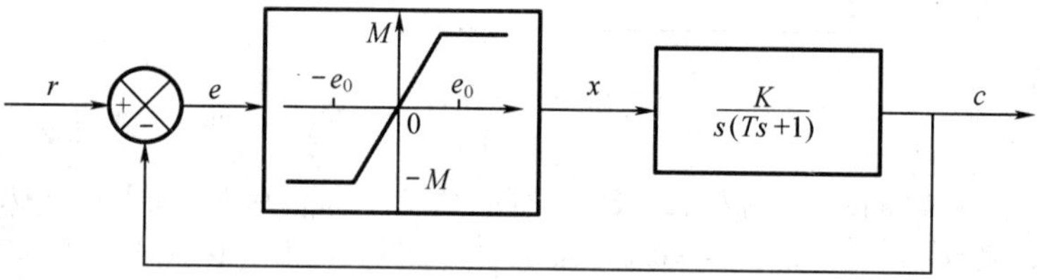


题 10－11 图

**解**　由题 10－11 图写出非线性系统的运动方程式为

$$\ddot{e}+\dot{e}+4x=\ddot{r}+\dot{r}$$

其中

$$x=\begin{cases} e, & |e|<0.2 \\ 0.2, & e>0.2 \\ -0.2, & e<-0.2 \end{cases}$$

(1) $r(t)=2\cdot 1(t)$ 时，非线性系统的运动方程式为 $\ddot{e}+\dot{e}+4x=0$，其中

$$x=\begin{cases} e, & |e|<0.2, & (\text{Ⅰ区}) \\ 0.2, & e>0.2 & (\text{Ⅱ区}) \\ -0.2, & e<-0.2 & (\text{Ⅲ区}) \end{cases}$$

分别将 $x$ 按饱和非线性特性三个分段的取值代入运动方程式，求得相平面内Ⅰ、Ⅱ、Ⅲ三个区域

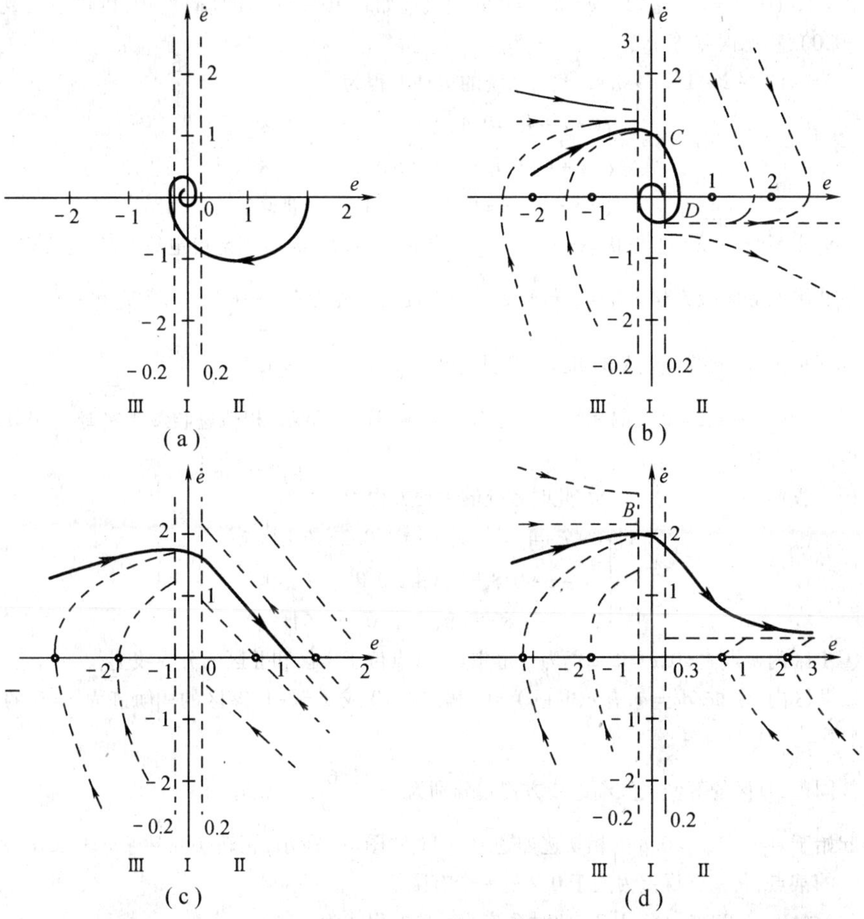


题 10－11 解图

的运动方程式为

$$\ddot{e}+\dot{e}+4e=0,\ |e|<0.2\quad(\text{Ⅰ区})$$

$$\ddot{e}+\ddot{e}+0.8=0,e>0.2\quad(\text{Ⅱ区})$$

$$\ddot{e}+\dot{e}-0.8=0,e<-0.2\quad(\text{Ⅲ区})$$

①对于系统的线性工作状态(Ⅰ区),其奇点 $e=0,\dot{e}=0$,类别是稳定焦点,且为实奇点;

②Ⅱ区的等倾线方程为 $\dot{e}=\dfrac{-0.8}{1+a}$,Ⅱ区的渐近线方程为 $\dot{e}=-0.8$;

③同理,Ⅲ区的等倾线及渐近线方程式分别为 $\dot{e}=\dfrac{0.8}{1+a}$,$\dot{e}=0.8$。

原系统处于静止状态，所以 $c(0^+)=0,\dot{c}(0^+)=0$。又因为 $r(0^+)=2,\dot{r}(0^+)=0$，所以 $e(0^+)=2,\dot{e}(0^+)=0$。起始于 $e=2,\dot{e}=0$ 的相轨迹如题 10－17 解图(a)所示，相轨迹收敛于实奇点(0,0)，稳态误差等于零。

(2) $r(t)=-2\cdot 1(t)+0.4t$，此时系统的运动方程为

$$\begin{cases}\ddot{e}+\dot{e}+4e=0.4, & |e|<0.2 \quad (\text{Ⅰ区})\\ \ddot{e}+\dot{e}+0.8=0.4, & e>0.2 \quad (\text{Ⅱ区})\\ \ddot{e}+\dot{e}-0.8=0.4, & e<-0.2 \quad (\text{Ⅲ区})\end{cases}$$

①对于系统的线性工作状态(Ⅰ区)，其奇点 $e=0.1,\dot{e}=0$，类别是稳定焦点，且为实奇点；

②Ⅱ区的等倾线方程为 $\dot{e}=\dfrac{-0.4}{1+a}$，Ⅱ区的渐近线方程为 $\dot{e}=-0.4$；

③同理，Ⅲ区的等倾线及渐近线方程式分别为 $\dot{e}=\dfrac{1.2}{1+a},\dot{e}=1.2$。

起始于 $e=-2,\dot{e}=0.4$ 的相轨迹如题 10－11 解图(b)所示，相轨迹收敛于实奇点(0.1,0)，稳态误差等于0.1。

(3) $r(t)=-2\cdot 1(t)+0.8t$，此时系统的运动方程为

$$\begin{cases}\ddot{e}+\dot{e}+4e=0.8, & |e|<0.2 \quad (\text{Ⅰ区})\\ \ddot{e}+\dot{e}+0.8=0.8, & e>0.2 \quad (\text{Ⅱ区})\\ \ddot{e}+\dot{e}-0.8=0.8, & e<-0.2 \quad (\text{Ⅲ区})\end{cases}$$

①Ⅰ区内奇点 $\dot{e}=0,e=0.2$ 仍为稳定焦点，奇点位于Ⅰ区和Ⅱ区的分界线上；

②Ⅱ区内，令 $\mathrm{d}\dot{e}/\mathrm{d}e=a$，有 $\dot{e}(1+a)=0$，解出 $\dot{e}=0$ 或 $a=-1$，该区的相轨迹为 $\dot{e}=0$ 的水平线或斜率为 －1 的斜线；

③同理，Ⅲ区的等倾线及渐近线方程式分别为 $\dot{e}=\dfrac{1.6}{1+a},\dot{e}=1.6$。

起始于 $e=-2,\dot{e}=0.8$ 的相轨迹如题 10－11 解图(c)所示，相轨迹收敛于 $e$ 轴从 0.2 到∞区段上的某点，其稳态误差为大于 0.2 的一个有限值。

(4) $r(t)=-2\cdot 1(t)+1.2t$，此时系统的运动方程式为

$$\begin{cases}\ddot{e}+\dot{e}+4e=1.2 & |e|<0.2 \quad (\text{Ⅰ区})\\ \ddot{e}+\dot{e}+0.8=1.2 & e>0.2 \quad (\text{Ⅱ区})\\ \ddot{e}+\dot{e}-0.8=1.2 & e<-0.2 \quad (\text{Ⅲ区})\end{cases}$$

①Ⅰ区内奇点 $\dot{e}=0,e=0.3$ 仍为稳定焦点，且为虚奇点；

②Ⅱ区内，等倾线及渐近线方程式分别为 $\dot{e}=\dfrac{0.4}{1+a},v=0.4$；

③同理，Ⅲ区的等倾线及渐近线方程式分别为 $\dot{e}=\dfrac{2.0}{1+a},\dot{e}=2.0$。

起始于 $e=-2,\dot{e}=1.2$ 的相轨迹如题 10－11 解图(d)所示，相轨迹沿渐近线 $\dot{e}=0.4$ 趋于无穷远，故系统的稳态误差为无穷大。

10－12　设某控制系统采用非线性反馈时的方框图如题 10－12 图所示。试绘制系统响应

$r(t)=R\cdot 1(t)$的相轨迹图，其中 $R$ 为常值。

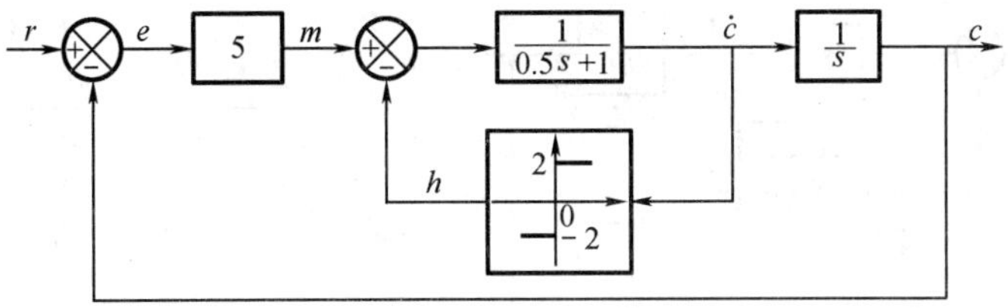


题 10－12 图

**解** 由题 10－12 图写出给定非线性系统的方程组

$$0.5\ddot{c}+\dot{c}=x$$
$$x=m-h$$
$$m=5e$$
$$h=\begin{cases}+2 & \dot{c}>0\\ -2 & \dot{c}<0\end{cases}$$
$$e=r-c$$

由上述方程组得到系统响应 $r(t)=R\cdot 1(t)$ 时的运动方程为

$$0.5\ddot{e}+\dot{e}+5(e-0.4)=0,\dot{e}<0 \quad (\text{Ⅰ区})$$
$$0.5\ddot{e}+\dot{e}+5(e+0.4)=0,\dot{e}>0 \quad (\text{Ⅱ区})$$

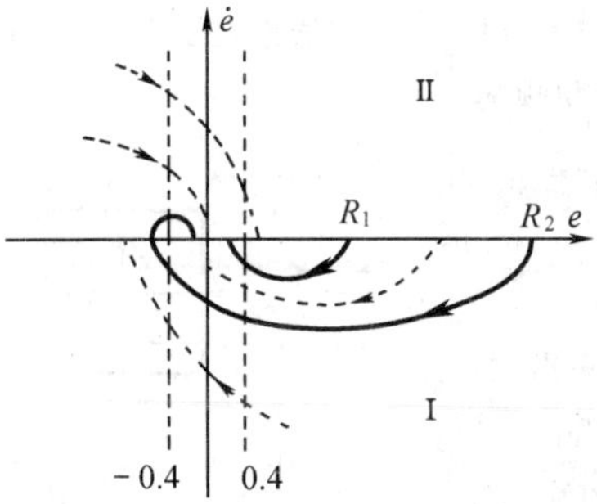


题 10－12 解图

可见，两种情况下的奇点 $\dot{e}=0,e=0.4$ 和 $\dot{e}=0,e=-0.4$ 均为稳定焦点。相轨迹的起始点坐标由

$$e(0^+)=r(0^+)-c(0^+)=R-c(0^+)$$
$$\dot{e}(0^+)=\dot{r}(0^+)-\dot{c}(0^+)=-\dot{c}(0^+)$$

确定。其中 $c(0^+)$ 与 $\dot{c}(0^+)$ 为系统输出变量 $c(t)$ 在 $t=0^+$ 时刻的初始值。系统从静止状态响应阶跃输入的相轨迹图如题 10－12 解图所示。系统的稳态误差 $-0.4<e_{ss}<0.4$。

10－13 设某非线性控制系统方框图如题 10－13 图所示。试应用描述函数法分析该系统的稳定性。

**解** 如题 10－13 图，将非线性系统简化为非线性特性 $N$ 和等效线性部分 $G(s)$ 相串联的典型结构，其中 $G(s)=\dfrac{Ks}{Js^2+K}$。绘制 $G(j\omega)$ 特性和 $-\dfrac{1}{N(A)}$ 曲线如题 10－13 解图所示，$G(j\omega)$ 和 $-\dfrac{1}{N(A)}$ 不相交，所以该系统稳定，无自持振荡。

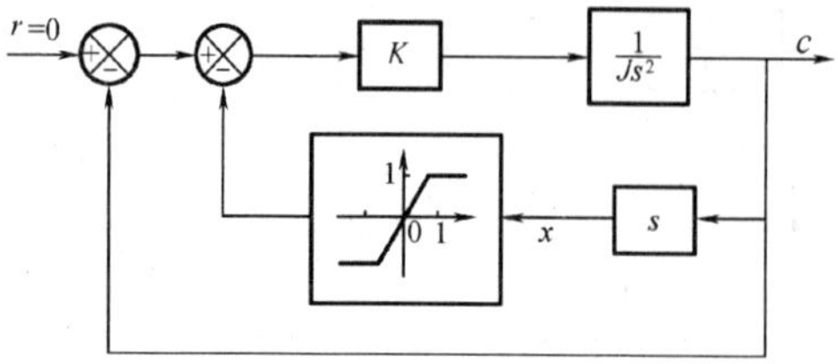


题 10－13 图

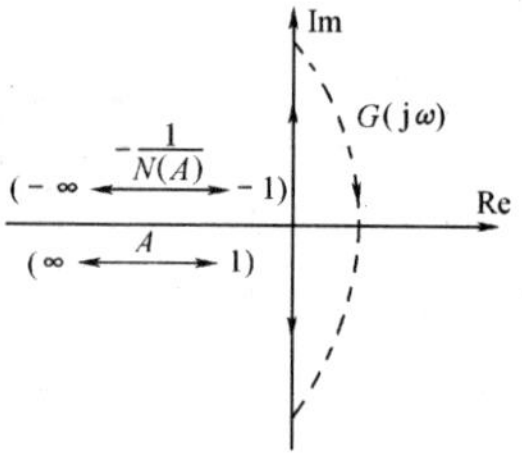


题 10－13 解图

10－14　设某非线性控制系统方框图如题 10－14 图所示。试确定该系统的自持振荡的振幅与角频率。

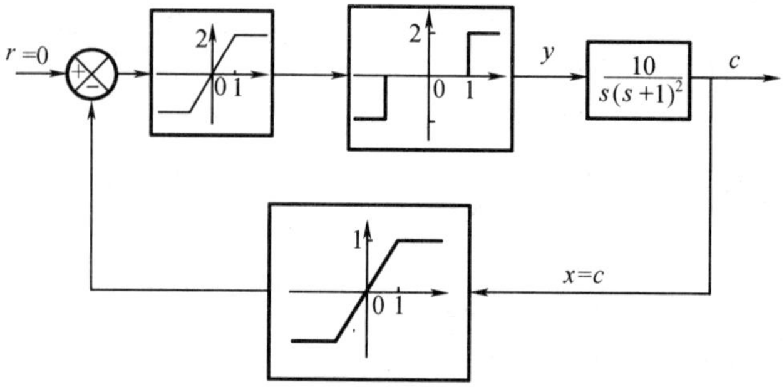


题 10－14 图

**解**　该系统的三个非线性环节可等效变换为一个具有死区无滞环的继电器特性，结构图如题 10－14 解图(a)所示。

(1)其中继电器特性参数为 $e_0=\frac{1}{2}, M=2$。$-\frac{1}{N(A)}$曲线的拐点坐标为 $-\frac{\pi e_0}{2M}=-\frac{\pi}{8}$，对应的振幅 $A=\sqrt{2}e_0=\frac{\sqrt{2}}{2}$。特性 $G(j\omega)$ 和 $-\frac{1}{N(A)}$曲线如题 10－14 解图(b)所示。

(2)线性部分频率响应的相频特性 $\angle G(j\omega)=-90°-2\arctan\omega=-180°$，解得 $G(j\omega)$ 与负实轴的交点对应的角频率为 $\omega=1$ rad/s。则 $|G(j1)|=5>\frac{\pi}{8}$，所以 $G(j\omega)$ 和 $-\frac{1}{N(A)}$相交，有两个交点 $A$ 和 $B$，其中 $B$ 点是稳定交点，代表系统产生自持振荡。

(3)由 $-\frac{1}{N(A)}=-\dfrac{1}{\frac{4\times 2}{\pi A_0}\sqrt{1-\left(\frac{1}{2A_0}\right)^2}}=-5$，求得 $A_{01}=0.51$ 和 $A_{02}=12.65$，所以系统的自持

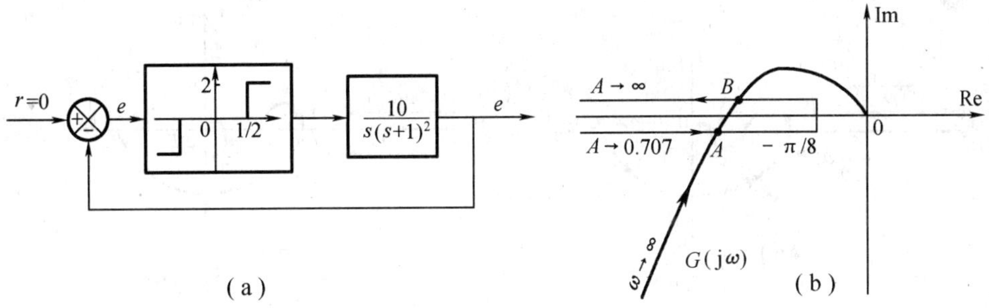


题 10－14 解图

振荡的振幅为 $A_{02}=12.65$，角频率为 $\omega=1$ rad/s。

10－15　设非线性控制系统方框图如题 10－15 图(a)所示，其中线性部分的频率响应 $G(\mathrm{j}\omega)$ 如图(b)所示，非线性环特性 $N$ 示于图(c)～(g)。试应用描述函数法分析含图(c)～(g)所示典型非线性特性的系统稳定性。

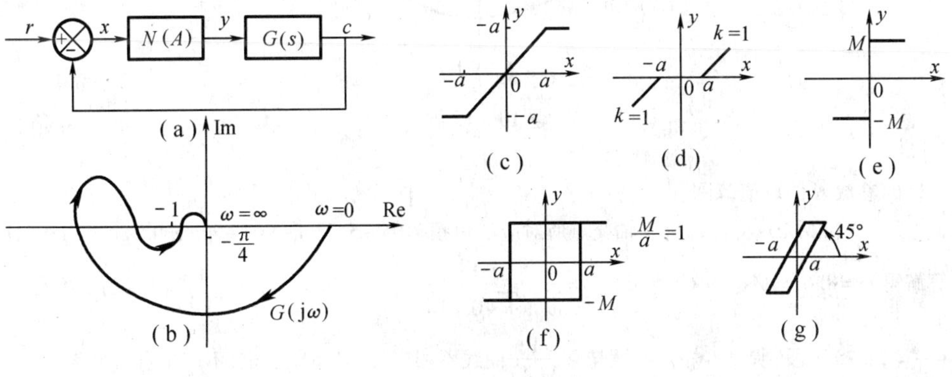


题 10－15 图

**解**　对非线性特性(c)，绘制曲线如题 10－15 解图(a)所示，共有交点 $b_1$ 和 $b_2$，其中 $b_1$ 代表稳定的自持振荡。对非线性特性(d)，绘制曲线如题 10－15 解图(b)所示，共有交点 $b_1$ 和 $b_2$，其中 $b_1$ 代表稳定的自持振荡。对非线性特性(e)，绘制曲线如题 10－15 解图(c)所示，共有交点 $b_1,b_2,b_3$ 和 $b_4$，其中 $b_1$ 和 $b_3$ 代表稳定的自持振荡。对非线性特性(f)，绘制曲线如题 10－15 解图(d)所示，共有交点 $b_1,b_2$ 和 $b_3$，其中 $b_1$ 和 $b_3$ 代表稳定的自持振荡。对非线性特性(g)，绘制曲线如题 10－15 解图(e)所示，共有交点 $b_1$ 和 $b_2$，其中 $b_2$ 代表稳定的自持振荡。

10－16　设某非线性控制系统的方框图如题 10－16 图所示，其中线性部分传递函数为 $G(s)=\dfrac{K\mathrm{e}^{-0.1s}}{s(0.1s+1)}$，试应用描述函数法判定 $K=0.1$ 时系统的稳定性，并确定不使系统产生自持

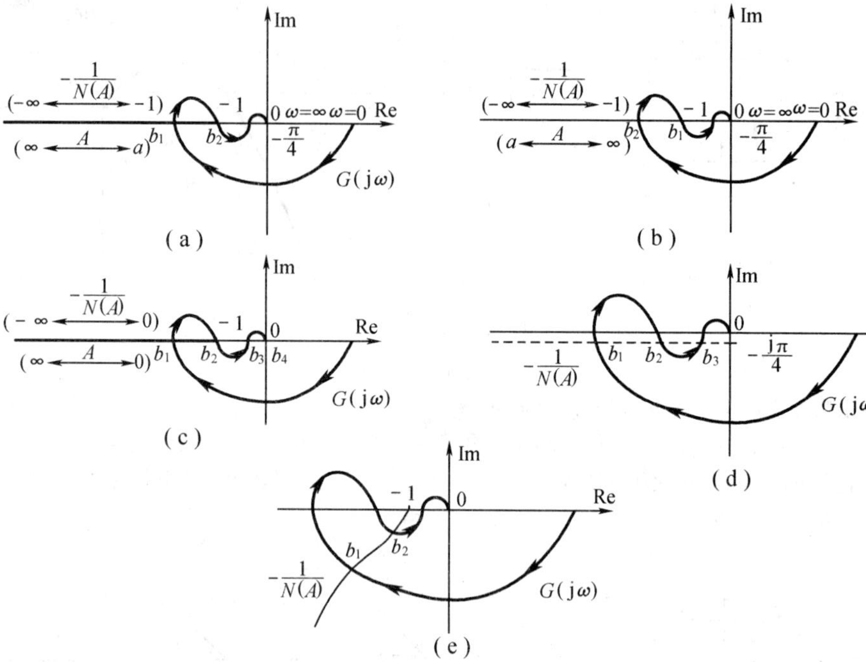


题 10 – 15 解图

振荡的参数 $K$ 的取值范围。

**解** (1) $G(j\omega)$ 特性与负实轴交点所对应的角频率由 $-5.73\omega-90°-\arctan 0.1\omega=-180°$ 计算解得 $\omega=8.6\ \text{rad/s}$。$\left|G(j8.6)\right|=\left.\dfrac{0.1}{\omega\sqrt{1+0.01\omega^2}}\right|_{\omega=8.6}=0.01$，$-\dfrac{1}{N(A)}$ 曲线为负实轴上 $(-\infty,-1)$ 区段，所以 $G(j\omega)$ 特性与 $-\dfrac{1}{N(A)}$ 曲线不相交，此时系统稳定，不产生自持振荡。

(2) 当 $G(j\omega)$ 特性通过 $(-1,0j)$ 点，则 $\left|G(j8.6)\right|=\left.\dfrac{K}{\omega\sqrt{1+0.01\omega^2}}\right|_{\omega=8.6}=1$，解得 $K=9.013$，所以不使系统产生自持振荡的参数 $K$ 的取值范围为 $0<K<9.013$。

10 – 17 试确定图题 10 – 17 所示非线性控制系统自持振荡的振幅与角频率。

**解** (1) 含有滞环的继电器的描述函数为

$$-\frac{1}{N(A)}=-\frac{\pi}{4M}(\sqrt{A^2-1}+j)=-\frac{\pi}{20}(\sqrt{A^2-1}+j)$$

(2) 当 $G(j\omega)$ 特性与 $-\dfrac{1}{N(A)}$ 曲线相交时，有一个交点，且对应稳定的自持振荡。

(3) 由 $G(j\omega)$ 特性与 $-\dfrac{1}{N(A)}$ 曲线相交点的实部和虚部对应相等，得自持振荡的振幅 $A_0=$

1.282，角频率 $\omega_0 = 7.5$ rad/s。

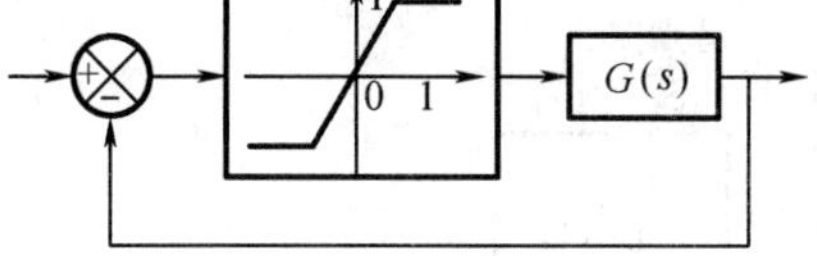


题 10－16 解图

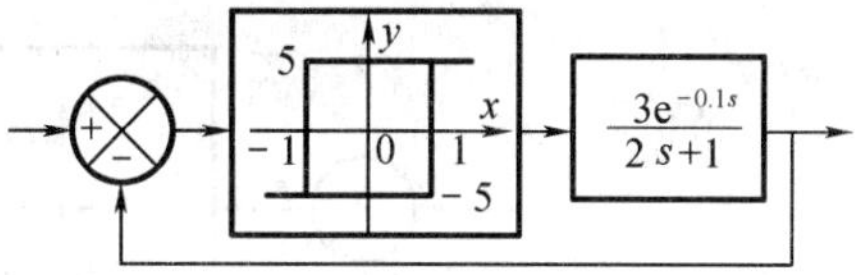


题 10－17 图

10－18　设某非线性控制系统方框图如题 10－18 图所示，其中 $G_c(s)$ 为线性校正环节的传递函数，若取 $G_c(s) = (a\tau s + 1)/\tau s + 1$ 试分析：(1) $0 < a < 1$；(2) $a > 1$ 时系统的稳定性。

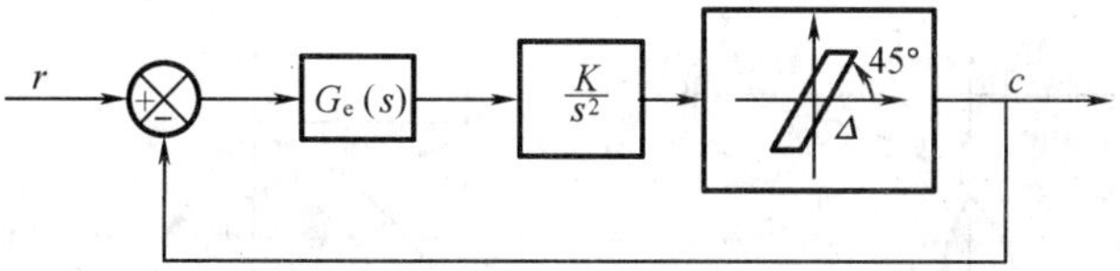


题 10－18 图

**解**　(1) 当 $0 < a < 1$ 时，绘制 $G(j\omega)$ 特性与 $-\dfrac{1}{N(A)}$ 曲线如题 10－18 解图(a)所示，$-\dfrac{1}{N(A)}$ 曲线在 $G(j\omega)$ 特性的下方，系统不稳定。

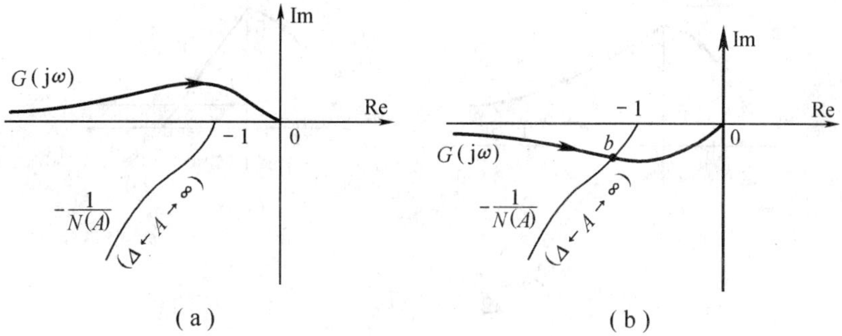


(a)　　(b)

题 10－18 解图

(2) 当 $a > 1$ 时，绘制 $G(j\omega)$ 特性与 $-\dfrac{1}{N(A)}$ 曲线如题 10－18 解图(b)所示，其中 $b$ 点是稳定交点，则系统存在稳定的自持振荡。

10－19　设某非线性控制系统的方框图如题 10－19 图所示，试绘制：(1) $r(t)=R\cdot 1(t)$；(2) $r(t)=R\cdot 1(t)+Vt$ 时 $e-\dot{e}$ 平面上的相轨迹图。设 $R,V$ 为常数及初始条件 $c(0)=\dot{c}(0)=0$。

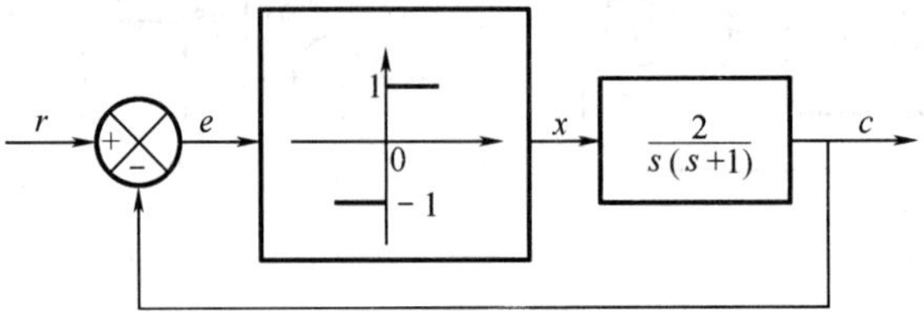


题 10－19 图

**解**　步骤同题 10－11。写出非线性系统的运动方程式为

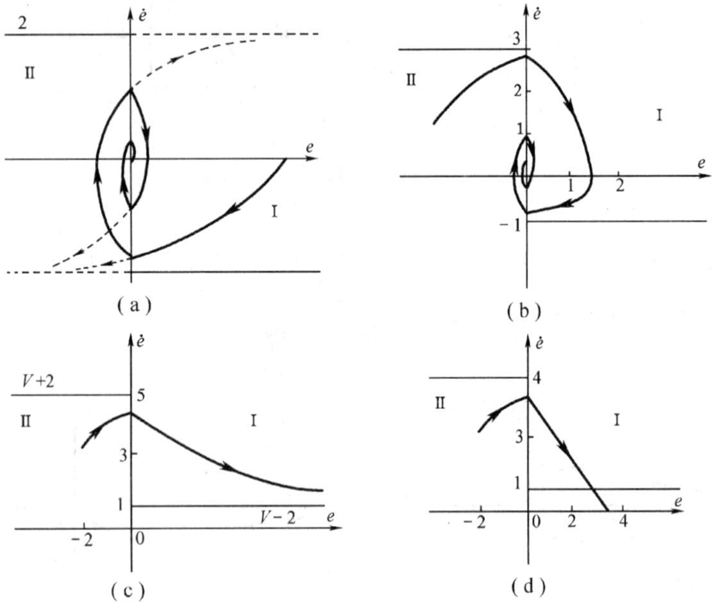


题 10－19 解图

$$\ddot{e}+\dot{e}+2x=\ddot{r}+\dot{r}$$

其中

$$x=\begin{cases}1, & e>0\\ -1, & e<0\end{cases}$$

相平面分 $e>0$（Ⅰ区）和 $e<0$（Ⅱ区）。

(1) $r(t)=R\cdot 1(t)$ 时，非线性系统的运动方程式为 $\ddot{e}+\dot{e}+2x=0$。

则Ⅰ区等倾线方程 $\dot{e}=\dfrac{-2}{1+a}$，渐近线方程为 $\dot{e}=-2$；Ⅱ区等倾线方程 $\dot{e}=\dfrac{2}{1+a}$，渐近线方程为 $\dot{e}=2$。起始于 $e=R,\dot{e}=0$ 的相轨迹如题 10－19 解图(a)所示。

(2) $r(t)=R\cdot 1(t)+Vt$ 时，Ⅰ区和Ⅱ区的相轨迹方程为

$$\ddot{e}+\dot{e}+2=V, e>0$$

$$\ddot{e}+\dot{e}-2=V, e<0$$

Ⅰ区和Ⅱ区的渐近线方程分别为 $\dot{e}=V-2,\dot{e}=V+2$。分三种情况画相轨迹①$V<2$②$V>2$③$V=2$，相轨迹分别如题 10－19 解图(b)，(c)，(d)所示。

10－20　设某非线性控制系统的方框图如题 10－20 图所示，试绘制 $r(t)=1(t)$ 时 $e-\dot{e}$ 平面相轨迹图。已知初始条件 $c(0)=\dot{c}(0)=0$。

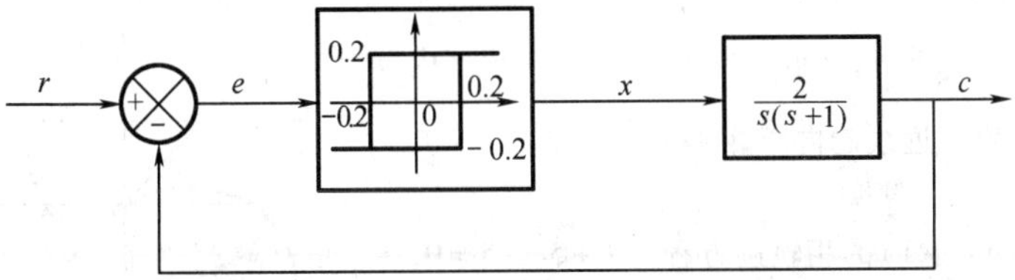


题 10－20 图

**解**　该系统响应 $r(t)=1(t)$ 时Ⅰ区和Ⅱ区的运动方程为

$$\ddot{e}+\dot{e}+0.4=0, e>0.2, e>-0.2, \dot{e}<0$$

$$\ddot{e}+\dot{e}-0.4=0, e<0.2, e<-0.2, \dot{e}>0$$

Ⅰ区和Ⅱ区的渐近线方程为 $\dot{e}=-0.4,\dot{e}=0.4$。相轨迹分别如题 10－20 解图所示。由图可见，在含仅具有滞环的继电器特性的非线性系统内存在自持振荡。

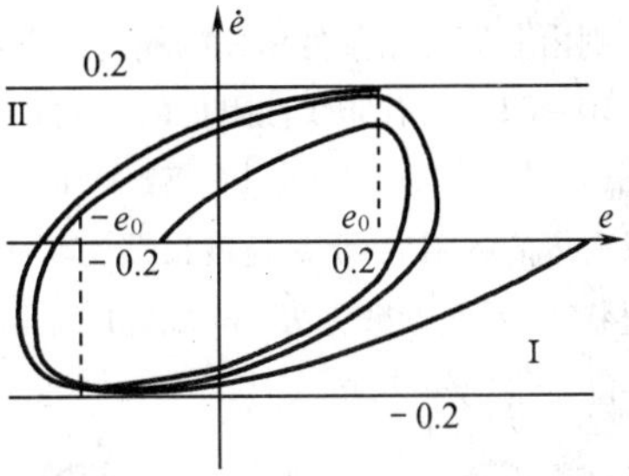


题 10－20 解图

10－21　设某非线性控制系统的方框图如题 10－13 图所示。其中 $K=5$ 及 $J=1$。试在 $e-\dot{e}$ 平面绘制不同初始条件下的相轨迹图。设系统开始处于静止状态。

**解**　由题 10－13 图可得如下方程

$$\ddot{c}=5m, m=e-u$$

$$u=\begin{cases}1, & \dot{c}>1\\ \dot{c}, & |\dot{c}|<1\\ -1, & \dot{c}<-1\end{cases}$$

$$e=r-c, \dot{r}=0, \ddot{r}=0$$

整理得
$$\begin{cases}\ddot{e}+5e+5=0, & \dot{e}>1\\ \ddot{e}+5\dot{e}+5e=0, & |\dot{e}|<1\\ \ddot{e}+5e-5=0, & \dot{e}<-1\end{cases}$$

将相平面分成Ⅰ区($\dot{e}>1$)，Ⅱ区($-1<\dot{e}<1$)，Ⅲ区($\dot{e}<-1$)。

(1) Ⅰ区($\dot{e}>1$)的相轨迹方程为 $\ddot{e}+5e+5=0$，由 $\ddot{e}=\dot{e}\dfrac{\mathrm{d}\dot{e}}{\mathrm{d}e}$，经计算得 $\left(\dfrac{\dot{e}}{\sqrt{5}}\right)^2+(e+1)^2=R_1^2$。

说明 $\dot{e}>1$ 时，当以 $\dfrac{\dot{e}}{\sqrt{5}}$ 为纵坐标、$e$ 为横坐标时，该区的相轨迹为圆心在$(-1,0)$，半径为 $R_1$ 的圆，其中 $R_1$ 由初始条件确定。

(2) Ⅱ区($-1<\dot{e}<1$)的奇点为$(0,0)$，并且该区内特征根为 $s_1=-3.62$，$s_2=-1.38$，故奇点$(0,0)$为稳定节点。相轨迹方程为 $\ddot{e}+5\dot{e}+5e=0$，等倾线方程为 $\dot{e}=-\dfrac{5}{5+a}e$，渐近线方程为 $\dot{e}=-e$，该区内的相轨迹将沿着渐近线趋向于相平面的坐标原点$(0,0)$。

(3) Ⅲ区($\dot{e}<-1$)的相轨迹方程为 $\ddot{e}+5e-5=0$，经计算得 $\left(\dfrac{\dot{e}}{\sqrt{5}}\right)^2+(e-1)^2=R_2^2$，说明该区内的相轨迹为圆心在$(1,0)$，半径为 $R_2$ 的圆，其中 $R_2$ 由初始条件确定。

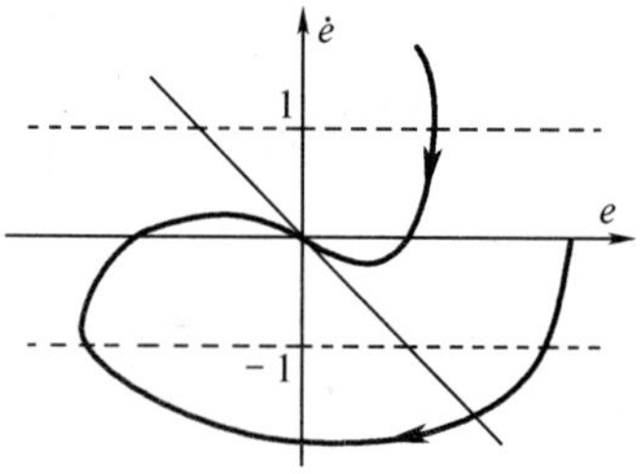


题 10－21 解图

则由不同初始条件出发的相轨迹大致图形如题 10－21 解图所示。

10－22　具有非线性阻尼的控制系统方框图如题 10－22(a)图所示，其中非线性特性 $N$ 示于图(b)中。当误差信号 $|e|$ 较大，即 $|e|>0.2$ 时，阻尼作用消失；误差信号 $|e|$ 较小时，系统具有 $K_0\dot{c}$ 的阻尼，于是速度反馈受非线性特性控制，图中符号 Π 代表相乘。设系统开始处于静止状态，系统参数为 $K=4$、$K_0=1$、$e_0=0.2$，试在 $e-\dot{e}$ 平面上绘制输入信号分别为

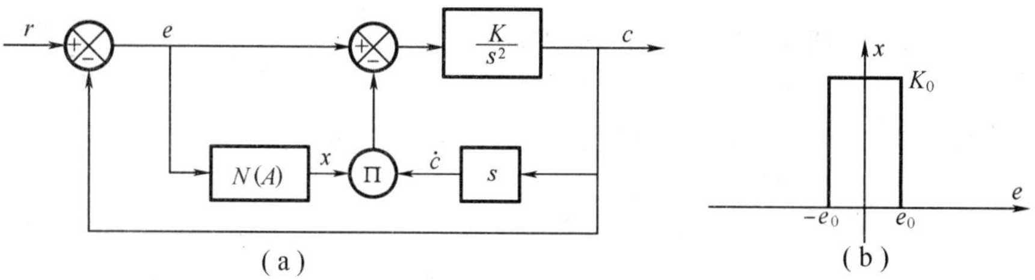


题 10－22 图

(1) $r(t)=1(t)$

(2) $r(t)=0.75+0.1t$

(3) $r(t)=0.7t$

时系统的相轨迹图。

**解** 由题 10－22 图列方程 $\begin{cases} e=r-c \\ K(e-\dot{x}c)=\ddot{c} \end{cases}$

其中 $x=\begin{cases} K_0, & |e|\leqslant e_0 \\ 0, & |e|>e_0 \end{cases}$，将相平面分成Ⅰ、Ⅱ区，分别对应 $|e|\leqslant e_0$ 和 $|e|>e_0$，整理得相轨迹方程为

$$\ddot{e}+4\dot{e}+4e=\ddot{r}+4\dot{r} \quad |e|\leqslant 0.2$$
$$\ddot{e}+4e=\ddot{r} \quad |e|>0.2$$

(1) 当 $r(t)=1(t)$ 时，Ⅰ区内奇点(0,0)点为稳定节点，等倾线方程 $\alpha=\dfrac{-4\dot{e}-4e}{\dot{e}}$，渐近线方程为 $\dot{e}=-e$。Ⅱ区内奇点(0,0)点为中心点，从(1,0)点出发的相轨迹如题 10－22 解图(a)所示。

(2) 当 $r(t)=0.75+0.1t$ 时，相轨迹方程为

$$\ddot{e}+4\dot{e}+4e=0.4 \quad |e|\leqslant 0.2$$
$$\ddot{e}+4e=0 \quad |e|>0.2$$

Ⅰ区内奇点为点(0.1,0)，等倾线方程为 $\dot{e}=\dfrac{-4e+0.4}{\alpha+4}(\alpha=0)=-e+0.1$，Ⅱ区内情况同(1)，则从(0.75,0.1)出发的相轨迹如题 10－22 解图(b)所示。

(3) 当 $r(t)=0.7t$ 时，相轨迹方程为

$$\ddot{e}+4\dot{e}+4e=2.8 \quad |e|\leqslant 0.2$$
$$\ddot{e}+4e=0 \quad |e|>0.2$$

Ⅰ区内奇点(0.7,0)为虚奇点，等倾线方程 $\dot{e}=-e+0.7$。则从(0,0.7)出发的相轨迹如题 10－22 解图(c)所示。

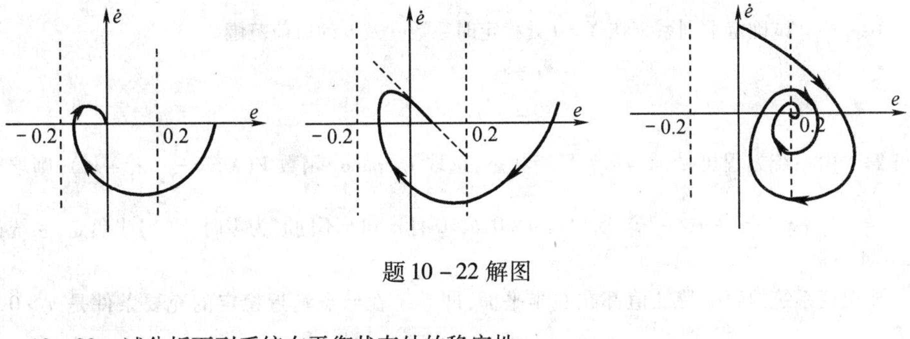


题 10－22 解图

10－23 试分析下列系统在平衡状态处的稳定性。

$$\begin{bmatrix} \dot{x}_1 \\ \dot{x}_2 \end{bmatrix}=\begin{bmatrix} -x_1+x_2+x_1(x_1^2+x_2^2) \\ -x_1-x_2+x_2(x_1^2+x_2^2) \end{bmatrix}$$

**解** 由题知平衡点为原点，应用非线性系统线性化的方法，在平衡点处线性化得

$$A=\left.\frac{\partial f}{\partial X^{\mathrm{T}}}\right|_{X=0}=\left.\begin{bmatrix}\frac{\partial f_1}{\partial x_1} & \frac{\partial f_1}{\partial x_2}\\ \frac{\partial f_2}{\partial x_1} & \frac{\partial f_2}{\partial x_2}\end{bmatrix}\right|_{X=0}=\left.\begin{bmatrix}-1+3x_1^2+x_2^2 & 1+2x_1x_2\\ -1+2x_1x_2 & -1+x_1^2+3x_2^2\end{bmatrix}\right|_{X=0}=\begin{bmatrix}-1 & 1\\ -1 & -1\end{bmatrix}$$

所以 $|s\boldsymbol{I}-\boldsymbol{A}|=\begin{vmatrix}s+1 & -1\\ 1 & s+1\end{vmatrix}=s^2+2s+2=0$，系统的两个特征值都在左半平面，则系统在平衡点附近渐近稳定。

10－24 试分析下列系统在原点处的稳定性。

$$\dot{x}_1=x_2$$

$$\dot{x}_2=-x_2-x_1^3$$

**解** $\dot{X}=\begin{bmatrix}\dot{x}_1\\ \dot{x}_2\end{bmatrix}=f(X)=\begin{bmatrix}f_1(X)\\ f_2(X)\end{bmatrix}=\begin{bmatrix}x_2\\ -x_2-x_1^3\end{bmatrix}$，$J(X)=\frac{\partial f(X)}{\partial X}=\begin{bmatrix}0 & 1\\ -3x_1^2 & -1\end{bmatrix}$

设 $V(X)=\dot{X}^{\mathrm{T}}P\dot{X}$，$\boldsymbol{P}=\begin{bmatrix}P_{11} & P_{12}\\ P_{12} & P_{22}\end{bmatrix}$，令 $\boldsymbol{Q}=-\boldsymbol{I}$，则 $\dot{V}(X)$ 为负定。

则

$$\begin{bmatrix}0 & -3x_1^2\\ 1 & -1\end{bmatrix}\begin{bmatrix}P_{11} & P_{12}\\ P_{12} & P_{22}\end{bmatrix}+\begin{bmatrix}P_{11} & P_{12}\\ P_{12} & P_{22}\end{bmatrix}\begin{bmatrix}0 & 1\\ -3x_1^2 & -1\end{bmatrix}=\begin{bmatrix}-1 & 0\\ 0 & -1\end{bmatrix}$$

解得 $\boldsymbol{P}=\begin{bmatrix}\frac{1}{6x_1^2}+\frac{3}{2}x_1^2+\frac{1}{2} & \frac{1}{6x_1^2}\\ \frac{1}{6x_1^2} & \frac{1}{6x_1^2}+\frac{1}{2}\end{bmatrix}$，因为 $\frac{1}{6x_1^2}+\frac{3}{2}x_1^2+\frac{1}{2}>0$，并且 $|P|=\frac{1}{4}+\frac{1}{6x_1^2}+\frac{3}{4}x_1^2+\frac{1}{4}>0$，则 $\boldsymbol{P}$ 正定，所以系统在原点处渐近稳定。并且当 $\|X\|\to\infty$ 时，$V(X)=\frac{3}{2}x_1^2x_2^2+\frac{1}{2}x_2^2+\frac{1}{6}x_1^4+\frac{1}{2}(x_1^3+x_2)^2\to\infty$，所以在原点大范围渐近稳定。

10－25 试确定下列系统在 $X=0$ 处稳定时系数 $a$ 及 $b$ 的取值范围。

$$\dot{x}_1=x_2$$

$$\dot{x}_2=-ax_2-bx_2^3-x_1$$

**解** 由系统方程可见，$X=0$ 为平衡状态，选取 Lyapunov 函数 $V(X)=\frac{1}{2}(x_1^2+x_2^2)$，则求得 $\dot{V}(x)=x_1\dot{x}_1+x_2\dot{x}_2=-ax_2^2-bx_2^4$，所以当 $a\geqslant0$，$b\geqslant0$ 且 $a$ 和 $b$ 不同时为零时，$\dot{V}(X)$ 半负定，系统在 $X=0$ 处稳定。

要保证系统的两个特征值都在左半平面，即系统在原点渐近稳定的充要条件是 $a>0$，$b$ 任意。

10－26 已知系统的运动方程为

(1) $\ddot{x}+K_1\dot{x}+K_2(\dot{x})^5+x=0$，(2) $\ddot{x}+[K_1+K_2(x)^4]\dot{x}+x=0$。

试分析在下列情况下的系统稳定性：

高等学校优秀教材辅导丛书 GAODENG XUEXIAO YOUXIUJIAOCAI FUDAOCONGSHU

(1)$K_1>0$ 及 $K_2>0$;(2)$K_1<0$ 及 $K_2<0$;(3)$K_1>0$ 及 $K_2<0$。

**解** (1)由系统的运动方程 $\ddot{x}+K_1\dot{x}+K_2(\dot{x})^5+x=0$,令 $x_1=x, x_2=\dot{x}=\dot{x}_1$,则

$$\dot{x}_1=x_2$$

$$\dot{x}_2=x_1-K_1x_2-K_2x_2^5$$

系统的平衡状态为 $x_1=x_2=0$,则

$$\boldsymbol{A}=\frac{\partial f}{\partial X^{\mathrm{T}}}\bigg|_{X=0}=\begin{bmatrix}\dfrac{\partial f_1}{\partial x_1} & \dfrac{\partial f_1}{\partial x_2}\\ \dfrac{\partial f_2}{\partial x_1} & \dfrac{\partial f_2}{\partial x_2}\end{bmatrix}\Bigg|_{X=0}=\begin{bmatrix}0 & 1\\ -1 & -K_1-5K_2x_2^4\end{bmatrix}\bigg|_{X=0}=\begin{bmatrix}0 & 1\\ -1 & -K_1\end{bmatrix}$$

$$|s\boldsymbol{I}-\boldsymbol{A}|=\begin{vmatrix}s & -1\\ 1 & s+K_1\end{vmatrix}=s^2+K_1s+1$$

当 $K_1>0$ 及 $K_2>0$ 和 $K_1>0$ 及 $K_2<0$ 时,系统的两个特征值都在左半平面,即系统在原点渐近稳定;当 $K_1<0$ 及 $K_2<0$ 时,系统不稳定。

(2)思路同(1),由系统的运动方程 $\ddot{x}+[K_1+K_2(x)^4]\dot{x}+x=0$,令 $x_1=x, x_2=\dot{x}=\dot{x}_1$,则

$$\dot{x}_1=x_2$$

$$\dot{x}_2=-x_1-(K_1+K_2x_1^4)x_2$$

系统的平衡状态为 $x_1=x_2=0$,则

$$\boldsymbol{A}=\frac{\partial f}{\partial X^{\mathrm{T}}}\bigg|_{X=0}=\begin{bmatrix}\dfrac{\partial f_1}{\partial x_1} & \dfrac{\partial f_1}{\partial x_2}\\ \dfrac{\partial f_2}{\partial x_1} & \dfrac{\partial f_2}{\partial x_2}\end{bmatrix}_{x=0}=\begin{bmatrix}0 & 1\\ -1 & -(K_1+K_2x_1^4)\end{bmatrix}_{x=0}=\begin{bmatrix}0 & 1\\ -1 & -K_1\end{bmatrix}$$

$$|s\boldsymbol{I}-\boldsymbol{A}|=\begin{vmatrix}s & -1\\ 1 & s+K_1\end{vmatrix}=s^2+K_1s+1$$

当 $K_1>0$ 及 $K_2>0$ 和 $K_1>0$ 及 $K_2<0$ 时,系统的两个特征值都在左半平面,即系统在原点渐近稳定;当 $K_1<0$ 及 $K_2<0$ 时,系统不稳定。

10-27 试应用克拉索夫斯基方法确定系统 $\begin{cases}\dot{x}_1=ax_1+x_2\\ \dot{x}_2=x_1-x_2+bx_2^5\end{cases}$ 在坐标原点 $X=0$ 处大范围渐近稳定时的参数 $a$ 和 $b$ 的取值范围。

**解** $\boldsymbol{J}=\dfrac{\partial f}{\partial X^{\mathrm{T}}}=\begin{bmatrix}\dfrac{\partial f_1}{\partial x_1} & \dfrac{\partial f_1}{\partial x_2}\\ \dfrac{\partial f_2}{\partial x_1} & \dfrac{\partial f_2}{\partial x_2}\end{bmatrix}=\begin{bmatrix}a & 1\\ 1 & -1+5bx_2^4\end{bmatrix}$,令 $\boldsymbol{P}=\boldsymbol{I}, V(X)=f^{\mathrm{T}}(X)f(X)$

$$\dot{V}(X)=f^{\mathrm{T}}(X)[J^{\mathrm{T}}+J]f(X)=2f^{\mathrm{T}}(X)\begin{bmatrix}a & 1\\ 1 & -1+5bx_2^4\end{bmatrix}f(X)$$

当 $\dot{V}(X)$ 负定时,系统在 $x_e=0$ 处渐近稳定。当 $a<0$, $\begin{vmatrix}a & 1\\ 1 & -1+5bx_2^4\end{vmatrix}=-a+5abx_2^4-1$

$>0$ 时,$\dot{V}(X)$ 负定;并且当 $\|X\|\Rightarrow\infty$ 时,$V(X)=(ax_1+x_2)^2+(x_1-x_2+bx_2^5)^2\Rightarrow\infty$。所以系统大范围渐近稳定的条件是 $a<0,-a+5abx_2^4-1>0$。可见当 $a<-1,b>0$ 时,给定系统在 $X=0$ 处大范围渐近稳定。

10－28　试应用变量梯度法构造下列系统的李氏函数,并判别该系统在平衡状态的 $X_e=0$ 稳定性。

$$\dot{x}_1=-x_1+2x_1^2x_2$$
$$\dot{x}_2=-x_2$$

**解**　由 $\dot{x}_1=-x_1+2x_1^2x_2=0,\dot{x}_2=-x_2=0$,求得系统的平衡状态 $X_e=0$。

设 $\nabla V=\begin{bmatrix}a_{11}x_1+a_{12}x_2\\a_{21}x_1+a_{22}x_2\end{bmatrix}=\begin{bmatrix}\nabla V_1\\\nabla V_2\end{bmatrix}$,则

$$\dot{V}(X)=(\nabla V)^{\mathrm{T}}\dot{X}=-a_{11}x_1^2-(a_{12}+a_{21})x_1x_2+2a_{11}x_1^3x_2+2a_{12}x_1^2x_2^2-a_{22}x_2^2$$

若选 $a_{11}=a_{22}=1,a_{12}=a_{21}=0$,则满足旋度方程条件 $\frac{\partial\nabla V_1}{\partial x_2}=\frac{\partial\nabla V_2}{\partial x_1}=0$,并且 $\dot{V}(X)=-x_1^2(1-2x_1x_2)-x_2^2$。当 $x_1x_2<0.5$ 时,$\dot{V}(X)$ 负定,而 $V(X)=\int_0^{x_1(x_2=0)}x_1\mathrm{d}x_1+\int_0^{x_2(x_1=x_1)}x_2\mathrm{d}x_2=0.5(x_1^2+x_2^2)$ 为正定。

所以给定系统的平衡状态 $X_e=0$ 在 $x_1x_2<0.5$ 范围内是渐近稳定的。

10－29　试应用变量梯度法分析下列系统的稳定条件。

$$\dot{x}_1=x_2$$
$$\dot{x}_2=\alpha(t)x_1+\beta(t)x_2$$

**解**　设 $\nabla V=\begin{bmatrix}a_{11}x_1+a_{12}x_2\\a_{21}x_1+a_{22}x_2\end{bmatrix}=\begin{bmatrix}\nabla V_1\\\nabla V_2\end{bmatrix}$,则

$$\begin{aligned}\dot{V}(X)=(\nabla V)^{\mathrm{T}}\dot{X}&=a_{11}x_1x_2+a_{12}x_2^2+\alpha(t)a_{21}x_1^2+\beta(t)a_{21}x_1x_2+\alpha(t)a_{22}x_1x_2+\beta(t)a_{22}x_2^2\\&=\alpha(t)a_{21}x_1^2+[a_{11}+\beta(t)a_{21}+\alpha(t)a_{22}]x_1x_2+(a_{12}+\beta(t)a_{22})x_2^2\end{aligned}$$

(1)若选 $a_{11}=-\alpha(t),a_{22}=1,a_{12}=a_{21}=0$,则满足旋度方程条件 $\frac{\partial\nabla V_1}{\partial x_2}=\frac{\partial\nabla V_2}{\partial x_1}=0$。并且 $\dot{V}(X)=\beta(t)x_2^2$,当 $\beta(t)<0$ 时,$\dot{V}(X)$ 为半负定。

(2) $V(X)=\int_0^{x_1(x_2=0)}-\alpha(t)x_1\mathrm{d}x_1+\int_0^{x_2(x_1=0)}x_2\mathrm{d}x_2=-0.5\alpha(t)x_1^2+0.5x_2^2$,则当 $\alpha(t)<0$ 时,$V(X)$ 为正定。且当 $\|x\|\to\infty$ 时,$V(X)=-0.5\alpha(t)x_1^2+0.5x_2^2\to\infty$,所以当 $\alpha(t)<0,\beta(t)<0$ 时,系统在原点处是大范围渐近稳定的。

## 同步训练题

1. 非线性控制系统结构图如题 1 图所示,$M=1$。要使系统产生振幅 $A=4$,频率 $\omega=1$ 的自

振运动，试确定参数 $K,\tau$ 的值。

2. 试用相平面法分析如题 2 图所示系统分别在 $\beta=0,\beta<0,\beta>0$ 情况下，相轨迹的特点。

3. 若二阶非线性系统的微分方程为

(1) $2\ddot{x}+\dot{x}^2+x=0$

(2) $\ddot{x}-(1-x^2)\dot{x}+x=0$

试求系统的奇点及类型。

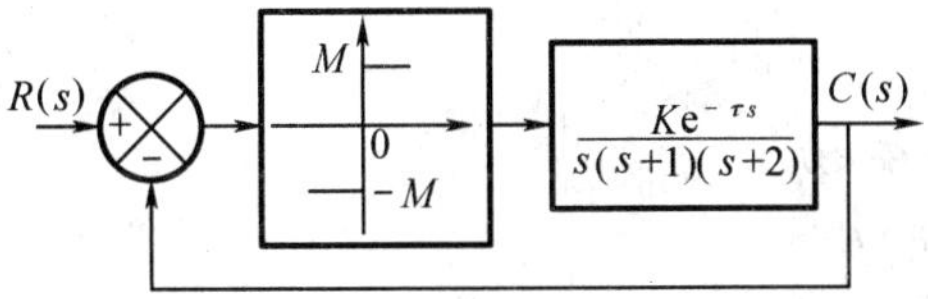


题 1 图

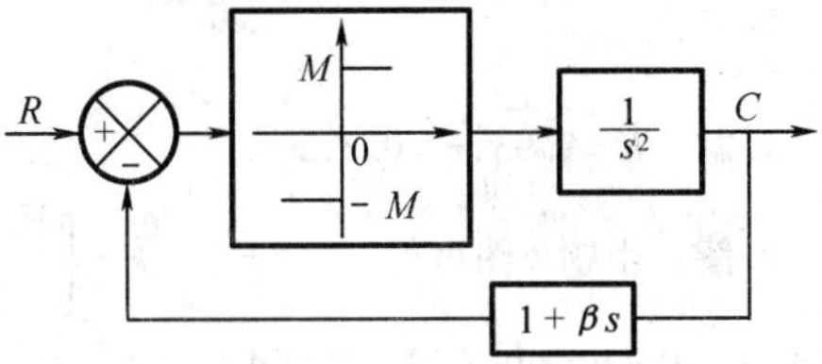


题 2 图

4. 某单位反馈系统，其前向通路中有一描述函数 $N(A)=e^{-j\frac{\pi}{4}/A}$ 的非线性元件，线性部分的传递函数为 $G(s)=\dfrac{15}{s(0.5s+1)}$，试用描述函数法确定系统是否存在自持振荡？若有，参数是多少？

5. 求非线性特性 $y(t)=x^3(t)$ 的描述函数。

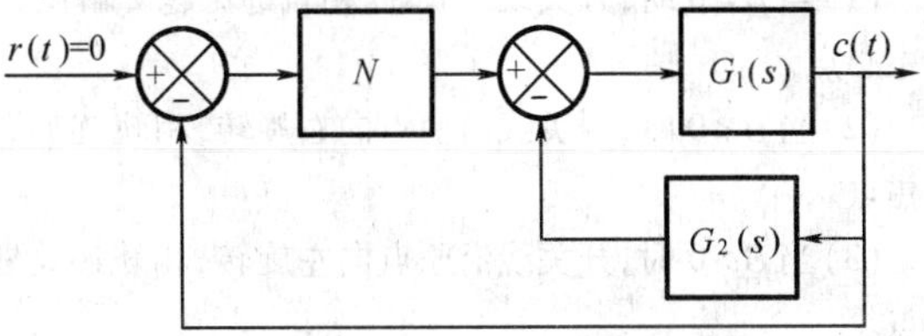


题 6 图

6. 试将题 6 图所示系统归化为一个非线性部分和一个线性部分串联的典型结构。

7. 线性二阶系统的微分方程为 $\ddot{e}+2\zeta\omega_n\dot{e}+\omega_n^2e=0$，式中 $\zeta=0.15,\omega_n=1$，计算奇点的类型。

8. 系统结构如题 8 图所示，试分析系统的稳定性，判断是否存在自振。若存在，试确定自振的振幅和频率。

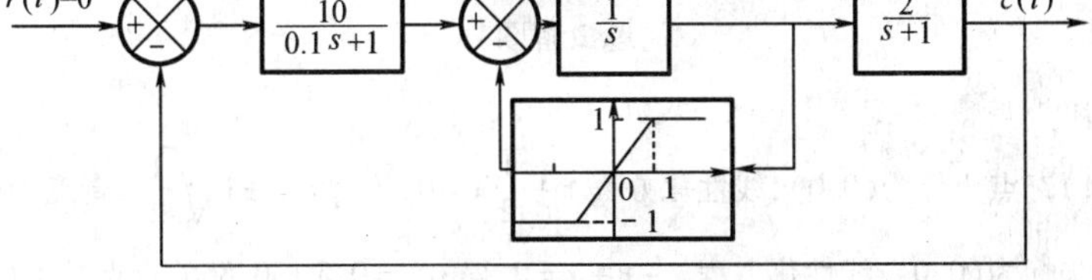


题 8 图

9. 确定系统的平衡状态，并用李雅普诺夫方程判别其稳定性。

$$\dot{x}_1 = x_2 - kx_1(x_1^2 + x_2^2)$$
$$\dot{x}_2 = -x_1 - kx_2(x_1^2 + x_2^2)$$

## 同步训练题答案

TONG BU XUN LIAN TI DA AN

1. **解**　$K = 9.93, \tau = 0.322$。

2. **解**　由题2图可得
$$\ddot{c} = \begin{cases} M, c + \beta\dot{c} < 0 \\ -M, c + \beta\dot{c} > 0 \end{cases}$$
因此，$c + \beta\dot{c} = 0$ 为开关线。分别求解 $\ddot{c} = \pm M$，可得
$$\begin{cases} \dot{c}^2 = 2M + A_1, c + \beta\dot{c} < 0 \\ \dot{c}^2 = -2M + A_2, c + \beta\dot{c} > 0 \end{cases}$$

(1) 当 $\beta = 0$ 时，开关线为 $\dot{c}$ 轴，相轨迹见题2解图(a)，为一簇封闭曲线，奇点在坐标原点，为中心点。

(2) 当 $\beta < 0$ 时，开关线沿原点向右旋转，相轨迹见题2解图(b)，奇点在坐标原点，为不稳定焦点。

(3) 当 $\beta > 0$ 时，开关线沿原点向左旋转，相轨迹见题2解图(c)，奇点在坐标原点，为稳定焦点。

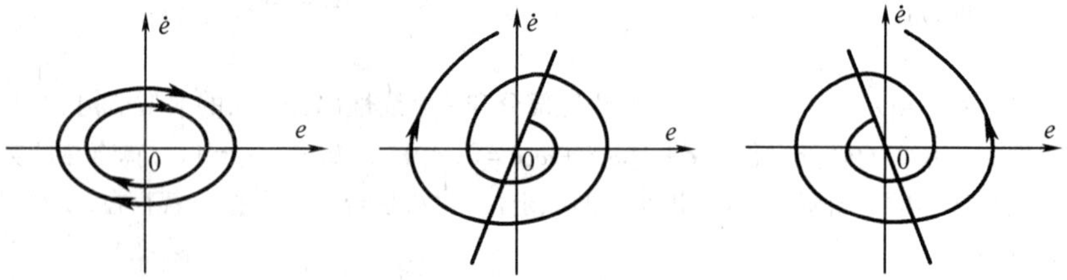

(a)　(b)　(c)

题2解图

3. **解**　(1) 奇点坐标为(0,0)，线性化方程 $\ddot{x} + \frac{1}{2}x = 0$，故 $s_{1,2} = \pm j\sqrt{\frac{1}{2}}$，奇点为中心点。

(2) 奇点坐标为(0,0)，线性化方程 $\ddot{x} - \dot{x} + x = 0$，得 $s_{1,2} = 0.5 \pm j0.866$，奇点为不稳定焦点。

4. **解**　存在，$\omega = 2, A = 5.3$。

5. **解**　描述函数：$N(A) = \frac{3}{4}A^2$。

6. **解** 典型结构如题 6 解图所示。

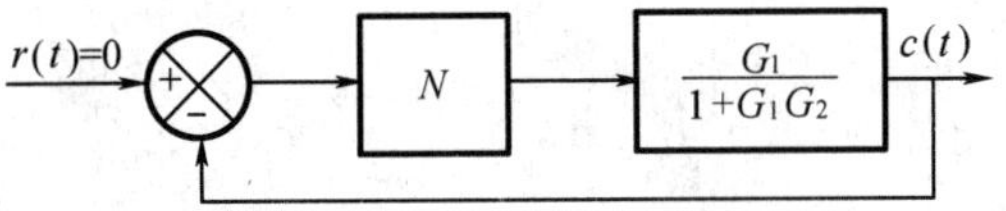


题 6 解图

7. **解** 稳定焦点位于坐标原点。

8. **解** $\omega=4.18, A=1.7$,不稳定的周期运动点。

9. **解** $x_e=\begin{bmatrix}0\\0\end{bmatrix}$是系统唯一的平衡状态,选 $V(X)=x_1^2+x_2^2$,$k>0$,系统大范围一致渐近稳定;$k=0$ 系统大范围一致稳定,$k<0$,系统不稳定。